FrameMaker7.2による XML組版指南

廣田健一郎 著

TDU 東京電機大学出版局

Adobe および FrameMaker は米国 Adobe 社の米国ならびにその他の国における商標または登録商標です．
その他，本書中の製品名は，一般に各社の商標または登録商標です．本文中では，™および®マークは明記していません．

本書の全部または一部を無断で複写複製（コピー）することは，著作権法上での例外を除き，禁じられています．小局は，著者から複写に係る権利の管理につき委託を受けていますので，本書からの複写を希望される場合は，必ず小局（03-5280-3422）宛ご連絡ください．

はじめに

　本書は、Adobe FrameMaker 7.2 の構造化インタフェイスの操作と開発の方法を具体的に解説することにより、**XML 文書・SGML 文書の作成・組版・多媒体展開を可能にする**ことを目的とする。ただし、**標準インタフェイスのみを使用して非構造化文書を作成・編集**したい読者にも必要十分な内容にしてある。
　FrameMaker は、**DTP とワープロの利点を兼ね備えた**アプリケーションソフトウェアであり、**大量・多言語の文書・出版物を多人数で統一的に作成**するのに向いている。HTML や多機能な PDF など、さまざまな電子文書への変換機能も充実している。
　FrameMaker の環境設定で構造化インタフェイスを選ぶと、XML や SGML の文書を簡単に編集し、美しく組版することができるようになる。同種のソフトウェアに比して①**低コスト**②**高品質**③**高カスタマイズ性**を誇る FrameMaker の構造化インタフェイスは、さまざまな XML・SGML ソリューションのうちで最も①**導入のしきいが低く**、②**既存の組版物とのギャップが少なく**、③**利用者の要求に即応した自動化が容易**であることから、その実用性によって広く企業・機関に採用されており、産業の第一線の現場を地味に堅実に支えている。
　本書の解説は最新の Windows 用 FrameMaker 7.2 日本語版に基づいているが、他のプラットフォームの他の言語版でも操作は基本的に同じである。7.1 と 7.0 に対しても本書のほとんどの記述は通用し、かなりの記述は 6.0 や 5.5 にも通じる。
　なお、本書の執筆・組版には Windows 用 FrameMaker 7.1 および 7.2 の日本語版の構造化インタフェイスを使用した。

　一般に、**少数の開発者と多数のオペレーター**という区別が画然と分かれるのが、構造化文書編集の現場である。FrameMaker の構造化インタフェイスを利用する場合もその例外ではない。そのため本書でも、構造化文書については、オペレーター向けの章と開発者向けの章とを峻別して示す。一方、非構造化文書については本書では両者の区別をしないことにする。
　本書は、対象読者ごとに、以下の 3 編に分かれている。
・**導入編**（第 1 章）……構造化文書の導入担当者向け
・**操作編**（第 2 章〜第 7 章）……構造化文書のオペレーター向け
・**開発編**（第 8 章〜第 10 章）……構造化文書の開発者向け
　また、非構造化文書のみを扱いたい読者はこのうち第 1 章〜第 3 章と第 6 章〜第 8 章だけを読めばよいように構成した。本書右端のツメにその別を示す。

　なお、この「開発編」のつづきともいうべき、構造化文書の EDD や読み書きルールの開発についての内容は、残念ながら量的にこの 1 冊に収めることができない。ゆくゆくは本書の第②巻として刊行したいという希望を著者は持っているが、当面は、FrameMaker に付属の文書を参照していただきたい。

構造化文書の基本概念・利点、XML・SGML・HTML・PDFの仕様・活用法、組版の規則・用語などに関する解説はすべて他の情報源にゆずる。良いソースがすでに多数出版・公開されているので、必要に応じて参照してほしい。また申し訳ないことだが、プラグインの具体的な開発方法はFrameMakerの真髄ともいうべき一番楽しい部分なのだが今回紙幅の都合から記すことができない。

　FrameMakerやXML・SGMLの世界では、「文書構造」の統一ということが非常に重視される。それは読者の便宜にもなるし、文書利用の自動化を容易にするし、作成のコストも下げるからである。したがって大量の文書を作りはじめる前に、まず開発者が需要者と相談して、その文書構造や一貫したレイアウトを厳密に定めることになっている。普通のDTPと比べると、この開発部分のウェイトが大きいため、実際の文書編集が走りだすまでに時間と労力がかかるが、走りだしてからの運用効率は非常に高い。
　開発段階におけるこのすりあわせと文書構造定義の良し悪しは、プロジェクトの成否自体を決定的に左右してしまう。従来型のDTPのように成りゆきでなあなあという受発注はまったく通用しない。そのため、開発者にはさまざまな技能が要求される。最低限、構造化文書に関する経験と組版に関する知識は兼備していなければならない。その上で、慣れない需要者からの曖昧でときに相矛盾するさまざまな現状情報を綜合し、そこから技術的に実現性のある具体的な提案を創って通すプロとしてのシステムエンジニア的能力の発揮が求められる。多媒体展開のためにはPDFやHTMLの知識もある程度必要になるし、利便性や構造変換精度をさらに上げたければ、XSLTを書いたり、C言語でFrameMakerプラグインを作ってソフトの動作をカスタマイズしたりといった選択肢も視野に入れることが望ましい。
　その一方で、構造化文書の場合、開発者でないオペレーターに求められるスキルはじつは通常のDTPソフトほど高くないため、文書量に見合う多くのマンパワーを短期間で養成することも可能である。構造化文書のオペレーターの作業は、ただ構造のタグや属性を規則どおりに付けたり替えたりしていくだけであり、レイアウトに直接さわることはまずないと言っていい。あってもせいぜい貼り付け画像を規定どおりにリサイズするといったレベルの単純作業であり、「超絶テクニック」とか「ハイセンス」が求められる場面はオペレーターにはまずない。

　筆者の職場では以前からFrameMakerを利用したさまざまな業務を行っている。開発の上で経験したいろいろなエピソードは思い出深く忘れることができない。本書が多くの人の役に立てばFrameMakerのファンとして嬉しいと思う。
　末筆ながら、本書の執筆を許してくださった株式会社ユニット 猪股義城氏に深く感謝します。同社の水口実氏には、執筆後の査読・助言および制作補助をしていただき大変助かりました。また、脱稿が桁外れに遅れたにもかかわらず出版を許してくださり、大変お世話になった東京電機大学出版局 植村八潮氏に重ねて御礼申し上げます。

2006年1月　著者

FrameMaker 7.2 による
XML 組版指南

はじめに ... i

第 1 章 【導入編】なぜ FrameMaker なぜ XML　1
1　だれが FrameMaker を使うか ... 2
2　2 つのインタフェイス ... 4
3　書式リッチな XML エディタとして ... 8
4　リアルタイム XML パーサとして ... 10
5　美しい XML フォーマッタとして ... 11
6　多媒体展開のために ... 13

第 2 章 【操作編】FrameMaker 環境　17
1　FrameMaker のインストールと起動 ... 18
2　文書ファイルを開く ... 21
3　画面表示方式を変える ... 24
4　プリントする ... 26
5　文書ファイルを保存する ... 29

第 3 章 【操作編】テキストを編集する　33
1　テキストの基本操作 ... 34
2　テキストを挿入する ... 37
3　テキストを検索・置換する ... 44

第 4 章 【操作編】構造を編集する　49
1　構造の表示 ... 50
2　要素に自動でつく書式 ... 56
3　構造の中を移動する ... 58
4　要素の中のテキストを編集する ... 69
5　構造の中身を選択する ... 70
6　要素を挿入する ... 74
7　要素を分割する ... 82
8　要素を移動・複製する ... 84
9　要素を削除する ... 90
10　要素を結合する ... 91

11	要素でラップする	93
12	要素をラップ解除する	98
13	要素を変更する	100
14	属性を編集する	101
15	要素や属性を検索・置換する	113
16	文書全体の構造を検証する	117
17	非構造化文書を構造化する	119

第5章 【操作編】XML 文書編集環境　　121

1	構造化アプリケーションを導入する	122
2	構造化アプリケーション定義ファイル	124
3	構造化アプリケーション定義の記述	127
4	プラグインをインストールする	136

第6章 【操作編】各種ページ内容を作成・編集する　　139

1	ページレイアウト	140
2	段落書式と文字書式	144
3	画像と図形	154
4	表	179
5	脚注	200
6	相互参照	203
7	ルビ	212
8	変数	215
9	色	218
10	書式・EDD を取り込む	219

第7章 【操作編】文書の統合と多媒体展開　　223

1	ブック	224
2	目次	231
3	索引	232
4	コンディショナルテキスト	237
5	文書の比較	244
6	名前空間	247
7	PDF 化	248
8	HTML 化	258

第8章 【開発編】ページ内容書式開発　　259

1	文書とページ	260
2	ページレイアウト	262
3	マスターページとリファレンスページ	267
4	ページの追加と削除	269

5	テキスト枠とフロー	275
6	段落書式・段落タグと文字書式・文字タグ	282
7	段落の基本書式と文字組み調整書式	286
8	フォントとスタイル	296
9	段落のページ内レイアウト	305
10	自動番号	311
11	段落上／下の自動グラフィック	316
12	表	320
13	脚注	327
14	相互参照	331
15	ルビ	335
16	変数	336
17	目次	344
18	索引	349
19	コンディショナルテキスト	351

第 9 章　【開発編】XML ありきの場合の開発の流れ　353

1	DTD を読み込んで EDD にする	354
2	EDD をテンプレートに取り込む	357
3	構造化されていることを確認してみる	360
4	構造化アプリケーションを定義	364
5	XML 文書を開いてみる	367
6	EDD で構造に書式づけ	369

第 10 章　【開発編】XML 化したい場合の開発の流れ　373

1	既存の非構造化文書を開く	374
2	EDD で構造と書式を一から作る	377
3	既存の非構造化文書に構造をつける	382
4	EDD を DTD として書き出す	388
5	XML 文書を書き出す	389

第1章

【導入編】
なぜFrameMaker
なぜXML

FrameMakerには、標準/構造化という2種類のインタフェイスがある。FrameMakerの特徴と、構造化FrameMakerでXMLやSGMLを扱うさまざまなメリットや用途を解説する。【導入担当者向】

1 だれがFrameMakerを使うか

　FrameMakerは、ひとことでいえば、**約束事のある文書を作成するための**DTPソフトウェアである。

　「この文書はこういう構造で、こういうレイアウト規則で作りましょうね」ということが合意ないし決定されている場合に、そこから逸脱しないよう文書作成を行うためのソフトであるといえる。マニュアルや論文誌のみならず、一般書籍や定期刊行物・報告書などにもそうした性質の文書は多い。

　そのような決まった構造の文書データはいろいろなメディアへの流用も容易にできる。そしてそのような文書構造の強制ということでいえば **XML** や **SGML** など**構造化文書**のための世界標準規格を利用するのがいちばん素直であることから、FrameMakerではXMLやSGMLの文書をも作成できるようになっているのである。

DTPソフトなのにワープロ的でもある

　レイアウトをあらかじめ決めておくということは決してレイアウトが貧弱になるということとイコールではない。FrameMakerで作成できるレイアウトはDTP並みの高水準を実現できるからである。ページによって自動的に違うページレイアウトになるよう（たとえば扉ページなど）設定しておくこともできる。

　それでいてFrameMakerには、編集過程にともなって随時変更が必要となる、章番号やページ番号、図や表組み、相互参照、ヘッダ・フッタなどがそのつど適切に自動レイアウトされるというワープロ的な機能もあるので、著者はいちいち見た目の調整にわずらわされることなく、内容自体の執筆に専念することができる。編集も楽である。

共同執筆した文書の統一感

　ページ数の多い文書を複数の人が共同執筆したり分担編集したりするような場合、FrameMakerはとくに適している。全員が必ず決まった規則に従って文書を作るから、できあがった文書全体に統一感が生まれて読みやすくなる。

　しかもその際、各人は体裁の相互調整に関してとくに努力などはしていない。それはすべてあらかじめ定義されたところに従って自動的に組版されるからである。

FrameMakerでなくてもよさそうなケース

「何者にもしばられず心のおもむくままに自由にレイアウトするんだ」という文書を作りたい場合には、FrameMakerは必ずしもベストチョイスではない。チラシやパッケージ、広告やある種の雑誌などの場合がこれにあたると思われる。

FrameMakerでも、もちろんひととおりのDTP機能・デザイン機能はそろっているので対応可能ではあるのだが、それならばInDesign・QuarkXPressなどのDTP専用ソフトやIllustratorなどのデザインソフトのほうが、いろいろなユーザーインタフェイスなどの面で向いているだろう。

●InDesignによるXML組版

なお、InDesignはバージョンがCS、CS2と改まるにしたがって、XMLへの標準対応も徐々に高度になりつつあり、InDesignが得意とするレイアウトリッチな通販カタログ・チラシ類などのデータベースパブリッシングへの応用が効くようになっている。ただ、FrameMakerとは異なり、XMLの構造や属性によって自動的に書式を変えるということがほとんどできない。また、表組みで表行要素を持たせることもできないため、レコードの扱いが少々厄介だ。用途によって使い分けるとよいだろう。

●XSL FormatterによるXML組版

FrameMakerは多機能なソフトウェアなので、逆に速度を求められる場面では追いつかないことがありえる。たとえば考えられるのは、店頭や携帯アプリの占いやグリーティングカードなどで、お客のメニュー選択や氏名入力に応じてきれいなプリントアウトや画面を自動生成させるには、組版はほとんど即時でなければならない。そのようなケースでは、XSL Formatterなどの高速なXML組版エンジンを用いるという選択肢もある。ただしXSL FormatterではFrameMakerと異なり、XML文書の作成・編集はできないし、レイアウトはWYSIWYGでなくすべてTeXのように命令文で（XSL-FOのメーカー独自拡張規格に従って）記述しなければならない。自動組版に特化したソフトであるため、FrameMakerのようにいったん書式づけされた文書に後からレイアウトや内容の調整を手で行っていく、といったことはまったくできない点にも留意する必要がある。

第 1 章 【導入編】なぜ FrameMaker なぜ XML

2 2つのインタフェイス

FrameMakerは、用途に応じて、「**標準FrameMaker**」インタフェイスと「**構造化FrameMaker**」インタフェイスとの間で切り替えて使うことができる。

標準インタフェイスから構造化インタフェイスへ切り替えると、もともとあったメニューコマンドはすべて残り、それに加えて、新しいメニューコマンドがいくつか現れる。新しく現れるのはすべて、標準インタフェイスにはなかった、XML・SGML文書作成のためのコマンドである。

すなわち、構造化インタフェイスは標準インタフェイスの機能をすべて持っているうえに、XMLやSGMLといった構造化文書の作成のための独自機能をいくつかあわせもっていることになる。

標準インタフェイス

標準FrameMakerインタフェイスは、構造化されていないFrameMaker文書を作成・編集・展開するためのインタフェイスである。標準インタフェイスでは、XML・SGML文書を扱うことはできない。

構造化されていない"普通の"文書のことを、本書ではとくに**非構造化**文書と呼ぶ。

● ワープロ的な便利さを持ったDTPソフト

標準インタフェイスは、ひとことで言えば、"ワープロ的な便利さを持ったDTPソフト"ということができる。

ワープロかDTPソフトのいずれかを使ったことがある人であれば、標準インタフェイスを理解して文書を作成しはじめることはとくに難しくない。

Wordや一太郎といったワープロソフトには、箇条書きや表組みを簡単に作ることができる機能が盛りこまれているが、作成できる文書はかならずしも書店で売っている書籍ほど美しい見ばえを持たないことが多い。一方、InDesignやQuarkXPressなどのDTPソフトには、美しい見ばえを持った文書を作成するための機能が盛り込まれているが、ワープロ的なことは必ずしもワンタッチでできるわけではない。もちろん最近では、ワープロもDTPソフト的な要素を取り込み、DTPソフトもワープロ的な要素を取り込みつつあり、両者の差は縮まりつつあるわけで、その方向へさらに突き進んだものが標準インタフェイスであるといってよい。

● 標準インタフェイスを使うための必要知識

標準インタフェイスで文書作成を行うには、構造化インタフェイスの知識はまったく必要ない。本書「導入編」第1章と、「操作編」のうち第2・3・6・7章と、「開発編」冒頭の第8章だけをマスターしていれば充分である。それらの章では本書右端の「非構造化」ツメを黒くしてある（それ以外の章では灰色）。

ただしこれらの章の中にも、構造化インタフェイスのみに関する記述が随所にあるので、それらは読み飛ばしてかまわない。そうした箇所については以下、構造化文書のみ というアイコンで示す。

構造化インタフェイス

構造化文書のみ 構造化インタフェイスは、構造化されたFrameMaker文書を作成・編集・展開するためのインタフェイスである。XML・SGML文書を、構造化FrameMaker文書として作成・編集・展開することもできる。

●文書データベースにレイアウトの顔を持たせるソフト

構造化FrameMakerインタフェイスは、"**文書データベースにレイアウトの顔を持たせるソフト**"ということができる。

ここでいう「文書データベース」とは、XMLやSGMLなどの"文書を構造化するための標準規格"に従って作成された文書のことである。構造化インタフェイスを使うと、XML文書やSGML文書を、その文書構造を保持したまま読み込んで、それに自動的にDTP水準のレイアウトや色を付与することができる。

文書をXMLやSGMLで記述して「構造化」することの第一の利点は、コンピュータがその内容を有効に扱えるようになることだろう。これにより検索や抽出が飛躍的に迅速になり、かつ便利になる。

しかし、文書の呼び出しと組み立てはいくらそのようにコンピュータにやらせるとしても、大半の文書の目的は最終的には「人間に見てもらい理解してもらうこと」である以上、付加価値としてある程度美しい見ばえがついたもののほうがそうでないものよりもその目的を達しやすいことは言うまでもない。といって、そのレイアウト工程に従来のように人間の手を多くわずらわしていたのでは、せっかく構造化して効率化した利益がそこで損なわれてしまう。

レイアウトを自動化したい、でもあくまでも美しく…。構造化インタフェイスは、まさにこの二つの願いを同時にかなえるためにある。

●構造化インタフェイスで文書作成環境を開発するための必要知識

そのため構造化インタフェイスでの文書作成環境の開発には、必ずレイアウト指定作業が多く含まれる。それを行うには標準インタフェイスの知識が必須である。

その知識がない場合は、本書をはじめから通読する必要がある。

●XML文書やSGML文書を作成するためのソフト

反対に、構造化インタフェイスから文書をXMLやSGMLに書き出すこともできる。したがって構造化インタフェイスは、"**XML文書やSGML文書を作成するためのソフト**"であるともいえる。構造化インタフェイス上で、文書内のどこかに構造を付与したり変更したりすると、その箇所にはその場でただちに、それに応じたレイアウトが自動的に生じるので、自分が

何をしたかがとてもわかりやすい。

●コンピュータと人間を結びつける文書情報ソフトウェア

これを利用して、文書データベース内のXML文書やSGML文書を、必要に応じて構造化インタフェイスに読み込んで内容の追加や変更を加え、それが済んだらまたXML文書やSGML文書に書き出して文書データベースに入れる、という双方向循環ワークフローを構築することができる。ここでは、コンピュータが処理するための純粋構造文書であるXML・SGML文書と、人間が処理するための高視覚効果を備えたレイアウト文書との間を、構造化インタフェイスが仲立ちしている図になる。どちらにとっても、理想的な形態であり、もっとも効率的な処理を行える対象である。少しおおげさにいえば、"**コンピュータと人間を結びつける文書情報ソフトウェア**"とでも呼べるだろうか。

●永遠に引き継げる文書データベース

このように、XMLやSGMLで文書を保管しておくことの大きなメリットは、それが資産として、時代の移り変わりの中で永久に利用可能だということである。昔あなたがPC-9801で作ったZ's WORD JG文書や、Macintosh IIciで作ったPageMaker 4ドキュメントを、今お手持ちの最新マシンで開けてみることができるだろうか。

FrameMakerとて決して無限の命ではない。無限の命のソフトなどはない。FrameMaker文書形式ファイルでデータを取っておけば社の命運はAdobeの手のひらの上ににぎられ、将来きっと書院データの二の舞を繰り返すだろう。だからそうならないよう、**本データはXMLやSGMLなどの共通規格で保管しておくことに決め、FrameMakerはあくまでその編集・組版ツールであると割り切る**のである。

●構造チェック機能を持ったDTPソフト

構造化インタフェイスの文書はXMLやSGMLとまったく同等の構造を保持しているので、あらかじめ決められた文書構造の規則に厳密に従っている。

たとえば、「章の頭にはまず章見出しが存在しなければならない」と規定された文書において、章の頭に通常の段落を置くことはできない。あえてルールを破ることもできるのだが、すると構造化インタフェイスはその箇所に、目に見える形で警告を発する。

つまり、構造化インタフェイスを利用して文書を作成すると、あらかじめ取り決めた文書構造からの逸脱がコンピュータによってチェックされるという副次効果がある。このことは特に、執筆者が複数いて大きな文書を共同執筆しているような場面で役に立つ。このようなとき構造化インタフェイスは、"**構造チェック機能を持ったDTPソフト**"として利用されているといえる。逆にむしろ、この効果だけを期待して構造化インタフェイスを導入してもよい。この場合、XMLやSGMLに関する知識は必ずしも必要ではないだろう。

●構造化インタフェイスの利用に必要な知識

このように、構造化インタフェイスにはさまざまな使い方がある。使い方によって、何の知

識が必要であるかも異なってくる。

　本書では、「要素とは何か」「XMLで何ができるか」など、XMLに関する基礎知識や応用事例の解説はしない。良い情報源がたくさん公開されているし、FrameMakerの解説以外を記す紙数のゆとりはないからである。同様に、SGMLに関する基礎解説もしない。DTPについては、FrameMaker特有の概念もあるのでなるべく解説するよう努めるが、「フォントとは何か」「ドラッグ＆ドロップとは何か」などあまりに"IT用語の基本知識"ないし"パソコン入門"的なことがらについては既知とみなしている部分もあるかもしれない。

●開発者の必要知識とオペレーターの必要知識

　そうした必要な知識を、文書を作成・編集する人間全員がすべて共有している必要もない。構造化インタフェイス上で構造にレイアウトを対応させて文書作成環境を開発することのできる人間、すなわち**開発者**は一人ないし少数いればよいからである。本書の「開発編」では、そのための知識のさわりの部分を紹介する。

　FrameMakerを使えば、開発された環境の上で文書にただ構造を付与していくだけで自動的にレイアウトがついていくのであるから、実作業を行う**オペレーター**は、構造化FrameMakerのごく基本的な操作だけを知っていればよい。たとえば構造操作のほかに、ファイルの開け閉め、プリントアウトなどである。標準インタフェイスにおける文書作成環境の開発に関する知識もなくてよい。

　本書の「操作編」は、そうした多数派であるオペレーターのために、構造化インタフェイスにおける構造操作の方法とその関連事項だけを記している。もちろん、構造化インタフェイスの操作をまだ知らないけれども開発者になりたいという読者も、まず「操作編」をマスターする必要があることは言うまでもない。

第 1 章 【導入編】なぜ FrameMaker なぜ XML

3 書式リッチな XML エディタとして

構造化文書のみ 構造化 FrameMaker インタフェイスでは、XML や SGML の文書を作成・編集することができる。すなわち **XML エディタ**としての機能を備えている。

XML 要素に書式がついて表示される

その際、各要素には自動的にフォントサイズや自動番号などの書式がついて表示される。各要素にどのような書式をつけたいかは開発者があらかじめ定義しておく。同じ種類の要素であっても、要素の属性値や位置や親要素の種類などの条件によって異なった書式を定義することもできる。

たとえば見出しは大きく表示される。手順には自動的に番号がつき、箇条書きには点がつき、その最後の項目だけは下に少し余白があく、といった具合に定義することができる。

● 構造をつけまちがうと表示が明らかに違う

オペレーターは文書の構造を編集しながら、各要素に対応した書式が自動的につくのをあらゆる瞬間に見ることになる。自分の操作の結果を、視覚的に直観的にいつも確かめていることができる。もし間違ったなら、思い描いていたのと違った書式がつくことになるからだ。

たとえばある Title 要素を節見出しにしたくて Section 要素直下に入れるつもりが、うっかり近くの Subsection 要素直下に入れて項見出しになってしまったとする。「第○節　〜〜〜」と大きめに表示されるのを思い描いていたのに、節番号のない小さめの表示になって一瞬あれっと思う。それはすなわち自分が何か構造を今つけまちがえてしまったということだ。すぐに気づいて修正することができる。

要素に書式がついていなくてただ要素名だけ見えていたのでは、こういうのは見すごしてしまう危険がある。

構造図とエレメントカタログを活用する

通常は、文書が表示されているメインのウィンドウの横に「**構造図**」というウィンドウと「**エレメントカタログ**」というウィンドウをつねに開いておき、それらを併用することでさらに効率的な構造編集を行うことができる。

● 構造図

構造図には、カーソル位置近辺のツリー構造図がつねに表示されているので、文書を純粋に構造として見ることができる。

●エレメントカタログ

　エレメントカタログには、カーソル位置における利用可能要素がつねに表示されているので、正しい要素だけを用いることができる。なお構造化 FrameMaker のコマンド名や画面表示では要素のことを英語で「エレメント」と呼んでいるが意味は同じだ。

●構造図・エレメントカタログ上での作業

　構造図やエレメントカタログは、ただ表示を見るだけでなく、その中で直接操作を行って要素の挿入や削除などを行うこともできる。各ウィンドウをそのつど適宜使い分けながら編集を行っていくのが普通である。どんな時にどのウィンドウで操作を行うと便利かは、操作に慣れればだんだんつかめてくるだろう。

XMLの表組み・相互参照・図版参照なども作成できる

　構造化インタフェイスでは、通常の本文段落だけでなく、XML・SGML 文書内で表組みや相互参照や図版参照などの作成・編集を行うこともできる。

●表組み

　たとえばオペレーターが表組みを作成すると、それはただちに開発者が定義した通りの美しい表組みとして表示され、しかも同時にその XML・SGML 構造ができている。

●相互参照

　同様に相互参照を作成すると、自動的に「第〇章第〇節参照」といった文字列が表示され、しかも同時にその構造ができているわけである。どういった文字列がどのような書式で表示されるかは開発者の定義によって自由に設定することができる。

●図版参照

　図版参照の要素を挿入すれば、ファイルを開くダイアログが表示されて、その場所に貼り付けたい図版のファイルを指定するよう求められる。選ぶと文書の中にその図が実際に表示される。つまり操作としてはワープロや DTP ソフトで図版を貼り付けるのと全く同じと言ってよい。しかしこのとき裏ではすでに、それに対応する構造がちゃんとできているのである。

4 リアルタイムXMLパーサとして

構造化文書のみ SGMLや妥当なXMLの文書は、あらかじめ定義された構造定義に厳密に従っていなければならない。好き勝手な所に好き勝手な要素を入れることは許されない。

構造をつけまちがうと赤く表示される

FrameMakerで作成・編集の際にもしそのような誤った構造をつけると、構造図でそのまちがった箇所が即座に赤く表示される。よってすぐ気づくことができ、修正できる。すなわち、FrameMakerの構造化インタフェイスには**XMLパーサ**としての機能もある。

前述のように、エレメントカタログには、その時々のカーソル位置で利用可能な要素しか表示されない（ただし設定により、それ以外の要素も表示させるようにすることは可能）。要素によって異なった書式もつく。したがって、誤った要素を挿入して見すごしてしまう可能性はあまりないのだが、それでも何かのはずみでもし構造をつけまちがってしまった場合でも、このリアルタイムなパーサによる検証機能が有効にはたらいて誤りを防ぐのである。

文書全体をまとめて検証することもできる

このように作業中にそのつどエラーがチェックされるので、誤りは片っ端からつぶしていけるはずではあるが、さらに念を入れて、文書全体の構造の妥当性をまとめて検証することもできる。

これにより、完璧に構造の誤りがゼロであることが確実なXML・SGML文書が完成する。

5 美しいXMLフォーマッタとして

構造化文書のみ FrameMakerの発売元はアドビシステムズ社である。アドビといえば、InDesignやIllustrator・Photoshopなど広く使われているDTP・デザイン関連のソフトウェアで有名だ。FrameMakerでも同様に、DTP水準の美しく精細なレイアウトでXMLやSGMLの文書を組版することができる。すなわち**XMLフォーマッタ**としての機能をも備えている。

文字書式

　文字の書式としては、フォントの種類や太さ・角度・上付き/下付き・下線/上線/取り消し線はもちろんのこと、文字間隔・文字幅・スモールキャップ・ペアカーニング・文字詰めといった項目が指定できる。
　カラーについては、各種色空間や各種カラーライブラリを用いて、プロセスカラー/スポットカラーやオーバープリント/ノックアウトなどを指定して定義することができる。
　フォントについては、和文フォントに対する欧文フォントの相対サイズとオフセットを指定して合成フォントを定義する機能もある。
　上付き・下付きとスモールキャップについては、相対サイズと文字幅およびオフセットが文書ごとに調節可能になっている。

段落書式

　段落の書式としては、行揃えや左右インデント・行送り・段落上下間隔の指定はもちろんのこと、自動的にページやコラムの先頭に配置されるように指定したり、前後の段落と連動するようにしたり、指定行数より少ない行数が孤立しないようにすることができる。
　自動番号やハイフネーションの詳細設定、単語間隔の相対値、段落上下に自動挿入する図形などの指定も可能だ。
　和欧文字間隔の相対値や和文字間隔、句読点の処理についても必要に応じて定義することができる。
　また、表セル内での上寄せ/下寄せ/中央配置や上下左右の余白を指定することもできるようになっている。

ページレイアウト

　ページ全体のレイアウトとしては、任意のサイズのページ上に任意のレイアウトで本文やコラム類を配置することができ、もちろん多段組みのレイアウトを作成することもできる。ペー

ジの上下にはページ番号やランニングヘッダ・フッタ（たとえば章番号や節タイトルなど）を自由に配置して自動印字させることができる。要素によって異なるページレイアウトになるようにすることも可能である。

　表組みや脚注などを作成したり、図版を貼り付けたりすることもできる。図版のまわりに本文テキストを回りこませる機能もある。表組みや図版の配置位置に関する基準をあらかじめ定義しておいて、自動化することもできる。また、円弧や多角形やフリー曲線など簡単な図形ならFrameMaker上で直接描画することもできるようになっている。

　「第〇章第〇節　〜〜〜〜（〇〇ページ）を参照」というような相互参照も自由に作成することができる。

6 多媒体展開のために

FrameMakerには文書をPDFやHTMLに変換する機能がある。また必要に応じて、RTF形式やMIFという形式へ変換することもできる。

構造化文書のみ 構造化インタフェイスで作ったXML・SGML文書内の情報を、データベースで動的に提供したり、XML文書をXSLTなどで自動的にHTMLや他形式のXMLへ変換して活用したりしてもよい。

ワンソース・マルチユース

このように、FrameMakerを用いると、一つのデータ（**one source**）からさまざまなメディアへの多媒体展開（**multi-use**）を容易に実現することができる。

各メディアごとにレイアウト作業を個別に行う必要がないため、作成の手間が大幅に省けることになる。

PDFへの変換

PDFへの変換の際には、FrameMaker文書の段落書式や構造要素をもとに、ユーザーが決めた変換方式にしたがって、PDFのしおりやタグを自動生成させることもできる。またFrameMaker文書内の相互参照や目次・索引はPDFのリンクに自動変換できるし、テキスト枠はそのままアーティクルにすることができる。

このようにFrameMakerでは、電子文書として可用性の高い高度なPDF文書を自動的に作成することができる。

HTMLへの変換

HTML形式は、インターネットやLANに文書を掲載するために重要である。FrameMakerでは、同梱されているQuadralay WebWorks Publisher Standard Edition 7.0との連携により、さまざまな自動変換設定を行ったうえで文書を見やすいHTMLにすることができる。

●CSSの書き出し

FrameMakerで文書をHTML文書に変換すると、**CSS**形式のスタイルシートも一緒に書き出される。このCSSには、FrameMaker文書内の段落・文字書式や要素の書式がCSSレベルで表現可能なかぎり書き出されるので、もとのFrameMaker文書により近い見ばえをHTMLで実現することが可能だ。

RTFへの変換

　RTF形式は、Microsoft Wordなどさまざまな文書作成ソフトウェアどうしの間で文書内容と最低限の書式情報をやりとりするための中間形式である。

　これにより、FrameMakerを利用していない相手とのあいだでも書式つき文書のやりとりが可能だ。

MIFへの変換と活用

　MIF形式はFrameMakerの独自形式であり、FrameMaker文書内のあらゆる内容とレイアウト情報をテキスト形式で表現したものである。したがって情報としては元のFrameMaker文書とまったく等価であり、実際これをまたFrameMakerに読み込めば元と完全に同じFrameMaker文書になる。

　なぜこのような形式が存在するのかというと、海外において早くから技術文書作成のデファクトスタンダードとなっているFrameMaker形式の文書を、FrameMaker以外のサードパーティソフトウェアでも処理できるようにしたいという動機からだといえよう。MIFという名前は「Maker Interchange Format」の略であり、その名称からも、他ソフトとの交換形式として意図されているといえる。

●TRADOSによる翻訳

　とりわけ翻訳文書作成の分野では、MIF形式を媒介としてFrameMaker文書の翻訳をcomputer-assistedに行うことのできる**TRADOS**という翻訳メモリソフトウェアが近年日本でも広く利用されるようになった。

　たとえば日本語のFrameMaker文書をMIFに書き出し、それをTRADOSで読み込んで外国語に翻訳して、そのMIFをまたFrameMakerに読み込めば、元とレイアウトはまったく同じで内容だけ外国語になったFrameMaker文書になるのである。たいへん楽だ。

　せっかく元の文書がFrameMakerできれいにレイアウトされているのに、それをWord上とかテキストファイル上とかで翻訳・納品されたのでは、また一からそれをレイアウトしなおさなければならないのである。ひと昔前まではそれがあたりまえだったのだが…。

　製品マニュアルなどの場合、その仕様はリリース直前まで更新していきたいというのが技術者の気持ちであり、企業競争上の要請でもある。

　翻訳展開も、せいぜい英仏独ぐらいやっておけば済んだ時代はすぎ、今や世界じゅうのお客を相手にいろいろな言葉への多言語翻訳が求められるようになった。そのためにマニュアル制作の現場では、簡単に直しができてレイアウトも自動的に整い、かつその翻訳版もすべて迅速に更新される態勢が以前にもまして必須のものとなっている。

●テキスト処理言語による自動組版

　MIF 形式は FrameMaker 文書をまったくのテキスト形式で表現したものであることから、MIF ファイルをテキストエディタで開いてその内容やレイアウト指定を変更することができる。その変更は、MIF ファイルをまた FrameMaker に読み込めば反映されている。

　Perl などのテキスト処理言語を用いれば、こうした内容変更やレイアウト変更を自動化することができる。自動化は FrameMaker 上で **FDK**（Frame Developer's Kit）によりC言語でプラグインを書くことによっても実現できるのだが、世の中にたくさん存在しているテキスト処理言語やその他のプログラミング言語・スクリプティング言語のなかですでに慣れ親しんでいるものがあるならば、それを利用するほうが早道という場合もあるだろう。テキストエディタやワープロソフトのマクロを活用してもよい。

Navigation ⋯⋯▶

- **構造化**文書の**開発者**をめざすなら⇒次章へ進む
- **構造化**文書の**オペレーター**をめざすなら⇒次章へ進む
- **非構造化**文書のみを作りたいなら⇒次章へ進む
- **導入担当者**なら……本章で完了

第 2 章

【操作編】
FrameMaker 環境

　FrameMakerをインストールする。文書を開き、見たいところを表示させ、プリントし、保存する。
【オペレーター向】

第 2 章 【操作編】FrameMaker環境

1 FrameMakerのインストールと起動

本章から7章までを「操作編」と題して、オペレーター向けにFrameMakerの操作法を解説する。もちろん開発者もこの内容には、開発の前提となる基本中の基本として通暁していなければならない。

FrameMakerの構成

　FrameMaker 7.0・FrameMaker 7.1・FrameMaker 7.2はいずれも、一つのパッケージの中に標準インタフェイスと構造化インタフェイス（⇒p4「2つのインタフェイス」）の両方を含んでいる。
　インストールすると、両方のインタフェイスが同時にインストールされるようになっている。

FrameMakerのインストール

　FrameMakerをコンピュータにインストールするには、ソフトウェアCDをコンピュータに挿入し、画面の指示に従ってソフトウェアをインストールすればよい。

●7.1用アップデートのダウンロードとインストール

　FrameMaker 7.1をインストールした場合、インストールに含まれているはずのAdobeフォントを利用した既成テンプレートが、実はインストールされないという不具合がある。そのようなテンプレートが必要な場合は、アドビシステムズのインターネットサイトから「FrameMaker 7.1 日本語版 for TemplatesWithAdobeFonts アップデート」というアップデータをダウンロードしてインストールしよう。それにはFrameMaker 7.1のインストール完了後に次のように操作する。

1. `http://www.adobe.co.jp/support/downloads/fm7templates.html` から `twaf.zip` をダウンロード。
2. 解凍。▶ `AdobeFrameMaker7.1p114.exe` ができる。
3. これを実行。▶ しばらく待つと［Adobe FrameMaker 7.1p114 セットアップ］が全画面に表示され、前面に［ようこそ］画面が現れる。
4. ［次へ］を押す。▶［製品ライセンス契約］画面が現れる。
5. 同意するなら［はい］を押す。▶［インストール先の選択］画面が現れる。FrameMaker 7.1がインストールされているアプリケーションフォルダのパスが表示されている。通常は「`C:\Program Files\Adobe\FrameMaker7.1`」など。
6. パスが正しくなければ変更する。パスが正しいことを確認のうえ［次へ］を押す。▶［ファ

イルコピーの開始］画面が現れる。
7. ［次へ］を押す。▶アップデートのインストールが始まる。しばらく待つと［セットアップの完了］画面が現れる。
8. ［完了］を押す。▶インストールの完了。

FrameMakerの起動

　FrameMaker 7.2を起動するには、Windows上で［スタート］→［プログラム］→［Adobe］→［FrameMaker 7.2］→［Adobe FrameMaker 7.2］を選択する。FrameMaker 7.0・FrameMaker 7.1の場合も同様だ。

●インタフェイスの選択

　インストール後初めてFrameMaker 7.2を起動すると、インタフェイスを標準と構造化のどちらにするかをきかれる。これは後から変えることもできるので、とりあえず自分が使いたいほうを選んでおこう。FrameMaker 7.0・FrameMaker 7.1の場合も同様だ。

　どちらのインタフェイスで起動したとしても、起動後に表示される画面の構成はほぼ同じである。以後、この画面の中で各種の作業を行っていくことになる。

　なお、次回起動するときからは標準か構造化かはきかれない。前回起動したインタフェイスで起動される。

●後からインタフェイスを切り替える

　標準インタフェイスで起動したFrameMakerをあとから構造化インタフェイスに切り替えるには次のように操作する（逆の場合も同様）。

1. ［ファイル］→［環境設定］→［一般］を選択。
   ［環境設定］画面が現れる。
   　［製品インタフェイス］が［FrameMaker］になっている。
2. ［製品インタフェイス］を［構造化FrameMaker］に変える。［設定］を押す。［新しいインタフェイスを使用するには、FrameMakerを終了し、再起動してください。］と表示される。

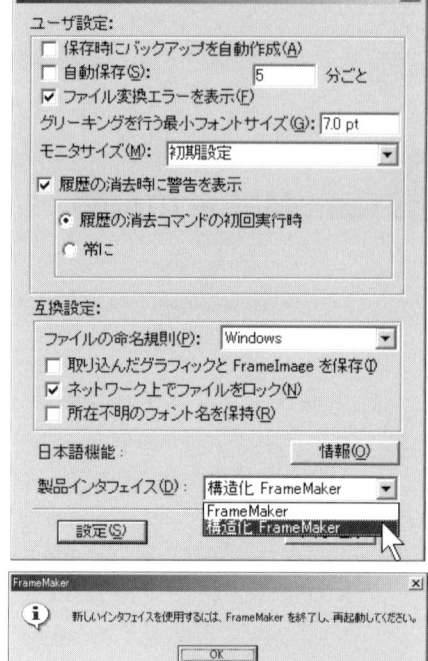

3. ［OK］を押す。

4. FrameMakerを終了し、再び起動する。構造化インタフェイスになっている。アプリケーションのウィンドウタイトルバーに［Adobe FrameMaker(構造化)］と表示されるので確認ができる。

FrameMakerの終了

　FrameMakerを終了するには、［ファイル］→［終了］を選択するか、アプリケーションウィンドウ右上隅の［×］ボタンを押す。

2 文書ファイルを開く

　FrameMaker形式の文書ファイルを開くには、Windowsでその文書ファイルのアイコンをダブルクリックする。

　またはFrameMaker上で［ファイル］→［開く］を選択し、ファイル選択画面で文書ファイルを選んで［開く］を押す。

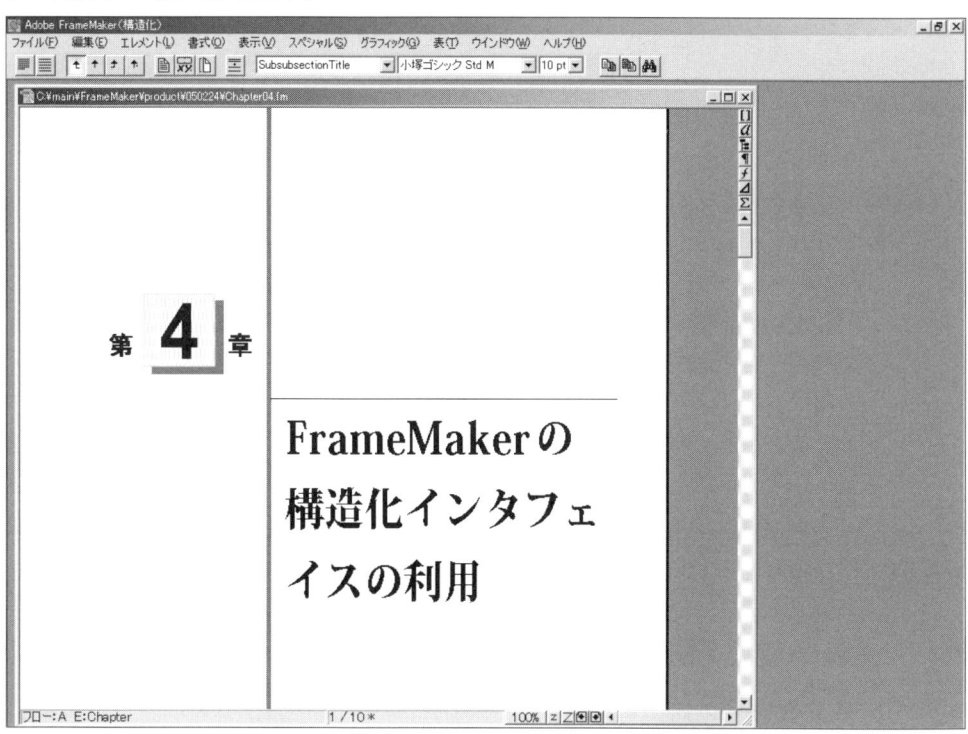

XML・SGMLの文書を開く

　構造化文書のみ FrameMakerの構造化インタフェイスでは、FrameMaker形式の文書ファイルだけでなく、XMLやSGMLの文書ファイルをこの方法で直接開くこともできる。

　ただしXMLやSGMLの文書は本来レイアウトを持たないので、それをFrameMakerで開いたときに自動的にレイアウトがつくようにふつう開発者は**構造化アプリケーション**というものを開発しているから、開きたい文書に応じた構造化アプリケーションのファイルや定義を開発者から受け取って自分のFrameMaker環境に導入しておく必要がある（⇒p219「書式・EDDを取り込む」）。

文書ウィンドウの操作

●文書のスクロール・ページ移動
　文書をスクロールするには、文書ウィンドウ右端と下端のスクロールバー・スクロールボックスを利用する。ホイールマウスならば、文書ウィンドウをアクティブにした状態でホイールを回転させて縦スクロールさせることもできる。

ページ単位で前後移動
　文書ウィンドウ下端の■(前ページへ)・■(次ページへ)ボタンを押すと、ページ単位での移動が可能である。

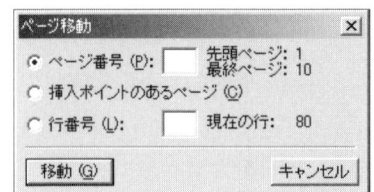

任意ページへ移動
　文書ウィンドウ下端のページ番号の書かれている部分をクリックすると、[ページ移動]画面が現れるので、任意のページへ移動することができる。[表示]→[表示ページ]を選択しても同じである。

先頭ページ・最終ページへ移動
　書式バー（⇨p148「書式バー」）で■(先頭ページへ)ボタンを押すと、先頭ページへ移動することができる。■(最終ページへ)ボタンを押すと、最終ページへ移動することができる。

●表示の拡大・縮小
　表示倍率を変更するには、文書ウィンドウ下端の倍率の書かれた部分をクリックすると、表示倍率のメニューが現れるので、好きな倍率を選ぶことができる。
　あるいはその右隣にある［z］を押すとズームアウト（表示縮小）、［Z］を押すとズームイン（表示拡大）させることができる。

●文書ウィンドウの最大化
　文書ウィンドウ右上隅の■ボタンを押すと、文書ウィンドウをスクリーンいっぱいに最大化することができる。

●複数の文書ウィンドウをさばく
　文書ウィンドウがすでに開いているとき、さらに別の文書を開くと、複数の文書が同時に開いている状態になる。そんなときは［ウィンドウ］→［重ねて表示］や［ウィンドウ］→［並べて表示］を選択して、うまくウィンドウを配置することもできる。
　またウィンドウメニューの中には、現在開いている文書も一覧表示されるので、そのうちのいずれかを選ぶことによっても、文書ウィンドウを切り替えることができる。移りたいウィンドウが現在のウィンドウの裏に隠れている場合などに便利である。

文書を閉じる

文書を閉じるには、[ファイル]→[閉じる]を選択するか、文書ウィンドウ右上隅の[×]を押す。

3 画面表示方式を変える

標準 FrameMaker や構造化 FrameMaker で文書を表示・編集する際には、必要に応じて、画面表示方式を変えることができる。

構造化文書のみ 文書構造の表示については⇨p50「構造の表示」

境界線の表示

［表示］→［境界線］を選択してチェックマークを入れると、文書内のテキスト枠の境界線が点線表示されるようになる。これはトグルであり、もう一度選択してチェックマークを外せば表示されなくなる。

制御記号の表示

［表示］→［制御記号］を選択してチェックマークを入れると、文書内の改段落・強制改行・タグなどの制御記号が表示されるようになる。

ルーラの表示

［表示］→［ルーラ］を選択してチェックマークを入れると、文書ウィンドウの上端と左端にルーラが表示されるようになる。

グリッドの表示

［表示］→［グリッド］を選択してチェックマーク

を入れると、文書にグリッドが表示されるようになる。

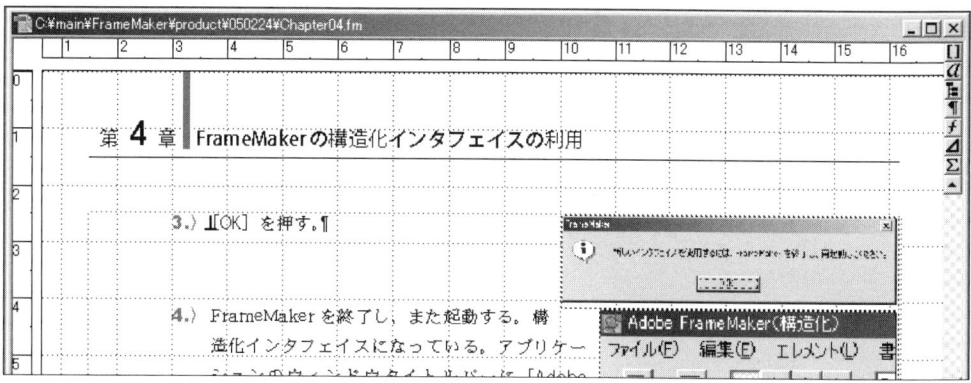

グラフィックの表示

文書内のグラフィックは通常は表示されているが、画面描画速度を上げるために、これを表示しないようにすることもできる。そのためには次のように操作する。

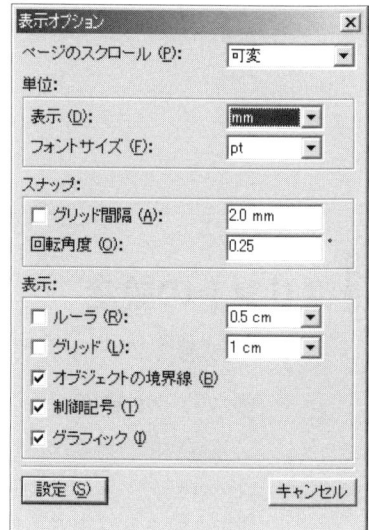

1. ［表示］→［オプション］を選択。▶［表示オプション］画面が現れる。
2. ［表示］グループの［グラフィック］のチェックを外す。［設定］を押す。

スクロール方式の変更

ページのスクロールの方式は、文書の種類や好みによって変更することができる。そのためには次のように操作する。

1. ［表示］→［オプション］を選択。▶［表示オプション］画面が現れる。
2. ［ページのスクロール］でスクロール方式を選ぶ。［設定］を押す。
   選べるスクロール方式は次のとおり。
   ・［縦］……ページを上から下へ表示。
   ・［横］……ページを左から右へ表示。
   ・［見開き］……2ページずつ左右に並べて上から下へ表示。
   ・［可変］……任意のページ数（ウィンドウに入るだけ）を左右に並べて上から下へ表示。

第 2 章 【操作編】FrameMaker環境

4 プリントする

FrameMaker文書をプリンタでプリントするには次のように操作する。

1. ［ファイル］→［プリント］を選択。▶
   ［文書をプリント］画面が現れる。
   　必要に応じ、この画面で、プリントに関するいろいろな設定を行うことができる。
2. ［プリント］を押す。文書がプリントされる。

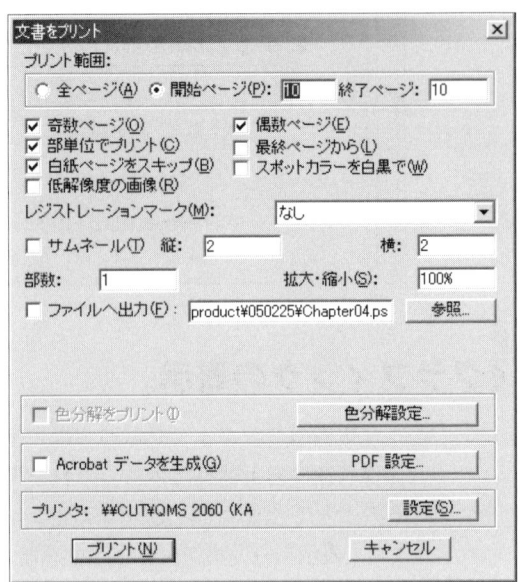

境界線や制御記号・ルーラ・グリッドは、画面上に表示してあっても、プリントはされない。

プリントの設定

［文書をプリント］画面では、主に次のような設定を行うことができる。

●プリント範囲

文書の全ページをプリントするには、［プリント範囲］グループの［全ページ］を選ぶ。
　一部のページだけをプリントするには、［開始ページ］・［終了ページ］を指定する。画面を開いた時点では両方とも、現在カーソルがあるページになっている。

●奇数ページ/偶数ページ

奇数番目のページだけをプリントするには［奇数ページ］をチェックする。
　偶数番目のページだけをプリントするには［偶数ページ］をチェックする。
　両方チェックすると両方プリントされる。画面を開いた時点では両方チェックされている。通常は両方チェックしてプリントするが、奇数ページだけをプリントしたあと、その紙を裏返してプリンタに戻し、今度は偶数ページだけをプリントすると、手動両面印刷が実現できる。

●部単位でプリント

後述の［部数］を複数指定したときに、ページごとにその枚数ずつまとめてプリントするのではなく、1枚ずつプリントして1部終わったら次の部へ移るというふうにするには、［部単位でプリント］をチェックする。

たとえば、5ページある文書を3部プリントする場合の紙ページ順は次のようになる。
- **オフ**……111 222 333 444 555
- **オン**……12345 12345 12345

画面を開いた時点ではチェックされている。プリントされた紙を綴じるときに並べかえなくてすむので便利だが、全体としてかかるプリント時間は長くなる。

●最終ページから

最終ページから逆順にプリントするには［最終ページから］をチェックする。プリンタによっては、最初のページから順にプリントすると、紙の重なり順がページ順と逆になってしまうものがあるので、そういう場合に用いる方式である。

●白紙ページをスキップ

白紙のページをプリントしないようにするには［白紙ページをスキップ］をチェックする。

●スポットカラーを白黒で

文書内のカラーのアイテムを白黒でプリントするには［スポットカラーを白黒で］をチェックする。

●低解像度の画像

文書内の画像を灰色でぬりつぶすには［低解像度の画像］をチェックする。プリントが速く済むので文字校正などに有用だ。

●レジストレーションマーク

トンボをプリントするには、［レジストレーションマーク］からトンボの種類を選ぶ。

●サムネール

1枚の紙に複数のページを縮小してプリントするには、［サムネール］の［縦］と［横］に、縦横の枚数を指定する。たとえば［縦］を「2」として、［横］を「3」とすれば、1枚の紙に6ページプリントされる。画面を開いた時点ではともに［1］になっている（つまりサムネールにしない）。

●部数

プリントする部数を指定するには［部数］に入力する。画面を開いた時点では［1］になっている。

●拡大・縮小

拡大したり縮小したりしてプリントするには、［拡大・縮小］に倍率を入力する。画面を開いた時点では［100%］（原寸）になっている。

●プリント設定

プリントするプリンタを選んだり、プリントする用紙のサイズや向きなどを指定するには、プリンタ名の横の［設定］を押す。すると［プリンタの設定］画面が現れる。

［プリンタ名］の横の［プロパティ］を押すと、さらに詳細なプリンタのプロパティを設定することができる。その設定項目内容はプリンタの機種などに依存する。

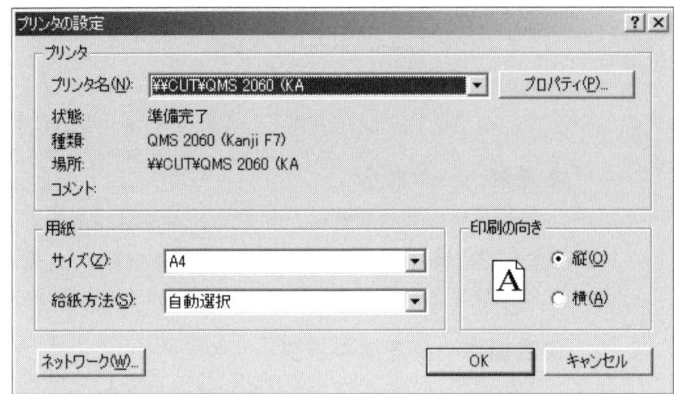

5 文書ファイルを保存する

編集した文書をファイルに再保存するには、［ファイル］→［保存］を選択する。

構造化文書のみ 構造化インタフェイスでは、もともとFrameMaker文書形式だった文書はFrameMaker文書形式で保存されるが、もともとXML形式だった文書はXML形式で保存されるので、XML文書の編集もシームレスな感覚で行うことができるようになっている。もともとSGML形式だった文書はFrameMaker文書形式で保存される。

別名で保存

違うファイル名で保存したり、別のフォルダに保存したりしたいときは、［ファイル］→［別名で保存］を選択して、ファイル保存画面で、適宜ファイル名や保存場所を変えて保存する。ただし、FrameMaker文書形式で保存するなら、拡張子は.fmにしておいたほうがいい。［ファイルの種類］も［文書7.0 (*.fm)］にしておくこと。

逆に、このファイルの種類を変えると、PDF・MIF・RTF・テキストなど、文書をさまざまな形式に変換して保存することができる。

構造化文書のみ 構造化インタフェイスの場合は、XML・SGML形式に変換して保存することもできる。

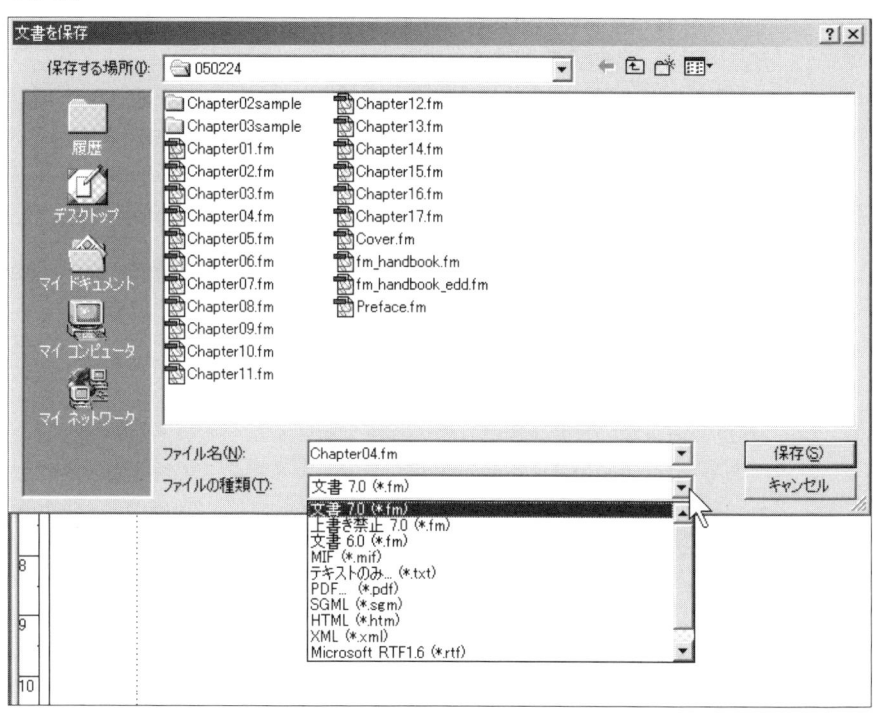

ファイル保存の環境設定

FrameMaker 文書ファイルの保存に関しては、必要に応じて変更できる環境設定項目がいくつかある。環境設定を変更するには次のように操作する。

1. ［ファイル］→［環境設定］→［一般］を選択。［環境設定］画面が現れる。
2. 設定を変更する。
3. ［OK］を押す。▶環境設定の変更が反映される。

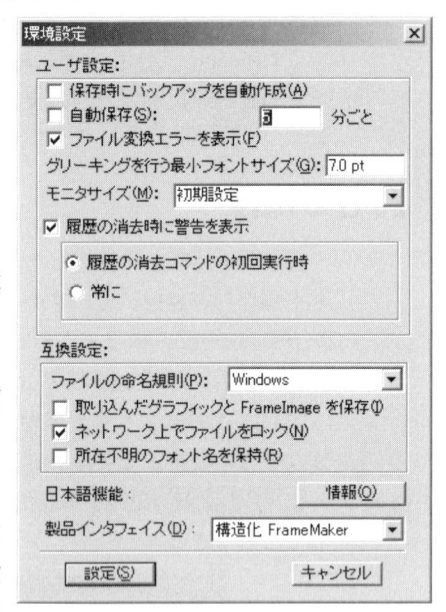

● 保存時にバックアップを自動作成

ファイルを保存する際に、そのバックアップファイルを自動的に作成させるようにするには、［環境設定］画面で［保存時にバックアップを自動作成］にチェックを入れる。

逆にそれがわずらわしければ、チェックを外せばよいだろう。

● 自動保存

保存の操作を行わなくても定期的に自動的にファイル保存が行われるようにするには、［環境設定］画面で［自動保存:］にチェックを入れる。不意にコンピュータの電源が切れてしまったりした場合でも、最近までの編集作業結果は温存されているので安心だ。保存の時間間隔は右の［分ごと］欄で設定できる。デフォルトでは5分間隔になっている。

● 履歴の消去時に警告を表示

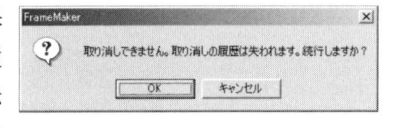

FrameMaker 7.2では、変更を加えた文書ファイルを保存する際などに、それまでに自動的に蓄積されていた履歴を消去していいかどうかをたずねるメッセージが表示される。これがわずらわしい場合は、［環境設定］画面の［履歴の消去時に警告を表示］のチェックを外す。

あるいは、履歴が消去されるようなコマンドを初めて実行したときにだけ警告が出るようにしておくこともできる。それには［環境設定］画面の［履歴の消去時に警告を表示］にチェックを入れておき、その下の［履歴の消去コマンドの初回実行時］を選べばよい。

テンプレートからの文書作成

　既存の FrameMaker 文書を開いて編集するだけでなく、新規の文書を作成しなければならないこともあるだろう。そのような場合はたいてい、開発者から**テンプレート**が渡される。テンプレートは通常の FrameMaker 文書であり、ページレイアウトや各種書式なども作成済みだが、本文テキストだけは空の状態になっているものだ。

　そのようなときは、まずこのテンプレートのファイルを開いて、いったん別名で保存したうえで、一から文書作成するのがよいだろう。

Navigation ┈┈▶

- **構造化**文書の**開発者**をめざすなら ⇨ 次章へ進む
- **構造化**文書の**オペレーター**をめざすなら ⇨ 次章へ進む
- **非構造化**文書のみを作りたいなら ⇨ 次章へ進む

第3章

【操作編】
テキストを
編集する

　文書内のテキストにカーソルを置く。テキストを選択して移動・複製・削除。テキストを挿入。さまざまな特殊文字や制御キャラクタを入力。検索・置換。【オペレーター向】

第 3 章 【操作編】テキストを編集する

1 テキストの基本操作

　　文書をFrameMakerで開いたら、その内容を変更したり追加したりすることが可能である。まず本章では、テキストを編集する操作を解説する。文書内容のちょっとした手直しだけなら、この操作を知っていれば充分行うことができる。

テキスト枠とフロー

　　FrameMaker文書では、テキストは、**テキスト枠**という四角形の中に割り付けられる。テキスト枠は、境界線を表示させると表示されるようになる。

　　文書が長くて一つのテキスト枠には収まりきらない場合には、その続きを別のテキスト枠に割り付けることもできる。同様にして、いくつでもテキスト枠をつないでいくことが可能だ。このテキストのひとつながりのことを**フロー**という。

　　フローを構成するテキスト枠は、レイアウト上の工夫により、ひとつのページの中に複数存在する場合もある。もちろん、異なるページどうしにあるテキスト枠をつないでフローにすることも可能である（それが普通である）。通常、文書の内容が増えたり減ったりした場合には、それに応じてページ数も増減して、テキスト枠が必要なだけ生み出されたり減ったりするように、テンプレートが作られている。

　　なお、ひとつのテキスト枠が縦にいくつかに分かれていて、その中にテキストが段組みされる場合もある。

カーソルを置く

　　FrameMaker文書でテキストを編集するには、一般の文書作成ソフトウェアと同様に、文書ウィンドウで、テキスト枠の中のテキストのどこかにカーソルを置けばよい。そのためには、カーソルを置きたいところをマウスでクリックする。

　　すでにカーソルがそのテキストのフローのどこかにある場合は、そこからカーソルキーでカーソルを移動して行って、目的の場所に達することもできる。フローが複数のテキスト枠にまたがっている場合であっても、カーソルはそれを超えて自由に行き来することが可能だ。

テキストを選択する

　　文書ウィンドウでテキストを選択する方法は、一般の文書作成ソフトウェアとまったく同じである。すなわち、選択したい開始位置にカーソルを置いて、そこからShift+→キーを押していって終了位置まで行くか、終了位置でShiftキーを押しながらマウスをクリックすればよい。

1 テキストの基本操作

開始位置から終了位置までマウスをドラッグしてもよい。

もちろん上記操作は逆方向でもかまわない。

構造化文書のみ 構造化文書では、要素の境目をまたがって選択すると、独特の動作になる。⇨p72「テキスト選択から要素選択への移行」

●単語を選択

英単語の中でダブルクリックを行うと、その単語を選択することができる。

日本語のダブルクリック

日本語の中でダブルクリックを行うと、その周辺のある一定の範囲を選択することができ(漢字＋ひらがな等)、場合によっては便利である。

●段落を選択

段落の中でトリプルクリックを行うと、その段落全体を選択することができる。

構造化文書のみ 構造化文書では、要素の境目のある段落でトリプルクリックを行うと、独特の動作になる。⇨p72「テキスト選択から要素選択への移行」

●文書全体を選択する

文書全体を選択するには、［編集］→［フロー内のすべてを選択］を選択する。または文書ウィンドウか構造図で、文書内のどこかにカーソルを置いて、Ctrl+Aを押す。

テキストを移動・複製する

　文書内のどこかのテキストを、別の場所へ移動・複製したいときは、コピー&ペーストまたはカット&ペーストすればよい。

　その方法は、一般の文書作成ソフトとまったく同じで、コピーには［編集］→［コピー］を選択し（またはCtrl+C）、カットには［編集］→［カット］を選択し（またはCtrl+X）、ペーストには［編集］→［ペースト］を選択（またはCtrl+V）すればよい。

●文書間のテキスト移動・複製
　この方法で、別の文書からテキストを持ってくることもできる。

●FrameMaker以外からのテキスト移動・複製
　同様に、FrameMaker以外のテキストエディタなどから、テキストをコピー&ペーストしてくることもできる。

●クリップボードを経由しないテキスト複製
　FrameMaker文書の中でテキストを複製したいときは、コピー&ペーストより簡便な次の操作も利用できる。
1. 複製先にしたい場所にカーソルを置く。
2. 複製元のテキストを、Altキーを押しながら選択する。▶選択完了とともにテキストが複製される。

テキストを削除する

　不要なテキストについては、これも一般の文書作成ソフトとまったく同様、Deleteキーやか BackSpaceキーを用いて削除することができる。

●上書き削除
　また、テキスト範囲を選択した状態で別のテキストをキー入力したり、ペーストや複製を行えば、元あったテキストは上書き削除されて、新しいテキストに変更される。

2 テキストを挿入する

テキストは、カーソル位置に自由にキー入力して、直接挿入することができる。

構造化文書のみ 構造化文書では、テキストを入れることが認められていない場所もある。そういう所にはテキストを入力することはできないようになっている。

特殊文字や制御キャラクタを入力する

> NOTE
> **構造化文書のみ** XML や SGML への書き出しを想定している構造化アプリケーションでは、このような特殊文字や制御キャラクタの使用は想定されていない場合もあるので、あらかじめ開発者に問い合わせたほうがいいだろう。

FrameMakerでは文書にさまざまな特殊文字を入力することができる。また、FrameMakerにはいくつかの制御キャラクタが用意されており、キー入力により文書に挿入することができる。

その際、日本語入力はオフにしておくか直接入力モードにしておく必要がある。フォントは欧文フォントになっていなければならない。

以下、FrameMaker で文書に特殊文字や制御キャラクタを入力するには何のキーを押せばよいかを列挙する。

● グレーブ（アクサングラーブ）
- à ……Ctrl+Q・Ctrl+H
- À ……Ctrl+Q・Shift+K
- è ……Ctrl+Q・Ctrl+O
- È ……Ctrl+Q・I
- ì ……Ctrl+Q・Ctrl+S
- Ì ……Ctrl+Q・M
- ò ……Ctrl+Q・Ctrl+X
- Ò ……Ctrl+Q・Q
- ù ……Ctrl+Q・Ctrl+9
- Ù ……Ctrl+Q・T
- ` ……Ctrl+Shift+`

● アキュート（アクサンテギュ）
- á ……Ctrl+Q・Ctrl+G
- Á ……Ctrl+Q・G
- é ……Ctrl+Q・Ctrl+N

- É ……Ctrl+Q・Ctrl+C
- í ……Ctrl+Q・Ctrl+R
- Í ……Ctrl+Q・J
- ó ……Ctrl+Q・Ctrl+W
- Ó ……Ctrl+Q・N
- ú ……Ctrl+Q・Ctrl+8
- Ú ……Ctrl+Q・R
- ý ……Ctrl+Q・Shift+F
- Ý ……Ctrl+Q・Shift+E
- ´ ……Ctrl+Q・Shift++

● サーカムフレックス（アクサンシルコンフレクス）
- â, Â, ê, Ê, î, Î, ô, Ô, û, Û ……Esc・^・A, Shift+A, E, Shift+E, I, Shift+I, O, Shift+O, U, Shift+U

または
- â ……Ctrl+Q・Ctrl+I
- Â ……Ctrl+Q・E
- ê ……Ctrl+Q・Ctrl+P
- Ê ……Ctrl+Q・F
- î ……Ctrl+Q・Ctrl+T
- Î ……Ctrl+Q・K
- ô ……Ctrl+Q・Ctrl+Y
- Ô ……Ctrl+Q・O
- Û ……Ctrl+Q・S
- ˆ ……Ctrl+Q・V

● チルダ（チルデ）
- ã, Ã, ñ, Ñ, õ, Õ ……Esc・Shift+˜・A, Shift+A, N, Shift+N, O, Shift+O

または
- ã ……Ctrl+Q・Ctrl+K
- Ã ……Ctrl+Q・Shift+L
- ñ ……Ctrl+Q・Ctrl+V
- Ñ ……Ctrl+Q・Ctrl+D
- õ ……Ctrl+Q・Ctrl+7
- Õ ……Ctrl+Q・Shift+M
- ˜ ……Ctrl+Q・W

● ウムラウト（トレマ、ダイアラシス）
- ä, Ä, ë, Ë, ï, Ï, ö, Ö, ü, Ü, ÿ, Ÿ ……Esc・:・A, Shift+A, E, Shift+E, I, Shift+I, O, Shift+O, U,

Shift+U, Y, Shift+Y

または

- ä, Ä, ë, Ë, ï, Ï, ö, Ö, ü, Ü, ÿ, Ÿ ……Esc・Shift+%・A, Shift+A, E, Shift+E, I, Shift+I, O, Shift+O, U, Shift+U, Y, Shift+Y

または

- ä　……Ctrl+Q・Ctrl+J
- Ä　……Ctrl+Q・Ctrl+2
- ë　……Ctrl+Q・Ctrl+Q
- Ë　……Ctrl+Q・H
- ï　……Ctrl+Q・Ctrl+U
- Ï　……Ctrl+Q・L
- ö　……Ctrl+Q・Ctrl+Z
- Ö　……Ctrl+Q・Ctrl+E
- ü　……Ctrl+Q・Ctrl+1
- Ü　……Ctrl+Q・Ctrl+F
- ÿ　……Ctrl+Q・Shift+X
- Ÿ　……Ctrl+Q・Shift+Y
- ¨　……Ctrl+Q・,

● リング

- å, Å ……Esc・Shift+*・A, Shift+A

または

- å　……Ctrl+Q・Ctrl+L
- Å　……Ctrl+Q・Ctrl+A

● セディーユ

- ç　……Ctrl+Q・Ctrl+M
- Ç　……Ctrl+Q・Ctrl+B
- ¸　……Ctrl+Q・Shift+¦

● ハーチェク（キャロン）

- š　……Ctrl+Q・P
- Š　……Ctrl+Q・3
- ž　……Ctrl+Q・Shift+˜
- Ž　……Ctrl+Q・Z

● マクロン

- ¯　……Ctrl+Q・X

●ダブルアキュート
- ˝ ……Ctrl+Q・Shift+}

●ストローク
- ø ……Ctrl+Q・Shift+?
- Ø ……Ctrl+Q・/

●合字
- æ ……Ctrl+Q・Shift+>
- Æ ……Ctrl+Q・.
- œ ……Ctrl+Q・Shift+O
- Œ ……Ctrl+Q・Shift+N

●ドイツ語
- ß ……Ctrl+Q・Shift+'

●アイスランド語
- ð ……Ctrl+Q・2
- Ð ……Ctrl+Q・Shift+C
- þ ……Ctrl+Q・Shift+J
- Þ ……Ctrl+Q・Shift+W

●分数
- ¼ ……Ctrl+Q・9
- ½ ……Ctrl+Q・:
- ¾ ……Ctrl+Q・Shift+=
- ⁄ ……Ctrl+Q・Shift+Z

●上付き
- ¹ ……Ctrl+Q・6
- ² ……Ctrl+Q・7
- ³ ……Ctrl+Q・8
- ª ……Ctrl+Q・;
- ™ ……Ctrl+Q・Shift+*

●数学記号
- ± ……Ctrl+Q・1
- × ……Ctrl+Q・0
- ÷ ……Ctrl+Q・Shift+V
- ° ……Ctrl+Q・Shift+! またはCtrl+Q・Shift+{

- ¬ ……Ctrl+Q・Shift+B
- ƒ ……Ctrl+Q・Shift+D
- ¦ ……Ctrl+Q・-

● 単位記号
- ‰ ……Ctrl+Q・D
- µ ……Ctrl+Q・5

● 通貨記号
- ¥ ……Ctrl+Q・4（欧文テキストで¥が\と表示されてしまう場合に使用）
- ¢ ……Ctrl+Q・Shift+"
- £ ……Ctrl+Q・Shift+#
- € ……Ctrl+Q・U
- ¤ ……Ctrl+Q・[

● 句読点
- ¡ ……Ctrl+Q・Shift+A
- ¿ ……Ctrl+Q・@
- … ……Ctrl+Q・Shift+I

● いろいろな記号
- § ……Ctrl+Q・Shift+$
- ¶ ……Ctrl+Q・Shift+&
- † ……Ctrl+Q・Space
- • ……Ctrl+Q・Shift+%
- · ……Ctrl+Q・A
- © ……Ctrl+Q・Shift+)
- ® ……Ctrl+Q・Shift+(

このほかにも日本語の全角の記号類を利用することができる。また、テキストのフォントによってはさまざまな記号を入力することができるだろう。

● 引用符

　FrameMakerでは、文書で'キー・`キー・"キーのいずれかを入力すると、ただちに曲線の引用符（"など）に変わるようになっている。スペースや句読点の入れ方が英文として正しければ、FrameMakerは引用の開始と終了のペアを正しく判定することができ、それぞれ１つめの引用符は開く形の（"）引用符になり、２つめは閉じる形の（"）引用符になる。

　ただしこの機能ははたらかないようにすることもできる。それには次のように操作する。

第3章 【操作編】テキストを編集する

1. ［書式］→［文書］→［テキストオプション］を選択。▶ ［テキストオプション］画面が現れる。
2. 引用符が勝手に変わらないようにしたければ［引用符の自動調節］のチェックマークを外す。［適用］を押す。

- ' ……Ctrl+Shift+'
- ' ……Ctrl+Q・Shift+T または Ctrl+Q・Shift+'（引用符の自動調節がオンのときは1つめの'もこれになる）
- ' ……Ctrl+Q・Shift+U（引用符の自動調節がオンのときは2つめの'もこれになる）
- , ……Ctrl+Q・B
- ` ……Ctrl+Q・Shift+`
- ´ ……Ctrl+Q・Shift++
- " ……"（引用符の自動調節がオンのときはEsc・Shift+"）
- " ……Ctrl+Alt+Shift+` または Ctrl+Q・Shift+R（引用符の自動調節がオンのときは1つめの"もこれになる）
- " ……Ctrl+Alt+Shift+' または Ctrl+Q・Shift+S（引用符の自動調節がオンのときは2つめの"もこれになる）
- „ ……Ctrl+Q・C
- ‹ ……Ctrl+Q・¥
- › ……Ctrl+Q・］
- « ……Ctrl+2・Shift+G
- » ……Ctrl+Q・Shift+H

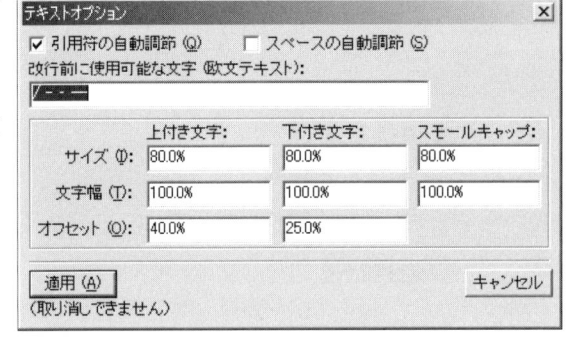

● ダッシュ（ダーシ）

- — （emダッシュ）……Ctrl+Q・Shift+Q（フォントサイズと同じ長さ）
- – （enダッシュ）……Ctrl+Q・Shift+P（emダッシュの半分の長さ）

● ハイフネーション

FrameMakerには、普通のハイフンのほかに、ハイフネーションを制御するためのキャラクタがある。機能によって以下の3種類がある。

- 任意ハイフン ……Ctrl+-（これを入れた位置でのハイフネーションを許す。そのほうが文字組みが美しいと判定されれば、ここで自然改行されてハイフンが印字される。行末にないときは印字されない。制御記号を表示していると単語の上に▼が表示される）
- ハイフネーション禁止 ……Esc・N・S（ハイフネーションされてほしくない単語の中の任意の位置にこれを入れる。制御記号を表示していると単語の下に_が表示される）

2 テキストを挿入する

- 非分離ハイフン ……Esc・-・H（普通に入力したハイフンと同様につねに印字されているが、ただしこの位置で自然改行することは許さない）

●特殊スペース

FrameMakerには普通のスペースのほかに、改行されない特殊スペースがある。特殊スペースは幅によって以下の5種類がある。

- ａａ（非分離スペース（ハードスペース））……Ctrl+Space（普通のスペースと同じアキ。制御記号を表示していると˷が表示される）
- ａ　ａ（emスペース）……Ctrl+Shift+Space（フォントサイズと同じ幅）
- ａ ａ（enスペース）……Ctrl+Alt+Space（emスペースの半分）
- ａ ａ（特殊スペース）……Esc・Space・1（0の字と同じ幅のアキ）
- aa（極細スペース）……Esc・Space・T（emスペースの12分の1）

●タブ

- タブ ……Tab（段落内に定義された定位置まで右送り。制御記号を表示していると〉が表示される）

●改行

- 改段落 ……Enter（制御記号を表示していると¶が表示される）
- 強制改行 ……Shift+Enter（改段落させずに改行する。制御記号を表示していると〈が表示される）

書式バーを用いて特殊文字を入力

書式バー（⇨p148「書式バー」）で▤(特殊文字の挿入)ボタンを押すと、ポップアップメニューにいくつかの特殊文字名が選択肢として現れるので、いずれかを選択すれば、その特殊文字を文字カーソル位置に挿入することができる。ほとんどの特殊文字の場合、フォントは欧文フォントでなければならない。

3 テキストを検索・置換する

FrameMakerでは、文書の中のテキストを検索することができる。また、検索したテキストを他のテキストで置換することもできる。次のように操作する。

1. ある範囲内だけで検索や置換をしたい場合は、そのテキスト範囲をまず選択しておく。
2. ［編集］→［検索・置換］を選択（または **Ctrl+F** を押す）。▶ ［検索・置換］画面が現れる。

3. ［検索］の対象として［テキスト:］を選び、検索文字列を入力する。置換したいならさらに［置換］の対象として［テキスト:］を選び、置換文字列を入力する。必要に応じてチェックマークを入れる。［検索:］グループでは、文書全体を対象とするなら［文書］を選び、選択した範囲だけを対象とするなら［選択範囲］を選ぶ。
4. 検索したいなら［検索］を押す。最初に見つかったテキストを置換したいなら［置換］を押す。最初に見つかったテキストを置換したあと、さらに検索させたいなら［置換して検索］を押す。全部まとめて置換したい場合は［一括置換］を押す。▶ 検索・置換動作が行われる。見つからなければ［見つかりません。］と表示される。
5. 検索を継続したい場合は［編集］→［次を検索］を選択（または **Ctrl+Shift+F**）。あるいは書式バー（⇨p148「書式バー」）で (次を検索) ボタンを押してもよい。
6. 目的を達したら［検索・置換］画面を閉じる。

大文字・小文字を区別

検索文字列の大文字と小文字を区別して検索するには、［大文字・小文字を区別］にチェックマークを入れる。たとえば「Boy」を検索文字列にした場合、それぞれ次のように検索される。

- チェックを入れた……Boyは検索にひっかかる。BOY・boy・BOy等はひっかからない。
- チェックを入れなかった……Boy はもちろん検索にひっかかり、BOY・boy・BOy 等もすべてひっかかる。

日本語を検索する場合は関係ない。

単語で検索

検索文字列を単語としてのみ検索するには、［単語で検索］にチェックマークを入れる。た

とえば「fur」を検索文字列にした場合、それぞれ次のように検索される。

- **チェックを入れた**……単語furは検索にひっかかる。furan・furfur・sulfur等はひっかからない。
- **チェックを入れなかった**……単語furはもちろん検索にひっかかり、furan・furfur・sulfur等の中のfurもすべてひっかかる。

日本語を検索する場合はあまり意味のある動作をしない。

ワイルドカードを使用

以下に示すワイルドカードを検索文字列中で使って検索するには、[ワイルドカードを使用]にチェックマークを入れる。

- ＊（半角アスタリスク）……任意個数の任意文字。0個の場合も含む。ただしスペースと英文句読点は除外される。たとえば検索文字列を「宇宙＊機構」とすると宇宙機構・宇宙開発事業機構・宇宙開発研究機構・宇宙航空開発機構・宇宙航空研究開発機構 等がひっかかる。
- ？（半角）……任意文字1個。ただしスペースと英文句読点は除外される。たとえば検索文字列を「人間ドッ？」とすると人間ドック・人間ドッグ・人間ドット等がひっかかる。
- ¦（半角縦棒）……任意個数のスペースまたは英文句読点。ただし0個の場合は含まない。たとえば検索文字列を「boy¦」とすると「boy.」「boy/」「boy?」「boy!」等がひっかかる。
- [ ]（半角角カッコ）……複数の候補文字をカッコ内に並べて書いたうちのいずれかの文字1個。たとえば検索文字列を「[bst]oy」とするとboy・soy・toyがひっかかる。日本語では使えない。
- [^]（半角角カッコと半角べき乗記号）……複数の候補文字をカッコ内に並べて書いた以外の文字1個。たとえば検索文字列を「[^bst]oy」とするとcoy・joy等がひっかかる。
- ^（半角べき乗記号）……段落の先頭。たとえば検索文字列を「^以」とすると段落の先頭にある「以」だけがひっかかる。
- ＄（半角ドル記号）……段落の末尾。たとえば検索文字列を「ある。＄」とすると段落の末尾にある「ある。」だけがひっかかる。なお、構造化文書の場合はその際、段落末尾に要素の終了タグがあればそれも一緒に選択されるため、結局その要素全体が選択されることになる。

逆方向へ検索

ふつうは文書の上から下へむかって順に検索されていくが、これを逆に下から上へむかって検索していきたいときは、[逆方向へ検索]にチェックマークを入れる。

大・小文字をオリジナルに合わせる

検索された文字列と大文字・小文字の組み合わせで置換したい場合は、［大・小文字をオリジナルに合わせる］にチェックマークを入れる。たとえば検索文字列が「divx」で置換文字列が「xvid」の場合、それぞれ次のように置換される。

- チェックを入れた……DIVX→XVID。Divx→Xvid。divx→xvid。ただしDivX等→xvid。
- チェックを入れなかった……DIVX・Divx・divx・DivX等→すべてxvid。

検索による削除

置換文字列を何も入れずに置換を行えば、文書内で検索された文字列を削除することができる。

制御キャラクタや特殊文字による検索・置換

検索文字列や置換文字列の中には、制御キャラクタや特殊文字を含めることもできる。主なものの指定方法を以下に挙げる（すべて半角）。

ダッシュ（ダーシ）
- —（emダッシュ）……¥m
- –（enダッシュ）……¥=

ハイフネーション
- 任意ハイフン……¥-
- ハイフネーション禁止……¥_(??)
- 非分離ハイフン……¥+

特殊スペース
- 非分離スペース（ハードスペース）……¥ （¥のあとにスペース）
- emスペース……¥Mまたは¥sm
- enスペース……¥Nまたは¥sn
- 特殊スペース……¥#または¥s#
- 極細スペース……¥iまたは¥st

タブ
- タブ……¥t

改行
- 改段落……¥p
- 強制改行……¥r

バックスラッシュ
- \ (¥) ……¥¥

ワイルドカードに使われる文字
- *, ?, |, [,], ~, $ ……［ワイルドカードを使用］にチェックマークを入れている場合は頭に¥をつけて¥*, ¥?, ¥|, ¥[, ¥], ¥~, ¥$

位置を検索する

文書内の位置を検索することもできる。検索文字列の中に次のように入力する。
- 段落先頭 ……¥P
- 段落末尾 ……¥p（たとえば¥P¥pで空段落を検出可能）
- 単語先頭 ……¥<（日本語ではあまり意味がない）
- 単語末尾 ……¥>（日本語ではあまり意味がない）

検索対象文字列の書式が途中で変わっているとき

検索でひっかかった文字列のなかに、複数の異なった書式のついた文字（列）が混在しているときは、それを置換すると、置き換わってできた文字列は全体が、もとの検索対象文字列の先頭文字と同じ書式になる。

Navigation ⋯⋯▶
- **構造化**文書の**開発者**をめざすなら ⇨ 次章へ進む
- **構造化**文書の**オペレーター**をめざすなら ⇨ 次章へ進む
- **非構造化**文書のみを作りたいなら ⇨ 6章へ進む（4章・5章はスキップ）

第 4 章

【操作編】
構造を編集する

構造化文書のみ FrameMaker で XML 文書や SGML 文書の構造を編集する。正確に効率よくタグづけをしていく。構造の誤りを確実に見つける。要素や属性を検索・置換。非構造化文書に半自動的にタグをつける。【オペレーター向】

第4章 【操作編】構造を編集する

1 構造の表示

　この章では、FrameMakerで開いたFrameMaker文書形式やXML形式・SGML形式の構造化文書に対して、構造編集の作業を行うための具体的な操作方法を解説する。ただしXML・SGML形式の文書をレイアウトつきで開くには、その文書に対応した構造化アプリケーションを、自分のFrameMaker環境にあらかじめ導入しておく必要がある。⇨5章

　FrameMakerで構造化文書を表示・編集する際には、必要に応じていろいろ表示方式を変えたり、補助的なウィンドウを表示させたりすることができる。

エレメント境界の表示

　構造化文書の要素名・要素開始位置（開始タグ）・要素終了位置（終了タグ）を文書ウィンドウ内に表示するには、［表示］→［エレメント境界(タグ)］を選択してチェックマークを入れる。これはトグルであり、もう一度選択してチェックマークを外せば表示されなくなる。

```
1.) ⟨Procedure⟩ ⟨Item⟩ ⟨P⟩ ⟨Url⟩ http://www.adobe.co.jp/support/
    downloads/fm7templates.html ⟨Url⟩ から ⟨Url⟩ twaf.zip ⟨Url⟩ をダウン
    ロード。⟨P⟩ ⟨Item⟩ ¶
2.) ⟨Item⟩ ⟨P⟩ 解                                              凍。
    ⟨Result⟩ ▶ ⟨Result⟩ ⟨Url⟩ AdobeFrameMaker7.1p114.exe ⟨Url⟩ ができる。
    ⟨P⟩ ⟨Item⟩ ¶
```

　要素名を表示せずに、要素開始位置と要素終了位置だけを文書ウィンドウ内に表示させる方法がある。要素開始は［で表され、要素終了は］で表される。このほうが文書のレイアウトは見やすくなる。それには［表示］→［エレメント境界］を選択してチェックマークを入れる。これはトグルであり、もう一度選択してチェックマークを外せば表示されなくなる。

```
1.) [[[http://www.adobe.co.jp/support/downloads/fm7templates.html]か
    ら[twaf.zip]をダウンロード。]¶
2.) [[解凍。[▶][AdobeFrameMaker7.1p114.exe]ができる。]¶
```

　上記の二種の表示はもちろん併用することはできないので、どちらかにチェックマークをつければ、他方のチェックマークは自動的に外れる。

　両方ともチェックマークを外せば、要素名も要素開始位置も要素終了位置も文書ウィンドウ内に表示されなくなる。レイアウトを確認したり印刷したりするときはこのようにする。

構造図

文書ウィンドウ右端上隅の▣を押すと、**構造図**という補助的なウィンドウが表示される。これは文書のカーソル位置近辺の構造ツリーを図示するものであり、その中をクリックすることによってその位置へ移動することもできる。

●構造図の配置と表示倍率

構造図は大きさや位置を自由に変えることができるので、通常は文書ウィンドウの邪魔にならないよううまく共存できる形に配置して使う。

構造図下端の表示倍率を表示している箇所をクリックすると、メニューが現れるので、倍率を選ぶことができる。またその隣の[z]を押すとズームアウト（表示縮小）、[Z]を押すとズームイン（表示拡大）ができる。

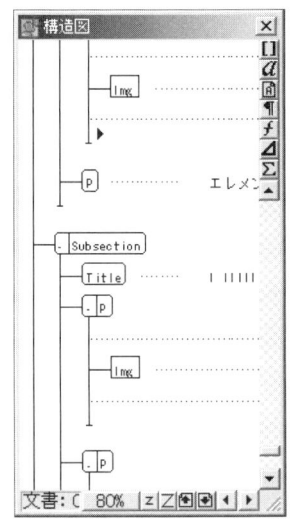

●構造図のスクロール

構造図をスクロールするには、構造図ウィンドウ右端と下端のスクロールバー・スクロールボックスを利用する。ホイールマウスならば、構造図ウィンドウをアクティブにした状態でホイールを回転させて縦スクロールさせることもできる。

●構造図から文書ウィンドウへの切り替え

構造図のウィンドウ右端の▣を押すと、文書ウィンドウが表示される。構造図のウィンドウを大きく表示していて文書ウィンドウがその裏に隠れているような場合に便利である。

●構造図の折りたたみ

構造図の中の要素名の左の[-]をクリックすると、その要素の中の要素ツリーが折りたたまれて、子要素が省略された表示に切り替わる。この時、要素名の左のマークは[+]に変わる。比較的広い範囲を見渡したいときなどに便利である。

この[+]をクリックすると逆に構造ツリーが展開され、子要素が表示される。と同時にマークが[-]に戻る。

なお、Shiftキーを押しながら[-][+]をクリックすると、クリックした要素の兄弟要素（親要素を同じくする要素）たちも一緒にまとめて折りたたまれたり展開されたりする。

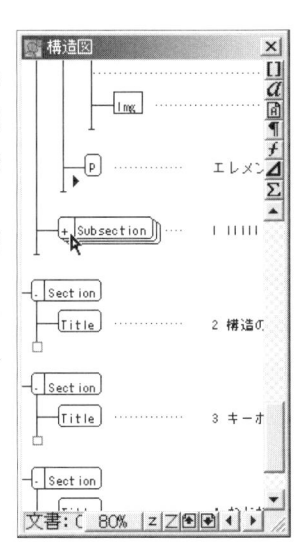

第4章 【操作編】構造を編集する

● 構造のエラー表示

文書構造に誤りがある場合、構造図ではその部分が赤く表示される。表示される誤りの種類は次のとおり。

・**弟要素が足りない**……親要素から下へのびる線の下端に赤い□がつく。

・**兄弟の途中の要素が足りない**……親要素から下へのびる線の途中に赤い□がはさまる。

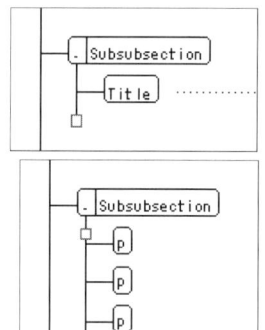

・**間違った兄弟がある**（許されない、重複等）……親要素から下へのびる線のうち、誤った兄弟のところから下が赤い点線になる。

・**折りたたみ表示されている要素の子要素の何かが間違っている**（足りない、許されない、重複等）……要素名の左の［+］が赤くなる。

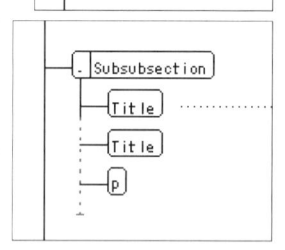

● 属性の表示

要素に属性があるときは、構造図の中の要素名の下に、属性の名前とその値が、［**属性名 = 属性値**］の形式で列挙される。

属性値が設定されていない場合は、属性値のかわりに斜体で［<値なし>］と表示される。ただし初期設定値が定義されている属性の場合は、その初期設定値が斜体で表示される。

複数可の属性の場合には、［**属性名 =** ］のあとに属性値たち（または初期設定値たち）が縦に列挙される。

● 属性の折りたたみ

属性を持つ要素名は、右に［-］がついている。要素の折りたたみ同様、この［-］をクリックすると、属性が隠されて、マークが［+］に変わる。属性を見ずに要素の構造だけを眺めたいときなどに便利だ。

［+］をクリックすると、必須属性と、値を指定されている属性が表示される。他に属性がなければマークは［-］に戻るが、あれば［+］のままである。この［+］をもう一度クリックすると、すべての属性が表示されて、マークは［-］に戻る。

なお、要素に必須属性がなく、値を指定されている属性もない場合は、［+］を一度クリッ

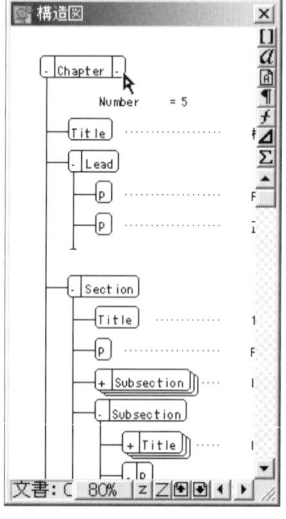

1 構造の表示

クしただけで、すべての属性が表示されて、マークが［-］に戻る。

●属性のエラー表示

属性に誤りがある場合、構造図ではその部分が赤く表示される。表示される誤りの種類は次のとおり。

- **必須属性なのに値が指定されていない**……属性名の左に赤い［□］が表示され、属性値のところに表示される［<値なし>］が赤字になる。
- **属性の値が間違い**（型の誤り、数値範囲外等）……属性名の左に赤い［x］が表示され、属性値が赤字になる。
- **属性が間違い**（構造定義にない属性を指定している等）……属性名の左に赤い［x］が表示され、属性名も値も赤字になる。
- **属性を隠している要素の属性が何か間違っている**……要素の折りたたみ表示の場合とは異なり、属性の場合［+］が赤く表示されることはないので注意が必要である。

●属性表示オプション

どのような属性を構造図に表示するかは、文書全体に対して設定しておくこともできる。そのためには次のように操作する。

1. ［表示］→［属性表示オプション］を選択。▶［属性表示オプション］画面が現れる。
2. 採用したい表示方式を選ぶ。［設定］を押す。▶属性の表示方式が変わる。

選べる表示方式は次のとおり。

- ［必要な属性・指定した属性］……構造上必須な属性を表示する。また、構造上必須でない属性であっても、値が指定されているものについては表示する。
- ［すべての属性］……すべての属性を表示する。はじめはこれが選ばれている。
- ［なし］……属性を表示しない。

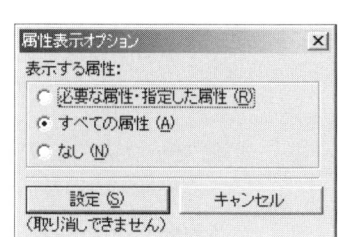

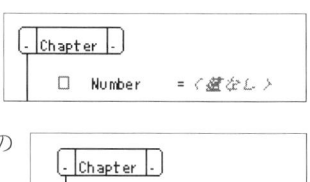

53

エレメントカタログ

　文書ウィンドウ右端上隅の[]を押すと、**エレメントカタログ**という補助的なウィンドウが表示される。これは、文書のカーソル位置で利用可能な要素を一覧表示するものであり、下部にあるボタンによってその要素を実際に文書内に挿入したりすることもできる。

　エレメントカタログは、大きさや位置を自由に変えることができるので、通常は文書ウィンドウの邪魔にならないよううまく共存できる形に配置して使う。

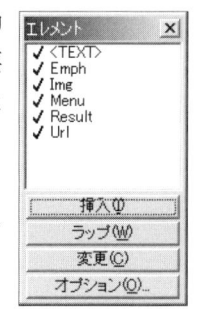

●太いチェックマークのついた要素名

　左に太いチェックマークがついて表示される要素名は、これを現在のカーソル位置に挿入すれば親要素も正しく兄要素も正しいという意味である。つまり、構造定義上いま挿入することがもっとも望ましい要素である。

●細いチェックマークのついた要素名

　左に細いチェックマークがついた要素名が表示されることがある。これは、現在のカーソル位置で挿入すると親要素は正しいが兄要素が足りないという意味である。つまり、構造定義上いまこの要素を挿入するのはまだ気が早いのだが、後から兄要素を追加するという暗黙の約束のもとに現時点で挿入を許される要素である。

●「？」マークのついた要素名

　左に「？」マークがついた要素名が表示されることがある。これは、現在のカーソル位置で挿入すると親要素は正しいが弟要素が誤りに変わるという意味である。つまり、構造定義上いまこの要素を挿入するなら古い要素はそれと並び立たないので、後から弟要素を除去するという暗黙の約束のもとに現時点で挿入を許される要素である。

●マークのついていない要素名

　左に何もつかない要素名が表示されることがある。これは、現在のカーソル位置で挿入すると親要素は正しいが兄要素が誤りという意味である。つまり、構造定義上いまこの要素を挿入するなら古い要素はそれと並び立たないので、後から兄要素を除去するという暗黙の約束のもとに現時点で挿入を許される要素である。

●表示されない要素名を表示する

　エレメントカタログに表示されない要素名については、現在のカーソル位置で挿入すると親要素が誤りになる。

ただしそのような要素についても、編集作業の過程においてとりあえず挿入しておいて、あとで親のほうを正しく修正するという手順を踏みたいという場合がある。このような場合は、現時点ではこの位置で正しくない要素もエレメントカタログに表示されていないと挿入することができない。そのようなときは次のように操作する。

1. エレメントカタログの下端の［オプション］を押す。
   ▶［使用可能なエレメントを設定］画面が表示される。
2. ［すべてのエレメント］を選ぶ。［設定］を押す。▶すべての要素名が表示されるようになる。

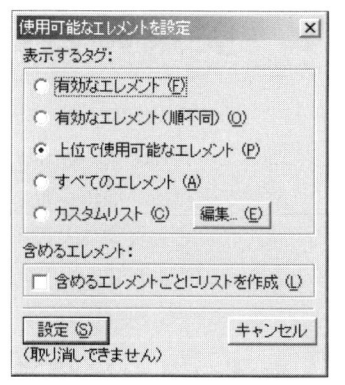

2 要素に自動でつく書式

構造化FrameMaker文書では、それぞれの要素に書式が自動的についで印字される。

たとえば、見出しを表す要素は大きな文字で印字される。強調を表す要素は太い文字で印字される。操作手順を表す要素には自動的に番号が印字される。

どの要素にどのような書式がつくかは開発者があらかじめ定義している。属性値や親要素などによっても違ったりする。

書式の乱れは構造の乱れ

構造化文書を編集して、要素に何らかの変更を加えたり新たな要素を作り出したりすると、書式も即座にそれに対応して変わる。

その変化を目で見ることで、自分が行った編集操作が目的にかなっていたかどうか、あるいは何かミスをしていないかをつねに確めることができる。

たとえば、操作手順を表す要素を作ったつもりが間違えて箇条書きを表す要素を作ってしまった場合は、自動番号のかわりにビュレットが印字されるので、すぐに気づくことができるわけだ。

どんな構造にしたときにどんな書式になるかということは、開発者からの構造化仕様書などに解説されているはずである。

書式を直接いじるのは多くの場合は禁止

逆に構造化文書では通常、書式を直接テキストに適用する操作を行うことは開発者から禁止されていることが多い。同じ要素名に対して場所によって勝手に違う書式をつけられてしまっては、構造と書式の整合性がなくなって統一がとれなくなってしまうからである。

そのような文書を編集する際には、文書のフォント名や行送りなどの書式を直接いじるのは逸脱行為であって、書式をつける唯一の手段は構造を編集することである。見ばえ上どうしてもここはちょっとツメたほうが美しいんじゃないかとか、イレギュラーだけどここにはこういうアイコンを入れておくとわかりやすいんじゃないかとか、いろいろクリエイティブな提案が心に浮かぶことは多いと思われるが、そこはぐっとこらえて、構造が許すかぎりでのみ書式をつけることに専念する必要がある。構造をうまくいじることでそのような書式が実現できるのならばよいが、どうやっても構造をいじるだけではそのような書式にならない場合は、素直にあきらめて構造によって可能な範囲内の書式でがまんするか、あるいはちょっと開発者に相談してみることである。

決して、無断で書式を直接いじってはいけない。構造化FrameMakerのオペレーターを務

めるというのはつまりそういうことである。
　ただし文書の性質によっては、細かい微調整は書式の直接適用で行ってくださいと開発者から言われる場合もある。いずれにしても、開発者の指示に従うことが重要である。

第4章【操作編】構造を編集する

3 構造の中を移動する

カーソルを構造化文書の中の任意の場所に置くと、それに応じて構造図やエレメントカタログの表示が変わる。表示はそれぞれ構造上の意味を持っている。その意味の読み取り方を以下解説する。

簡単な例として、最上位要素がSection要素で、その子要素が順にTitle要素、P要素…（以下略）となっている文書を考えよう。

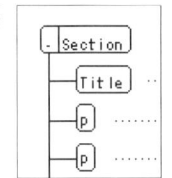

構造がよくわかる表示方式

表示の移りかわりを見るため、構造図とエレメントカタログもあわせて表示させておこう。
文書ウィンドウはレイアウトと構造の両方が把握できるよう、［表示］→［エレメント境界］をチェックして、角カッコ表示にしておくと便利だろう。

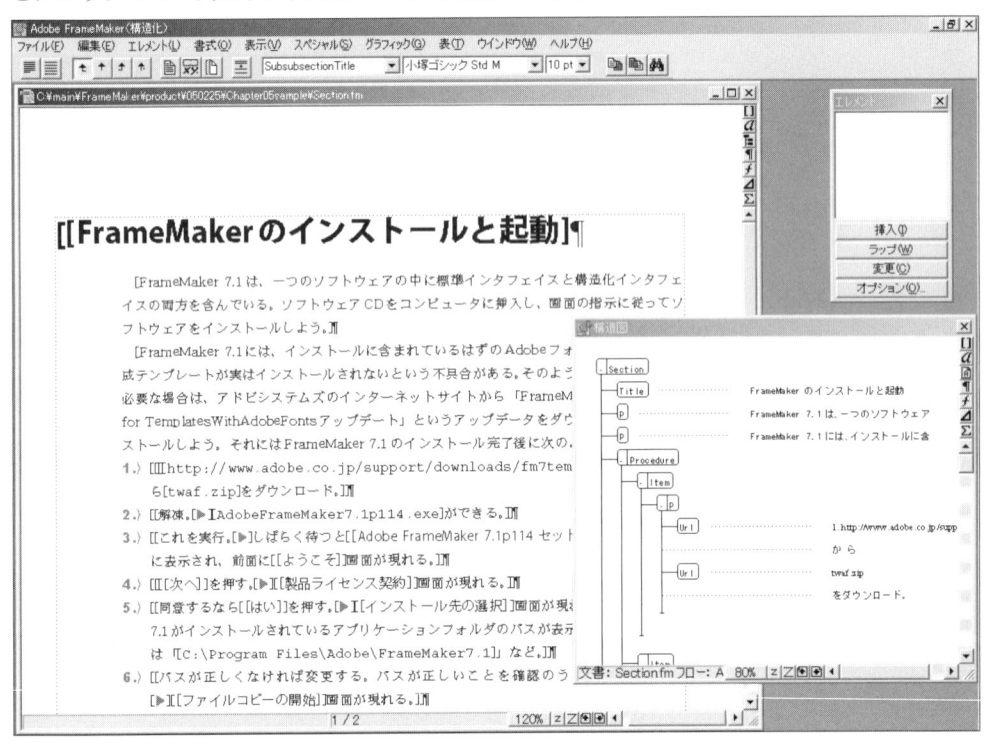

文書ウィンドウの構造表示を読み解く

まず文書ウィンドウに表れている構造表示をざっと見てみよう。

3　構造の中を移動する

この例では、文書の先頭に2個の開きカッコ

[[FrameMakerのインストールと起動]¶

[FrameMaker 7.1は、一つのソフトウェアの中に標準インタフェイスと構造
イスの両方を含んでいる。ソフトウェアCDをコンピュータに挿入し、画面の指

が表示されている。このうち1つめのカッコ

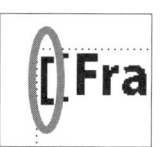

[[Fra

はSection要素の開始を表している。2つめ

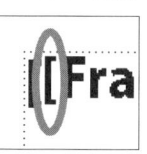

[[Fra

はTitle要素の開始である。
　2つめのカッコは、同じ段落の末尾ですぐに閉じている。

[[FrameMakerのインストールと起動]¶

[FrameMaker 7.1は、一つのソフトウェアの中に標準インタフェイスと構造
イスの両方を含んでいる。ソフトウェアCDをコンピュータに挿入し、画面の指

ここがTitle要素の終了位置である。そして2つめのカッコが開いてから閉じるまでの間の文字列

[[FrameMakerのインストールと起動]¶

がTitle要素の中身である。一方、1つめのカッコ

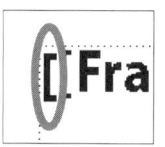

[[Fra

第4章 【操作編】構造を編集する

は文書のいちばん最後で閉じるはずである。Section要素はこの文書の最上位要素だからである。

2つめのカッコが閉じたあとは、次の段落の先頭に、また別のカッコが開く。

これはTitle要素の次のP要素の開始である。

という具合に以下ずっと続いていくのを読み解いていくことができる。

構造図を読み解く

次に構造図を見てみよう。構造図では文書構造が図として表されているのでわかりやすい。Section要素が一番上に表示されている。すなわち最上位要素である。そしてそこから1本の線が下へ伸びていく。

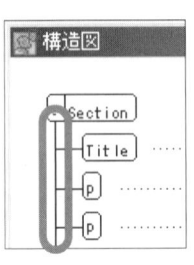

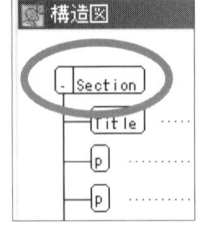

下へ伸びた線からはすぐにTitle要素が右へ生えている。Section要素の第一の子である。

Title要素の右には点線があり、点線の先にテキストが表示されている。

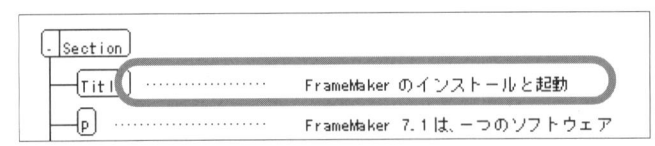

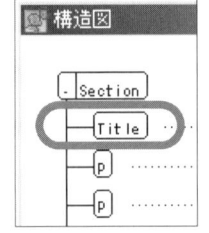

これはTitle要素の中のテキストである。なお、要素内のテキストが多いときは構造図には最初の十数文字だけが表示されるようになっている。

この例の場合、Title要素から下へ伸びる線というものはない。なぜならTitle要素の中身はテキストだけであり、Title要素は子要素を持たないからである。

60

3 構造の中を移動する

一方、最上位要素であるSection要素から伸びてきた線からは、Title要素の次にP要素が右へ生える。

という具合に以下ずっと続いていくのを読み解いていくことができる。

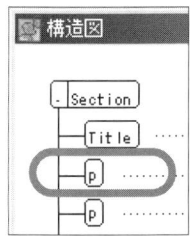

文書の先頭に行く

次に、見ているだけではなく、実際にこの文書のなかの任意の場所にカーソルを置いてみよう。手はじめとして文書の先頭に行くことにする。

文書ウィンドウ内で、文書のいちばん初めの部分をクリックして、文字カーソルを置いてみる。

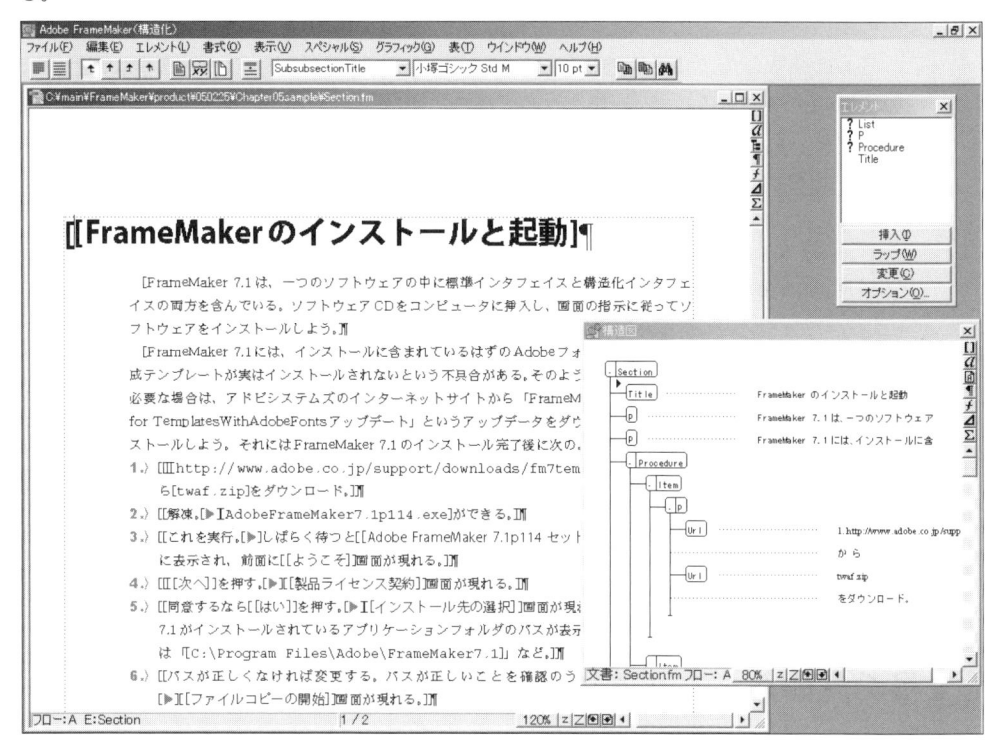

すると、1つめのカッコと2つめのカッコの間

第4章 【操作編】構造を編集する

にカーソルが置かれることがわかる。1つめのカッコより前の本当の先頭部分

にはカーソルをどうしても置くことができないことに気づくだろう。

　なぜか。それはこの文書にはすでに最上位要素であるSection要素が存在しているので、その外にカーソルを置くことはできないからである。最上位要素の外には、いかなる要素も、いかなるテキストも入れることができないから、カーソルもそこへ行くことができない。

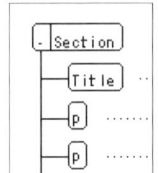

　したがって、カーソルにとって許されるもっとも先頭の場所は、最上位要素の中のいちばん最初の所ということになる。1つめのカッコのすぐ右にカーソルが置けるというのはそういう意味だ。そして2つめのカッコのすぐ左ということはすなわち、Section要素の第一の子であるTitle要素より前ということになる。ここにもし何か要素を挿入すれば、それはSection要素のあらたな第一子になり、Title要素の兄ということになる。

　文書ウィンドウの左下隅を見てほしい。

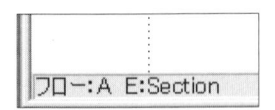

[E:Section]と表示されている。ここにはいつも、現在のカーソル位置がどの要素の中であるかが表示されるようになっている。つまり今はSection要素の中にいる、ということがここの表示からも確かめられる。

　このとき構造図では、Section要素から下へ伸びる線のすぐ右、かつTitle要素のすぐ上に、黒い三角形が表示される。これは現在位置を表している。すなわち今いる位置は、Section要素の下であり、かつTitle要素の前であるということが視覚的にわかるようになっている。

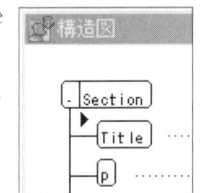

文書の先頭から右へ1つ動いてみる

　文書の先頭に行くというのがどういうことかわかったところで、次に、そこから右カーソルキーを1回だけ押してみよう。すなわち、2つめのカッコの右へ移動することになる。

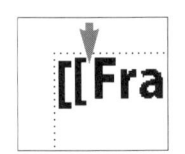

　2つめのカッコというのは先述のようにTitle要素の開始を表しているのだから、それより

も右に来たということはすなわち、Title 要素の中に入ったということである。しかし Title 要素の中にある文字列にはまだ入っていないわけだから、Title 要素の中の先頭位置にいるということがいえる。

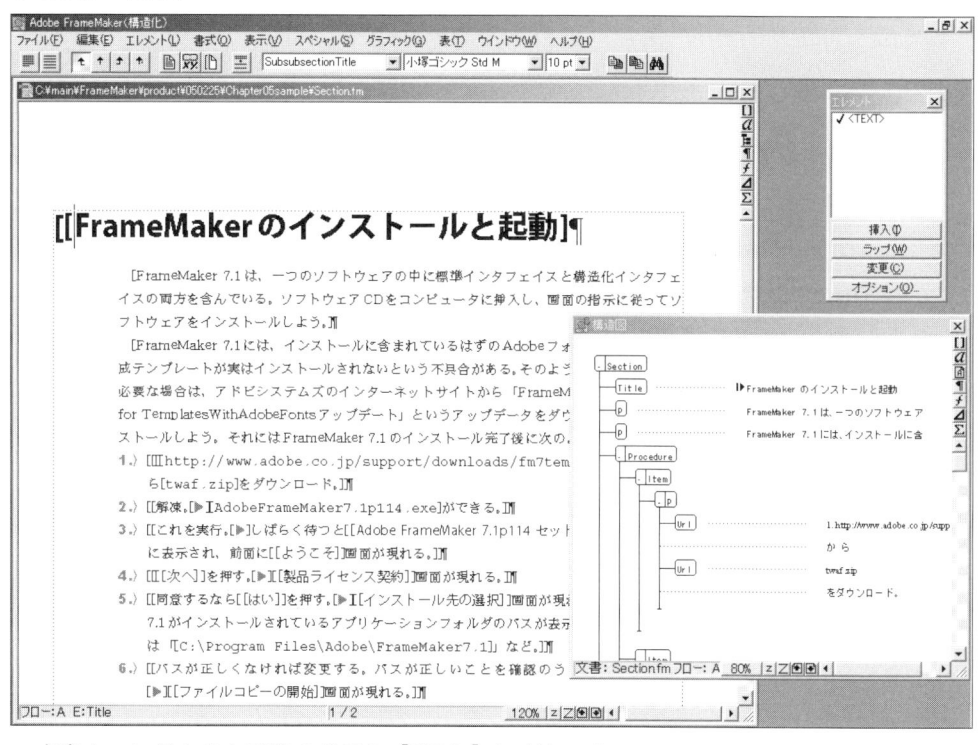

文書ウィンドウの左下隅の表示も［E:Title］に変わった。

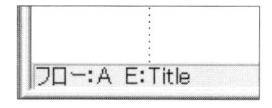

Title 要素の中に入った証拠である。

構造図を見てみよう。三角形は、Title 要素の右の点線の後に移動した。しかも三角形の左に小さな縦棒がついているのは、テキストの先頭位置に現在いることを表している。

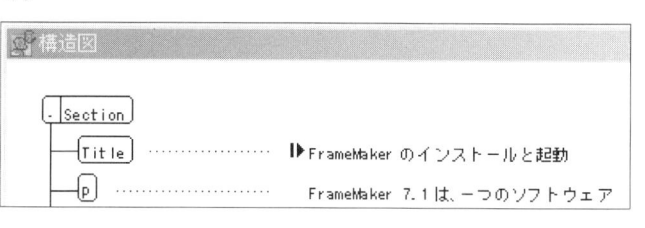

第 4 章 【操作編】構造を編集する

もう1つ右へ動いてみる

　もう一回右カーソルキーを押してみる。Title 要素の中のテキストの、1文字目と2文字目の間に来た。

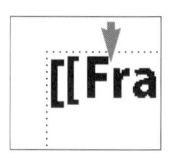

　もうここは Title 要素の中の先頭位置ではなく、途中である。

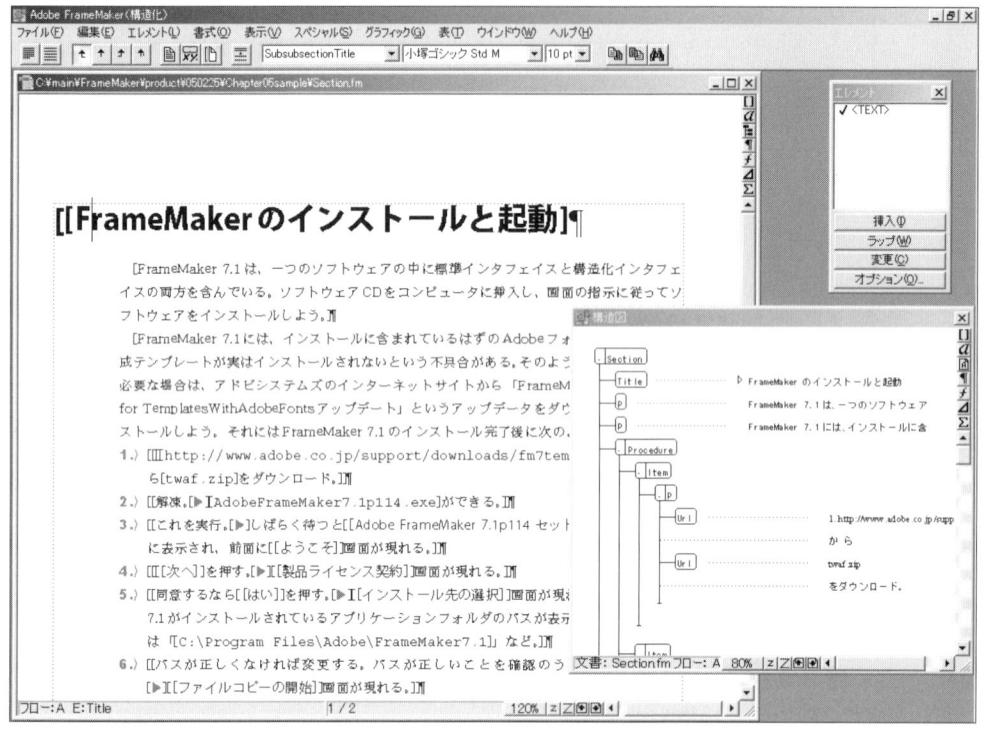

　構造図はほとんど変わっていないが、ただし三角形が白抜きで縦線なしに変わった。これは、テキストの中の途中にいることを表している。

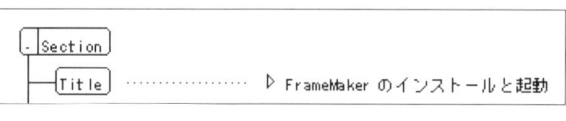

テキストの末尾位置へ動いてみる

では、テキストの末尾にいるときは、三角形はどのような形になるのだろうか。ここで右カーソルキーを何度も押して、一気に、2つめのカッコが閉じる直前まで動いてみよう。

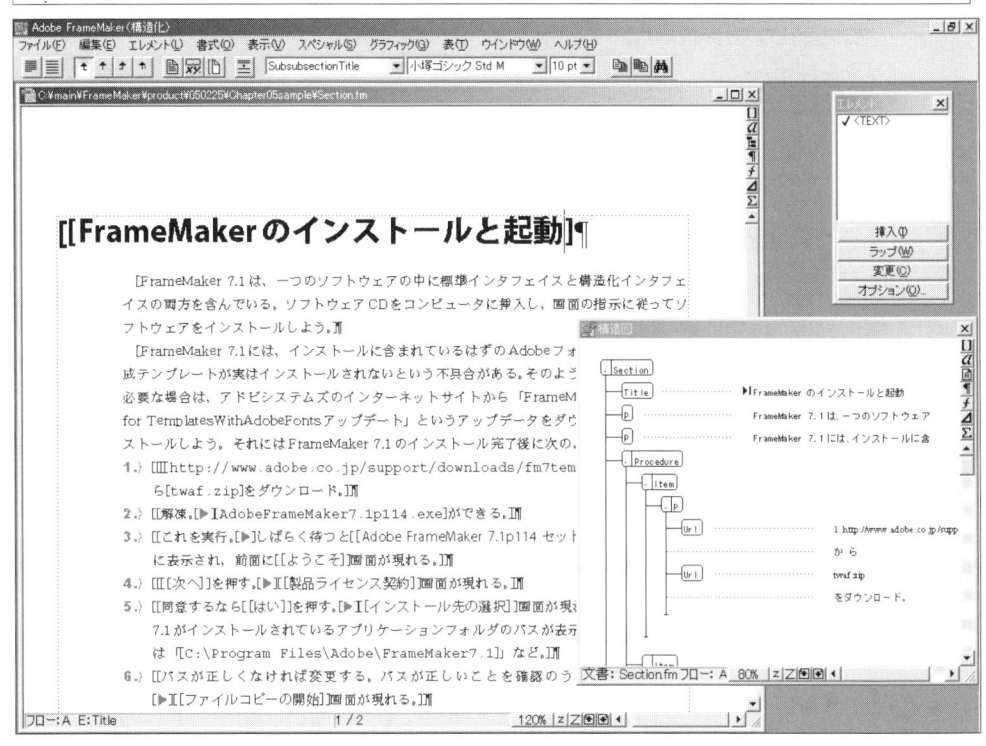

そして構造図を見ると、黒い三角形の右に縦棒がついた形になっているのがわかる。これが、テキストの末尾位置にカーソルがある時の表示である。

第 4 章 【操作編】構造を編集する

さらに1つ右へ

ここでさらに一つ右へカーソルを動かせば、そこはもう Title 要素の外である。

2つめのカッコが閉じた直後にカーソルがある。

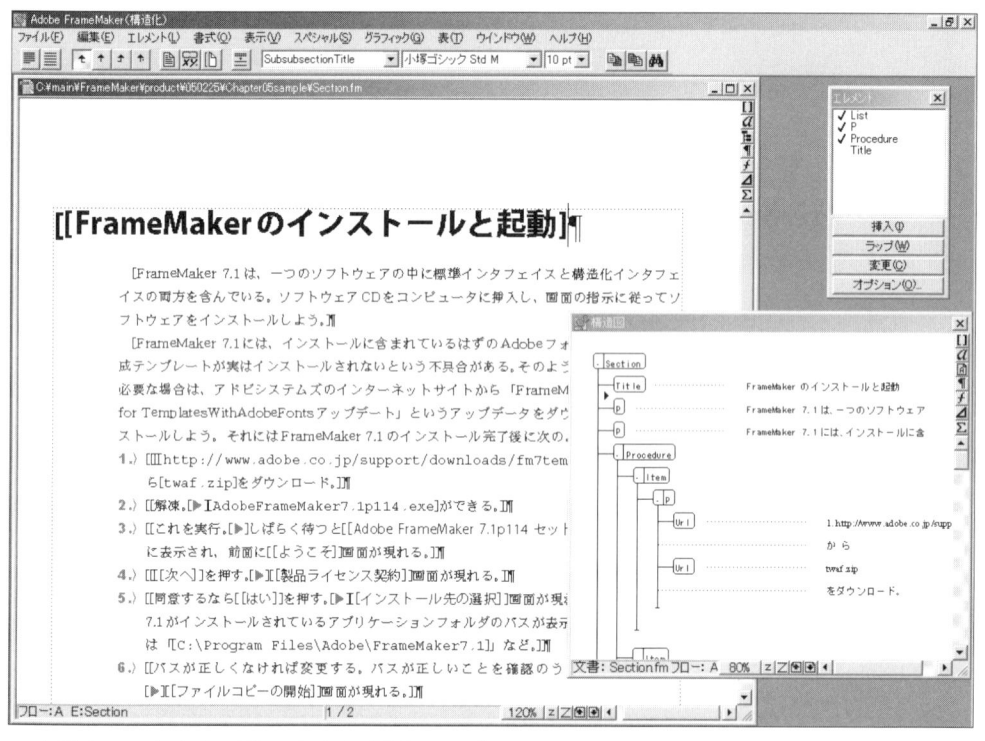

文書ウィンドウ左下隅の表示は［E:Section］に戻る。

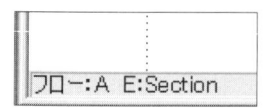

構造図では、Section 要素から下へ伸びる線のすぐ右、かつ Title 要素のすぐ下に黒い三角形が表示されている。これはすなわち、今いる位置は Section 要素の下であり、かつ Title 要素の後だということである。

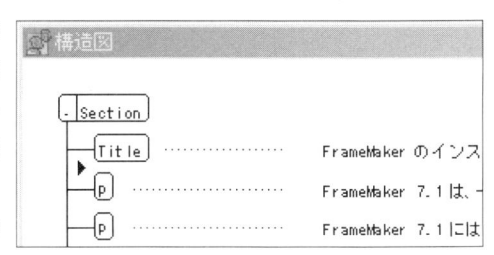

以下同様にして、カーソルの位置によって構造図の表示も変わっていくのを確認していくことができるだろう。

構造図の中をクリックすることによる移動

これまで、文書ウィンドウの中をクリックしたりカーソルキーを押したりすることによって構造の中を移動してきた。それに伴って構造図の中の三角形もそのつど対応する位置へと移動したのを見てきた。逆に構造図の中でそうした位置をクリックすれば、文書ウィンドウの中のカーソルをその場所へ動かすことができる。

たとえば文書ウィンドウをクリックして文書の先頭にカーソルを置いた時、構造図の三角形は Title 要素のすぐ上に表示された。逆に構造図の中のここをクリックして、文書ウィンドウ内の先頭すなわち 1 つめのカッコの右に文字カーソルを入れることもできるのである。

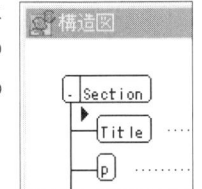

同様に、構造図の中の Title 要素と P 要素の間をクリックすれば、文書ウィンドウ内で文字カーソルはその位置（Title の閉じカッコと P の開きカッコとの間）に入ることになる。

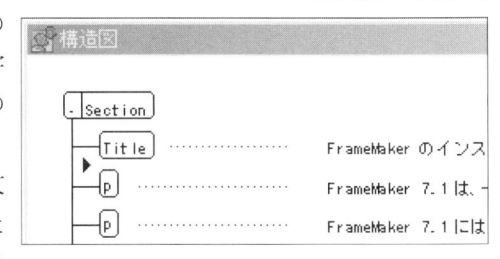

この構造図での操作をうまく活用すれば、文書内の好きなところへすばやく移動することができる。これは文書ウィンドウでのページスクロールによる移動よりも便利なことがけっこうある。また、エレメント境界を表示していない場合でも、要素と要素との間に入り込むことが可能になる。文書ウィンドウでの操作とうまく併用して作業効率を上げることが望ましい。

なお、構造図内の要素名の右にその中身のテキストが表示されているときは、テキストの左半分をクリックするとカーソルはテキストの先頭に移り、右半分をクリックすればカーソルはテキストの末尾に移るようになっている。

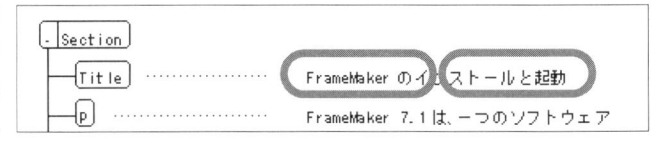

構造内での位置をつねに認識することが重要

　このように、文書構造の中でカーソルを移動していく時には、構造ツリーの中でいま自分はどこにいることになるのか、つねに明確に認識できているようにしなければならない。それは構造の編集作業を正しく行うための大前提である。

　いろいろいじってみてよく慣れ親しんでおこう。

4 要素の中のテキストを編集する

構造化文書というのはテキストをいろいろな要素の中に入れたものだから、構造化文書を編集する際、テキストを編集する機会は多い。その方法は挿入・編集・検索置換など、標準インタフェイスでも構造化インタフェイスでも同じである。⇨3章

テキストを入れることができる要素

カーソル位置によっては、エレメントカタログの要素名の中に［<TEXT>］という項目が表示されることがある。これは、この場所の親要素の中にはテキストを入れることができるという意味である。

すなわち、［<TEXT>］が表示される場所では、直接カーソル位置で普通にキー入力などによりテキストを挿入したり、編集や検索置換を行ったりすることができる。

構造図ウィンドウで要素内のテキストを選択する

構造図ウィンドウでは、要素内の全テキストをまとめて選択することができる。そのためには、要素名の右のテキスト部分をダブルクリックすればよい。

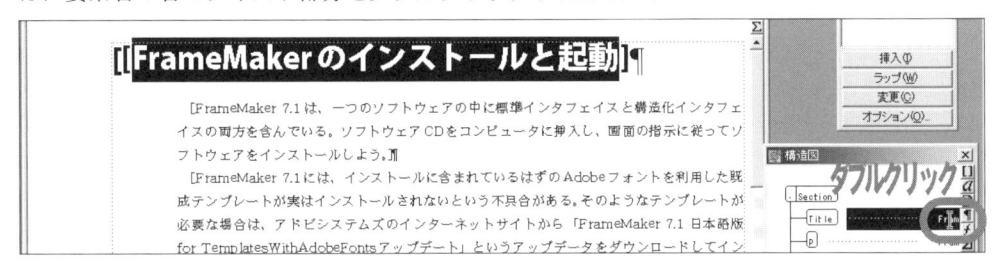

異なる要素の中にある文字列を検索したとき

印字上は連続して見える文字列であっても、複数の要素に分かれて入っている文字列については、検索にひっかからない。たとえば「**構造図**ウィンドウ」と印字された文字列で「構造図」だけがEmph要素の中にあるとき、検索文字列「構造図ウィンドウ」で検索をかけてもこの箇所はひっかからないので注意が必要である。

第 **4** 章　【操作編】構造を編集する

5　構造の中身を選択する

　構造化文書を編集するには、望みの場所にカーソルを置くだけでなく、編集したい要素を自由自在に選択する必要がある。
　前節と同様に、最上位要素がSection要素で、その子要素が順にTitle要素、P要素…（以下略）となっている文書を例にその方法を説明する。

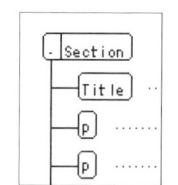

要素を選択する

●構造図で要素を選択する

　要素を選択するためのもっとも直感的な方法は、構造図でその要素をクリックすることである。
　たとえば構造図の中のTitle要素をクリックすると、文書ウィンドウでも構造図でもTitle要素が反転表示され、選択されたことがわかる。

70

5 構造の中身を選択する

●カーソルキーで要素を選択する（文書ウィンドウ）

　文書ウィンドウで要素を選択することもできる。カーソルを要素の開始タグのすぐ左に置き（下図①）、そこでShiftキーを押しながら→キーを一回押す（下図②）。

①↓ーーー② Shift+ →ーーーーーーーーーーーーーーーーー→
[[FrameMakerのインストールと起動]¶
　　　[FrameMaker 7.1は、一つのソフトウェアの中に標準インタフェイスと構造
　　　イスの両方を含んでいる。ソフトウェアCDをコンピュータに挿入し、画面の指

するとその要素全体が一気に選択され、カーソルは選択位置の末尾すなわち要素の終了タグのすぐ右へ移る。慣れてくると構造図での選択よりもこのカーソルを使った方法のほうが速いことがけっこうある。

　逆に、カーソルを要素の終了タグのすぐ右に置き（下図①）、そこでShiftキーを押しながら←キーを一回押せば（下図②）、やはりその要素全体が一気に選択され、カーソルは要素の開始タグのすぐ左へ移る。

←ーーーーーーーーーーーーーーー② Shift+ ←ーーー①↓
[[FrameMakerのインストールと起動]¶
　　　[FrameMaker 7.1は、一つのソフトウェアの中に標準インタフェイスと構造
　　　イスの両方を含んでいる。ソフトウェアCDをコンピュータに挿入し、画面の指

●マウスで要素を選択する（文書ウィンドウ）

　文書ウィンドウ上で、カーソルキーでなくマウスを使って要素を選択することもできる。マウスポインタを要素の開始タグのすぐ左に置き、そこでマウスの左ボタンを押し込む。押し込んだまま、ほんのちょっとマウスを右のほうへドラッグすると、その要素が選択される。

[[FrameMakerのインストールと起動]¶
ドラッグ
　　　[FrameMaker 7.1は、一つのソフトウェアの中に標準インタフェイスと構造
　　　イスの両方を含んでいる。ソフトウェアCDをコンピュータに挿入し、画面の指

このときカーソル位置はカーソルキーによる操作の場合と同様、要素の終了タグのすぐ右になっている。

　逆に、マウスポインタを要素の終了タグのすぐ右に置き、そこでちょっと左へドラッグすればやはり要素を選択することができる。カーソル位置は要素の開始タグのすぐ左になる。

●テキスト選択から要素選択への移行

文書ウィンドウでテキストを選択したときに、構造化文書では、その範囲に要素の開始タグか終了タグが含まれると、その要素全体が一気に選択される。

段落の中でトリプルクリックしてその段落全体を選択したときも、もしその段落の中に要素の開始タグか終了タグがあると（表示していなくても）、その要素全体が選択される。したがって結果として前後の段落も一緒に選択される可能性がある。

複数の要素を選択する

●構造図で複数の要素を選択する

構造図を使って複数の要素を選択するには、まず最初の要素をクリックして選択し（下図①）、つぎに Shift キーを押しながら最後の要素をクリックする（下図②）。すると最初から最後までの要素がすべて反転表示されて選択される。

なお、親が違う要素が含まれている場合は、それぞれの親要素もまとめて選択される。

5 構造の中身を選択する

●すべての子要素を選択する

構造図では、ある要素の子要素たちをすべてまとめて選択することもできる。そのためには、その要素名のすぐ下の、要素名から下へ伸びる線のすぐ右のあたりへマウスポインタを持っていき、マウスポインタが右向き矢印になったところでダブルクリックすればよい。

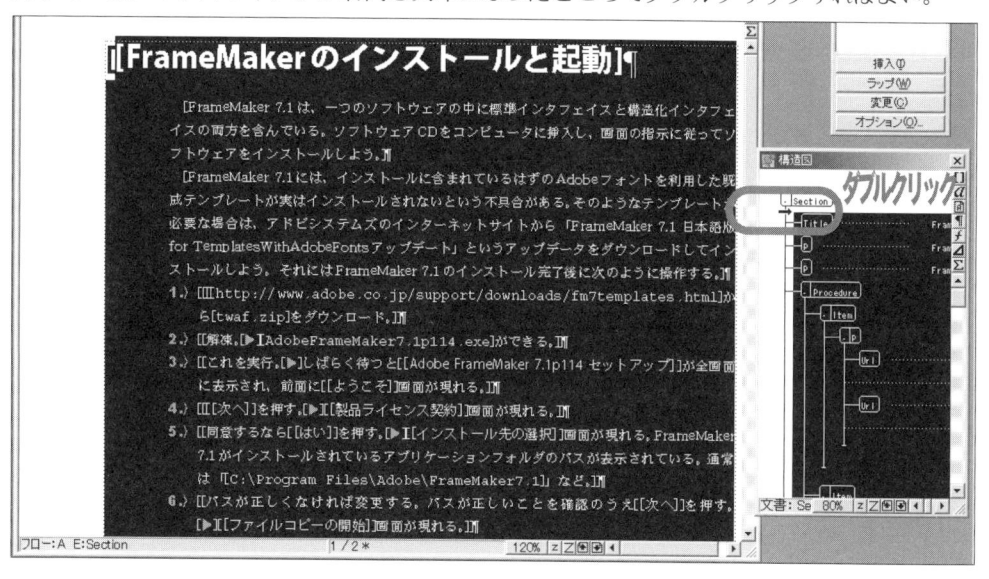

●カーソルキーで複数の要素を選択する（文書ウィンドウ）

文書ウィンドウでカーソルキーで複数の要素を選択するには、まず最初の要素の左端でShift+→キーで最初の要素を選択したあと、さらにShiftキーを押しながら→キーを必要なだけ押していけば、つぎつぎと複数の要素を選択していくことができる。

最後の要素の右端からShift+←キーの連打で選択していってもよい。

●マウスで複数の要素を選択する（文書ウィンドウ）

文書ウィンドウでマウスを使って複数の要素を選択するには、まず最初の要素の左端からのドラッグで最初の要素を選択したあと、マウスのボタンを離さないまま最後の要素の上までドラッグしていけばつぎつぎに要素を選択していくことができる。

あるいは、まず最初の要素の左端をクリックしてカーソルをそこに置いたあと、最後の要素の上へマウスポインタを移動したうえでShiftキーを押しながらクリックするという方法もある。

最後の要素から逆方向に選択する場合も同様である。

6 要素を挿入する

ここからはいよいよ、構造そのものの編集方法について解説していく。構造をどう組み立てていくべきかということは、開発者からの構造化仕様書などに規定されているはずなので、編集開始前にまず熟読しておく必要がある。

要素をあらたに挿入するには、まず挿入したい場所を文書ウィンドウか構造図でクリックしたり、そこまでカーソル移動したりする。

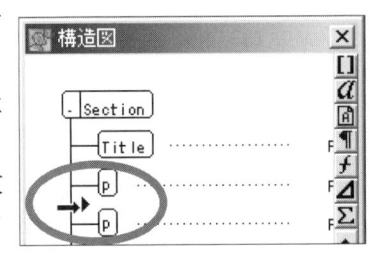

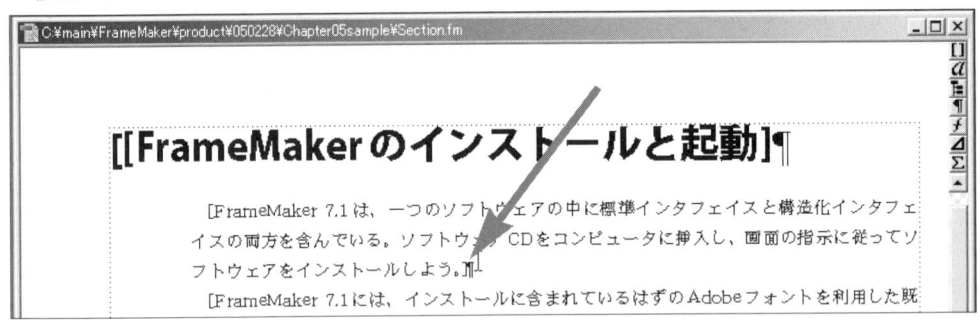

するとエレメントカタログにはその場所に挿入できる要素の名前が列挙される。

また文書ウィンドウの左下隅にはその場所の親要素の名前が表示される。

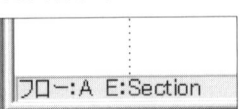

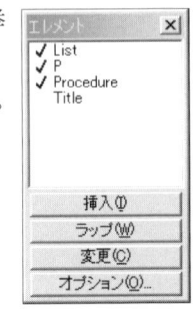

エレメントカタログで挿入する

もっとも直感的な方法はこのあとエレメントカタログ内で、挿入したい要素の名前をダブルクリックすることである。

するとその要素が挿入される。

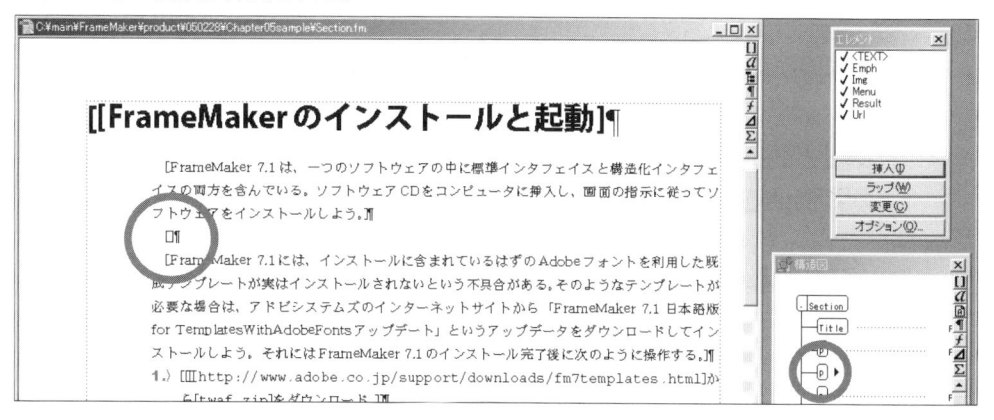

●挿入ボタンを押してもよい

要素名をダブルクリックするのではなく1回だけクリックすることによって選択し（右図①）、エレメントカタログ下部の［挿入］を押してもよい（右図②）。

ただし候補要素が1つしかないときは、要素を選択せず［挿入］を押すだけでもその要素が挿入される（後述のようにEnterを押すだけでも可）。

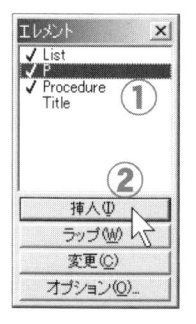

キーボード操作で挿入する

キーボード操作だけで要素を挿入する方法もある。要素を挿入したい場所でCtrl+1（イチ）を押す。すると文書ウィンドウ左下隅が紺色になり、そこに要素名が一つ表示される。これはその場所に挿入できる要素の名前である。その場所に挿入できる要素が複数ある場合はアルファベット順で最初の要素名が表示される。

要素名の前には［I:］という文字がついている。これはInsertの略である。要素を挿入しようとしているということを表している。

●構造図上でのキーボード操作

なお、構造図上で要素を挿入したい場所をクリックした場合は、文書ウィンドウではなく構造図の左下隅にこれが表示される。

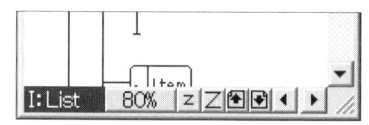

●挿入したい要素名が表示されたとき

表示された要素名が挿入したい要素であればEnterを押すとその要素が挿入される。

第4章 【操作編】構造を編集する

●候補要素名を変更したいとき

そうでない場合は↓キーを押すと次の要素名がアルファベット順で表示される。

`I:P`　　　　　　　　　　　　　　　　　　**Ctrl+1　↓**

挿入したい要素の名前が出てくるまで何度も↓キーを押せばよい。

`I:Procedure`　　　　　　　　　　　　　　　　　　↓

`I:Title`　　　　　　　　　　　　　　　　　　↓

↑キーを押せば1つ前の候補に戻ることができる。

最後の候補を表示したあとさらに↓キーを押すと最初の候補に戻る。最初の候補が表示されているとき↑キーを押すと最後の候補が表示される。

このようなキーボードによる挿入操作は、はじめはトリッキーに感じるかもしれないが、慣れてくるとこのほうがマウスを動かさなくてすむので手ぎわよく編集できる。

●要素名の先頭文字を打って挿入する

候補が多いときなどはカーソルキーを何度も押すのがまどろっこしくなる。そんなときはCtrl+1のあとに要素名の先頭の文字をキー入力するとその要素名が即座に表示される。

`I:Title`　　　　　　　　　　　　　　　　　　**Ctrl+1　T**

ただしこのとき日本語入力モードはオフにしておくか直接入力モードにしておくこと。なお、このやり方でジャンプ選択された要素名の先頭文字には下線が表示される。

たとえばResult要素をすぐ表示させたければCtrl+1のあとRキーを押せばよい。

`I:Result`　　　　　　　　　　　　　　　　　　**Ctrl+1　R**

先頭文字が同じな要素名が複数ある場合はその中でやはりアルファベット順で先頭のものが表示されるので、そのあと必要に応じて↓キーも併用する。たとえばResultとRuleという候補が並存しているときにRuleを挿入したいならCtrl+1・R・↓・Enterと打てばよい。

●アルファベット順の末尾から候補表示させることもできる

ただし、アルファベットを打つときにShiftを押しながら打つと、アルファベット順で先頭でなく末尾のものが表示される。たとえばResultとRuleという候補があるならCtrl+1・Shift+R・EnterでRuleを挿入できる。

`I:Rule`　　　　　　　　　　　　　　　　　　**Ctrl+1　Shift+R**

●2文字目・3文字目…を打って絞り込むこともできる

または、続けて2文字目を打つことにより候補を絞り込むこともできる。その場合は、要素の1文字目だけでなく2文字目にも下線が表示される。たとえばResultとRuleの例でいえばCtrl+1・R・U・EnterでRuleを挿入することもできるわけである。

`I:Rule`　　　　　　　　　　　　　　　　　　**Ctrl+1　R　U**

以下必要に応じ3文字目・4文字目…と打って絞り込んでいくことも可能だ。ただし実際はある程度絞り込めたらそこから先はカーソルキーで目的の要素名へ動いたほうが速いことが

6 要素を挿入する

多いだろう。

●絞り込み対象の不一致と変更

なお、1文字目・2文字目・3文字目……として打った文字がどの要素名とも一致しない場合には、候補要素は変化しない。またその場合、下線は表示されなくなる。ただしそのとき、2文字目・3文字目……として打ったつもりの文字が他のいずれかの要素の1文字目と一致する場合には、かわりにその要素が表示される。

具体例としては、ResultとMenuという候補が並存しているときに、Ctrl+1・RでResultが選ばれたあとたとえばHを押すと下線は消えるがResultは表示されたままである（Hで始まる要素名が候補内になければ）。

| I:<u>R</u>esult | **Ctrl+1 R** |
| I:<u>R</u>esult | **Ctrl+1 R H** |

しかし、もしCtrl＋1・RでResultが選ばれたあとMを押すと候補要素はMenuに変わるのである。

| I:<u>M</u>enu | **Ctrl+1 R M** |

Enterキーを押すだけで要素を挿入できる場合も

●Enterキーによる段落要素の挿入

特例として、テキストを含むことのできる段落要素（その要素が終了すると必ず改段落される要素）の末尾でEnterキーを押すと、その要素の弟として同じ要素が挿入され、カーソルはその中に移動する。

たとえば本文の段落がP要素なら、あるP要素の中に1つの段落文を入力しおわった時に

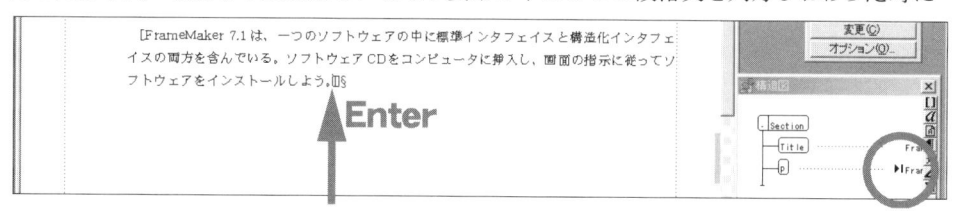

Enterキーを押す。すると新たなP要素が次にできてその中に移動できるので、

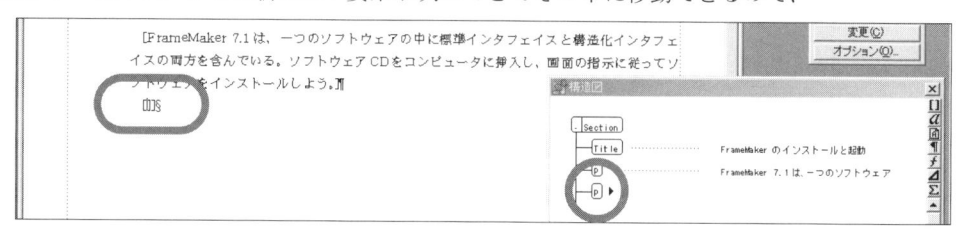

第4章 【操作編】構造を編集する

すぐにつづけて次の段落のテキストを入力していくことができる。

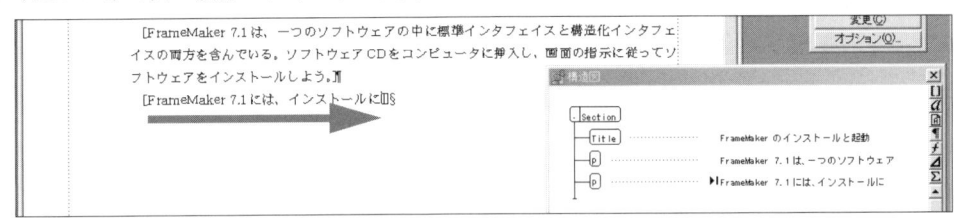

このように、わざわざP要素の挿入操作をしなくても、テキスト入力中に段落から次の段落へ移るにはEnterキーを押すだけでよいので、一般の文書作成ソフトとまったく同じ操作で入力を進めていくことができるので便利である。

ただし、その要素を親要素の中に入れていい個数が制限されている場合、それを超える挿入は起こらない。たとえば見出し要素などはふつう親要素の中に1個だけと決められているのでこの方法ではまったく改段落されない。

● Enterキーによる子要素の挿入

上記の次段落要素挿入を起こす条件をみたさない要素の場合は、要素の中でEnterキーを押すと（下図①）、Ctrl+1キーを押したのと同じになる。すなわち文書ウィンドウの左下に候補要素名が表示されるので（下図②）、その中から挿入したい要素を選ぶことになる。

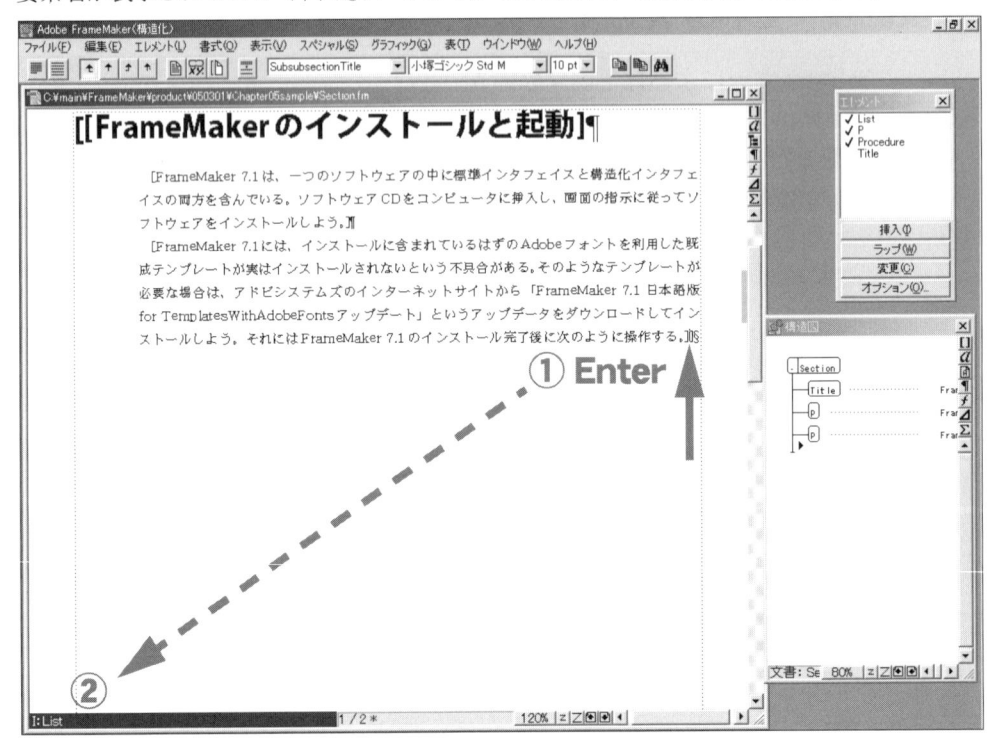

ただしその要素の中に挿入できる要素が1種類しかない場合には、

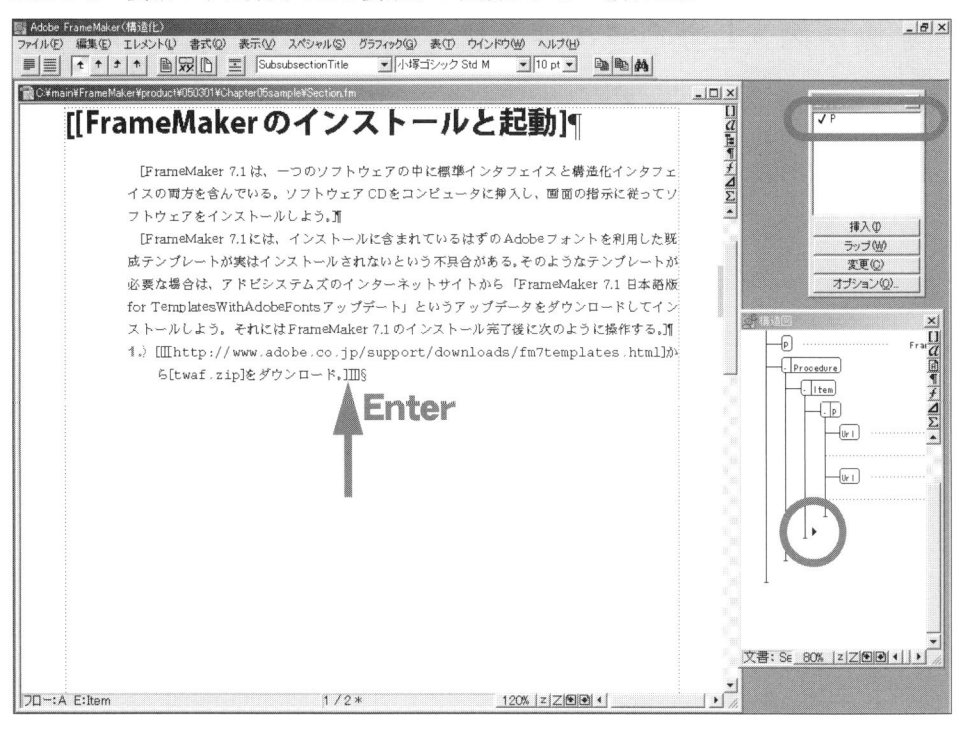

文書ウィンドウの左下には表示されずにただちにその要素が挿入される。

● Enterキーによる弟要素の挿入

　もしも親要素の中の末尾にカーソルがあって、もうそれ以上挿入できる要素がない場合には、Enterキーを押すとカーソルは自動的に親要素の直後へ移動し、そこでEnterキーを押したのと同じ扱いになる。すなわち、親要素の弟として挿入できる要素が文書ウィンドウ左下に表示されるか、1種類しかなければただちに挿入される。

　なければ挿入されないで警告音が鳴る。

第4章 【操作編】構造を編集する

要素を挿入したらその子要素も自動的に挿入される場合も

　要素によっては、挿入するとその子要素が自動的に挿入されるものがある。それはその構造化アプリケーションの開発者がその要素についてそうなるように作ったからである。なぜそのように作るかというと、その子要素が必須だったり、あるいはその子要素を入れることが多いと想定していたりするからだろう。

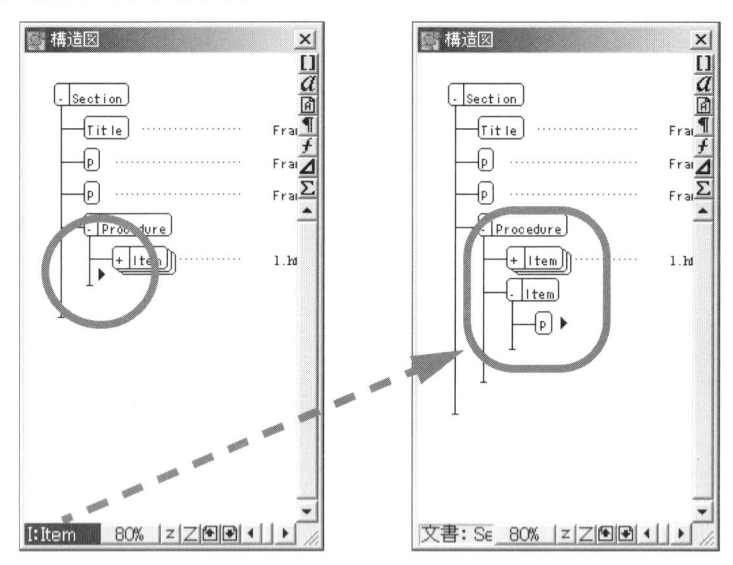

● 子要素の子要素もまとめて自動挿入される場合も

　開発者の意図によっては子要素だけでなく、そのさらに子要素までもまとめて自動挿入されたりもする。
　たとえばList要素を挿入したときに、その子のItem要素が自動的に挿入されるとともに、そのItem要素の子のP要素も同時に自動挿入される、といったようなことが起こりうる。

● 子要素の自動挿入機能をはたらかせるには

　ただし、このような子要素の自動挿入機能が動作するためには、［エレメント］→［新規エレメントオプション］を選択して現れる［新規エレメントのオプション］画面で［下位構成エレメントを自動挿入］にチェックマークが入っていなければならない。確認してみてもしチェックが入っていなければチェックを入れて［設定］を押せば子要素が自動挿入されるようになる。

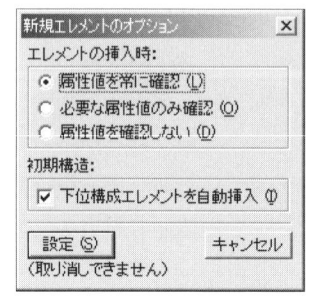

80

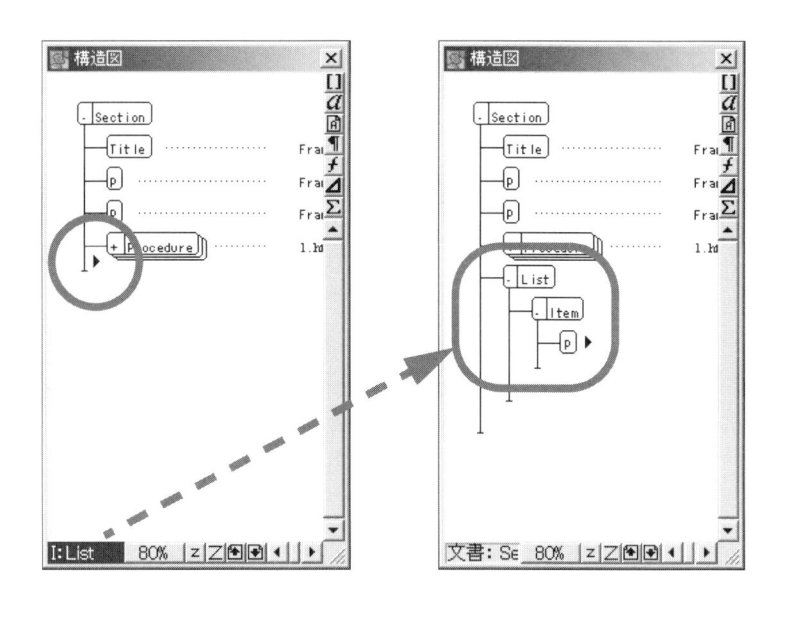

属性の値をきいてくることがある

　要素を挿入したとき、その要素の属性の値をどうするかきかれることがある。［エレメント］→［新規エレメントオプション］を選択すると現れる［新規エレメントのオプション］画面の中の［エレメントの挿入時］グループの設定によって次のように動作が異なる。

- ［属性値を常に確認］……要素が属性を持つならばかならずその値をきいてくる。
- ［必要な属性値のみ確認］……要素が必須の属性を持つならばその値をきいてくる。そうでなければ要素挿入時に属性の値はきいてこない。
- ［属性値を確認しない］……要素がどんな属性を持っていても要素挿入時には属性の値をきいてこない。

　属性の設定については⇒p101「属性を編集する」。このとき設定した属性はあとから変更することもできるし、要素を挿入するときに設定しなかった属性もあとから設定することは可能だ。

7 要素を分割する

1つの要素をどこかで分割して、2つの連続する同名の兄弟要素にすることができる。

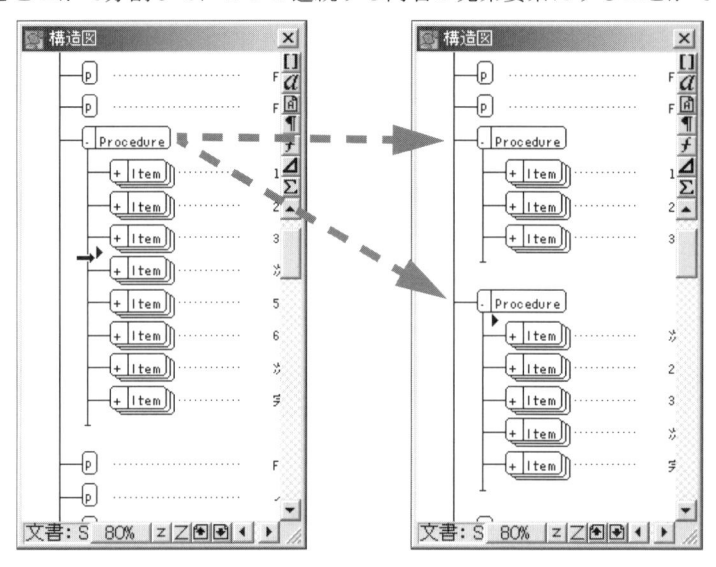

要素分割後の内容の分配

　　元の要素の内容は、分割位置より前にあったものは兄要素のほうへ行き、後にあったものは弟要素のほうへ行く。
　　分割位置がもし要素の先頭であれば兄要素は空になり弟要素がすべてを持っていく。分割位置がもし要素の末尾であればその逆となる。
　　カーソルは弟要素のほうの先頭に行く。

要素を分割する操作

　　要素を分割するには、その要素の中の分割したい位置に文書ウィンドウか構造図でカーソルを置き、［エレメント］→［分割］を選択すればよい。
　　またはカーソルを置いた後、その位置を文書ウィンドウか構造図で右クリックしてコンテキストメニューで［分割］を選択してもよい。
　　なお、要素を分割したい位置がテキストの途中の場合は構造図ではそこにカーソルを置くことはできないので文書ウィンドウで作業するしかない。
　　また、要素内のテキスト範囲や子要素を選択した状態で要素を分割すると、その範囲や子要素の直前で分割される。

最上位要素は分割できるか

最上位要素は分割できない。文書内に唯一でなければならないからである。

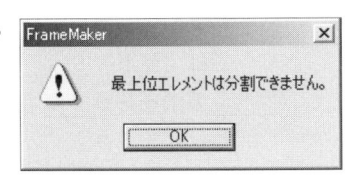

Enterを押すだけで要素を分割できることもある

特例として、テキストを含むことのできる段落要素（その要素が終了すると必ず改段落される要素）の中でEnterキーを押すと、その位置で要素が分割される。

本文段落などに対して、一般の文書作成ソフトとまったく同じ操作で改段落をさせることができるので便利である。

ただし、その要素を親要素の中に入れていい個数が制限されている場合、それを超える分割は起こらない。たとえば見出し要素などはふつう、親要素の中に1個だけと決められているので、この方法ではまったく分割されない。

なお、要素の挿入の項で解説したEnterキーによる次段落要素の挿入（⇒p77「Enterキーによる段落要素の挿入」）は、このEnterキーによる要素分割を要素の末尾で行った特殊な例とみなすこともできる。

8 要素を移動・複製する

要素は必要に応じて構造の中の別の場所へ移動させたり複製したりすることができる。その際は、要素の中のテキストや子要素もすべて一緒に移動・複製される。

要素を移動する方法は2つある。カット＆ペーストによる方法と、構造図でドラッグ＆ドロップする方法である。

要素を複製する方法は3つある。コピー＆ペーストによる方法と、Altキーによる複製と、構造図でAlt+ドラッグ＆ドロップする方法である。

カット＆ペーストで要素を移動する

カット＆ペーストで要素をある場所から別の場所へ移動する方法は、テキストのカット＆ペーストの場合とまったく同様である。すなわち移動したい要素を選択して［編集］→［カット］を選択し（またはCtrl+X）、つぎにそれを挿入したい場所にカーソルを置いて［編集］→［ペースト］を選択（またはCtrl+V）すればよい。

要素のカット＆ペーストは、文書ウィンドウだけでなく構造図上でも行うことができる。

●カット＆ペーストによる要素移動の利点

カット＆ペーストを使うと、移動先がどんなに遠く離れていても困難なく要素を移動させることができるので便利だ。

複数の連続する兄弟要素をまとめてカット＆ペーストすることも可能である。

あるFrameMaker文書から別のFrameMaker文書へ要素をカット＆ペーストすることもできる。

●正しくない構造も作れてしまう

要素を挿入したりする場合と異なり、要素をこのように移動する場合は、移動先で構造的に許されない要素であっても何のエラーもなく移動することができてしまう。もちろんわかっていて一時的にそうしているのならかまわないのだが、注意が必要である。移動の結果できた新しい構造が誤りであれば構造図のその箇所は例によって赤く表示されるので気づくはずだ。

構造図で要素をドラッグ＆ドロップして移動

構造図で要素をドラッグ＆ドロップして移動すると、移動要素と移動先を構造図内で視覚的に確認しながら移動できるのでわかりやすい。

要素のドラッグ＆ドロップにはその移動距離によって2つの種類がある。近距離のドラッグ＆ドロップと、通常のドラッグ＆ドロップである。

●近距離ドラッグ＆ドロップ

　構造図内で要素を左クリックしてマウスボタンを放さず、そのまま微妙にほんの数ピクセルだけドラッグすると、マウスポインタが上下左右いずれかを向いた太い矢印に変わる（太い上下双方向矢印になったら動かしすぎ）。ドラッグした方向がそのままこの矢印の向きになる。そこでマウスボタンを放すと要素がごく近距離へ移動する。どこへ行くかは矢印の向きによって異なる。

- **上向き**……上のほうへほんの少しドラッグした場合。すぐ上の兄要素の直前へ移動される。兄弟の中での順位が一つ上がり、それまですぐ上の兄だった要素が弟に変わる。

  連続する 2 つの兄弟要素を手軽に入れ替えることができる。

  兄要素がないときは何も起こらない。

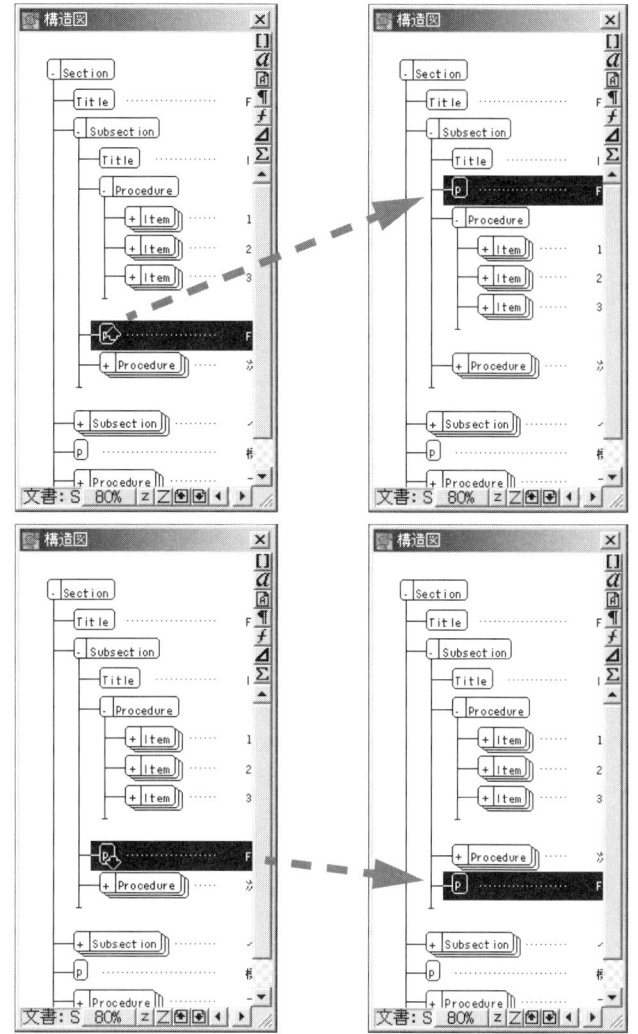

- **下向き**……下のほうへほんの少しドラッグした場合。すぐ下の弟要素の直後へ移動される。兄弟の中での順位が一つ下がり、それまですぐ下の弟だった要素が兄に変わる。

  連続する 2 つの兄弟要素を手軽に入れ替えることができる。

  弟要素がないときは何も起こらない。

第 4 章 【操作編】構造を編集する

- **左向き**……左のほうへほんの少しドラッグした場合。親要素の直後へ移動されるとともに、弟要素たちが自分の中の末尾へ移動されてくる。それまで親だった要素が兄に変わり、それまで弟だった要素たちが子に変わる。

　親要素から独立して弟要素たちの新しい親になることが手軽にできる。

　親要素が最上位要素のときは何も起こらない。

- **右向き**……右のほうへほんの少しドラッグした場合。兄要素の中の末尾へ移動される。それまで兄だった要素が親になる。

　要素の範囲を手軽に広げることができる。

　兄要素がない場合は何も起こらない。

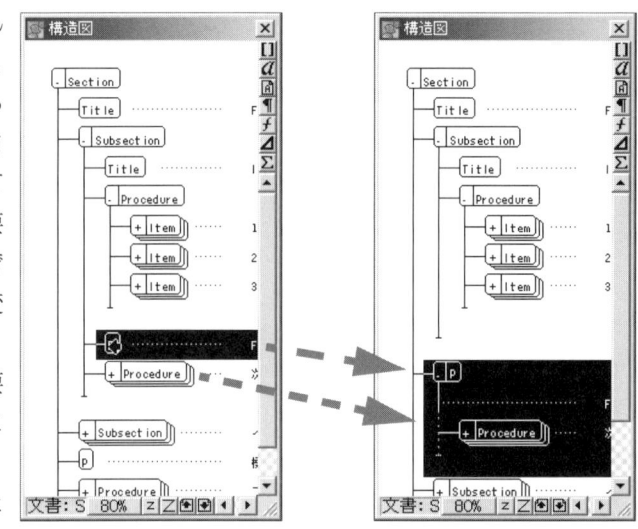

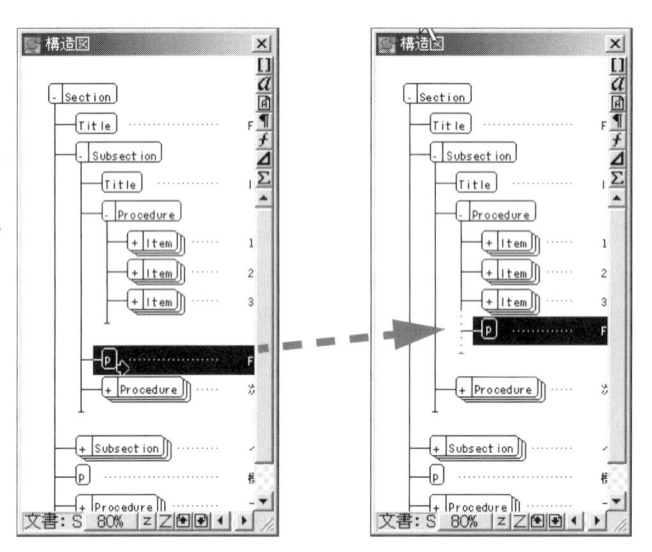

8 要素を移動・複製する

●通常のドラッグ＆ドロップ

　構造図で要素をある程度の距離ドラッグするとマウスポインタが上下双方向の太い矢印に変わる。この状態で要素をどこまででもドラッグしていくことができる。そして移動先でマウスポインタを放せば移動される。

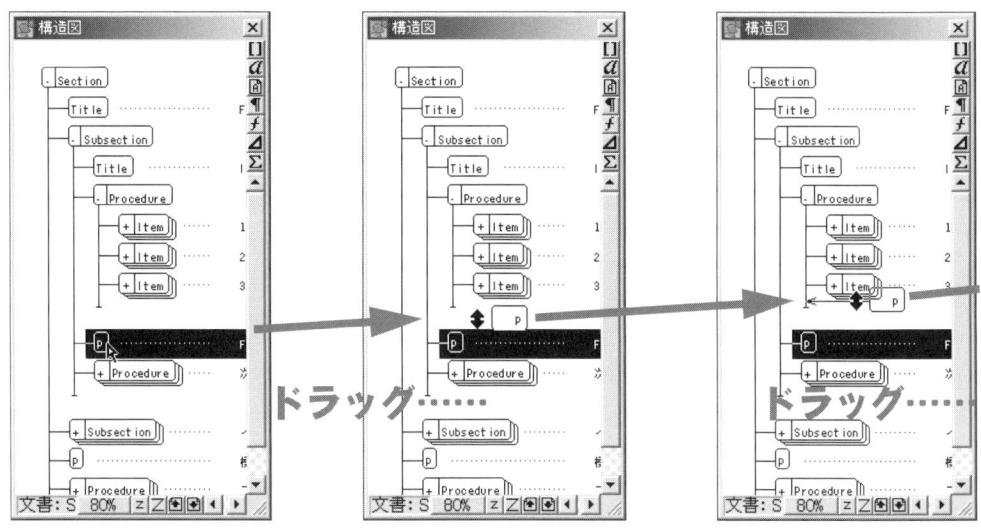

　ドラッグされている間、要素名からは左へ矢印が伸びていて、構造図の中のどこかの位置を指し示している。要素をマウスで動かせば矢印が指し示す位置もどんどん変わる。これは、その時もしマウスポインタを放すと要素はその位置に移動されるということを表している。だから、要素を持って行きたい場所を矢印が指し示すようにマウスで要素を動かせばよい。

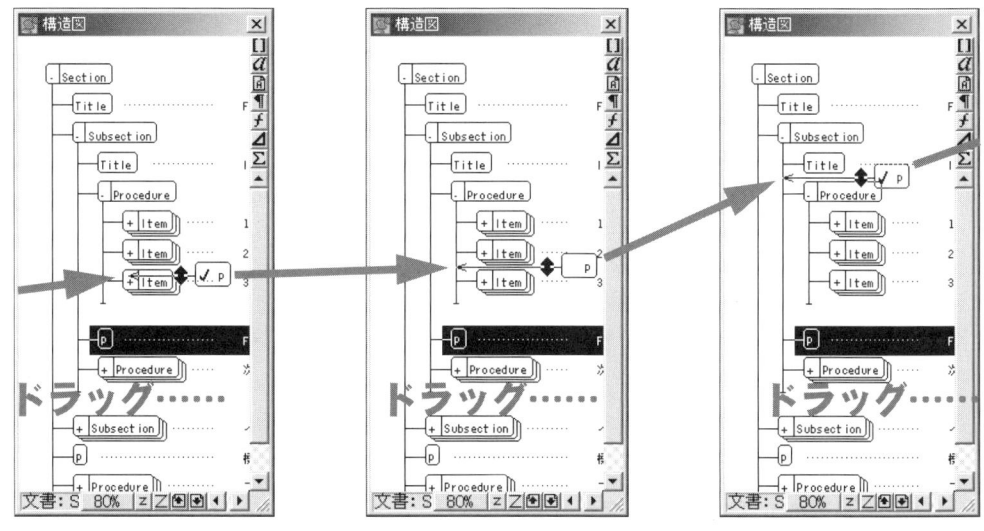

　要素をドラッグしていると、その左に太いチェックマークや?マークが表示されることがあ

第 4 章 【操作編】構造を編集する

る。何も表示されないときもある。これはその時々で要素名の左の矢印が指し示している位置への移動が構造上正しいかどうかを表している。マークの意味はエレメントカタログの要素名の左につくマークと同じなので、太いチェックマークが出る場所でドロップしたらその構造は正しい。とはいえそうでない場所でもドロップは可能であり、その場合は間違った構造になるので、後から直すことが必要となる。

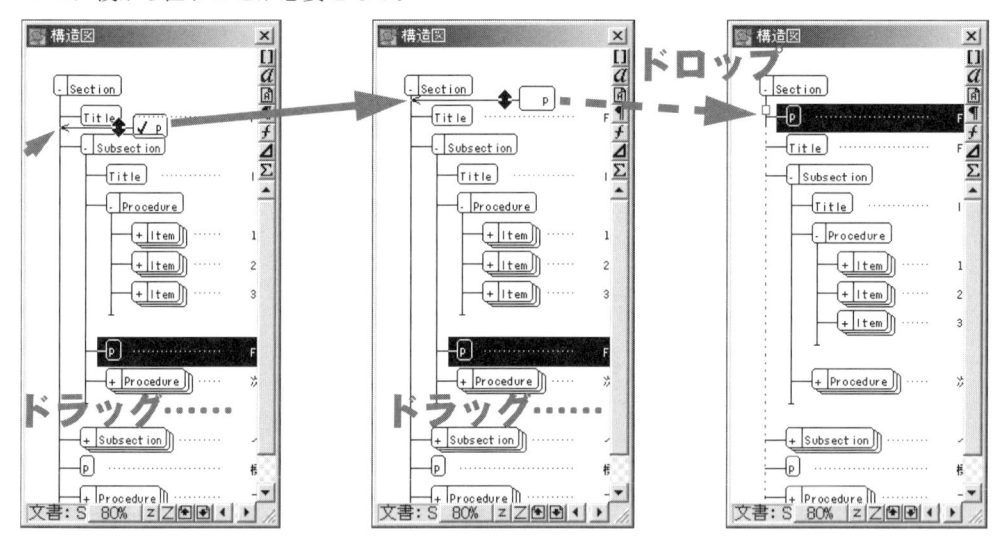

このドラッグ＆ドロップ方式では、矢印が指し示してくれない場所へは要素を移動させることができない。たとえば子要素を持たない要素の中へはなぜか矢印が指さないのでドラッグ＆ドロップできないし、テキストの途中へも構造図では指し示せないので不可能だ。そのような場所への移動には前述のカット＆ペーストを用いる必要がある。

■コピー＆ペーストで要素を複製する

コピー＆ペーストで要素をある場所から別の場所へ複製する方法も、テキストのコピー＆ペーストの場合とまったく同様である。すなわち複製したい要素を選択して［編集］→［コピー］を選択し（または Ctrl+C）、つぎにそれを挿入したい場所にカーソルを置いて［編集］→［ペースト］を選択（または Ctrl+V）すればよい。

要素のコピー＆ペーストは、文書ウィンドウだけでなく構造図上でも行うことができる。

●コピー＆ペーストによる要素移動の利点

コピー＆ペーストを使うと、移動先がどんなに遠く離れていても困難なく要素を複製することができるので便利だ。

複数の連続する兄弟要素をまとめてコピー＆ペーストすることも可能である。

ある FrameMaker 文書から別の FrameMaker 文書へ要素をコピー＆ペーストすることもで

きる。

●正しくない構造も作れてしまう

　要素を挿入したりする場合と異なり、要素をこのように複製する場合は、複製先で構造的に許されない要素であっても何のエラーもなく複製することができてしまう。もちろんわかっていて一時的にそうしているのならかまわないのだが、注意が必要である。複製の結果できた新しい構造が誤りであれば構造図のその箇所は例によって赤く表示されるので気づくはずだ。

Altキーによる要素の複製

　Altキーを用いて要素を複製する方法は、テキストをAltキーで複製する場合とまったく同様である。すなわち、要素を複製したい箇所に文書ウィンドウでカーソルをまず置き、つぎにAltキーを押しながら複製したい要素をマウスで選択する。マウスボタンを放した瞬間、もうその要素は目的地へ複製されている。

　この方法で、連続する複数の兄弟要素をまとめて選択して複製することも可能である。

　なお、構造図上ではこの方法は使えない。

構造図で要素をAlt+ドラッグ&ドロップして複製

　まずAltキーを押し、それを押したまま構造図で要素をドラッグ&ドロップすると、要素を移動でなく複製することができる。この間、マウスポインタは上下双方向の太い白抜き矢印に変わる（同形の真っ黒な矢印になってしまったときはAltキーが効いていなくて移動になってしまうからやり直し）。

　複製の際は近距離のドラッグ&ドロップは動作しない。通常のドラッグ&ドロップのみである。ドラッグ中の画面表示などは移動の場合と同じ。

9 要素を削除する

要素を削除するには、削除したい要素を文書ウィンドウか構造図で選択してDeleteキーを押す。BackSpaceキーでもよい。

また、要素を選択した状態で別の要素をペーストや複製すれば、元あった要素は上書き削除される。

要素を削除すると、その中のテキストや子要素もすべて削除される。

削除の取り消し

まちがって削除してしまった場合は直後なら［編集］→［取り消し］を選択すれば（またはCtrl+Z）復活させることができる。

複数の要素を削除

連続する複数の兄弟要素たちをまとめて選択して削除することもできる。

要素を選択せずDeleteキーを押すだけで削除できることもある

特例として、テキストを含むことのできる段落要素（その要素が終了すると必ず改段落される要素）が同じ種類が複数並んでいるとき、弟要素が空ならば、その中でDeleteキー（BackSpaceキー）を押すと、その要素は削除され、カーソルは兄要素の末尾に移動する。あるいは兄要素が空ならば、弟要素の先頭でDeleteキーを押すと、兄要素が削除される。

さまざまな段落に対して、一般の文書作成ソフトとまったく同じ操作で空段落の削除をすることができるので便利である。

10 要素を結合する

連続する複数の兄弟要素をまとめて1つの要素にすることができる。これを要素を**結合する**という。

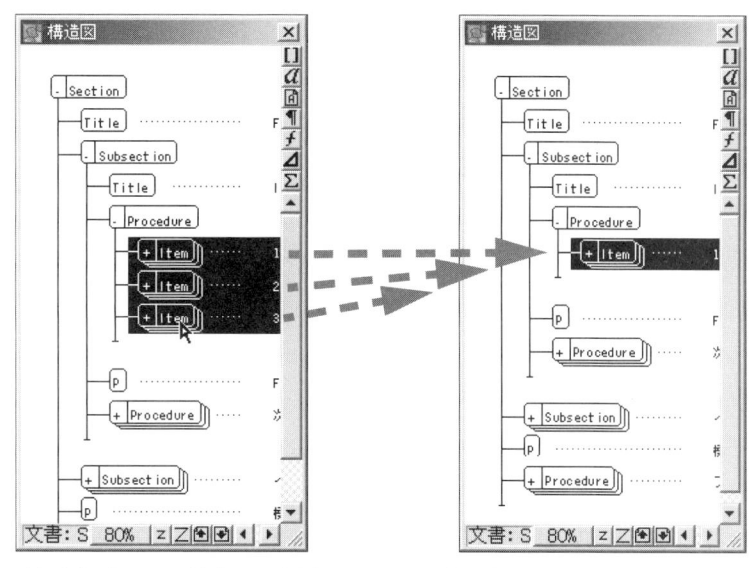

名前の違う兄弟要素どうしを結合した場合、できる要素の名前は、もとの兄弟要素のうちの先頭要素の名前が引き継がれる。

要素結合後の内容の配列

もとの兄弟要素たちの内容は要素を結合しても変化しない。順番もそのままで、もとの兄弟要素どうしの間の境界を取り去っただけの状態で新しい要素の中に並ぶ。

要素を結合する操作

要素を結合するには、結合したい要素たちを文書ウィンドウか構造図でまとめて選択し、[エレメント]→[結合]を選択すればよい。

または要素たちを選択した後、その中を文書ウィンドウで右クリックして(または構造図で選択終点の要素をShift+右クリックして)コンテキストメニューで[結合]を選択してもよい。

要素を選択せずDeleteキーを押すだけで結合できることもある

　特例として、テキストを含むことのできる段落要素（その要素が終了すると必ず改段落される要素）が同じ種類が複数並んでいるとき、弟要素の中の先頭でDeleteキー（BackSpaceキー）を押すと、兄要素と結合される。

　さまざまな段落に対して、一般の文書作成ソフトとまったく同じ操作で段落を一つにまとめることができるので便利である。

　なお、要素の削除の項で解説したDeleteキーによる空段落要素の削除（⇨p90「要素を選択せずDeleteキーを押すだけで削除できることもある」）は、このDeleteキーによる要素結合を空の弟要素で行った特殊な例とみなすこともできる。

11 要素でラップする

既存のテキスト範囲や要素を中身として新しい要素を作ることを、要素で**ラップする**という。

ここではまずラップの具体的イメージを紹介し、そのあとに操作法を説明する。

テキストをラップする

たとえばP要素の中のテキストの一部分を

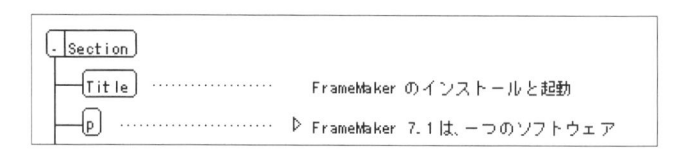

フトウェアの中に標準インタフェイスと構造化インタフ

```
Section
├─ Title ………… FrameMakerのインストールと起動
└─ p    …………▷ FrameMaker 7.1は、一つのソフトウェア
```

Emph 要素でラップすると、P要素の中にテキストとEmph要素があり、そのEmph要素の中にテキストがあるという構造になる。

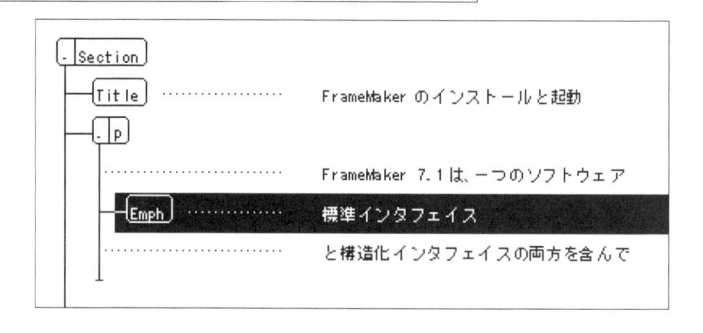

フトウェアの中に[標準インタフェイス]と構造化インタフ

```
Section
├─ Title ………… FrameMakerのインストールと起動
└─ p
       …………… FrameMaker 7.1は、一つのソフトウェア
       └─ Emph   標準インタフェイス
       …………… と構造化インタフェイスの両方を含んで
```

要素をラップする

また、たとえばSection要素の子のItem要素を

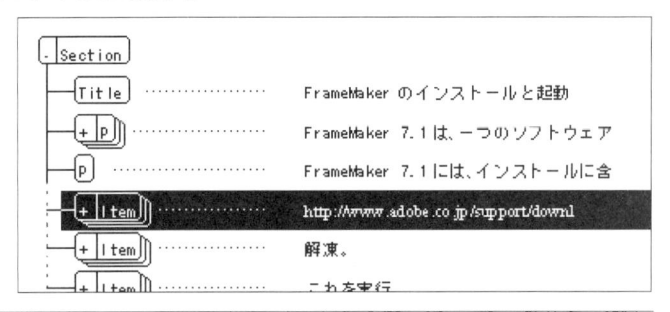

Procedure要素でラップすると、Section要素の中にProcedure要素があり、その中にItem要素があるという構造ができる。

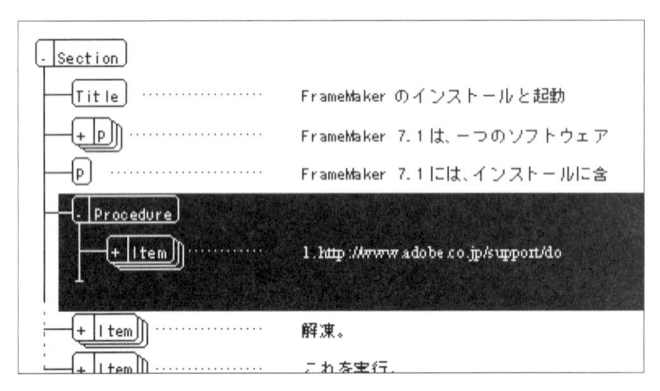

複数要素をラップする

連続する複数の兄弟要素をまとめてラップすることも可能である。
たとえばItem要素がいくつか連続してあるとき、

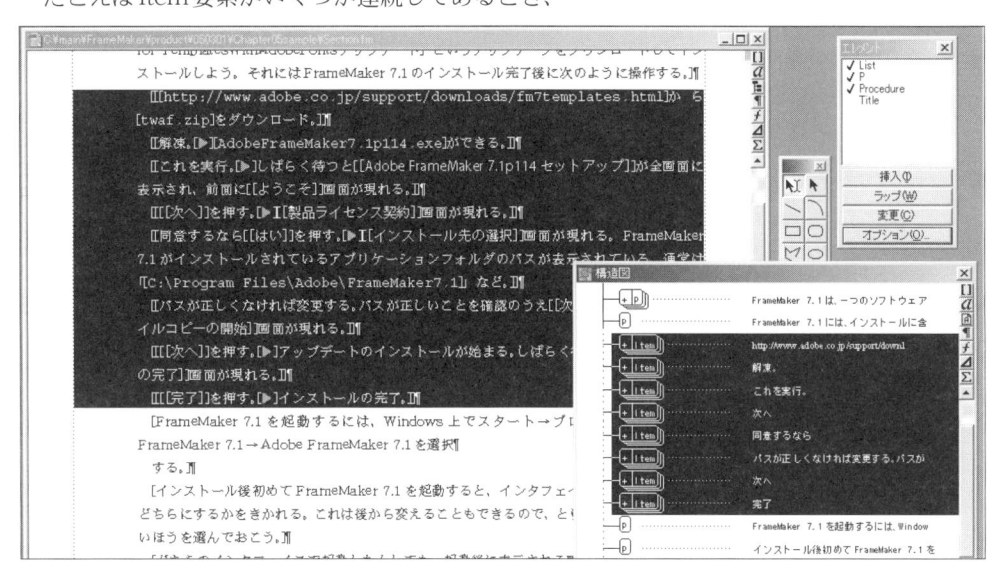

これをProcedure要素でラップすると、Procedure要素の中にItem要素がいくつかあるという構造になる。

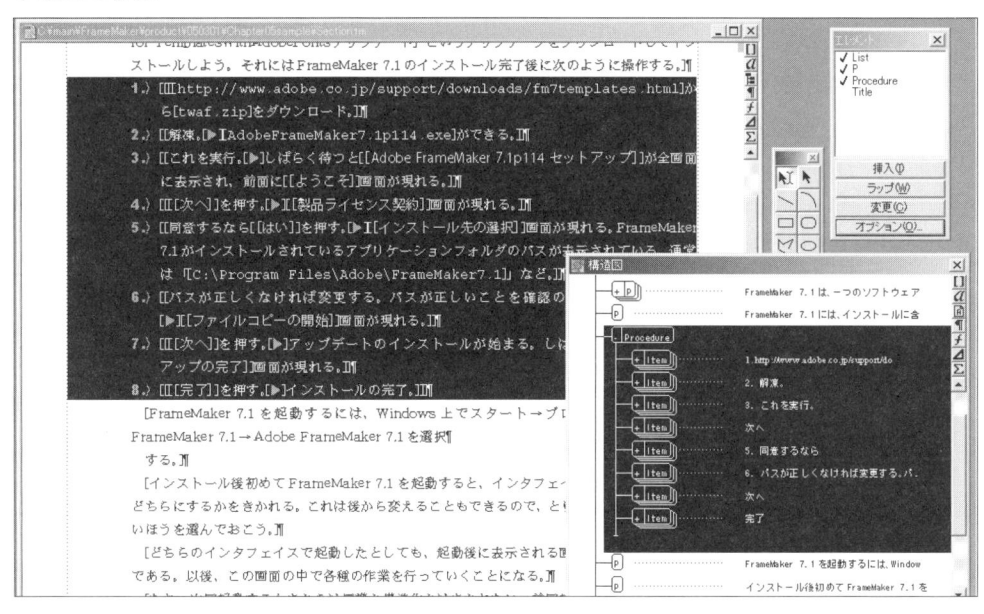

ラップする操作

要素でラップするには、まずラップの対象としたいテキストや要素（複数可）を選択する。

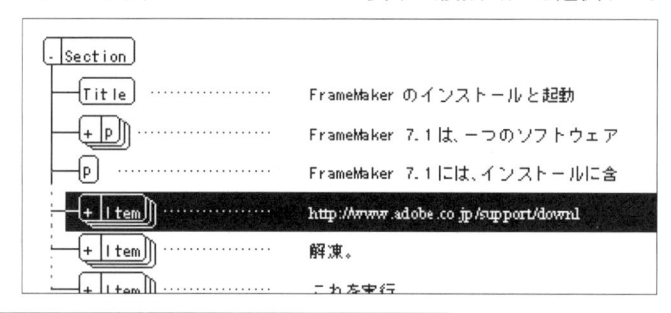

そのあと、エレメントカタログでラップしたい要素の名前を選択し（右図①）、[ラップ]を押す（右図②）。

またはテキストや要素の選択後、Ctrl+2を押す。すると文書ウィンドウか構造図の左下隅が紺色に反転し、ラップに用いる要素名の候補が表示される。

要素名の頭には[W:]とついている。これはWrapの略である。Ctrl+1による要素挿入のときと同様に（⇨p75「キーボード操作で挿入する」）要素名を選んでEnterキーを押せばラップされる。

多重ラップしたいときの工夫

ちょっと複雑な文書構造の場合、ラップしたものをさらにラップして、それをさらに…というように多重ラップをしたいときがある。たとえばSection要素の中にP要素があるとき、これを最終的にSection − Procedure − Item − Pという構造にするには、二重にラップをする必要がある。

通常、エレメントカタログに表示されるのは親要素の子として挿入が許される要素名だけである。だからこの例では、Sectionの中のPを選択したとき、現在位置はSectionの中であるため、エレメントカタログにはProcedureは表示されるがItemは表示されない。これではPをItemでラップすることはできない。よって多重ラップにはちょっと工夫が必要になる。これには2通りの方法がある。

親要素からラップしていく……まずとりあえずPをProcedureでラップしてしまう。本当はPはProcedureの子になることは許されないのだとしても、とりあえず誤りながらもそういう

構造は仮に作ることができるからだ。そしてそのあとPを選択すれば、今度はProcedureの中にいるのでItemはエレメントカタログに表示される。そこでPをItemでラップすれば、目当てのProcedure − Item − Pという構造ができあがる。

　エレメントカタログの表示を変える……エレメントカタログで［オプション］を押して（または［エレメント］→［使用可能なエレメントを設定］を選択して）現れる［使用可能なエレメントを設定］画面で［すべてのエレメント］を選んで［設定］を押せば、現在位置において挿入が許される要素も許されない要素もすべて表示されるようになる。これならSectionの中でいきなりPをItemでラップすることもできるし、そのあとItemをProcedureでラップすることはもちろん可能だ。ラップ作業が多い編集過程においては、一時的にこのようにエレメントカタログの表示設定を変えておくといいかもしれない。なお、**Ctrl**+2で文書ウィンドウ左下隅に表示される候補要素名もこれによりすべてが表示されるようになる。

第 4 章　【操作編】構造を編集する

12 要素をラップ解除する

ラップとは逆に、要素を取り外してその内容だけにすることを**ラップ解除**という。

テキストの入った要素をラップ解除

たとえばP要素の子のEmph要素の中にテキストがあるとき、

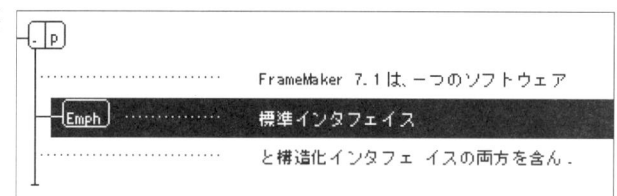

このEmph要素をラップ解除すると、テキストはP要素の中に直接存在する形に変わる。

子要素を持つ要素をラップ解除

あるいはSection要素の子のSubsection要素の子のP要素があるとき、

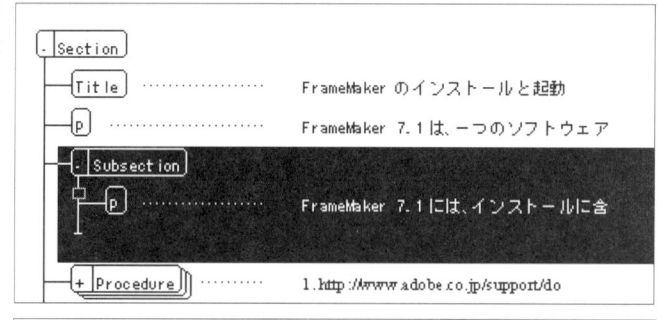

このSubsection要素をラップ解除すると、P要素はSection要素の子になる。

なお、要素をラップ解除しても、その子要素までラップ解除されるわけではない。

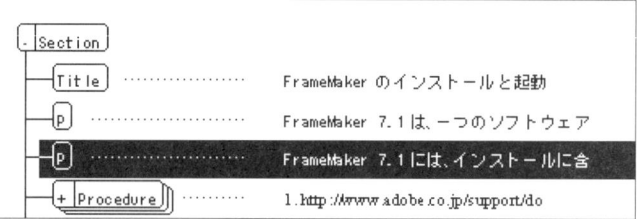

ラップ解除の操作

　要素をラップ解除するには、ラップ解除したい要素を文書ウィンドウか構造図で選択したあと、［エレメント］→［ラップ解除］を選択する。

　または要素選択後、その要素を文書ウィンドウか構造図で右クリックしてコンテキストメニューで［ラップ解除］を選択してもよい。

複数要素をラップ解除

　連続する複数の要素をまとめて選択してラップ解除することもできる。この場合、構造図でコンテキストメニューを出す方法でやるならShiftを押しながら右クリックする必要がある。

文書内の全要素をラップ解除

　文書内のすべての要素をまとめてラップ解除する方法もある。これを行うと、文書は構造化文書ではなくなる。しかし書式やレイアウトは元のまま保たれる。構造化FrameMaker文書を何らかの理由で標準FrameMaker文書にしたい場合に有用である。

　次のように操作する。

1. ［スペシャル］→［フローから構造を削除］を選択する。
   ▶［構造の削除は取り消せません。続行しますか？］と表示される。

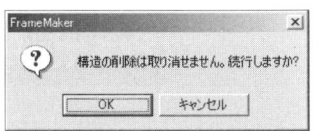

2. ［OK］を押す。▶文書内の全要素がラップ解除され、構造化文書でなくなる。

　　エレメントカタログには最上位要素の名前が表示される。最上位要素が挿入できる状態というのは、すなわち何の構造もついていない状態になったということである。

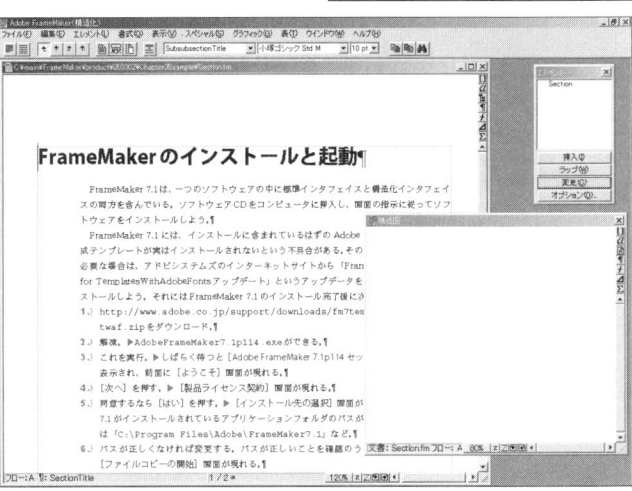

第4章 【操作編】構造を編集する

13 要素を変更する

要素を変更するには、変更したい要素を選ぶか、変更したい要素の中にカーソルを置いたあと、

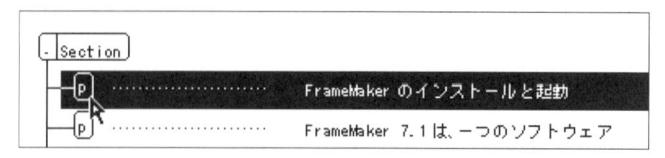

エレメントカタログで要素名を選んで（右図①）［変更］を押す（右図②）。

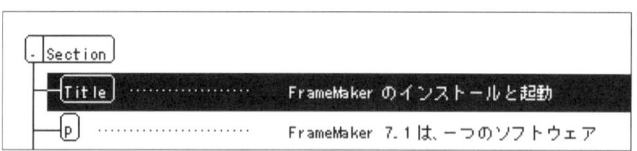

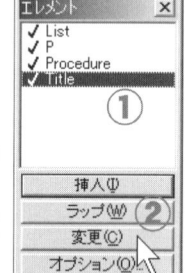

または要素選択後 Ctrl+3 を押すと、文書ウィンドウか構造図の左下隅が紺色に反転し、候補要素名が表示されるので、Ctrl+1 や Ctrl+2 の場合と同様に（⇨p75「キーボード操作で挿入する」）要素を選んで Enter キーを押せば変更できる。要素名の左につく［C:］は Change の略である。

C:List　　　　　　　　　　　　　　Ctrl+3

14 属性を編集する

要素によっては属性を持つものがある。

属性には値を設定することができる。どんな値を設定できるかは属性によって異なっている。自由な文字列を設定できるものもあれば、選択肢から選ぶようになっているものもある。

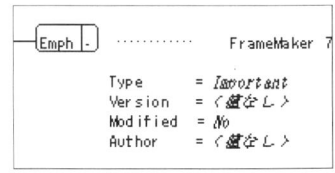

文字列を値にとる属性では、その内容に制約がかけられているものもある。数値しか受け付けないものもあるし、さらに厳しく整数のみとされているものもある。

また、いくら以上いくら以下の数値でなければ受け付けないというような範囲による制約を持つ属性もFrameMakerでは存在する。

属性画面を開く

属性の型や範囲などを調べたり、その値を設定・削除したりするには、[属性] 画面を用いる。

●構造図で属性をダブルクリックして開く

[属性] 画面を開くにはいくつか方法がある。もっとも直感的なやり方としては、調べたり編集したりしたい属性が構造図で表示された状態で（⇒p50「構造の表示」）、その属性名か属性値をダブルクリックする。すると [属性] 画面が現れる。

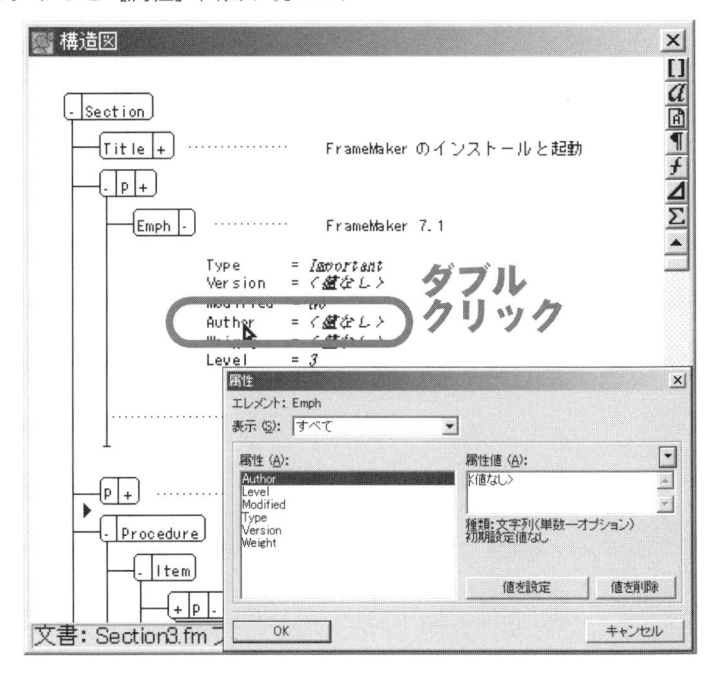

101

第4章 【操作編】構造を編集する

ダブルクリックした属性が［属性:］で選択されている。すなわち、この属性をすぐに調べたり編集したりするための画面状態になっている。

［属性］画面の［エレメント:］には、現在対象としている要素の名前が表示される。［属性:］には、その要素の持つ属性の名前が列挙され、その中から一つ選べるようになっている。

● キーボードで属性を選んで開く

［属性］画面はキーボード操作で開くこともできる。次のように操作する。

1. 文書ウィンドウか構造図で、調べたり編集したりしたい属性を持つ要素を選択する。またはその要素の中にカーソルを置く。
2. Ctrl+7を押す。▶文書ウィンドウまたは構造図の左下隅が紺色に反転して属性名が表示される。

    A:Author　　　　　　　　　　　　　　　　　　　　　　Ctrl+7

    属性名の左には［A:］がついている。これはAttributeの略であり、候補属性名を表示していることを表している。

3. Ctrl+1などでの要素名選択のときと同じように（⇒p75「キーボード操作で挿入する」）属性名を選んだあとEnterキーを押す。▶［属性］画面が現れる。構造図でのダブルクリックの場合と同様、選んだ属性が［属性:］で選択されている。

● 常駐属性画面を開く

［属性］画面を開く方法としては他にも、文書ウィンドウや構造図の右端の *a* を押すという方法や、［エレメント］→［属性を編集］を選択するという方法がある。

この2つの方法のいずれかで表示させた［属性］画面は、ほかの方法で開いた［属性］画面とは異なり、常駐になる。すなわち、閉じなくても文書を編集していくことができる。属性を調べたり編集したりする頻度が高いときなどに便利だ。

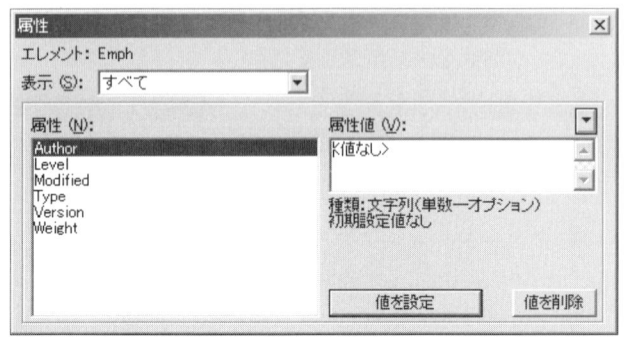

常駐の［属性］画面では、その時々のカーソル位置の要素や選択した要素の名前が［エレメント:］に表示され、その要素の持つ属性の名前がそのつど［属性:］に列挙される。カーソルをほかの要素のところへ移動させたりほかの要素を選んだりすると、常駐［属性］画面の表示も自動的にその要素とその属性に変わるようになっている。これにより、いろいろな要素の属性を連続して調べたり編集することができるし、また、属性の編集とそれ以外の編集作業をシームレスに進めていくことが可能だ。

常駐の［属性］画面は、ほかの文書のウィンドウに切り替えても常駐したままである。

属性画面で属性を選ぶ

　［属性］画面の［属性:］に列挙された属性名から属性を選ぶには、選びたい属性をクリックする。するとその属性の値や型や範囲などが表示されるとともに、値の編集もできるようになる。

　構造図で属性をダブルクリックしたときやCtrl+7で属性を選んだときは、目的の属性は［属性］画面が開いた時点ですでに選ばれているので、画面上であらためて属性を選ぶことはあまりないかもしれない。しかし目的の属性が複数ある場合もあるだろう。また、構造図での属性のダブルクリックは失敗して上下隣の属性を選んでしまうことがたまにある。そんなときはあわてず［属性:］でほかの属性を選べばよい。

　常駐の［属性］画面では逆に、そういう事前の属性選択をしないですむかわりに、画面が開いてから属性を選ぶことになる。そして違う要素に移るたびにその属性を選ぶことができる。

●列挙される属性を絞り込むこともできる

　属性の多い要素などの場合、列挙される属性を絞り込むと選びやすくなって便利だ。［表示:］で［必要な属性・指定した属性］を選択すると、必須の属性と、値を設定されている属性だけが［属性:］に列挙されるようになる。

　選びたい属性が絞り込みのせいで表示されていない場合など、要素の全属性を列挙させたいときは［すべて］を選択する。

属性画面で属性を調べる

　［属性］画面では、［属性:］で選ばれた属性の値と種類（必須性・型・数）・読み取り専用フラグ・初期設定値・範囲が表示される。

●属性の値の表示

　［属性値:］には属性の値が表示される。値が設定されていない属性の場合は［属性値:］に［<値なし>］と表示される。

●属性の必須性

　属性にはその必須性において、必須属性とオプション属性の2種類がある（詳しくは後述）。

●属性の型

　属性の型には［文字列］・［実数］・［整数］・［選択］・［固有ID］・［ID参照］の6種類がある（詳しくは後述）。

●属性の数

　属性の数には［単数］・［複数可］の2種類がある（詳しくは後述）。ただし選択型・固有ID

型の属性には単数しかない。

●属性の種類（必須性・型・数）の表示

属性の必須性・型・数は、［属性値:］の下に［種類:］としてまとめて表示される。表示形式はその属性の型や必須性によって以下のように異なる。

- 選択型・固有ID型の必須属性……　［種類:**必要な型**］
- その他の必須属性……　［種類:**必要な型(数)**］
- 選択型・固有ID型のオプション属性……　［種類:**型**(オプション)］
- その他のオプション属性……　［種類:**型**(数—オプション)］

●属性の読み取り専用フラグの情報の表示

属性には読み取り専用のものがある。そのような属性には値を設定する操作ができない。しかし相互参照の挿入（⇒p203「相互参照」）のときなどにID参照型（や固有ID型）の属性に適切な値をFrameMakerが自動的に設定することは可能になっている。一般に、人間が不用意に値を変えると不具合が生じる属性が読み取り専用として定義されている。ID参照型・固有ID型の属性はこの理由からたいていは読み取り専用である。

読み取り専用の属性では［種類:］の下に［読み取り専用］と表示される。

●属性の初期設定値の情報の表示

属性には初期設定値が定義されているものがある。初期設定値とは、属性に値が設定されていないとき、設定されていると見なされる値のこと。デフォルト値と呼ばれることもある。

たいていのXML・SGML処理ソフトウェアは属性の初期設定値を実際の設定値と同等に評価する。FrameMakerでも、たとえば属性によって書式が変わるよう定義されている要素の場合、値が設定されていなければ初期設定値に従って書式をつけるようになっている。

ただし必須属性と固有ID型・ID参照型の属性は初期設定値を持つことができない。

初期設定値の情報は［種類:］の下に次のように表示される。

- 初期設定値が定義されていない（ないしできない）属性……　［初期設定値なし］
- 初期設定値が定義されている属性……　［初期設定:**初期設定値**］

　　ただし複数可の属性で初期設定値が複数ある場合は最初の1つだけが表示される。（構造図にはすべて表示される。）

なお、読み取り専用属性では初期設定値の情報は表示されない。（構造図には表示される。）

●属性の範囲の表示

実数型・整数型属性では範囲が定義されている場合がある。範囲が定義された属性にはその範囲内の値しか設定することができない。

範囲が定義されている属性では読み取り属性フラグや初期設定値の情報の下に［範囲：**下限**から**上限**まで］と表示される。

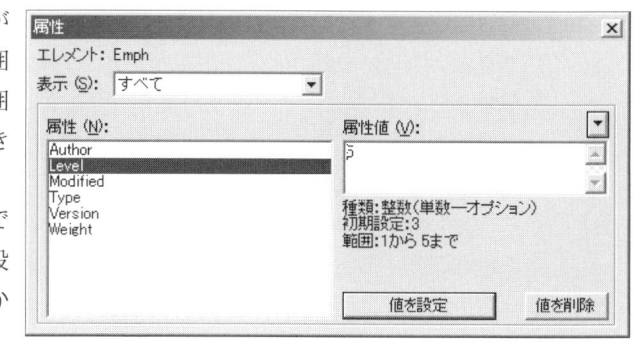

属性の値を設定する

属性の値を設定（新規設定・変更）するには、［属性］画面の［属性：］でその属性が選ばれた状態で、次のように操作する。

1. ［属性値：］の［＜値なし＞］や今の値を、設定したい値に書き換える。これはキー入力してもいいし、どこかからコピー＆ペーストしてきてもよい。
2. ［値を設定］を押す。

●属性値を書き換える操作

［属性値：］を書き換える操作は、通常のテキストボックスと同様である。すなわち、古い内容全体を選択しておいてから新しい内容を書き込んで置き換えるか、古い内容全体を削除しておいてから新しい内容を書き込めばよい。

［属性］画面では、開いた時点では［属性値：］の先頭にカーソルが置かれている。さらに常駐の［属性］画面では、属性や要素を変えるたびに自動的にカーソルがそこに行くようになっている。これを利用すると、そのままShift+→を末尾まで押せば今の内容全体を選択することができる。そのあとDeleteキー（BackSpaceキー）を押して削除してしまってもよい。あるいはDeleteキーを内容全体が消えるまで押すという方法も使える。

もちろん、マウスをドラッグして内容全体を選択することもできる。そのあとDeleteキー（BackSpaceキー）を押して削除してもよい。

属性値を書き換える際のややましな方法

このように、［属性値：］に新しい値を入れるときには古い値を消す工夫をいちいちしなければならないのが面倒である。［属性］画面を開いた時にはじめから［属性値：］の内容が選択されていてくれたらすごく楽だろうと思う。それならばすぐに新しい値を古い値の上から入力できるからだ。でも実際は選択されていないから大変である。古い値が残ってしまわないよう、上記のように神経を使って手もよけいに動かさなければならない。

とはいえこれは既存の属性値を変更するときにかぎった話であって、新規設定の際には既存値はないからそういう手間はなくすぐに値を入力することができる。…と普通思うだろうが、そうはいかないのだ。属性値が空のときは［属性値:］に［<値なし>］という文字列が鎮座ましていて、なんとこれを手作業で削除しなければ値を新規設定することもできないしくみになっているのである。新規に文書を作る場合など、値のない属性にどんどん値を設定していきたいようなときに特にこれは泣ける仕様だ。

　なぜFrameMakerはわざわざ［<値なし>］などという文字列を属性値の欄に挿入させるのか。値が設定されていないのなら何も表示しなければそれでそうわかるではないか。それなら入力も楽なのだ。たぶん、値がスペースのときと見た目で区別できるようにしているのだろうと思う。（欄を空にして値を設定しようとするとエラーが出るので、null（属性記述せず）と長さ0の文字列を区別しているとかはなさそうだ。）しかしそれなら入力欄でなく欄外に［値なし］と表示させればすむことではなかろうか。

　などと愚痴のひとつも言いたくなるわけだが、この不可解な仕様のなかで少しでも作業能率をあげるためにもっとも有効な操作を考えてみる。先述のように、［属性］画面を開いた時には（常駐の［属性］画面ならそれ以外の時でもたいていは）［属性値:］にカーソルがある。このことを利用して、Tabキーと Shift+Tabキーを1回ずつ押すというちょっとトリッキーな方法を筆者は愛用している。これがたぶんいちばん効率がいいだろう。この2ストロークでフォーカスは［属性値:］に戻ってきてしかも値全体が選択された状態になるからだ。Shift+→連打方式やDelete連打方式に対する利点は、キーを打つ回数が2回と決まっているので機械的に操作できることと、元の値が長い場合（［<値なし>］も含め）にキーリピートを待たずに済む点だ。マウス方式に対する利点はもちろん、キーボードから手を離さなくてすむので速く操作できるということである。

属性に設定できる適切な値

　各属性に値を設定するべきかどうかとか、どのような値を設定するべきかということは、要素の組み立て方と同様、場合に応じて開発者からの構造化仕様書などに規定されているはずだが、そのほかに、属性に定義されている種類や範囲によっても規定される。

●属性の必須性
　先述のように属性にはその必須性において、必須属性とオプション属性の2種類がある。
- **必須属性**……かならず値を設定しなければならない約束になっている属性のこと。
　　必須属性に値を設定しないまま放置した状態は構造上誤りなので、どこかの時点でかならず設定するようにする。
- **オプション属性**……かならずしも値を設定しなくてもかまわない属性のこと。
　　オプション属性には初期設定値が定義されているものもあるので、設定したい値がそれ

と同じならあえて設定しなくてもよいのが普通。設定したい値が初期設定値と異なるときだけその値を設定すればいい。

● **属性の型**

先述のように属性の型には［文字列］・［実数］・［整数］・［選択］・［固有ID］・［ID参照］の6種類がある。それぞれの型によって適切な値を設定しなければならない。不適切な値を設定しようとするとエラーが出る。

- **文字列型**……任意の文字列値を設定できる。

  ただしXML・SGML形式で保存する文書の場合は、全角文字を含む文字列を設定することは推奨されていない。文字化けすることがある。

- **実数型**……半角数字で実数値を設定できる。（全角で設定しても半角に変換される。）

  例：0・1・02.00・2.2360679・-0.00000000000000001・+9999999.99999999999など。

  指数記法も可。例：2.9979e8・6.02E+23・6.6260E-34など。

  不可な例：1,200・1.4e3.5・0x12・&H7F・±0・π・two・一億・5%・87.3kg・105$・2iなど。

- **整数型**……半角数字で整数値を設定できる。（全角で設定しても半角に変換される。）

  例：0・1・002・299792458・-123・+99999999999999999999999999999999など。

  不可な例：1.2・1,200・1.4e3・0x12・&H7F・±0・two・一億・100%・87kg・105$・2iなど。

- **選択型**……選択肢にある値だけを設定できる。

  ［属性値：］の右の［▼］を押すとその属性のとりうる値の選択肢がすべて列挙される。いずれか一つを選択すると［属性値：］がその値に書き換わる。この場合はあらかじめ古い値を選択したり削除したりしておく必要はない。

  あるいはほかの型と同様に、選択肢と同じ文字列を［属性値：］に入力したりペーストしたりして書き換えてもよい。

- **固有ID**……要素が相互参照されるときのための固有ID文字列を保持するための属性型（7章参照）。文書内（ブック内）で一意の値でなければならない。

  これの設定について人間が普通あまり考える必要はない。相互参照されたとき、もし未設定ならばFrameMakerは自動的に一意な値を生成してこれに設定してくれる。そもそも読み取り専用属性になっていて変更できない場合も多い。

- **ID参照**……相互参照先の要素をその固有ID文字列で指し示すための属性型。文書内（ブック内）のいずれかの要素の固有ID属性値と同一の値でなければならない。

  この属性値を手動で直接設定することはできない。どこかを相互参照すると、参照先の固有ID値が自動的に設定されるようになっている。

● **属性の数**

先述のように属性の数には［単数］・［複数可］の2種類がある。ただし選択型・固有ID型の属性には単数しかない。

- **単数属性**……値を一つだけ持てる属性。

第4章 【操作編】構造を編集する

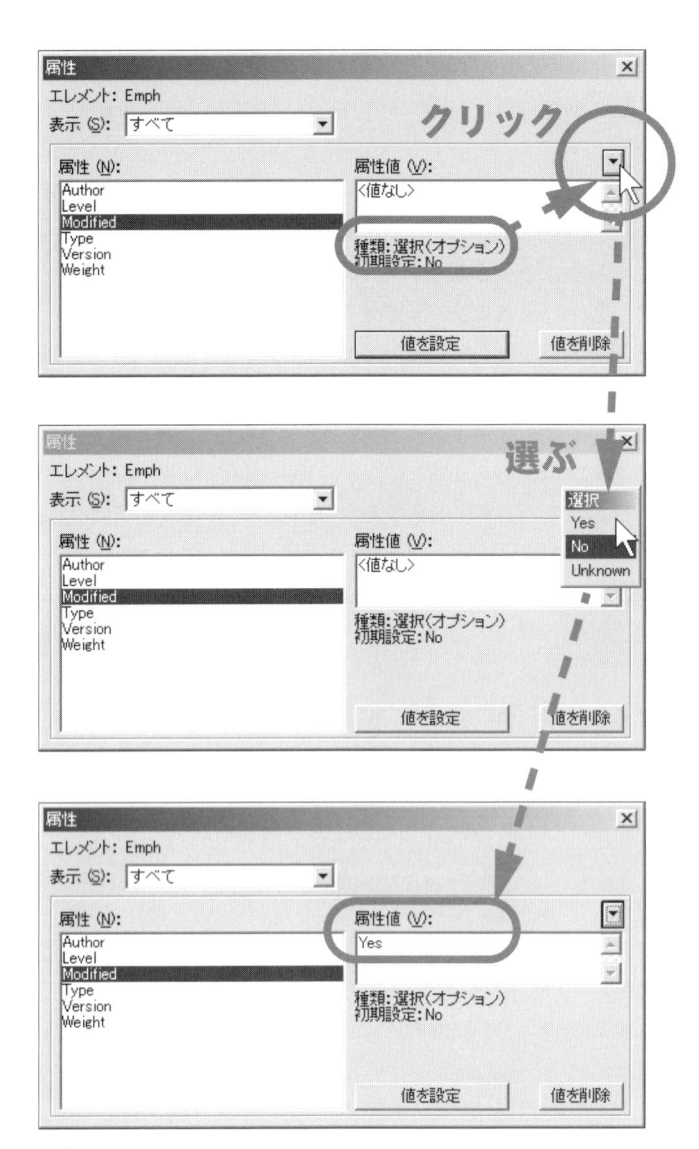

複数の値を設定しようとするとエラーが出る。

- **複数可の属性**……値を複数持つことができる属性。

  複数の値を設定するには、[属性値:]の中でそれぞれの値の間を改行で区切る。言い換えれば縦に列挙する。

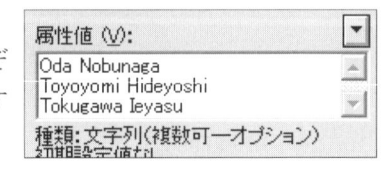

  初期設定値を複数持つ場合もある。

●属性の範囲

先述のように実数型・整数型属性では範囲が定義されている場合がある。範囲が定義された

属性にはその範囲内の値を設定しなければならない。範囲外の値を設定しようとするとエラーが出る。

属性の値を削除する

属性の値を削除するには、［属性］画面でその属性が選ばれた状態で、［値を削除］を押す。
なお、「〈値なし〉」という文字列を属性値に設定しようとすると、属性値は削除される。「〈値なし〉」で始まる任意の文字列でも同様である。

属性画面を閉じる

常駐でない［属性］画面を閉じるには［OK］を押す。ただし編集を文書に反映させたくない場合は［キャンセル］か右上の［×］を押す。
常駐の［属性］画面には［OK］［キャンセル］ボタンがないので、閉じたくなったら右上の［×］を押す。

編集結果の確定と反映

［値を設定］や［値を削除］を押すと編集結果は確定される。編集結果を確定する前にほかの属性や要素を表示するとその編集は無効とされるので注意が必要だ。
常駐の属性画面では、確定された編集結果は即文書にも反映される。
常駐でない属性画面では、編集結果は確定されてもすぐに文書に反映されるわけではない。［OK］を押して［属性］画面を閉じてはじめて反映される。もし［キャンセル］や［×］を押して閉じると、今回画面を開いてからその要素のいろいろな属性に対して確定されていた編集結果（値の設定・削除）はすべて無効とされる。
なお、［OK］は、現在選択している属性に対する編集結果の確定を兼ねている。すなわち、［属性値:］を書き換えたあと［値を設定］を押さずに［OK］を押したとしてもその書き換えは文書に反映される。操作が一つ減るので便利だ。

キー操作だけで属性編集を行うこともできる

編集操作に慣れてくるとマウス操作ではまどろっこしくなってきてキー操作だけで編集を行いたくなるものだ。属性編集の場合にその障害になりそうなのは［OK］がEnterキーで素直に代用できないことかもしれない。
［属性］画面では［属性値:］を書き換えたときにEnterキーを押しても、ほかのたいていの画面とは違って［OK］を押したことにはならない。かわりに［属性値:］の中で改行が行われ

てしまう。これは、属性の型によっては［属性値:］には複数の値を入れることができるからである。

　だが、［属性値:］から［OK］まではTabキーを3回押せばフォーカスが移る。これを先述のテクニックと組み合わせると、次のようにキー操作だけで属性値を一つ設定して文書に反映させることが可能になる。

　例……属性「Level」に値「1」を設定したい場合（Lではじまる属性がほかにない要素なら）、Ctrl+7・L・Enter・Tab・Shift+Tab・1・Tab・Tab・Tab・Enter。

　どのキーが何を実現しているかそれぞれ研究してみてほしい。上のように字で書くとなんだか難しそうだが、体に覚えさせてしまえば絶対マウスより速いはずである。

属性をコピー＆ペーストする

　複数の要素に対して同じような属性値設定を繰り返す必要があるときは、属性値設定ずみの要素から属性をコピー＆ペーストすると楽だ。これは、任意の要素の値設定ずみの属性をすべてほかの要素へ値ごと一括複製することができる機能である。

●属性をコピーする

　まず、要素から属性をコピーするには次のいずれかの操作を行う。

- 文書ウィンドウか構造図で要素の中にカーソルを置くか要素を選択する。そして［編集］→［特殊コピー］→［属性］を選択。
- 文書ウィンドウで要素の中を右クリックしてコンテキストメニューで［特殊コピー］→［属性をコピー］を選択。
- 構造図で要素かその中を右クリックしてコンテキストメニューで［属性をコピー］を選択。

　ただし、固有ID型の属性はコピーされないようになっている。複製されると一意性がくずれてしまうからだ。

　なお、複数の要素を選択してそこから属性をコピーした場合には先頭の要素の属性がコピーされる。

●属性をペーストする

　こうしてコピーした属性をつぎにほかの要素へペーストするには、文書ウィンドウか構造図で要素の中にカーソルを置くか要素を選択して、普通にペーストの操作を行えばいい。すなわち［編集］→［ペースト］を選択する（またはCtrl+V）。右クリックしてコンテキストメニューで［ペースト］を選択してもよい。

　複数の要素を選択してまとめて属性をペーストすることもできる。

●値が設定されている属性がすべて複製される

　この方法で複製されるのは先述のとおり値が設定されている属性だけである。コピー元で値が設定されていない属性についてはペースト先の値がそのまま残る。だから、ある要素で属性

値を削除したからコピー&ペーストしてほかの要素の属性値も同様に未設定にしよう、という利用のしかたはできないので注意が必要である。

逆に値が設定されていればあらゆる属性がかまわず複製されてしまうので、コピー元とは別の名前の要素へ属性をペーストした場合には、その属性自体がそちらでは定義されていないということが起こりうる。その場合は後述の方法で属性名を適宜変更するか属性を削除する必要がある。

属性名を変更する

文書の構造定義は変更になることがある。その際、それまで定義されていた属性名が変更になることがある。このような場合、新しい構造定義を文書に取り込んでも（⇨p219「書式・EDDを取り込む」）、その属性に値を設定している箇所では属性名は自然に変更されない。しかしこれをそのままにしておいては新たな構造上では誤りになるので、変更する必要がある。

また、要素間で属性をコピーしたときや、他の文書から要素をコピーしてきたときなどにも同様の状況が発生しうる。

しかしながら、文書内の属性名を変更するコマンドというものはない。そのためには、属性の検索・置換機能を利用する必要がある（⇨p113「要素や属性を検索・置換する」）。

属性を削除する

属性は構造定義変更に伴い廃止されることもある。しかし新定義を文書に取り込んでも、値を設定している属性は消滅しない。これは構造上誤りとなるので削除する必要がある。この場合は属性の値を削除するのではなく、属性そのものを要素から削除するのであることに注意。

他の要素からコピーしてきた属性や、他の文書から持ってきた要素などでも似たような問題は起こりえる。

そのような、構造定義にない属性を持つ要素にカーソルを置いて（または選択して）、［属性］画面の［属性:］でその属性を選択すると、［種類:］の行は表示されずにかわりに［未定義］と表示される。またこのとき、［値を削除］ボタンは［削除］に変わっている。

属性を削除するにはこの状態で次のように操作する。

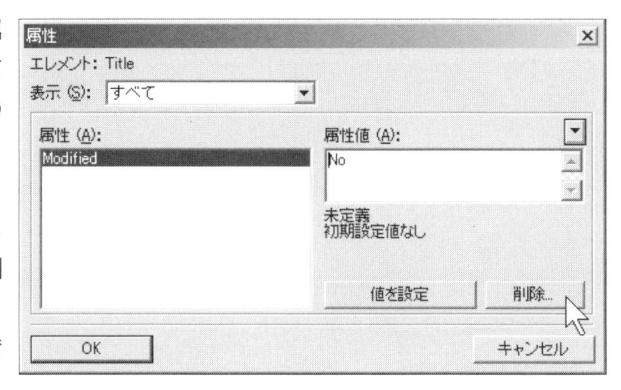

第4章 【操作編】構造を編集する

1. ［削除］を押す。▶［未定義の属性を削除］画面が現れる。
　　［属性「**属性名**」は「**要素名**」エレメントタグに定義されていません。］と表示されている。

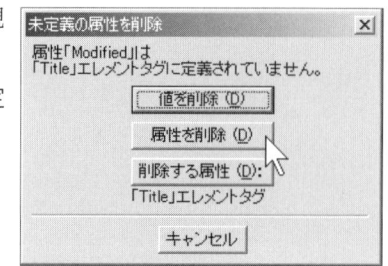

2. ［属性を削除］を押す。▶この属性が削除される。

●文書内の同名要素のその属性を全部まとめて削除することもできる

［未定義の属性を削除］画面の［削除する属性:］の下には［「**要素名**」エレメントタグ］と表示されている。上記操作で［属性を削除］でなくこの［削除する属性:］を押すと、文書内の同名要素のこの属性が全部まとめて削除される。

●とりあえず値だけを削除することもできる

上記操作で［属性を削除］でなく［値を削除］を押すと、値だけが削除されてこの属性は残る。

15 要素や属性を検索・置換する

文書内の要素や属性は、テキストと同じように検索・置換することができる。

要素や属性を検索する

要素や属性を検索するには次のように操作する。

1. ［編集］→［検索・置換］を選択（またはCtrl+F）。▶［検索・置換］画面が現れる。
2. ［検索］で［エレメント］を選択。▶［エレメントを検索］画面が現れる。

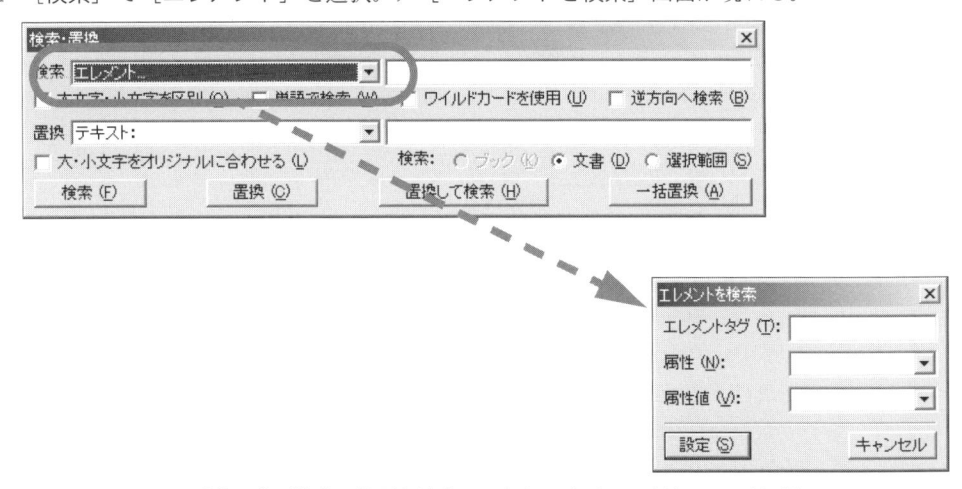

3. ［エレメントタグ:］・［属性:］・［属性値:］を適宜設定する（詳しくは後述）。
4. ［設定］を押す。▶［エレメントを検索］画面が閉じる。
5. ［検索］を押す。▶検索が実行される。検索方向は［逆方向へ検索］の指定に従う。

　［エレメントタグ:］・［属性:］・［属性値:］はそれぞれ、要素名・属性名・属性値による検索を行うためのものだ。複数指定した場合にはAND条件になり絞り込みが行われる。どれも指定しなかった場合はあらゆる要素が検索にひっかかる（あまり意味がない）。

　［エレメントタグ:］・［属性:］・［属性値:］はいずれも、［大文字・小文字を区別］・［単語で検索］・［ワイルドカードを使用］の指定に従って文字列検索される。

　以下［エレメントタグ:］・［属性:］・［属性値:］各欄の設定方法を説明する。

●要素名による検索

　特定の文字列を名前に含む要素を検索するには［エレメントタグ:］にその文字列を入力する。

　たとえばPで検索するとP要素やProcedure要素がひっかかる。このときもしP要素だけを検索したいなら［単語で検索］にチェックマークを入れればよい。

113

第4章 【操作編】構造を編集する

要素名による絞り込みをしたくないときは［エレメントタグ:］を空にしておく。

●属性名による検索

特定の文字列を名前に含む属性を持つ要素を検索するには［属性:］にその文字列を入力する。

たとえばAuthorで検索するとAuthor属性やAuthorInitials属性がひっかかる。このときもしAuthor属性だけを検索したいなら［単語で検索］にチェックマークを入れればよい。

属性名による絞り込みをしたくないときは［属性:］を空にしておく。［属性:］の選択肢で［任意の属性］を選んでも空になる。

いずれかの要素名と完全一致する文字列を［エレメントタグ:］に指定してあるときは、その要素に定義されている属性の名前が［属性:］の選択肢にすべて列挙されるので、そこから選ぶと便利だ。

なお、検索条件でひっかかる属性が一つの要素の中に複数あったとしても、その要素がハイライトされるのは1回だけである。

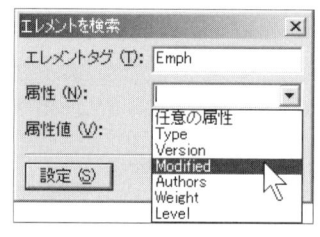

●属性値による検索

特定の文字列を値に含む属性を持つ要素を検索するには［属性値:］にその文字列を入力する。

たとえば1で検索すると値1や値1Rなどがひっかかる。このときもし値1だけを検索したいなら［単語で検索］にチェックマークを入れればよい。

値が未設定の属性を持つ要素を検索したいときは［属性値:］に［<値なし>］という文字列を入力する。［属性値:］の選択肢で［値なし］を選んでも［<値なし>］になる。

属性値による絞り込みをしたくないときは［属性値:］を空にしておく。［属性値:］の選択肢で［任意の値］を選んでも空になる。

いずれかの要素名と完全一致する文字列を［エレメントタグ:］に指定してあって、しかもその要素に定義されている選択型属性の名前のうちのいずれかと完全一致する文字列を［属性:］に指定してあるときは、その要素のその属性に定義されている選択肢が［属性値:］の選択肢にすべて列挙されるので、そこから選ぶと便利だ。

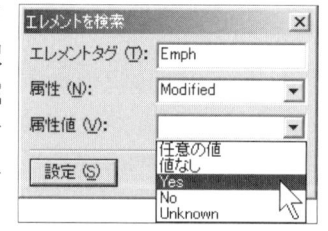

なお、検索条件でひっかかる属性値が一つの要素の中に複数あったとしても、その要素がハイライトされるのは1回だけである。

複数可の属性の場合、検索は個々の値に対して行われる。複数の値をまとめて検索することはできない。たとえば値1と値2を両方持つ属性を検索するといったことはできない。

15　要素や属性を検索・置換する

● 例：P要素のVer属性の選択値1を検索したいときの操作

以上の技法を用いると、たとえば、属性値1を設定されている選択型のVer属性を持つP要素を検索したいときの操作は次のようになる。

1. Ctrl+F。▶ ［検索・置換］画面が現れる。
2. ［単語で検索］にチェックマークを入れる。※ProductNo要素やVerify属性や属性値1Aなどがひっかかってほしくないので。
3. ［検索］で［エレメント］を選択。▶ ［エレメントを検索］画面が現れる。
4. ［エレメントタグ:］に「P」と入力。▶外見上変化はないがこの時点で、P要素に定義されている属性の名前が［属性:］の選択肢にすべて列挙される。
5. ［属性:］の選択肢で［Ver］を選択。▶外見上変化はないがこの時点で、P要素のVer属性に定義されている属性値が［属性値:］の選択肢にすべて列挙される。
6. ［属性値:］の選択肢で［1］を選択。
7. ［設定］を押す。▶ ［エレメントを検索］画面が閉じる。
8. ［検索］を押す。▶目的の検索が実行される。

要素や属性を置換する

検索でひっかかる要素の要素名や属性名や属性値を置換するには、［検索・置換］画面の［置換］でそれぞれ［エレメントタグ:］・［属性名:］・［属性値:］を選び、その右に置換文字列として新しい要素名・属性名・属性値を指定する。そしてテキストの置換と同様、［置換］・［置換して検索］・［一括置換］を駆使して置換を実行すればよい。

● 要素名を置換する

要素名を置換するには、最低限［エレメントを検索］画面で［エレメントタグ:］は指定しておく必要がある。それに加えて絞り込み検索をすることもできる。

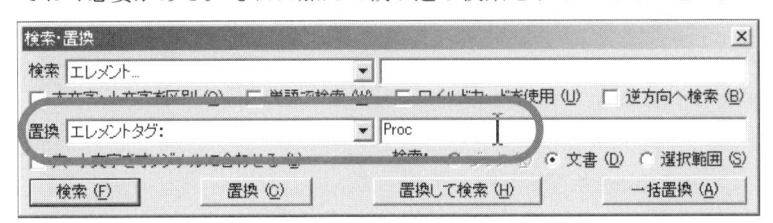

置換先の要素名は、文書構造定義で定義されているものでなければならない。定義にない要素名を置換文字列に指定したり、置換文字列を空にしたりして要素名を置換しようとするとエラーが出る。

● 属性名を置換する

属性名を置換するには、最低限［エレメントを検索］画面で［属性:］は指定しておく必要がある。それに加えて絞り込み検索をすることもできる。

置換先の属性名は、その要素で定義されているものでなければならない。しかも、その要素で値が未設定の属性でなければならない。その要素に定義されていない属性名を置換文字列に指定したり、その要素で値が設定されている属性の名前を置換文字列に指定したり、置換文字列を空にしたりして属性名を置換しようとするとエラーが出る。

先述のように、FrameMakerには属性名を変更するという直接のコマンドはないので、属性名を変えたいときはこれが唯一の方法である。

● 属性値を置換する

属性値を置換するには、最低限［エレメントを検索］画面で［属性:］か［属性値:］は指定しておく必要がある。それに加えて絞り込み検索をすることもできる。ただし［属性:］は属性名と完全一致する文字列でなければならない。そうでないと属性値が置換されない。

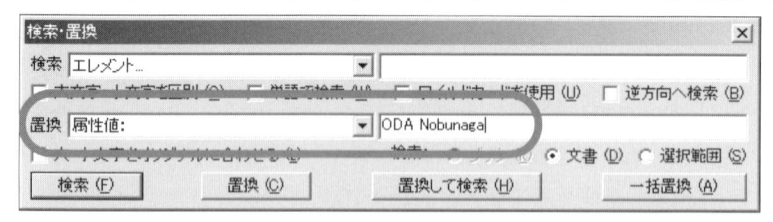

置換文字列を空にすると属性の値を削除することができる。

複数可の属性の場合、［属性値:］を指定したときは、検索条件でひっかかった個々の値だけがそれぞれ個別に置換される。［属性値:］を指定しなかったときは、検索条件でひっかかった属性の中の値たちはすべて消されてただ一つの値だけに置換される。たとえばAuthorsという複数可の属性が3つの値 Tokugawa I・Mito M・Tokugawa Y を持つとき、［属性値:］「Shogun」への置換結果はそれぞれ次のようになる。

・［属性値:］で「Tokugawa」を検索したとき……Shogun・Mito M・Shogun
・［属性:］で「Authors」を検索したとき（［属性値:］は空）……Shogun（値1個のみ）

なお、属性が複数可であっても、置換先として複数の値を指定することはできない。

16 文書全体の構造を検証する

　文書の編集中、その構造が正しいかどうかは構造図上のエラー表示（赤くなる）で判別することができる。また、要素に定義された書式どおりにレイアウトされるかどうかで判断することもできる。しかしそのような編集中の確認もしておきつつ、さらに万全を期すために、文書の作成・編集の完了時や区切りのタイミングで、文書全体の構造をまとめて検証する機能もある。

文書全体の構造を検証する操作

　文書全体の構造をまとめて検証するには次のように操作する。

1. ［エレメント］→［検証］を選択。▶［エレメント検証］画面が現れる。
2. ［範囲:］で［文書全体で］を選ぶ。［チェック開始］を押す。▶

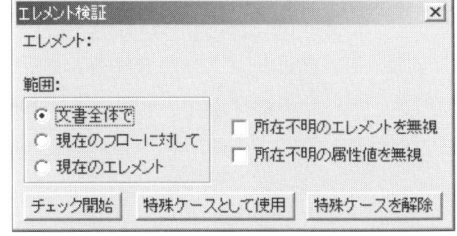

　　文書の中になにか構造上の誤りが見つかったとき……構造上誤っている要素の名前が［エレメント:］に表示され、その下にどのように誤っているのかが表示される。と同時に、カーソルがその場所へ移動して文書ウィンドウの表示がその場所に切り替わる。

　　文書の中に構造上の誤りがないとき……［エレメント:］の下に［文書は有効です。］と表示される。（完了）

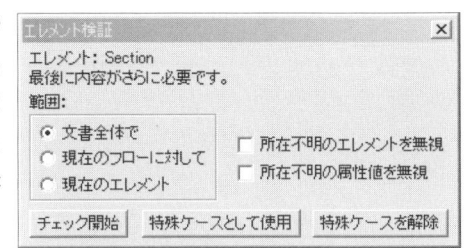

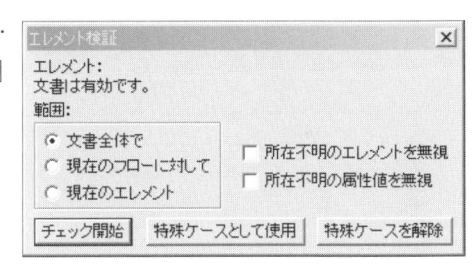

3. ［エレメント検証］画面は常駐画面である。なので、画面を表示したままで必要に応じて文書を編集して構造を正すことができる。（そして手順2へ戻って、構造上の誤りがなくなるまで繰り返し）

●今カーソルを置いているフローだけを検証することもできる

文書全体でなく、現在カーソルを置いているフローだけを検証したいときは、［範囲:］で［現在のフローに対して］を選ぶ。

●今カーソルを置いている要素だけを検証することもできる

現在カーソルを置いている（または選択している）要素だけを検証したいときは、［範囲:］で［現在のエレメント］を選ぶ。すると、現在の要素とその子要素が検証される。現在の要素の子要素の子要素たちは検証されないので注意が必要だ。

●必要な子要素がなくてもエラーを出さないようにする

まだ文書が編集途中だったりするときは、必要な子要素がない箇所が検証中に見つかってもそれについては目をつぶって、エラーを出さないようにすることもできる。そのためには［所在不明のエレメントを無視］にチェックマークを入れる。

●必要な属性値が設定されていなくてもエラーを出さないようにする

同様に、必要な属性値が設定されていない箇所が検証中に見つかってもそれについてはエラーを抑えることもできる。［所在不明の属性値を無視］にチェックマークを入れればよい。

17 非構造化文書を構造化する

　非構造化文書をFrameMakerで構造化したい場合は、まずその非構造化文書に構造定義を適用すれば（⇨p219「書式・EDDを取り込む」）、構造をつける作業に着手することができる。そのように、もともとまったく構造を持たなかった文書に一から構造をつけていく場合であっても、その操作方法は前節までの説明とまったく同じだ。

　ただし違いは、すでに構造化されている文書を編集するのとくらべて一般に、作業が単調かつ膨大なことである。たとえば本文の段落につけるべき要素などはすべて同じ名前である場合が多いから、すべての段落をひとつひとつ同名の要素でラップしていかなければならない。

　しかしこのようなうんざりする単調な構造化作業については、自動化する機能をFrameMakerは持っている。そのために開発者が作るファイルを**変換表**という。

　変換表ファイルは通常のFrameMaker文書ファイル形式なので、ふつうにFrameMakerで開くことができる。もし開発者が変換表ファイルをくれたなら、構造定義を適用する前に非構造化文書に対してこれを用いれば、非構造化文書の中の段落スタイルと文字スタイルを手がかりに、かなりの程度まで自動的に構造がつく。あとはその文書に構造定義を適用してから、自動化できなかった足りない構造だけを手作業で補っていけばよい。

変換表を使って非構造化文書に自動的に構造をつける

　変換表を使って非構造化文書に構造をつけるには次のように操作する。

1. 構造をつけたい非構造化文書を開いておく。
2. 使いたい変換表ファイルもFrameMakerで開いておく。
3. 非構造化文書のほうのウィンドウをアクティブにする。
4. ［ファイル］→［ユーティリティ］→［現在の文書を構造化］を選択。▶［現在の文書を構造化］画面が現れる。

第4章 【操作編】構造を編集する

5. ［変換表文書］として使いたい変換表を選ぶ。［構造を追加］を押す。
   ▶ 新しい文書ウィンドウが開き、変換表によって自動的に構造化された文書が表示される。その前面に［操作が完了しました。］と表示される。
6. ［OK］を押す。

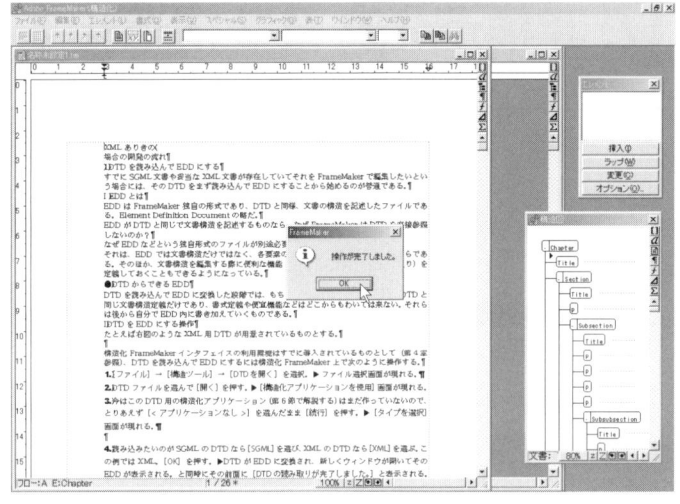

Navigation

- **構造化**文書の**開発者**をめざすなら ⇨ 次章へ進む
- **構造化**文書の**オペレーター**をめざすなら ⇨ 次章へ進む

第5章

【操作編】
XML文書編集環境

　構造化文書のみ FrameMaker で XML 文書や SGML 文書を作成・編集するための環境を構築する。構造化アプリケーション・プラグインを導入。
【オペレーター向】

第 5 章 【操作編】XML文書編集環境

1 構造化アプリケーションを導入する

> **NOTE**
> 構造化環境が開発者などによって手元にすでに構築されている場合は、本章の内容はオペレーターにとって、とりあえず必要がない。

これまで触れてきたように、FrameMakerの構造化インタフェイスでは、XML形式・SGML形式の文書を直接開いたり保存したりすることができる。その際に文書に自動的にレイアウトがついたり構造チェックがはたらいたりするようにするには、その文書のレイアウト規則や構造規則など、XML形式・SGML形式とFrameMaker形式との間の変換に必要なファイルや情報にFrameMakerがアクセスできるようにしておく必要がある。こうしたファイル・情報のセットをFrameMakerでは**構造化アプリケーション**と呼ぶ。

構造化アプリケーションの内容

構造化アプリケーションは具体的には、構造規則やレイアウト規則を記述した何種類かのファイルと、それらの絶対パス情報と、その他若干の情報で成り立っている。たとえばDTDファイルやテンプレートファイルなどがこのセットに含まれる。また、FrameMakerで開く際や保存する際に何らかの特殊な理由で構造変換が必要な場合には、その規則を記述したファイルも含まれてくる。

これらのファイルは開発者が調達ないし作成する。というより、オペレーターから見れば、開発者の仕事というのはこれらのファイルをオペレーターに供給することがすべてであるといって過言ではない。

構造化アプリケーションの導入作業を習得することの意味

いま「供給」と言ったが、その際開発者は、ファイルをオペレーターにただメールなどで投げてよこすだけなのだろうか。それともそれらのファイルを構造化アプリケーションとしてオペレーターのパソコンのFrameMakerに手ずから導入してくれるところまでやってくれるのだろうか？

開発者にとっては本音は前者のほうが楽なのは自明のことである。もちろんその場合、構造化アプリケーションの導入作業はオペレーターのほうでちゃんと知識があってできるということが前提になる。もしもそういうオペレーターに出会えたら、開発者にとってはその人は、より頼れるオペレーターだということになるだろう。輝いて見えるにちがいない。

開発者とオペレーターが物理的に遠く離れた所にいるという場合だって今どき決して珍しくはない。東京と名古屋などというのは当たり前、へたをすればあいだに国境とか大海原とかがはさまってしまうことだってある。そのようなケースでは、開発者が出張というのは採算を

度外視でもしないかぎりほとんどありえないと思うので、オペレーターが受け取った構造化アプリケーションを自力で導入する能力を持つことは事実上必須の要請である。そうでない人がまぎれこんでしまったら、その人はそもそもオペレーターとしての作業に着手することすら不可能だからだ。

構造化アプリケーションに含まれるファイル

　構造化アプリケーションには少なくとも「DTD」ファイルと「テンプレート」ファイルが含まれる。そのほかに「読み書きルール」ファイルや「プラグイン」ファイルが含まれることもある。SGML文書のための構造化アプリケーションの場合はさらに「SGML宣言」ファイルが含まれることが多い。各ファイルがどういう役割をするのかはここでの目的には必ずしも知らなくてかまわない。

構造化アプリケーションのファイルを適当な場所に置く

　構造化アプリケーションを構成するファイルが用意できたら、それをコンピュータの中の適当な場所に置く。実際どこに置いてもいいのだが、FrameMakerのアプリケーションフォルダ（たいていはC:\Program Files\Adobe\FrameMaker7.2だが、インストール時にほかの場所を選んでいれば異なる）の中のstructureフォルダの配下にまとめて置いておくのが普通である。（ただしエンコーディングファイルやプラグインファイルなどは別の特殊な場所に置かなければならない。3・4節でそのつど解説する）

　このstructureフォルダの中にはxmlフォルダとsgmlフォルダがあるので、XML文書用の構造化アプリケーションならxmlフォルダの中に、SGML文書用の構造化アプリケーションならsgmlフォルダの中に、それぞれファイルを入れるための新しいフォルダを作る。

　この新しいフォルダには、この構造化アプリケーションの一意な名前を半角でつけておく。

　そしてこのフォルダの中に構造化アプリケーションのファイルをすべてコピーしてくればファイルの準備は完了である。

2 構造化アプリケーション定義ファイル

　構造化アプリケーションを構成するファイル群の準備ができたら、今度はその構造化アプリケーションの定義の記述を FrameMaker 環境に追加すれば、構造化アプリケーションの導入は完了である。
　あらゆる構造化アプリケーション定義はすべて「構造化アプリケーション定義ファイル」という一個のファイルの中に書いておくことにより FrameMaker に登録される。
　構造化アプリケーション定義ファイルは、FrameMaker のアプリケーションフォルダにある structure フォルダの中のファイル structapps.fm である。構造化 FrameMaker 文書ファイル形式なので、普通の文書と同様に構造化 FrameMaker で開いて編集することができる。ただし、ファイル名や保存場所を変えたものは FrameMaker から構造化アプリケーション定義ファイルとして認識されない。
　構造化アプリケーション定義ファイルを開くには、そのための専用のコマンドが用意されているので、それを使うと便利である。

構造化アプリケーション定義を追加する操作

　構造化アプリケーション定義を構造化アプリケーション定義ファイルに追加してそれを使えるようにするには次のように操作する。

1. ［ファイル］→［構造ツール］→［アプリケーション定義を編集］を選択。▶新しいウィ

ンドウが開き、構造化アプリケーション定義ファイルが表示される。

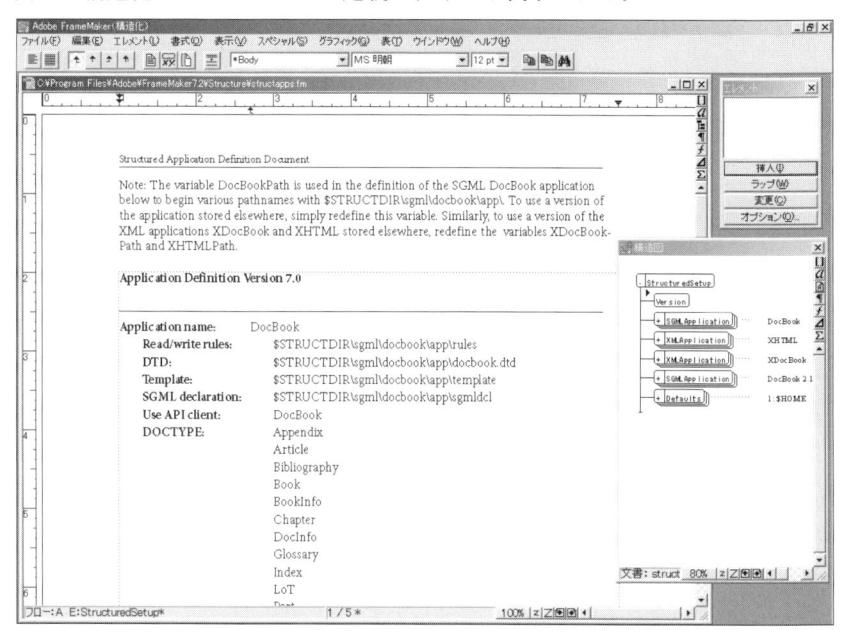

FrameMakerに同梱の「DocBook」構造化アプリケーションを含め、これまでにこのFrameMaker環境で取り扱われた構造化アプリケーションが定義されている（複数可）のが見えるはずだ（何らかの理由で定義をすべて削除してあれば別）。

2. 新しい構造化アプリケーション定義をこの文書に追加する（詳しい記述方法は次節で解説する）。
3. ［ファイル］→［保存］を選択して構造化アプリケーション定義ファイルを保存する。
4. 構造化アプリケーション定義ファイルのウィンドウがアクティブな状態で、［ファイル］→［構造ツール］→［アプリケーション定義を読み込み］を選択。▶修正した新しい定義がFrameMakerに登録されて有効になる。ただし画面上は何も変化はない。

　なお、このコマンドを実行しなくても、FrameMakerを終了させて次回また起動した時には新しい定義が有効になる。
5. 構造化アプリケーション定義ファイルのウィンドウを閉じる。

構造化アプリケーション定義ファイルの構造

　構造化アプリケーション定義はそれぞれ、最上位要素StructuredSetupの子要素として列挙することになっている。（ただし、Version要素より前やDefaults要素より後に挿入することは許されていない。）その要素名は次のとおり。

・XML文書用の構造化アプリケーション……XMLApplication要素

- **SGML文書用の構造化アプリケーション**……SGMLApplication要素

どちらの場合もおおむね内容は同じだ。

　開発者によっては、追加するべき構造化アプリケーション定義を記述したXMLApplication (SGMLApplication) 要素を含んだ`structapps.fm`のコピーを渡してくれることもある。その場合はそこからXMLApplication (SGMLApplication) 要素をまるごと自分のFrameMakerの構造化アプリケーションファイルへコピー＆ペーストすればよいので、自分で構造化アプリケーション定義を記述しないですむ。（そのかわり、その中でおのおのパスで指定されている通りの場所にファイルを置くよう注意しなければならない。）

　そうでない場合は自分でXMLApplication (SGMLApplication) 要素の内容を作成する必要がある。それぞれの子要素について記述内容を次節で解説する。

3 構造化アプリケーション定義の記述

構造化アプリケーション定義の内容の記述について解説する。

高度な内容の設定もいろいろあるので、用語として見慣れないものがたくさん出てくると思うが、開発者からの指示にこの用語が出てきたらこの操作をすればよい、という式にそれぞれ説明していくので、オペレーターとしては個々の言葉の意味自体は気にしなくても大丈夫だ。

構造化アプリケーション名

XMLApplication（SGMLApplication）要素には最初の子要素としてApplicationName要素を持たせなければならない。構造化アプリケーション定義に一意な名前をつけてこの要素の中に書く必要がある。構造化アプリケーションのファイルを入れたフォルダの名前と同じにするのが普通だ。

XMLApplication（SGMLApplication）要素はこのほかにも、その構造化アプリケーション定義の内容を記述するさまざまな子要素を任意の順番で持つことができるが、それらはすべてApplicationName要素の後に置かなければならない。以下それらの子要素を列挙する。

文書型宣言

この構造化アプリケーションを使うのは文書の最上位要素が何の場合であるということをDOCTYPE要素に書く。想定される文書の最上位要素名が複数あるときはDOCTYPE要素を複数入れることができる。

DTD

DTDファイルのパスをDTD要素に書く。ただしFrameMakerのアプリケーションフォルダの中の`structure`フォルダは「`$STRUCTDIR`」と表すこともできる（この表し方はほかの要素でも使える）。

例……`$STRUCTDIR\xml\handbook\handbook.dtd`

なお、一つの構造化アプリケーションに対してDTDファイルが複数ある場合は、そのうちの一つがメインの外部サブセットで、残りはインクルード用と思われるので、どれがメインか確認のうえ、メインのDTDファイルへのパスを指定すること。

テンプレート

テンプレートファイルのパスを Template 要素に書く。

例……`$STRUCTDIR\xml\handbook\handbook.fm`

ちなみに、EDD ファイルに対しては構造化アプリケーション定義でパスを指定する必要はない。テンプレートファイルには EDD の情報も取り込んであるはずだからだ。もしも後日、EDD が更新されたと言って新しい EDD ファイルが供給されてテンプレートファイルが供給されなかった場合は、それまで使っていたテンプレートファイルに新しい EDD ファイルを取り込めばよいと解釈される。

読み書きルール

読み書きルールファイルがある場合はそのパスを ReadWriteRules 要素に書く。

例……`$STRUCTDIR\xml\handbook\rules.fm`

なお、一つの構造化アプリケーションに対して読み書きルールファイルが複数ある場合は、そのうちの一つがメインのルールファイルで、残りはインクルード用と思われるので、どれがメインか確認のうえ、メインの読み書きルールファイルへのパスを指定すること。

●読み書きルールファイル検索パス

読み書きルールファイルが複数ある場合には、構造化アプリケーション定義の中で読み書きルールファイル検索パスを定義するのが普通だ。その際には、読み書きルールファイル検索パス文字列（複数可）が開発者によって供給されるのが望ましい。RulesSearchPaths 要素の子の Path 要素（複数可）に読み書きルールファイル検索パスを書く。

読み書きルールファイル検索パス文字列を作成するには、インクルード用の読み書きルールファイルが入っているフォルダのパスを読み書きルールファイル検索パスとする。読み書きルールファイル検索パスの中でも「`$STRUCTDIR`」は利用できる。インクルード用の読み書きルールファイルがいずれもメインの読み書きルールファイルと同じフォルダにある場合は読み書きルールファイル検索パスは定義しなくてもよい。

実体宣言

●公開識別子

公開識別子を環境内のファイルに対応づける必要がある場合は、公開識別子文字列（複数可）と、それぞれの公開識別子に対応するファイルが開発者によって供給される必要がある。（ただし公開識別子によっては、DTD 要素で指定したのと同じ DTD ファイルと対応するものもある。）Entities 要素の子の Public 要素（複数可）の子の PublicID 要素に公開識別子を書き、

その弟のFileName要素にファイルのパスを書く。

●外部実体宣言

　構造化アプリケーション定義の中で外部実体宣言を行う必要がある場合は、実体名（複数可）と、それぞれの実体名に対応する外部実体ファイルが開発者によって供給される必要がある。Entities要素の子のEntity要素（複数可）の子のEntityName要素に実体名を書き、その弟のFileName要素に外部実体ファイルのパスを書く。

　この外部実体ファイルは、構造化アプリケーションを構成するファイルと同じ所に置くのではなく、文書と同じフォルダかその配下・近隣のフォルダに置くよう開発者によって指定される場合もありえる。

●外部実体のファイル名パターン

　構造化アプリケーション定義の中でファイル名パターンによる外部実体宣言を行う必要がある場合は、ファイル名パターン文字列（複数可）が開発者によって供給される必要がある。Entities要素の子のFilenamePattern要素（複数可）にファイル名パターンを書く。パターンの中に現れる「$(System)」「$(Notation)」「$(Entity)」という文字列はそれぞれSystem要素・Notation要素・Entity要素を挿入して自動印字させる。

文書を構成する外部実体ファイルの置き場所について

　このファイル名パターンによって参照される外部実体ファイルは通常、構造化アプリケーションを構成するファイルではなくて各文書の画像やイラストのファイルなので、文書ファイルと同じフォルダやその配下・近隣のフォルダに入った状態で文書と一緒に受け渡されるのが普通である。その場合はそのままの場所に置いておくこと。配下・近隣のフォルダにある場合はフォルダ名を変えることもしてはいけない。そのように文書ファイルからの相対パスを変えると画像やイラストが文書に貼り込まれなくなってしまうおそれがあるので、文書ファイルと別々に渡された場合などはとくに要注意である。

●実体カタログ

　実体カタログファイル（複数可）がある場合は、Entities要素の子のEntityCatalogFile要素（複数可）にそのパスを書く。

　実体カタログとは、上記の公開識別子・外部実体宣言・ファイル名パターンの情報をひとまとめにしたものなので、EntityCatalogFile要素を使った場合はPublic要素・Entity要素・FilenamePattern要素を入れることはできない。

●外部実体ファイル検索パス

　構造化アプリケーション定義の中で外部実体ファイル検索パスを定義する必要がある場合は、外部実体ファイル検索パス文字列（複数可）が開発者によって供給されることが望ましい。Entities要素の最後の子要素としてEntitySearchPaths要素を入れ、その子のPath要素（複数可）に外部実体ファイル検索パスを書く。

外部実体ファイル検索パス文字列を作成するには、外部実体ファイルが入っているフォルダのパスを外部実体ファイル検索パスとする。外部実体ファイル検索パスの中でも「$STRUCTDIR」は利用できる。そのほかに「$SRCDIR」というのも利用できる。これは文書のフォルダを表す。「.」(ピリオド)で代用してもよい。外部実体ファイルがいずれも文書ファイルと同じフォルダにある場合は外部実体ファイル検索パスは定義しなくてもよい。

SGML宣言

SGMLのみ。SGML宣言ファイルがある場合はそのパスをSGMLDeclaration要素に書く。
例……`$STRUCTDIR\xml\handbook\sgmldcl`

プラグイン

プラグインファイルがある場合は、FrameMakerにインストールする必要がある(次節で解説)。そして、そのプラグインの名前が開発者から通知されるので、その名前をUseAPIClient要素に書く。プラグインファイルがない場合は、そのかわりにUseDefaultAPIClient要素を明示的に挿入しておくのがよい。

文字エンコーディング

●XML文書の表示エンコーディング

XMLのみ。XML文書の言語または表示エンコーディングについての情報が得られたら、XmlDisplayEncoding要素の子として以下の要素のいずれかを入れる。

- **FrameRoman要素**……FrameRomanエンコーディング(欧文)
- **JISX0208.ShiftJIS要素**……JISX0208.ShiftJISエンコーディング(和文)
- **BIG5要素**……BIG5エンコーディング(中国語繁体字)
- **GB2312-80.EUC要素**……GB2312-80.EUCエンコーディング(中国語簡体字)
- **KSC5601-1992要素**……KSC5601-1992エンコーディング(韓国語)

XML文書ではさまざまなエンコーディングを用いることが可能だが、FrameMakerでは言語ごとに使用エンコーディングが一種類に決まっているので、XML文書をFrameMakerで開くとそのうちのいずれかのエンコーディングに変換されるようになっている。これが表示エンコーディングである。

ここで表示エンコーディングを指定しなかった場合、日本語Windows環境のFrameMakerではXML文書は元のエンコーディングの言語にかかわらず、すべてJISX0208.ShiftJISに変換される。その状態で中国語や韓国語の文書を開けば文字化けするのはもちろんだが、欧文の文書であってもアクセント記号つき文字などは日本語の文字コードとぶつかって化けるおそれ

があるので注意が必要だ。

●XML文書の書き出しエンコーディング

XMLのみ。XML文書の書き出しエンコーディングを指定する必要がある場合は、それをXmlExportEncoding要素に書く。

FrameMakerで文書をXML形式で保存すると、この書き出しエンコーディングに変換されて保存される。

ここで書き出しエンコーディングを指定しなかった場合はUTF-8で保存される。ただしXML文書を開いてそれをまたXML形式で保存する場合は、元のXML文書で宣言されていたエンコーディングで保存される（上記にないエンコーディングだった場合、および宣言されていなかった場合はUTF-8）。

エンコーディングファイルをインストールする

FrameMakerがXML文書を開いたり文書をXML形式で保存したりする際のエンコーディングとして標準対応しているのは以下のエンコーディングである。

UTF-8・UTF-16・US-ASCII・ISO-8859-1・windows-1252・macintosh・Shift_JIS・EUC-JP・Big5・EUC-TW・GB2312・EUC-CN・KSC_5601・EUC-KR。

これ以外のエンコーディングを扱う必要がある場合は、それに対応するエンコーディングファイルが開発者によって供給される必要がある。構造化アプリケーションを構成する他のファイルと異なり、このファイルはFrameMakerのアプリケーションフォルダの中の`fminit`フォルダの中の`icu_data`フォルダの中に置かなければならない。

●SGML文書の文字エンコーディング

SGMLのみ。SGML文書の言語・プラットフォームまたは文字エンコーディングの情報が得られたら、CharacterEncoding要素の子として以下の要素のいずれかを入れる。

- **ASCII要素**……ASCIIエンコーディング（欧文）
- **ANSI要素**……ANSIエンコーディング（欧文Windows）
- **MacASCII要素**……Macintosh ASCIIエンコーディング（欧文Macintosh）
- **ISOLatin1要素**……ISOLatin-1エンコーディング（欧文Unix）
- **ShiftJIS要素**……Shift-JISエンコーディング（和文Windows・Macintosh）
- **JIS8EUC要素**……JIS8 EUCエンコーディング（和文Unix）
- **Big5EUC要素**……Big5 EUCエンコーディング（中国語繁体字Windows・Macintosh）
- **CNSEUC要素**……CNS EUCエンコーディング（中国語繁体字Unix）
- **GB8EUC要素**……GB8 EUCエンコーディング（中国語簡体字）
- **KSC8EUC要素**……KSC8 EUCエンコーディング（韓国語）

ここで文字エンコーディングを指定しなかった場合、日本語Windows環境のFrameMakerでは文書の文字エンコーディングはShift-JISと見なされる。その状態でEUCや中国語・韓国語の文書を開けば文字化けするのはもちろんだが、欧文の文書であってもアクセント記号つき

文字などは日本語の文字コードとぶつかって化けるおそれがあるので注意が必要だ。

ファイル拡張子

文書をXML形式やSGML形式で保存するときに.xml・.sgm・.sgml以外で使いたい拡張子（複数可）がある場合はそれをFileExtensionOverride要素（複数可）に書く。ドットはつけない。

例……htm

CSSスタイルシート

XMLのみ。

●スタイルシート生成

文書をXML形式で保存する時にそのスタイルシートファイル（CSS形式）を一緒に自動生成させる必要がある場合は、Stylesheets 要素の子の CssPreferences 要素の子のGenerateCSS2要素の子としてEnable要素を入れる。そうでない場合は明示的にDisable要素を入れるとよい。

生成されたスタイルシートファイルはXMLファイルと同じフォルダに同じファイル名＋拡張子.cssで保存される。保存されたXML文書にはそれを参照するスタイルシート処理命令が自動挿入される。

●コンテキスト書式の再現

文書をXML形式で保存する時にEDDのコンテキストルールによる書式をCSSで再現するための特殊な属性を文書内の要素に自動付与させる必要がある場合は、Stylesheets要素の子のCssPreferences要素の子のAddFmCSSAttrToXML要素の子としてEnable要素を入れる。そうでない場合は明示的にDisable要素を入れるとよい。

●スタイルシート処理命令

文書をXML形式で保存する時にスタイルシート処理命令（複数可）を自動挿入させる必要がある場合（先述のスタイルシート生成に伴って挿入されるものに加えて）は、スタイルシートの形式文字列とURI文字列が開発者によって供給されなければならない。Stylesheets要素の子のXmlStylesheet要素（複数可）の子のStylesheetType要素に形式を書き、その弟のStylesheetURI要素にURIを書く。

●スタイルシート処理命令の保持

XML文書を開いてまたXML形式で保存する時に元のスタイルシート処理命令を自動保持させる必要がある場合は、Stylesheets要素の子のRetainStylesheetPIs要素の子としてEnable

要素を入れる。そうでない場合は明示的にDisable要素を入れるとよい。

XSLTスタイルシート

XMLのみ。

●読み込み時XSLT処理

XMLファイルをFrameMakerで開く際に自動的に適用されるべきXSLTファイルがある場合は、Stylesheets 要素の子の XSLTPreferences 要素の子の PreProcessing 要素の子の Stylesheet要素にそのパスを書く。

例……`$STRUCTDIR\xml\handbook\xml2fm.xslt`

この XSLT スタイルシートに対するパラメタがあわせて指定されている場合は、上記 Stylesheet 要素の弟の StylesheetParameters 要素の子の ParameterName 要素にパラメタ名を書き、この ParameterName 要素の弟の ParameterExpression 要素にそのパラメタ値を書く。

●書き出し時XSLT処理

XMLファイルをFrameMakerで保存する際に自動的に適用されるべきXSLTファイルがある場合は、Stylesheets 要素の子の XSLTPreferences 要素の子の PostProcessing 要素の子の Stylesheet要素にそのパスを書く。

例……`$STRUCTDIR\xml\handbook\fm2xml.xslt`

この XSLT スタイルシートに対するパラメタがあわせて指定されている場合は、上記 Stylesheet 要素の弟の StylesheetParameters 要素の子の ParameterName 要素にパラメタ名を書き、この ParameterName 要素の弟の ParameterExpression 要素にそのパラメタ値を書く。

●XSLTスタイルシート処理命令の実行

XML ファイルを FrameMaker で開く際に、XML 文書内の XSLT スタイルシート処理命令で指定されている XSLT ファイルを自動的に適用させる必要がある場合は、Stylesheets 要素の子の XSLTPreferences 要素の子の ProcessStylesheetPI 要素の子として Enable 要素を入れる。そうでない場合は明示的に Disable 要素を入れるとよい。

●スタイルシート処理命令の保持

XML 文書を開いてまた XML 形式で保存する時に元のスタイルシート処理命令を自動保持させる必要がある場合は、Stylesheets 要素の子の RetainStylesheetPIs 要素の子として Enable 要素を入れる。そうでない場合は明示的に Disable 要素を入れるとよい。

外部相互参照

XMLのみ。

●外部相互参照先をXML文書にする

文書をXML形式で保存するときに外部の文書への相互参照で指すファイルの拡張子を.fmでなく.xmlにする必要がある場合は、ExternalXRef要素の子のChangeReferenceToXML要素の子としてEnable要素を入れる。そうでない場合は明示的にDisable要素を入れるとよい。

●外部相互参照先としてFrameMaker・XML両形式を検索

XML文書を開くときに外部の文書への相互参照で指されたファイルが見つからなければその拡張子.fmを.xmlとして（.xmlなら.fmとして）再試行させる必要がある場合は、ExternalXRef要素の子のTryAlternativeExtensions要素の子としてEnable要素を入れる。そうでない場合は明示的にDisable要素を入れるとよい。

名前空間

XMLのみ。名前空間を使えないようにする必要がある場合は、Namespace要素の子としてDisable要素を入れる。そうでない場合は明示的にEnable要素を入れるとよい。

コンディショナルテキストの書き出し

XMLのみ。文書をXML形式で保存するときのコンディショナルテキストの書き出しに関する設定を行う必要がある場合は、ConditionalText要素の子のOutputTextPI要素に以下のいずれかの文字列を書く。

- **OutputAllTextWithPIs** ……隠してあるコンディショナルテキストを含めて保存し、コンディショナルテキストの開始位置と終了位置に処理命令

  〈?Fm Condstart?〉・・・〈?Fm Condend?〉

  を挿入
- **OutputAllTextWithoutPIs** ……隠してあるコンディショナルテキストを含めて保存するが、処理命令は挿入しない
- **OutputVisibleTextWithPIs** ……隠してあるコンディショナルテキストを含めずに保存し、処理命令を挿入
- **OutputVisibleTextWithoutPIs** ……隠してあるコンディショナルテキストを含めずに保存し、処理命令も挿入しない

構造化アプリケーション定義ファイルをバックアップする

　構造化アプリケーション定義ファイルは、もしも FrameMaker を再インストールすると上書きされて初期状態に戻ってしまうので注意が必要である。また格納場所がプログラムフォルダ配下のため、システムクラッシュの前にバックアップしておくことをつい忘れがちだ。新しい定義を追加したときなど、適当なタイミングでファイルをどこか安全そうなところへ念のためコピーしておくようにしよう。

　バックアップしておいた構造化アプリケーション定義ファイルを新しい環境でまた使いたいときは、ファイルを所定位置へコピーしてきて上書きすればよい。

4 プラグインをインストールする

プラグインは、アプリケーションの機能を拡張するためのファイルである。Adobe Systems 社から提供されている FDK というキットを利用してプログラミングすることにより、誰でも FrameMaker 用プラグインを作ることができる。構造化アプリケーションで FrameMaker 文書形式と XML・SGML 形式との間の変換を補助するプラグインも作れるし、それ以外にもさまざまな効率化機能や自動化機能を実現するプラグインを自由に作ることができる。

作成されたプラグインを利用するには、そのプラグインを FrameMaker にインストールする必要がある。その方法を以下に述べる。

Plugins フォルダへのインストールの場合

多くのプラグインファイルは、FrameMaker を起動していない状態で、FrameMaker のアプリケーションフォルダの中の fminit フォルダの中の Plugins フォルダの中に置くだけでインストールが完了したことになる。

maker.ini によるインストールの場合

しかしプラグインによってはこの方法では動作しないものがある。そのようなプラグインは、FrameMaker のアプリケーションフォルダにあるテキストファイル maker.ini にプラグインの情報を書き込んで登録するという方法でインストールしなければならない。その場合プラグインファイルはどこに置いてもよい。

どちらの方法でインストールするべきプラグインなのかは開発者によって通知される必要がある。Plugins フォルダに入れるだけで利用できるプラグインを Plugins フォルダに入れた状態でさらに maker.ini に登録してはいけない。

FrameMaker を起動していない状態で maker.ini をテキストエディタで開く。すると、[APIClients] セクションにプラグインたちが登録されているのが見つかるので、そこに新たなエントリを作成してファイルを上書き保存する。各エントリは独立した行に書かなければならない。エントリの途中で改行を入れてはいけない。このエントリ文字列は開発者によって供給されることが望ましい。供給されない場合は、エントリを作成するために必要な情報（プラグインの名前・種別・モードなど）が開発者によって供給される必要がある。

エントリを作成するには以下のように記述する。エントリの文法には2種類あり、プラグインの種別によってそのいずれかを用いる。

● 種別が Standard・TakeControl・DocReport の場合
プラグインの名前 = 種別, 説明, プラグインファイルのパス, モード

4 プラグインをインストールする

● 種別がTextImport・GFXImport・Export・FileToFileTextImport・FileToFileTextExport・FileToFileGFXImport・FileToFileGFXExportの場合
プラグインの名前 = 種別, ファイル形式名, 形式ID, ベンダID, 表示名, 説明, プラグインファイルのパス, モード, 拡張子
（途中で改行を入れてはいけない）

● パラメタ
- **説明**……自由な説明文を入れる。省略することもできるが、その場合でも最低限1文字は何か入れること（スペースなど）。
- **プラグインファイルのパス**……たとえば c:\fmhandbook\plugin\rw.dll。
- **モード**……FrameMakerのどのインタフェイスで使えるプラグインなのかを表す。標準インタフェイスだけで使えるなら maker、構造化インタフェイスだけで使えるなら structured、どちらでも使えるなら all。
- **ファイル形式名**……プラグインが変換するファイル形式の名前。
- **形式ID**……ファイル形式を表す4文字の文字列。
- **ベンダID**……プラグインの作成者を表す4文字の文字列。
- **表示名**……プラグインの名前と同じにすること。
- **拡張子**……プラグインが変換するファイル形式の拡張子（ドットは書かない）。

Navigation
- **構造化**文書の**開発者**をめざすなら ⇒ 次章へ進む
- **構造化**文書の**オペレーター**をめざすなら ⇒ 次章へ進む

第 6 章

【操作編】
各種ページ内容を作成・編集する

　マスターページを適用する。段落書式・文字書式を適用する。画像を貼り付ける。図・表・脚注・相互参照・ルビ・変数を作成・編集する。【オペレーター向】

第 6 章 【操作編】各種ページ内容を作成・編集する

1 ページレイアウト

　本章では、文書のページレイアウトや書式といった文書作成環境はすでに開発者によって作成済み（⇨8章）という前提で、オペレーターのために、FrameMakerでのさまざまなページ内容の作成方法をリファレンスマニュアル的に解説する。かならずしも通読する必要はない。必要に応じて必要に応じた箇所を参照すればよい。

> **NOTE**
> さまざまなページ内容を作成・編集するための操作の方法は、構造化文書でも非構造化文書でも基本的には同じである。ただし、構造化文書ではたいていページ内容は文書構造内の要素と関連づけられるので、そのために若干異なる操作がある場合もあるし、追加の知識が必要なこともある。こうした構造化文書特有の操作や知識は、非構造化文書しか作らない場合にはもちろん知る必要がない。それに対し、非構造化・構造化文書共通の操作は、構造化文書を作る場合でも知っておくことが必須である。そこで本章では各種のページ内容について、基本的にまず非構造化文書における作成・編集方法を示し、ついで構造化文書特有の操作や知識があるときは並行して解説することにする。

マスターページとボディページ

　文書にはそれぞれ、**マスターページ**というページがウラに隠されている。これに対してオモテのページのことを**ボディページ**という。マスターページは、ボディページのレイアウトの雛型である。本文の増加などによってボディページが追加される時、そのレイアウトは自動的にマスターページからコピーされて作られる。

●「Right」・「Left」マスターページ

　マスターページにはそれぞれ名前がついている。片面文書には必ず「**Right**」というマスターページがあり、ボディページはすべてこれと同じレイアウトになる。両面文書には必ず「**Right**」というマスターページと「**Left**」というマスターページがあり、ボディページの右ページと左ページはそれぞれすべてこれと同じレイアウトになる。

マスターページを作成・編集

> **NOTE**
> 構造化文書のみ　ふつうは開発者があらかじめ行うので、通常、オペレーターが行う必要はない。

　⇨p260「文書とページ」・p262「ページレイアウト」・p267「マスターページとリファレンスページ」・p269「ページの追加と削除」・p275「テキスト枠とフロー」・p351「コンディショナルテキスト」

マスターページを適用

作成する文書によっては、扉ページなど、違うレイアウトのページを混在させなければならないものもある。そのような文書では、そのレイアウトを持ったマスターページが開発者によって追加されているのが普通である。上述のようにボディページはすべてまず「Right」/「Left」マスターページと同じレイアウトになっているので、そのうちの特定のページ（たとえば扉ページ）だけを、それ用のマスターページと同じレイアウトに変える必要がある。これを「マスターページを**適用**する」という。

逆に、本文が増減して特別な内容（たとえば章見出し）が他のページへ移動した結果、以前特別なレイアウトにしてあったページ（たとえば章扉）を普通のページレイアウトに戻す必要が生じるときもあるだろう。そのような場合はそのボディページに「Right」/「Left」マスターページを適用する必要がある。

●マスターページを全ページに一括適用

マスターページの適用は、文書全体の全ボディページに対して一括して行うことができる。これは各ページの内容（要素の名前など）に応じて自動的にマスターページが選択される仕組みである。

1. ［書式］→［ページレイアウト］→［マスターページを適用］を選択。▶［すべてのマスターページは再び適用されます。手動で適用したマスターページは上書きされます。続行しますか？］というメッセージが現れる。
2. ［OK］を押す。▶文書の各ボディページにそれぞれ適したマスターページが一括適用される。

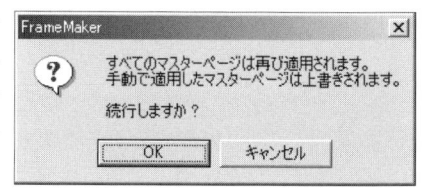

ただしこの機能は、開発者がページ内容とマスターページの対応付けを文書のウラに定義していないと使えない。その場合は仕方がないので、次に述べる操作でマスターページを手動で適用する必要がある。

●マスターページをボディページに手動で適用

1. ボディページを表示した状態で、［書式］→［ページレイアウト］→［マスターページ設定］を選択。［マスターページ設定］画面が現れる。

2. ボディページに適用したいマスターページを［使用するマスターページ:］で指定。マスターページを適用したいボディページを［適用先:］で指定。
3. ［適用］を押す。▶マスターページがボディページに適用される。

使用するマスターページ

使用するマスターページとしては次のいずれかを選ぶことができる。

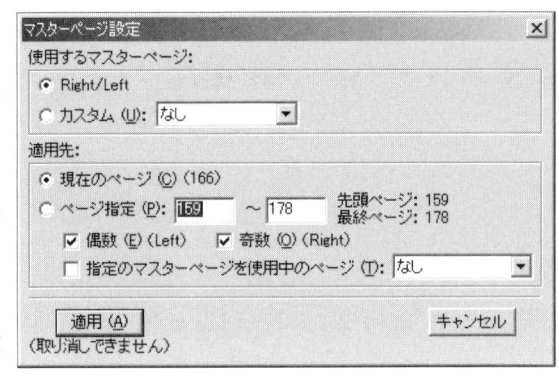

- ［Right/Left］（片面文書の場合は［Right］と表示されている）……初期状態のように、右ページには「Right」、左ページには「Left」を適用（片面文書の場合、全ページに「Right」を適用）。
- ［カスタム :］……任意のマスターページを選んで適用。なお、ここで［なし］を選ぶと、いずれのマスターページも適用されていないボディページになる。

適用先

適用先としては次のいずれかを選ぶことができる。

- ［現在のページ］……現在表示しているボディページ。右欄に、そのページ番号が表示されている。
- ［ページ指定:］……指定した範囲のボディページ。範囲ははじめは全ページになっているが、必要に応じて変更する。右欄に、文書の先頭ページと最終ページの番号が表示されているので、必要に応じて参考にする。
- ［偶数］・［奇数］……指定した範囲のボディページのうち偶数ページだけにマスターページを適用するには、［偶数］にチェックを入れて［奇数］のチェックを外す。逆の場合は逆にする。全ページに適用したいなら両方をチェックしたままにしておく。
- ［指定のマスターページを使用中のページ:］……指定した範囲のボディページのうち、特定のマスターページが現在適用されているボディページだけに別のマスターページを適用したい場合は、これにチェックを入れて、その現在のマスターページを選ぶ。［なし］を選ぶと、現在何もマスターページが適用されていないボディページが対象となる。

本書では、あるマスターページが適用されている各ボディページのことを、その**適用先ボディページ**と呼ぶことにしたい。

ページを回転させる

特定のページだけを横倒しや逆さまにするには、回転させたいページに文字カーソルを置いたあと、次のいずれかの操作を行う。

- **時計回りに 90 度回したい**……［書式］→［レイアウトのカスタマイズ］→［ページ回転（時計回り）］
- **反時計回りに 90 度回したい**……［書式］→［レイアウトのカスタマイズ］→［ページ回転（反時計回り）］
- **回転を解除したい**……［書式］→［レイアウトのカスタマイズ］→［ページ回転を解除］

2 段落書式と文字書式

> **NOTE**
> **構造化文書のみ** 構造化文書では、段落書式・段落タグや文字書式・文字タグは構造編集の過程でそれに対応して自動的に適用されるよう開発されているので、オペレーターが直接段落書式・段落タグや文字書式・文字タグを適用することを開発者が禁じている場合がある。そのような場合は本節の内容はオペレーターにとってとりあえず必要ない。

本文かそうでないかを問わず、テキストには、書式を適用することができる。書式には、その適用範囲によって**段落書式**と**文字書式**の2種類がある。段落書式は1つの段落全体に適用される書式。それに対して文字書式は、限られた範囲のテキストに適用される書式のことだ。

段落とは何か。それは改段落から次の改段落までの間である。改段落とは見た目上は改行であるが、しかしすべての改行が改段落なのではない。なぜなら改行には次の3種類があるからだ。

- **改段落**……テキスト中でEnterキーを押すと入る改行。段落の区切りを表す。構造化文書の場合は段落要素どうしの間にも入る。［表示］→［オプション］で制御記号を表示させていれば¶が表示される。一つの改段落から次の改段落までが一つの段落だ（またはテキスト先頭から最初の改段落まで、あるいは最後の改段落からテキスト末尾まで）。
- **強制改行**……テキスト中でShift+Enterキーを押すと入る改行。段落の途中で改行させたい場合に用いる。すなわち、強制改行をしてもその前の行と後の行は同じ段落に属している。［表示］→［オプション］で制御記号を表示させていれば⏎が表示される。
- **自然改行**……テキストが一つの行の右端までいっぱいになって、自然に次の行の左端へ移ること。とくに何かキーを入れなくても自然にそのように組まれていく。もちろん、これによってできる各行は同じ段落に属している。

この節では段落書式と文字書式の表示・設定の方法を解説する。

段落書式

段落書式を表示・設定するには主に［段落書式］画面を利用する。

●段落書式を表示・設定

段落書式を表示・設定するには次のように操作する。

1. 段落書式を表示・変更したい段落に文字カーソルを置く。連続する複数の段落の書式をまとめて変更したい場合はそれらの段落を選択する。

2 段落書式と文字書式

2. ［書式］→［段落］→［書式］を選択（または Ctrl+M）。▶［段落書式］画面が現れる。
3. 必要に応じ、画面上端のタブを押して画面内の表示内容（書式属性グループ）を切り換える。または［属性:］で切り換えてもよい。必要に応じて内容を変更する。
4. 内容を変更した場合は［適用］を押す。▶新しい書式が段落に適用される。
5. ［段落書式］画面は常駐画面なので、画面を表示させたまま文字カーソルを他の段落へ移動させることもできる。▶その段落の書式が表示される。
6. ［段落書式］画面が当面必要なくなったときは、右上の［×］を押して閉じる。

● **段落書式の書式属性グループ**

段落書式には以下の7つの書式属性グループがある。

- ［基本］……段落の基本的な書式属性たち。インデント・整列・段落前/後間隔・行送り・タブ・次の段落タグ。

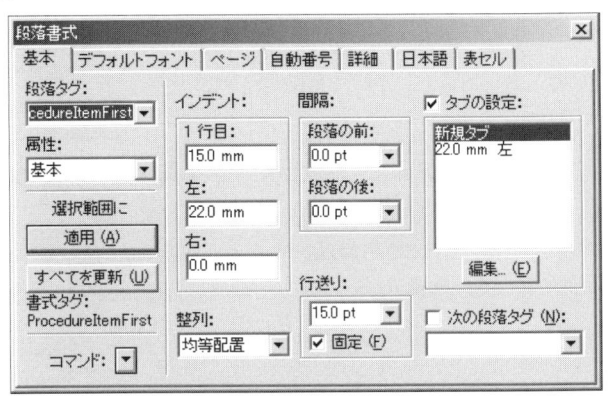

- ［デフォルトフォント］……段落のフォントに関する書式属性たち。フォント名・サイズ・角度・太さ・種類・カラー・文字間隔・文字幅・言語・下線・上線・取り消し線・改訂バー・上付き/下付き文字・スモールキャップ・ペアカーニング・詰め。

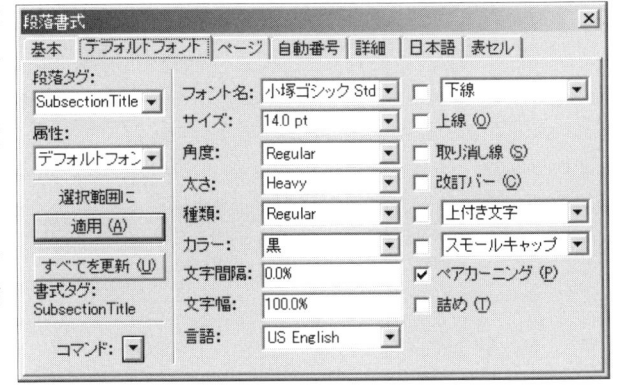

145

- ［ページ］……段落のページ内配置に関する書式属性たち。開始位置・次段落／前段落連動・書式。

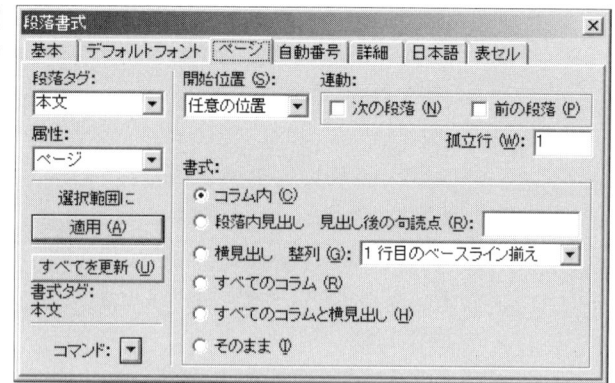

- ［自動番号］……段落の自動番号に関する書式属性たち。

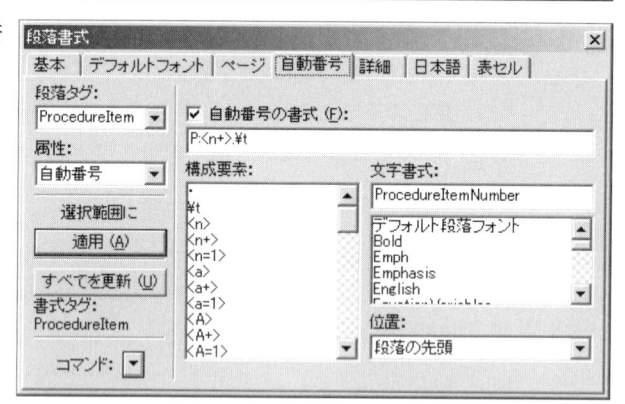

- ［詳細］……段落の詳細な書式属性たち。自動ハイフネーション・単語間隔・段落上／下挿入図形。

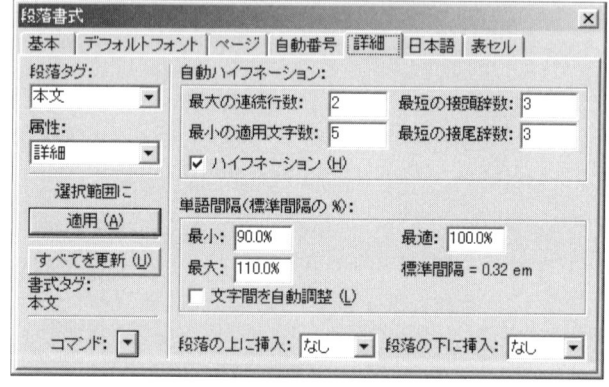

- ［日本語］……段落の日本語関連の書式属性たち。和欧文字間隔・和文字間隔・句読点処理。

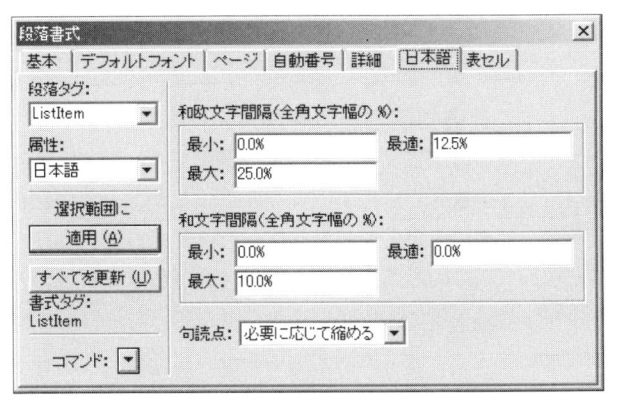

- ［表セル］……段落の表セル内の配置に関する書式属性たち。縦方向整列・上下左右余白。

●段落書式の各書式項目の設定

NOTE

構造化文書のみ ふつうは開発者があらかじめ行うので、通常、オペレーターが行う必要はない。

⇨p286「段落の基本書式と文字組み調整書式」・p296「フォントとスタイル」・p305「段落のページ内レイアウト」・p311「自動番号」・p316「段落上/下の自動グラフィック」

●特定の書式属性だけを変更

　段落書式の異なる複数の段落をまとめて選択した状態で［段落書式］画面を表示させると、異なっている分の書式属性は「そのまま」として表示される。具体的には、選択肢項目の場合は［そのまま］が選択された状態になり、入力項目の場合は空欄になり、チェックボックスの場合は灰色のチェックマークになる。

　逆にわざとすべての書式属性表示を「そのまま」にしてしまうこともできる。［段落書式］画面の［コマンド:］で［すべての属性を「そのまま」に設定］を選択すればよい。そうした上で特定の書式属性だけを設定して［適用］を押せば、異なる書式の段落のその書式属性だけをまとめて変更することができる。

　一部の書式属性だけを「そのまま」にするには、選択肢項目の場合は［そのまま］を選択す

る。入力項目の場合は内容を削除して空欄にする。チェックボックスの場合は1～2回クリックして灰色のチェックマークにすればよい。

●書式属性表示を段落と同じに戻す

段落に文字カーソルを置いて（または段落を選択して）その段落書式を表示させたあと、［段落書式］画面の内容を変更したが、それを段落に適用する前に気が変わって、［段落書式］画面内の書式表示を元に戻したくなったというときは、［段落書式］画面の［コマンド:］で［選択中の段落の属性に戻す］を選択すればよい。

●段落書式をコピー

ある段落の段落書式を別の段落へコピーすることもできる。次のように操作する。

1. コピーしたい段落書式を持つ段落に文字カーソルを置く。
2. ［編集］→［特殊コピー］→［段落書式］を選択。または段落を右クリックしてコンテキストメニューで［特殊コピー］→［段落書式をコピー］を選択。
3. 書式をコピーしたい先の段落に文字カーソルを置く。連続する複数の段落へまとめてコピーしたいときはそれらを選択する。
4. 普通にペースト動作を行う。すなわち、［編集］→［ペースト］を選択するか、Ctrl+Vを押すか、段落を右クリックしてコンテキストメニューで［ペースト］を選択。▶ コピー先段落の段落書式がコピー元段落と同じになる。

段落カタログと段落タグ

たくさんの段落がある文書に対して、そのひとつひとつに段落書式を適用していく作業はあまりにも膨大になりすぎる。むしろほとんどの文書では、多数の段落が同じ書式を共有しているのが普通だろう。そんなときのため、段落書式は、名前をつけて保存しておき、必要な段落に適用していくことができる。この段落書式の名前のことを**段落タグ**という。保存された段落書式の集合体を**段落カタログ**という。

●段落タグを表示

現在文字カーソルがある（または選択している）段落に適用されている段落タグは、［段落書式］画面の［段落タグ:］に表示される。

書式バー

また、メニューの下にある書式バーにも段落タグが表示されている。

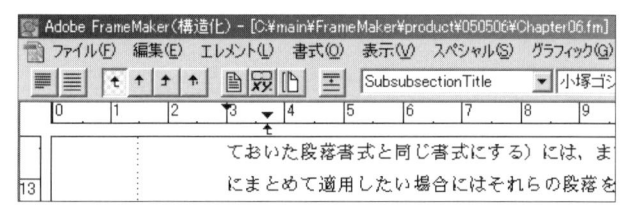

2　段落書式と文字書式

書式バーが表示されていない場合は、［表示］→［書式バー］を選択すれば表示される。

複数の段落を選択しているときの表示

異なる段落タグが適用されている複数の段落を選択すると、［段落書式］画面の［段落タグ:］は空欄になる。またそのとき、書式バーには選択範囲の先頭段落の段落タグが表示される。

● 段落タグを作成・編集

> NOTE
> 構造化文書のみ　ふつうは開発者があらかじめ行うので、通常、オペレーターが行う必要はない。

⇨p282「段落タグ」

● 段落タグを適用

段落タグを段落に適用する（すなわちどこか任意の段落の書式を、段落タグとして文書に登録されている段落書式と同じにする）には、まずその段落に文字カーソルを置く。連続する複数の段落にまとめて適用したい場合にはそれらの段落を選択する。その後、以下のいずれかの操作を行う。

段落書式画面を用いる方法

1. ［段落書式］画面の［段落タグ:］から、適用したい段落タグを選択。
2. ［適用］を押す。▶段落タグが適用される。

段落カタログを用いる方法

1. 文書ウィンドウ右端の¶を押す（または［書式］→［段落］→［カタログ］を選択）。▶段落カタログという小画面が現れる。段落カタログには、文書に登録されている段落タグが一覧表示されている。
2. 段落カタログで、適用したい段落タグをクリック。▶段落タグが適用される。
3. 段落カタログは常駐画面である。段落カタログを表示させたまま別の段落へカーソルを移動させ、その段落に段落タグを適用することもできる。
4. 段落カタログが当面必要なくなったときは、右上の［×］を押して閉じればよい。

書式バーを用いる方法

書式バー（⇨p148「書式バー」）で段落タグを選択。

書式バーをクリックして反転表示させた状態で、段落タグの頭文字アルファベットをキー入力すると、その段落タグを一発で選択することができるので便利だ。

メニューを用いる方法

［書式］→［段落］→［**段落タグ**］を選択。

149

●段落タグを適用した段落の書式を変更

> **NOTE**
> 段落タグから適用された段落書式をこのように局所的に変えてもよいかどうかは、文書全体の統一感や文書作成の効率性という観点から好ましくないと判定されることもあるので、開発者に確認をとるべきである。

構造化文書のみ 構造化文書では、この方法でレイアウトの微調整を行っても、XML/SGML 形式で保存すれば変更は解除されてしまう。

段落に段落タグを適用すると、段落の書式は段落タグとまったく同じになるが、あとからその段落の書式を変えることも可能である。たとえば［段落書式］画面でその段落の書式内容を変更したのち［適用］を押せばよい。

その場合、もとの段落タグの内容は変わらないし、その段落タグが適用されている他の段落の書式ももとのままである。

ただしこのような場当たり的なことをすると、同じ段落タグが適用されているように見えても、段落タグ通りの書式の段落と、段落タグ通りではない書式の段落とが混在することになってしまうので、後々混乱を招くもとになる。注意が必要だ。

文字書式

一方、文字書式を表示・設定するには［文字書式］画面を利用する。

●文字書式を表示・設定

文字書式を表示・設定するには次のように操作する。

1. 文字書式を表示・設定したいテキスト範囲を選択する。表示したいだけなら、テキスト範囲の中に文字カーソルを置くだけでもよい。
2. ［書式］→［文字］→［書式］を選択（または Ctrl+D）。▶［文字書式］画面が現れる。
3. 必要に応じて内容を変更する。
4. 内容を変更した場合は［適用］を押す。▶新しい書式がテキスト範囲に適用される。
5. ［文字書式］画面は常駐画面なので、画面を表示させたまま文字カーソルを他の箇所へ移動させることもできる。▶その箇所の書式が表示される。
6. ［文字書式］画面が当面必要なくなったときは、右上の［×］を押して閉じる。

2 段落書式と文字書式

● 文字書式の各書式項目の設定

NOTE
構造化文書のみ ふつうは開発者があらかじめ行うので、通常、オペレーターが行う必要はない。

⇨p296「フォントとスタイル」

● 特定の書式属性だけを変更

選択したテキスト範囲の中に文字書式の異なる部分が混在した状態で［文字書式］画面を表示させると、［段落書式］画面の場合と同様、異なっている分の書式属性は「そのまま」として表示される。⇨p147「特定の書式属性だけを変更」

これをわざとすべて「そのまま」にするにはやはり［文字書式］画面の［コマンド:］で［すべての属性を「そのまま」に設定］を選択すればよく、そうしたうえで特定の書式属性だけを設定して［適用］を押せば、異なる書式を持つテキスト範囲のその書式属性だけをまとめて変更することができる。

一部の書式属性だけを「そのまま」にするには、選択肢項目の場合は［そのまま］を選択する。入力項目の場合は内容を削除して空欄にする。チェックボックスの場合は1〜2回クリックして灰色のチェックマークにすればよい。

● 書式属性表示をテキスト範囲と同じに戻す

テキスト範囲に文字カーソルを置いて（またはテキスト範囲を選択して）その文字書式を表示させたあと、［文字書式］画面の内容を変更したが、それをテキスト範囲に適用する前に気が変わって、［文字書式］画面内の書式表示を元に戻したくなったというときは、［文字書式］画面の［コマンド:］で［選択中の段落の属性に戻す］を選択すればよい。（コマンド名には「段落の」となっているが、これは誤りで、実際は「選択中のテキスト範囲の属性に戻す」動作が行われる。）

● 文字書式をコピー

あるテキスト範囲の文字書式を別のテキスト範囲へコピーすることもできる。次のように操作する。

1. コピーしたい文字書式を持つテキスト範囲の中に文字カーソルを置く。
2. ［編集］→［特殊コピー］→［文字書式］を選択。またはテキスト範囲を右クリックしてコンテキストメニューで［特殊コピー］→［文字書式をコピー］を選択。
3. 書式をコピーしたい先のテキスト範囲を選択する。
4. 普通にペースト動作を行う。すなわち、［編集］→［ペースト］を選択するか、Ctrl+Vを押すか、段落を右クリックしてコンテキストメニューで［ペースト］を選択。▶ コピー先テキスト範囲の文字書式がコピー元テキスト範囲と同じになる。

文字カタログと文字タグ

　段落カタログ・段落タグと同様、文字書式も名前をつけて登録しておいて、任意の文字範囲に対して適用することができる。この名前を**文字タグ**といい、その集合体を**文字カタログ**と呼ぶこともまったく同様だ。

●文字タグを表示
　現在文字カーソルがあるテキスト範囲に適用されている文字タグは、[文字書式]画面の[文字タグ:]に表示される。

複数の文字タグを含むテキスト範囲を選択しているときの表示
　選択したテキスト範囲の中に、異なる文字タグが適用されている範囲が混在していると(または文字タグが適用されている範囲と適用されていない範囲が混在していると)、[文字書式]画面の[文字タグ:]は空欄になる。

●文字タグを作成・編集
> NOTE
> 構造化文書のみ ふつうは開発者があらかじめ行うので、通常、オペレーターが行う必要はない。

⇨p284「文字タグ」

●文字タグを適用
　文字タグをテキスト範囲に適用するには、そのテキスト範囲を選択してから、以下のいずれかの操作を行う。

文字書式画面を用いる方法
1. [文字書式]画面の[文字タグ:]から、適用したい文字タグを選択。
2. [適用]を押す。▶文字タグが適用される。

文字カタログを用いる方法
1. 文書ウィンドウ右端の**f**を押す(または[書式]→[文字]→[カタログ]を選択)。▶文字カタログという小画面が現れる。文字カタログには、文書に登録されている文字タグが一覧表示されている。
2. 文字カタログで、適用したい文字タグをクリック。▶文字タグが適用される。
3. 文字カタログは常駐画面である。文字カタログを表示させたまま別のテキスト範囲を選択し、そこに文字タグを適用することもできる。
4. 文字カタログが当面必要なくなったときは、右上の[×]を押して閉じればよい。

メニューを用いる方法
　[書式]→[文字]→[**文字タグ**]を選択。

● 文字書式の適用を解除

段落書式と異なる文字書式や文字タグを適用したテキスト範囲を、段落書式と同じ書式に戻したいときは、上記の文字タグ適用操作で［デフォルト段落フォント］を選択する。

● 文字タグを適用したテキスト範囲の書式を変更

> **NOTE**
> 文字タグから適用された文字書式を局所的に変えてもよいかどうかは、文書全体の統一感や文書作成の効率性という観点から好ましくないと判定されることもあるので、開発者に確認をとるべきである。
>
> 構造化文書のみ 構造化文書では、この方法でレイアウトの微調整を行っても、XML/SGML 形式で保存すれば変更は解除されてしまう。

テキスト範囲に文字タグを適用すると、テキスト範囲の書式は文字タグとまったく同じになるが、あとからそのテキスト範囲の書式を変えることも可能である。たとえば［文字書式］画面でそのテキスト範囲の書式内容を変更したのち［適用］を押せばよい。

その場合、もとの文字タグの内容は変わらないし、その文字タグが適用されている他のテキスト範囲の書式ももとのままである。

ただしこのような場当たり的なことをすると、同じ文字タグが適用されているように見えても、文字タグ通りの書式のテキスト範囲と、文字タグ通りではない書式のテキスト範囲とが混在することになってしまうので、後々混乱を招くもとになる。注意が必要だ。

3 画像と図形

　FrameMaker 文書には、外部のファイルに格納されているイラストや写真などの画像（ラスタでもベクトルでも）を貼り付けることができる。また、さまざまな図形を描くこともできる。

　このようなグラフィックは、本文に貼り付ける方法と、ページに直接貼り付ける方法がある。本文に貼り付けた場合は本文テキストの移動とともにグラフィックも移動するが、ページに直接貼り付けた場合にはテキストが移動してもそれとは無関係でページ上の固定位置に留まったままである。

　構造化文書のみ 構造化文書の本文に貼り付けたグラフィックは、XML/SGML 形式で保存すると一緒に保存される。

画像を貼り付ける

画像を本文に貼り付けるには次のように操作する。

1. 画像を貼り付けたい位置に文字カーソルを置く。

2. ［ファイル］→［取り込み］→［ファイル］を選択。または書式バー（⇨p148「書式バー」）で 📄（ファイルの取り込み）ボタンを押す。▶［ファイルを取り込む］画面が現れる。

3. 貼り付けたい画像ファイルを選ぶ。

3 画像と図形

4. ［取り込み］を押す。▶［取り込んだグラフィックを拡大・縮小］画面が現れる。

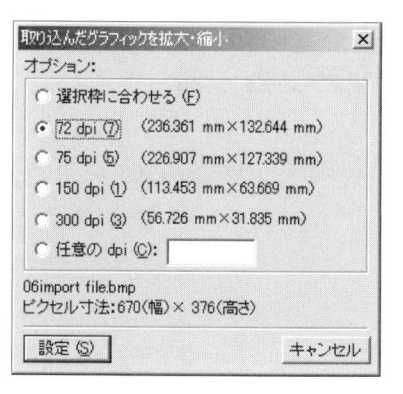

5. ［設定］を押す。▶画像が貼り付けられる。

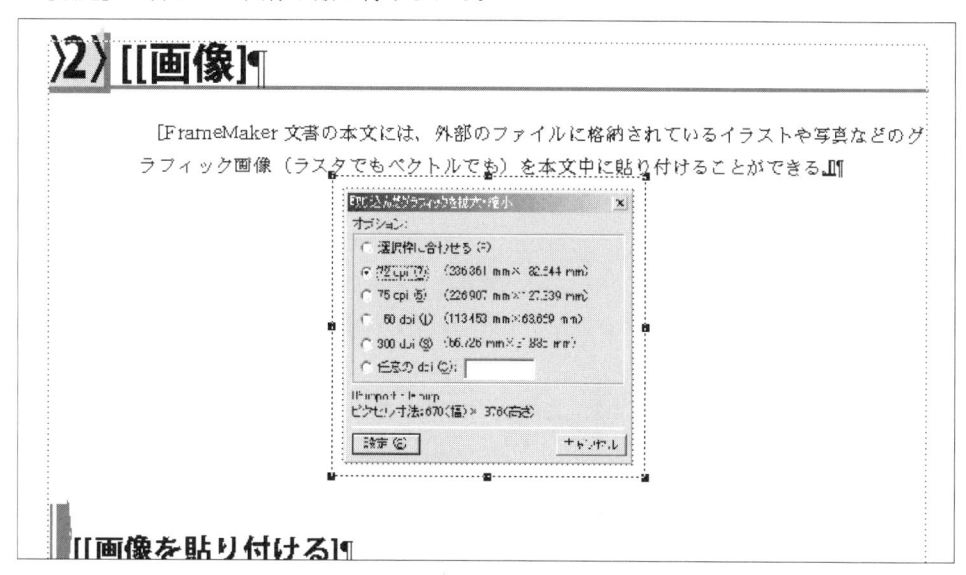

● 参照して読み込む/文書内にコピー

　［ファイルを取り込む］画面で［参照して読み込む］を選ぶと、画像データはつねに元の画像ファイル内のものが参照され、画像ファイルが更新されれば文書内の画像も更新されるようになる。

　［文書内にコピー］を選ぶと、現在の画像データが画像ファイルからFrameMaker文書へコピーされ、以後は元の画像ファイルが更新されても関係なくなる。文書ファイルのファイルサイズが大きくなる。

● 解像度

　［取り込んだグラフィックを拡大・縮小］画面では、画像を取り込む解像度を選ぶか入力することができる。選択肢の横には、それぞれの場合の画像サイズが併記されている。この解像度（画像サイズ）は、画像を貼り付けた後で変えることもできる。

アンカー枠

　貼り付けられた画像は、ひとまわり大きな透明な枠の中に入っている。この大きな枠のことを**アンカー枠**という。

　アンカー枠は、画像などを本文に関連づけて配置するためのものである。アンカー枠は**アンカー**と**枠**でできている。

●アンカー

　アンカーはテキスト中の特定位置に挿入され、画像の関連づけられる位置を示す。前後のテキストに影響を与えず、印字もされない。［表示］→［制御記号］で表示させていれば⊥と表示される。

　本文が増減してまわりのテキストが移動すればアンカーもそれにつれて動く。ひいては画像もついて動くので便利である。

●枠

　枠は中に実際に画像を保持する。枠は自動的にいつもアンカーのそばに適切に配置される。具体的にどういう「そば」なのかは、そのアンカー枠の設定による。アンカーのすぐ隣にすることもできるし、そのページの一番上などとすることもできる。このため、レイアウト上はアンカー枠内の画像はアンカーの位置にあるとは限らないが、構造上はアンカーの位置にあるとされる。

```
1.）選択肢で［その他］を選択。▶［濃度値］画面が現れる。¶
2.）望みの色濃度を入力。⊥¶
3.）［設定］を押す。¶
　なお先述のように、図形の線/境界線や塗りの色濃度はツールパレットを用いて変えることもできる。¶
オーバープリント¶
　［オーバープリント:］では、図形のオーバープリント設定を選択することができる。¶
```

アンカー枠だけを挿入

　このように、テキスト中に画像を取り込むと、その画像が中に入ったアンカー枠が生成される。しかし画像を入れないアンカー枠だけを生成しておき、後からその中にいろいろなグラフィックを入れるということもできる。

　アンカー枠だけをテキストに挿入するには次のように操作する。

1. アンカー枠を挿入したい位置に文字カーソルを置く。
2. ［スペシャル］→［アンカー枠］を選択。▶［アンカー枠］画面が現れる。

　　　　　　この画面の内容は、作成ずみのアンカー枠のアンカー枠画面と同じ。
3.　挿入したいアンカー枠の設定を必要に応じて指定。
4.　［新規枠］を押す。▶アンカー枠が挿入される。

●アンカー枠内に画像を取り込む
　作成済みのアンカー枠の中にあとから画像を取り込むには、アンカー枠を選択した状態で画像取り込み操作を行う。⇨p154「画像を貼り付ける」

構造化文書における画像貼り付け・アンカー枠挿入

　構造化文書のみ　これまで述べてきたように、テキスト内に画像を取り込んだり、上述のようにアンカー枠だけを挿入したりすると、テキスト中にアンカー枠が挿入される。構造化文書の場合、このアンカー枠は一つの要素になっている。このような特殊な種別の要素を**グラフィック要素**という。

●グラフィック要素の種類と挿入位置
　構造化文書において、開発者がグラフィック要素を定義していない場合は、テキスト内に画像を取り込んだりアンカー枠を挿入したりすることは構造上許されない。グラフィック要素が定義されている場合であっても、グラフィック要素を挿入することが構造上許されていない箇所で画像を取り込んだりアンカー枠を挿入したりすることは許されない。仮に挿入することはできるが、その場合は、後で移動させるなり開発者に相談するなり何らかの対応をしなければならない。

　挿入できるグラフィック要素が複数種類ある箇所で画像を取り込むと、ファイル選択後に［グラフィックエレメントを挿入］画面が現れるので、［エレメント：］で要素名を選択して［挿入］を押す。

　文書構造内におけるグラフィック要素の位置はつねにアンカーの位置と同じである。枠の実際の位置によって左右されることはない。たとえば枠が行の下にあるからといって要素がそこに行くわけではないし、枠が次ページにあったとしても要素はそこへは移動しない。

●グラフィック要素の挿入と削除
　上述のようにテキスト内に画像を取り込んだりアンカー枠を挿入したりすることによって結果的にグラフィック要素が挿入されるようにするのではなく、逆に、グラフィック要素を挿入することによって画像を取り込んだりアンカー枠を挿入したりすることもできる。グラフィック要素の挿入の操作方法は通常の要素と同じである。

　グラフィック要素を挿入した結果として画像が取り込まれるか、それともアンカー枠だけが挿入されるかは、グラフィック要素の種類ごとに開発者によって定義されている。挿入位置の親要素などによって異なる場合もある。

第6章 【操作編】各種ページ内容を作成・編集する

アンカー枠を削除するとグラフィック要素も削除される。グラフィック要素を削除するとアンカー枠（とその中身）も削除される。

●グラフィック要素のXML/SGML書き出し

グラフィック要素は、構造化文書をXML形式やSGML形式で保存すると一緒に保存される。その際必要に応じて、アンカー枠内のグラフィックデータも外部ファイルに変換される。具体的にどのようなファイル名のどのような形式に変換されるかは、開発者による読み書きルールやプラグインの定義に自動的に従うようになっている。

ツールパレット

アンカー枠や画像をはじめとする各種のグラフィックを取り扱う際には、**ツールパレット**を多用する。ツールパレットとは、さまざまなグラフィックを描いたり編集したりするためのツールボタンが集まったパレット（常駐小ウィンドウ）である。

ツールパレットを表示させるには、次のいずれかの操作を行う。

- 文書ウィンドウ右端の ▲ を押す。
- ［グラフィック］→［ツール］を選択。

ツールパレットは最前面に常駐する。必要に応じて移動させるとよい。当面必要なくなったときは右上の［×］を押して閉じればいい。

ツールパレットの上半分には、グラフィック作成のモードを切り換えるためのボタンが集まっている。いずれかのボタンをクリックするとそのボタンだけが押し込まれたままになり、そのモードに切り換わる。

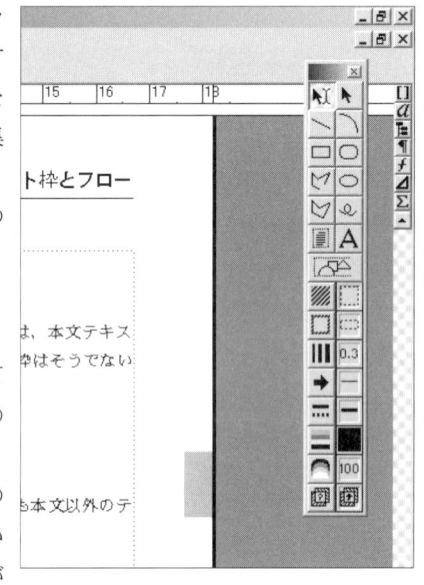

そのモードで図形を描いて完了すると、そのボタンが押された状態は解除され、 ▲ が押された状態に戻る。同じ種類の図形を続けて描きたいときは、またそのボタンを押す必要がある。いちいちボタンを押すのが面倒であれば、Shiftキーを押しながらそのボタンを押せば、図形を描いてもボタンの選択が解除されなくなる。

既存のグラフィックを選択して編集したいときは ▲ を選ぶ。マウスポインタが ▲（グラフィック上にあるとき）または ▲（それ以外のとき）に変わる。

テキストの編集に戻りたいときは ▲ を選ぶ。マウスポインタが I（テキスト枠内にあるとき）または ▲（それ以外のとき）に戻る。

アンカー枠を編集

アンカー枠を編集する方法を解説する。

●アンカー枠を選択

すでに存在しているアンカー枠を編集（変形など）するには、まずそのアンカー枠を選択する必要がある。アンカー枠を選択するには、ツールパレットの▣か▣を選んだ状態で、アンカー枠の枠線上をクリックするか、アンカー枠全体を囲む四角形の対角線を描くようにマウスをドラッグする。アンカー枠の中の画像などの上をクリックしてはいけない。

アンカー枠が選択されている間は、アンカー枠の4つの頂点に1つずつと、4辺の中点に1つずつ、合計8つの小さな黒点が表示されている（**ハンドル**という）。

アンカー枠の選択を解除するには、アンカー枠の外をクリックすればよい。

グラフィック要素を選択

構造化文書のみ 構造化文書では、アンカー枠を選択するとグラフィック要素も選択される。逆に、構造図上でグラフィック要素を選択することによってアンカー枠を選択することもできる。

●アンカー枠画面

アンカー枠画面を表示させると、アンカー枠の位置などを表示・変更することができる。アンカー枠画面を表示するには次のいずれかの操作を行う。

・アンカー枠を選択するか、アンカーをマウスドラッグかShift+→/←キーで反転表示させて（枠の中も反転表示される）選択する。そして［スペシャル］→［アンカー枠］を選択。
・アンカー枠を選択した後、アンカー枠を右クリックしてコンテキストメニューで［アンカー枠］を選択。

すると［アンカー枠］画面が現れる。内容を変更した場合は、［枠を編集］を押せば反映される。

第6章 【操作編】各種ページ内容を作成・編集する

●属性画面

属性画面を表示させると、アンカー枠のさまざまな属性を表示・変更することができる。属性画面を表示するには次のいずれかの操作を行う。

- アンカー枠を選択し、［グラフィック］→［オブジェクトの属性］を選択。
- アンカー枠を右クリックしてコンテキストメニューで［オブジェクトの属性］を選択。
- アンカー枠を選択し、書式バー（⇒p148「書式バー」）で ![xy] （オブジェクトプロパティ）ボタンを押す。

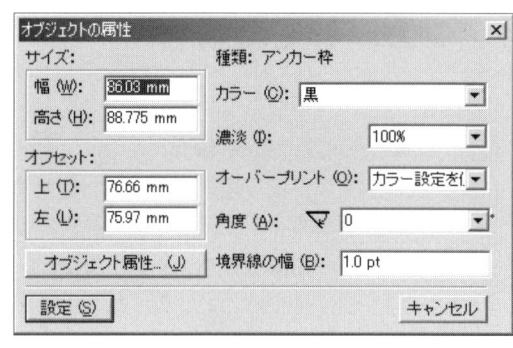

すると［オブジェクトの属性］画面が現れる。属性を変更した場合は、［設定］を押せば反映される。

●アンカー枠を変形・拡大/縮小させる

アンカー枠を変形ないし拡大/縮小させるには、アンカー枠を選択した後、表示されたハンドルをマウスでドラッグすればよい。Shift キーを押しながら頂点をドラッグすると、縦横比を保持したまま拡大/縮小ができる。

縦横のサイズや拡大・縮小倍率を数値指定することもできる

アンカー枠画面か属性画面の［サイズ:］で縦横の長さを数値指定することもできる。

あるいは次のように操作して拡大・縮小倍率かサイズを数値指定することもできる。

1. アンカー枠を選択。
2. ［グラフィック］→［拡大・縮小］を選択。▶［拡大・縮小］画面が現れる。
3. 希望の拡大・縮小倍率または縦横サイズを指定。
4. ［OK］を押す。▶アンカー枠が拡大/縮小（ないし変形）される。

●アンカー枠を移動/複製する

アンカー枠を移動させたり複製したりするには次のように操作する。

1. 移動/複製したいアンカー枠のアンカーを、マウスドラッグかShift+→/←キーで反転表示させて選択。またはアンカー枠を選択。
2. 移動させたい場合はカット。具体的には［編集］→［カット］やCtrl+X等。複製したい場合はコピー。具体的には［編集］→［コピー］やCtrl+C等。
3. 文書内の、移動/複製先にしたい位置に文字カーソルを置く。
4. ペースト。具体的には［編集］→［ペースト］やCtrl+V等。▶アンカー枠が移動/複製される。

グラフィック要素を移動/複製

構造化文書のみ 構造化文書では、アンカー枠を移動/複製するとグラフィック要素も移動/複製される。逆に、構造図上でグラフィック要素を移動/複製することによってアンカー枠を移動/複製することもできる。

●アンカー枠を削除

アンカー枠を削除するには次のように操作する。

1. 複製したいアンカー枠のアンカーを、マウスドラッグかShift+→/←キーで反転表示させて選択。またはアンカー枠を選択。
2. Deleteキーを押す。▶アンカー枠が削除される。

グラフィック要素を移動/複製

構造化文書のみ 構造化文書では、アンカー枠を削除するとグラフィック要素も削除される。逆に、構造図上でグラフィック要素を削除することによってアンカー枠を削除することもできる。

●アンカー枠を回転させる

アンカー枠を回転させるには次のように操作する。

1. アンカー枠を選択。
2. ［グラフィック］→［回転］を選択。またはアンカー枠を右クリックしてコンテキストメニューで［回転］を選択。▶［枠を回転］画面が現れる。
3. 回転させたい向きを選ぶ。
4. ［OK］を押す。▶アンカー枠が回転する。

属性画面を用いる方法

属性画面の［角度:］で回転の向きを選択することもできる。

●アンカー枠を上下反転/左右反転させる

アンカー枠を上下反転または左右反転させるには次のように操作する。

1. アンカー枠を選択。
2. ［グラフィック］→［上下反転］/［左右反転］を選択。またはアンカー枠を右クリックしてコンテキストメニューで［上下反転］/［左右反転］を選択。▶アンカー枠が上下反転/左右反転される。

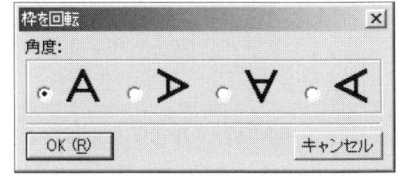

●アンカー枠のオブジェクト属性を指定

XML・タグ付きPDF生成のための代替テキスト・実テキスト等を指定するには次のように操作する。

1. 属性画面で、[オブジェクト属性]を押す。
   ▶ [オブジェクト属性]画面が現れる。
2. 属性を指定。
3. [設定]を押す。▶属性が指定される。

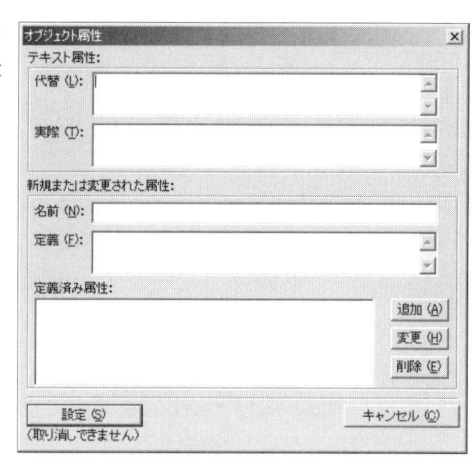

●アンカー枠の境界線と塗りを変更

⇨p172「グラフィックの線/境界線と塗りを変更」

アンカーに対する枠の相対位置を変える

アンカーに対する枠の相対位置を変えるには、アンカー枠画面の[アンカー枠の位置:]から選択する。すると、その下の欄の中身もそれに応じて変わるので、必要に応じて指定する。以下それぞれ解説する。

●現在の行の下/コラムの先頭/コラムの最後

・[現在の行の下]……アンカーが入っている行のすぐ下に枠が配置される。

　行の下のコラムの残りが枠の高さに足りない場合、その行は自動的に次のコラムへ送られて、枠もその下に配置される。

・[コラムの先頭]……アンカーが入っているコラムの一番上に枠が配置される。

　枠を配置するとアンカーがコラムに入りきらなくなる場合、その行は自動的に次のコラムへ送られて、枠もそのコラムの先頭に配置される。

・[コラムの最後]……アンカーが入っているコラムの一番下に枠が配置される。

整列

[整列:]ではコラム内における枠の水平位置を次のなかから選ぶことができる。

・[左揃え]……左端
・[中央揃え]……中央

- ［右揃え］……右端
- ［内側］……のど側端
- ［外側］……前小口側端

トリミング

アンカー枠の幅がコラムよりも広い場合に、はみ出した分を印字させないようにするには、［トリミング］にチェックマークを入れる。

フローティング

枠が現コラムに収まらずに次コラムへ送られると、アンカーのある行も次コラムへ送られるため現コラムの残り部分が空白になってしまうことが多いが、これを防ぐために残り部分を行（アンカーのある行を含む）で埋めて枠だけが次コラムへ送られるようにするには、［フローティング］にチェックマークを入れる。この場合、［現在の行の下］を指定していても枠はアンカーの行のすぐ下には配置されない。

● 挿入ポイントの位置

［挿入ポイントの位置］を選択すると、行内のアンカーの位置に枠が配置される。アンカーの後につづくテキストは枠の右に印字される。

枠を縦に移動させる

枠を行内で縦に移動させるには、行のベースラインからの間隔を［ベースラインからの距離:］で数値指定する。正値なら上へ、負値なら下へ移動される。

または枠を選択した後、マウスで縦にドラッグすればよい。

● コラムの外/テキスト枠の外

- ［コラムの外］……アンカーが入っている段落の横に、コラムの外に枠が配置される。枠の下端が段落の下端と揃うように配置される。

  段落下端からコラム上端までの高さが枠の高さに足りない場合は、枠の上端がコラムの上端と揃うように配置される。

  枠が隣りのコラムにかかる場合、隣りのコラムのテキストは枠の背面に隠される（回り込みは行われない）。

- ［テキスト枠の外］……アンカーが入っている段落の横に、テキスト枠の外に枠が配置される。枠の下端が段落の下端と揃うように配置される。

  段落下端からテキスト枠上端までの高さが枠の高さに足りない場合は、枠の上端がテキ

スト枠の上端と揃うように配置される。

多段組みでないテキスト枠では［コラムの外］の動作は［テキスト枠の外］と同じ。

位置

［位置:］ではコラム/テキスト枠に対する枠の水平位置を次のなかから選ぶことができる。

- ［左揃え］……左
- ［右揃え］……右
- ［内側］……のど側
- ［外側］……前小口側
- ［ページの端に近い側］……コラム/テキスト枠の左端からページの左端までの間隔と、右端から右端までの間隔とを比較し、狭いほうに配置
- ［ページの端から遠い側］……同上の比較で広いほうに配置

枠を縦横に移動させる

枠は通常、枠の下端が段落の下端と揃うように、かつコラム/テキスト枠の横にぴったりついて配置されるが、この位置は縦横に自由に変えることができる。

枠を縦に移動させるには、段落最終行のベースラインからの間隔を［ベースラインからの距離:］で数値指定する。正値なら上へ、負値なら下へ移動される。

枠を横に移動させるには、コラム/テキスト枠からの間隔を［テキスト枠からの距離:］で数値指定する。正値なら離れ、負値ならコラム/テキスト枠にその分食い込んできてテキストがその背面に隠される（回り込みは行われない）。

または枠を選択した後、マウスで縦横にドラッグすればよい。

● **段落内**

［段落内］を選択すると、アンカーが入っている段落の横に、コラムの中に枠が配置される。テキストはその分幅が狭くなり、テキストが枠のまわりに回り込む形にレイアウトされる。枠の上端が段落の上端と揃うように配置される。（この文章と右図の位置関係はその一例）

段落上端からのコラムの残りが枠の高さに足りない場合、その段落は自動的に次のコラムへ送られて、枠もその横に配置される。

整列

［整列:］では段落内における枠の水平位置を次のなかから選ぶことができる。

- ［左揃え］……左端
- ［右揃え］……右端
- ［内側］……のど側端

- ［外側］……前小口側端

段落にインデントが指定されている場合は枠にもそれが適用される。

間隔

［間隔:］では、枠とまわりのテキストとの間隔を数値指定することができる。

図形を作成

線やテキスト枠その他さまざまな図形を作成する方法を解説する。

アンカー枠の中にアンカー枠内の画像と同様、枠とともに移動するようになる。引き出し線やキャプションなどを配置したいときに便利だ。

●図形を描く

図形を描くには、ツールパレットで以下のいずれかのツールを選び、マウス操作で描く。

- ……線分
- ……長方形
- ……**折れ線**（描画完了時には同じ点をもう一度クリックするかEnterキーを押す）
- ……**多角形**（描画完了時には同じ点をもう一度クリックするかEnterキーを押す）
- ……**弧**
- ……**角丸長方形**
- ……**楕円**
- ……**フリーハンド**
- ……**テキスト枠**
- ……**テキスト行**

Shiftキーを押しながら描くと、水平/垂直な線や、縦横の長さが等しい図形を描くことができる。

グラフィックを編集

画像・図形（テキスト枠を含む）・グラフィック枠（⇨p171「グラフィック枠」）・アンカー枠をまとめて**グラフィック**と総称する。ここでは、貼り付け済/作成済のグラフィックに対してさまざまな編集を行う方法を解説する。ただしアンカー枠の編集方法についてはすでに解説したのでここでは繰り返さない（⇨p159「アンカー枠を編集」）。

●図形を選択する

すでに存在しているグラフィックを編集（移動・変形など）するには、まずそのグラフィックを選択する必要がある。グラフィックを選択するには次のいずれかの操作を行う。

- ツールパレットの を選んだ状態で、グラフィックをクリックする。

第 6 章 【操作編】各種ページ内容を作成・編集する

- ツールパレットの ▣ を選んだ状態で、グラフィックをクリックする。グラフィックによってはうまく選択できないこともあるので、その場合はCtrlキーを押しながらクリック。
- ツールパレットの ▣ か ▣ を選んだ状態で、グラフィック全体を囲むようにマウスをドラッグする。

グラフィックが選択されている間は、グラフィックの占める矩形領域の4つの頂点に1つずつと、4辺の中点に1つずつ、合計8つの小さな黒点が表示されている（**ハンドル**という）。

グラフィックの選択を解除するには、グラフィックの外をクリックすればよい。

複数のグラフィックを選択する

複数のグラフィックを選択するには、まず1つのグラフィックをクリックして選択した後、ShiftキーかCtrlキーを押しながらもう1つのグラフィックを選択すると、2つのグラフィックが同時に選択された状態になる。これを繰り返せばいくつでもグラフィックを選択することができる。

または複数のグラフィック全体を囲むようにマウスをドラッグしてもよい。

●属性画面

属性画面を表示させると、グラフィックのさまざまな属性を表示・変更することができる。属性画面を表示するには次のいずれかの操作を行う。

- グラフィックを選択し、［グラフィック］→［オブジェクトの属性］を選択。
- グラフィックを右クリックしてコンテキストメニューで［オブジェクトの属性］を選択。
- アンカー枠を選択し、書式バー（⇨p148「書式バー」）で ▣ （オブジェクトプロパティ）ボタンを押す。

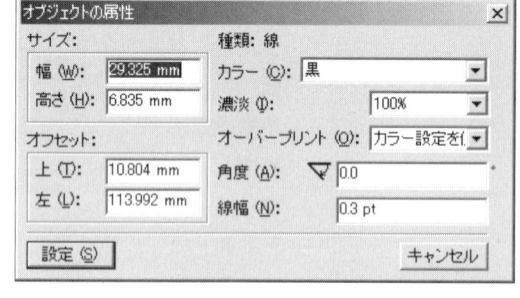

すると［オブジェクトの属性］画面が現れる。属性を変更した場合は、［設定］を押せば反映される。

●グラフィックを移動させる

グラフィックを移動させるには、グラフィックを選択した後、表示されたハンドル以外の箇所をつかんでマウスでドラッグ＆ドロップすればよい。Shiftキーを押しながらドラッグすると、まっすぐ上下またはまっすぐ左右へ移動させることができる。

属性画面を用いる方法

属性画面の［オフセット:］でグラフィックの位置を座標で数値指定することもできる。

グラフィックをアンカー枠から出す/アンカー枠に入れる

アンカー枠の中のグラフィックを枠の外までドラッグ＆ドロップすると、グラフィックがア

ンカー枠の外に出て独立したグラフィックになり、もはや枠と一緒には移動されなくなる。出したくない場合は注意が必要だ。逆にアンカー枠の外のグラフィックを枠の中へドラッグ＆ドロップすればアンカー枠の中に入れることができる。

● グラフィックを変形・拡大/縮小させる

グラフィックを変形ないし拡大/縮小させるには、グラフィックを選択した後、表示されたハンドルをマウスでドラッグすればよい。Shift キーを押しながら、頂点のハンドルをドラッグすると、縦横比を保持したまま拡大/縮小ができる。

縦横のサイズや拡大・縮小倍率を数値指定することもできる

属性画面の［サイズ:］で縦横の長さを数値指定することもできる。

あるいは次のように操作して拡大・縮小倍率かサイズを数値指定することもできる。

1. グラフィックを選択。
2. ［グラフィック］→［拡大・縮小］を選択。▶［拡大・縮小］画面が現れる。
3. 希望の拡大・縮小倍率または縦横サイズを指定。
4. ［OK］を押す。▶グラフィックが拡大/縮小（ないし変形）される。

画像の拡大・縮小倍率や解像度を数値指定

画像の場合は、画像の属性画面の［拡大・縮小:］グループで、［%:］に画像の拡大・縮小倍率を数値指定することもできる。

または［dpiを設定］を押すと、画像を貼り付けた時と同じ［取り込んだグラフィックを拡大・縮小］画面が現れるので、解像度によって画像の大きさを選ぶことができる。

● グラフィックを複製する

グラフィックを複製するには、グラフィックを選択した後、Ctrl を押しながら、表示されたハンドル以外の箇所をつかんでマウスでドラッグ＆ドロップすればよい。Shift キーも押しながらドラッグすると、まっすぐ上下またはまっすぐ左右へ複製することができる。

またはグラフィックを選択した後、コピー・ペーストするという方法もある。

● グラフィックを削除する

グラフィックを削除するには、グラフィックを選択した後、Delete キーを押す。

●グラフィックを回転させる

グラフィックを回転させるには次のように操作する。

1. グラフィックを選択。
2. Altキーを押しながら、表示されたハンドルにマウスポインタを合わせる。▶マウスポインタが に変わる。
3. マウスをドラッグして枠を回転させ（Altキーも押しながらドラッグすると、ぴったり45度ずつ回転できる）、

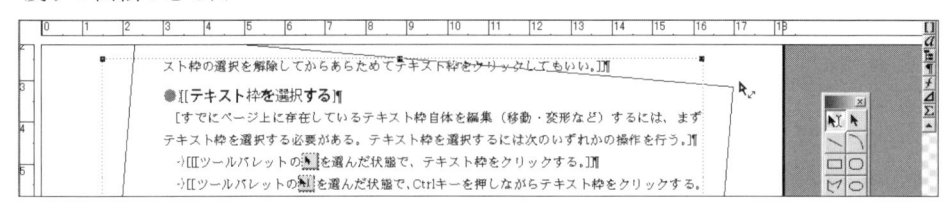

マウスボタンを放す。▶グラフィックが回転する。

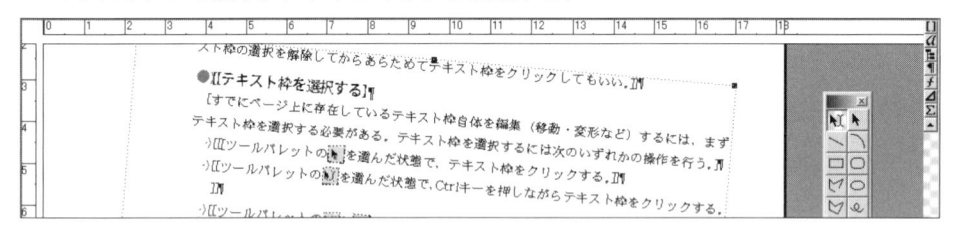

または次のように操作して数値指定することもできる。

1. グラフィックを選択。
2. ［グラフィック］→［回転］を選択。またはグラフィックを右クリックしてコンテキストメニューで［回転］を選択。▶［選択したオブジェクトを回転］画面が現れる。
3. 回転の角度と方向を指定。
4. ［OK］を押す。▶グラフィックが回転する。

属性画面を用いる方法

属性画面の［角度:］で回転角度を数値指定することもできる。

●グラフィックを上下反転／左右反転させる

グラフィック（テキスト枠を除く）を上下反転または左右反転させるには次のように操作する。

1. 図形を選択。
2. ［グラフィック］→［上下反転］/［左右反転］を選択。またはグラフィックを右クリックしてコンテキストメニューで［上下反転］/［左右反転］を選択。▶グラフィックが上下反転／左右反転する。

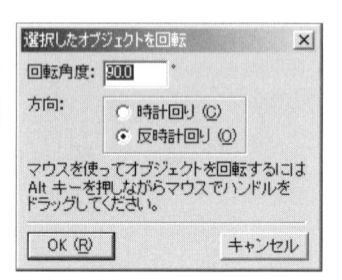

●グラフィックの境界線と塗りを変更
⇨p172「グラフィックの線/境界線と塗りを変更」

●グラフィックを前面に出す/背面へ送る
黒く塗った長方形の前面に、白く塗った楕円があると、長方形の中が白くくりぬかれて見える。しかしこのとき楕円が長方形の背面にあると、隠れてしまって長方形しか見えない。また、他のグラフィックの背面にあるグラフィックは選択しようとしても前面にあるグラフィックが選択されてしまい選択しづらいので、一時的に前面に出したいことがある。このように、グラフィックを前面に出したり背面へ送ったりするには次のように操作する。

1. グラフィックを選択。
2. [グラフィック]→[前面へ出す]/[背面へ送る]を選択。またはグラフィックを右クリックしてコンテキストメニューで[前面へ出す]/[背面へ送る]を選択。▶グラフィックが前面に出る/背面に送られる。

●グラフィックを整列させる
複数のグラフィックを自動的にきれいに整列させる方法がある。次のように操作する。

1. 複数のグラフィックを選択。
2. [グラフィック]→[整列]を選択。またはグラフィックを右クリックしてコンテキストメニューで[整列]を選択。▶[整列]画面が現れる。
3. 整列の[上/下揃え:]と[左/右揃え:]を指定。
4. [OK]を押す▶グラフィックが整列する。

●グラフィックを均等配置させる
複数のグラフィックを自動的にきれいに均等配置させる方法がある。次のように操作する。

1. 複数のグラフィックを選択。
2. [グラフィック]→[分布]を選択。またはグラフィックを右クリックしてコンテキストメニューで[分布]を選択。▶[均等配置]画面が現れる。
3. [横方向に均等配置:]と[縦方向に均等配置:]を指定。
4. [OK]を押す▶グラフィックが均等配置となる。

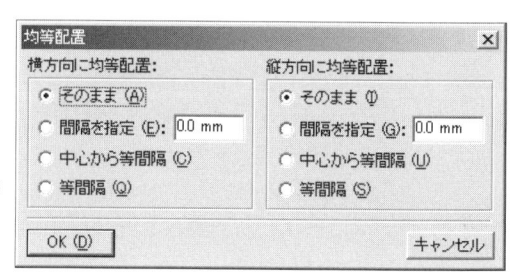

●グラフィックをグループ化
複数のグラフィックがひとまとまりの図柄を構成している場合、これらのグラフィックをクリックひとつでまとめて選択できたり、まとめて変形できたりすれば便利である。そんなとき

は、複数のグラフィックをグループ化すればそれを1つのグラフィックであるかのように扱うことができる。グラフィックをグループ化するには次のように操作する。

1. 複数のグラフィックを選択。
2. ［グラフィック］→［グループ］を選択。またはグラフィックを右クリックしてコンテキストメニューで［グループ］を選択。▶グループ化される。

グループ化を解除して個々のグラフィックとして扱える状態に戻すには、グラフィックグループを選択して［グラフィック］→［グループ解除］を選択する（またはグラフィックグループを右クリックしてコンテキストメニューで［グループ解除］を選択）。

● 弧の開始角度／終了角度を変える

弧の開始角度／終了角度を変えるには、弧の端点をドラッグする。

属性画面を用いる方法

弧の属性画面の［開始角度:］／［終了角度:］で開始角度／終了角度を数値指定することもできる。

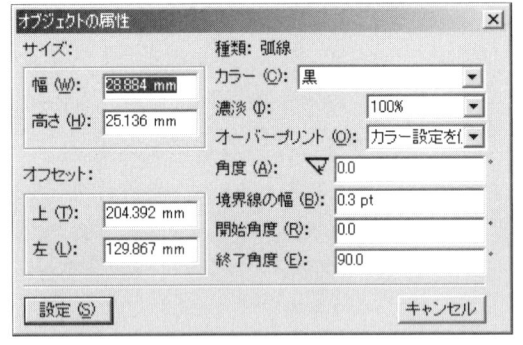

● 角丸長方形の角の半径を変える

角丸長方形の角の半径を変えるには、角丸長方形の属性画面の［角の半径:］で角の半径を数値指定する。

● 図形をスムーズにする

長方形・折れ線・多角形などのカクカクした図形は、角をまろやかにした形に変換することができる。次のように操作する。

1. 図形を選択。
2. ［グラフィック］→［スムーズ］を選択。▶図形がスムーズになる。

スムーズにした図形を元に戻すには、その図形を選択して［グラフィック］→［スムーズ解除］を選択する。

● 長方形／楕円を多角形に変換

長方形（ないし正方形）または楕円（ないし円）は、後から多角形に変換することもできる。次のように操作する。

1. 長方形または楕円を選択。

2. ［グラフィック］→［多角形設定］を選択。▶［多角形に変換］画面が現れる。
3. 生成させたい多角形の［辺の数:］と［開始角度:］を指定。
4. ［設定］を押す。▶多角形に変換される。

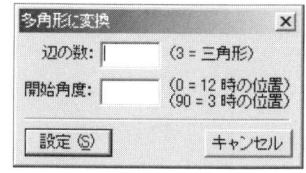

●図形を連結
線端がつながっている2つの図形は、連結して1つの図形に変換することができる。たとえば線端がつながっている2つの線分は、連結して1つの折れ線に変換することができる。次のように操作する。
1. 線端がつながっている2つの図形を選択。
2. ［グラフィック］→［連結］を選択。▶連結される。

●図形を変形させる
描画済みの折れ線・多角形・フリーハンドの頂点の位置や丸みを変えて図形の形を変えたいときは、次のように操作する。
1. 図形を選択。
2. ［グラフィック］→［変形］を選択。▶図形の各頂点に小さな点が現れる（変形ハンドル）。
3. Adobe Illustrator 等と同様の要領で、制御点を移動させたり、コントロールポイントを利用してベジエ曲線の曲率を変化させたりして、図形を変形させる。

グラフィック枠

グラフィック枠とは、図形や画像などのグラフィック（アンカー枠を除く）を保持する枠のことである。

グラフィック枠の中に置いたグラフィックは、グラフィック枠とともに移動することができる。また、グラフィック枠の中に置いたグラフィックは、グラフィック枠の端でトリミングすることもできる。

グラフィック枠はアンカー枠の中に入れることもできる。

●グラフィック枠を作成
ページ上にグラフィック枠を作成するには、ツールパレットで を選び、マウス操作で描く。

Shiftキーを押しながら描くと正方形になる。

●グラフィック枠の中にグラフィックを入れる

グラフィック枠の中で描いたグラフィックは、グラフィック枠に属している。

既存のグラフィックをグラフィック枠の中へドラッグして移動させてくると、グラフィック枠に属するようになる。マウスポインタがグラフィック枠の中に入っているときにドロップするのがコツ。

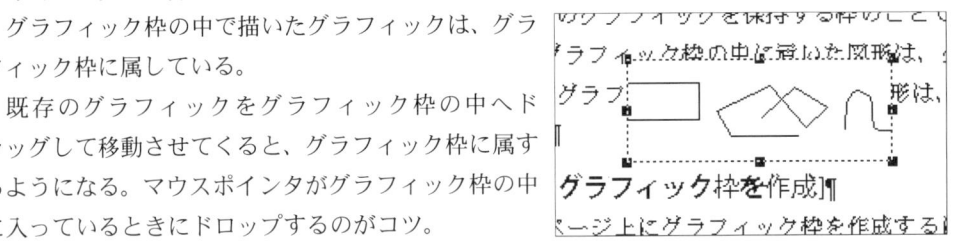

既存のグラフィックをコピー/カットした後、グラフィック枠を選択してからペーストすると、グラフィック枠に属するようになる。

グラフィック枠に属するグラフィックは、グラフィック枠を移動させると一緒に移動する。グラフィック枠をコピー/カット/ペーストすると一緒にコピー/カット/ペーストされる。グラフィック枠を削除すると一緒に削除される。

●グラフィックをトリミング

グラフィック枠内のグラフィックがグラフィック枠に収まりきらない場合や、後からグラフィック枠のサイズを縮めた場合には、はみだした部分のグラフィックは表示されない。すなわちグラフィック枠の端によってトリミングされる。

■グラフィックの線/境界線と塗りを変更

グラフィックの線/境界線と塗りを変更する方法を解説する。

●グラフィックの線/境界線の描線パターンを変える

線/境界線の描線パターンを変えるには次のように操作する。

1. グラフィックを選択。
2. ツールパレットの□を押す。▶[境界]ポップアップメニューが現れる。
3. 望みの描線パターンを選択。▶描線パターンが変わる。現在設定されている描線パターンはツールパレットの□の右に表示されている。

●グラフィックの線/境界線の太さを変える

線/境界線の太さを変えるには次のように操作する。

1. グラフィックを選択。
2. ツールパレットの▐▐▐を押す。▶[線幅]ポップアップメニューが現れる。

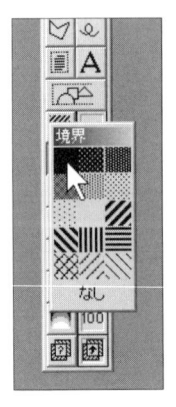

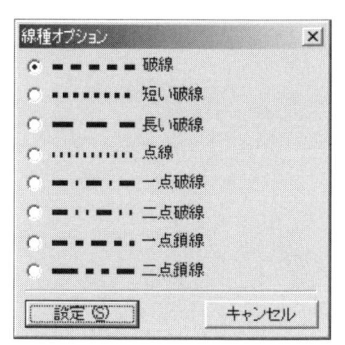

3. 望みの太さの線を選択。▶ 線の太さが変わる。現在設定されている太さはツールパレットの▮▮▮の右に数値表示されている。

［線幅］ポップアップメニューの中に望みの太さの線がない場合は次のように操作すれば任意の太さの線を用いることができる。

1. ［線幅］ポップアップメニューで［設定］を選択。▶［線幅オプション］画面が現れる。
2. 4つある選択肢のいずれかを、望みの線幅に変更。
3. ［設定］を押す。
4. 再度ツールパレットの▮▮▮を押す。▶選択肢が変わっている。

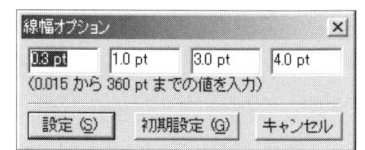

属性画面を用いる方法

属性画面の［線幅:］または［境界線の幅:］（グラフィックの種類によって表示が異なる）で線/境界線の太さを数値指定することもできる。

● **グラフィックの線/境界線を点線や破線にする**

線/境界線を点線や破線にするには次のように操作する。

1. グラフィックを選択。
2. ツールパレットの▭を押す。▶［線種］ポップアップメニューが現れる。
3. 実線か破線かを選択。▶線の破線パターンが設定される。現在実線と破線のどちらが設定されているかはツールパレットの▭の右に表示されている。

破線のパターンを変えたい場合は次のように操作する。

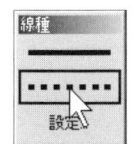

1. ［線種］ポップアップメニューで［設定］を選択。▶［線種オプション］画面が現れる。
2. 望みの破線パターンを選択。
3. ［設定］を押す。
4. 再度ツールパレットの▭を押してあらためて破線を選択。▶線の破線パターンが設定される。

● **グラフィックの中に塗りや網をかける**

グラフィックの中を塗りつぶしたり網をかけたりするには次のように操作する。

1. グラフィックを選択。
2. ツールパレットの▨を押す。▶［塗り］ポップアップメニューが現れる。

3. 望みのパターンの背景を選択。▶ 塗りが変わる。現在設定されている塗りはツールパレットの■の右に表示されている。

● グラフィックの線/境界線と塗りに色をつける

グラフィックの線/境界線や塗りの色を変えるには次のように操作する。

1. グラフィックを選択。
2. ツールパレットの■を押す。▶ ［カラー］ポップアップメニューが現れる。
3. 望みの色の線を選択。▶ 線や塗りの色が変わる。現在設定されている色はツールパレットの■の右に表示されている。

    なお、線と塗りをそれぞれ別々の色にすることはできない。
    ［カラー］ポップアップメニューの中に望みの色がない場合は、色を追加する。

⇨p218「色」

属性画面を用いる方法

属性画面の［カラー:］で色を指定することもできる。
選択肢の中に望みの色がない場合はいったん画面を閉じて色を追加する。

⇨p218「色」

● グラフィックの線/境界線と塗りの色濃度を変える

線/境界線と塗りの色濃度を変えるには次のように操作する。

1. グラフィックを選択。
2. ツールパレットの■を押す。▶ ［濃淡］ポップアップメニューが現れる。
3. 望みの色濃度を選択。▶線や塗りの色濃度が設定される。現在設定されている色濃度はツールパレットの■の右に数値表示されている。

    なお、線と塗りをそれぞれ別々の色濃度にすることはできない。
    ［濃淡］ポップアップメニューの中に望みの色濃度がない場合は次のように操作すれば任意の色濃度を用いることができる。

1. ［濃淡］ポップアップメニューで［その他］を選択。▶ ［濃度値］画面が現れる。
2. 望みの色濃度を入力。
3. ［設定］を押す。

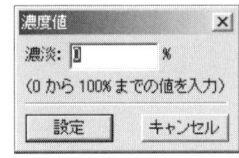

属性画面を用いる方法

属性画面の［濃淡:］で色濃度を指定することもできる。
選択肢の中に望みの色濃度がない場合は次のように操作すれば任意の色濃度を用いることができる。

1. 選択肢で［その他］を選択。▶［濃度値］画面が現れる。
2. 望みの色濃度を入力。
3. ［設定］を押す。

● グラフィックのオーバープリント設定を変える

オーバープリント設定を変えるには次のように操作する。

1. グラフィックを選択。
2. ツールパレットの を押す。▶［オーバープリント］ポップアップメニューが現れる。
3. 望みのオーバープリント設定を選択。▶オーバープリント設定が行われる。現在設定されているオーバープリント設定はツールパレットの の右に数値表示されている。

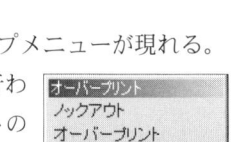

属性画面を用いる方法

属性画面の［オーバープリント:］でオーバープリント設定を選択することもできる。

ページ上にじかにグラフィックを配置する

テキスト内に挿入されたアンカー枠の中に画像や図形などのグラフィックを収めれば、先述のように、テキストの移動につれてグラフィックも移動するので便利である。だがヘッダ/フッタ罫線など用途によっては、テキストとは無関係にずっとページ上の同じ場所にとどめておきたいグラフィックもある。そのような場合には、アンカー枠の中にグラフィックを入れずに直接、ページ上にグラフィックを貼り付ければよい。このようなグラフィックを、以下、**独立したグラフィック**と呼ぶ。

● 独立したグラフィックの作成・編集

画像をページに直接貼り付けるには、アンカー枠をまったく選択していない状態で画像を取り込めばよい。それ以外のグラフィックをページに直接貼り付けるには、アンカー枠の外で描けばよい。いずれの場合も、編集方法はアンカー枠内のグラフィックと同じ。

● 独立したグラフィックと XML/SGML 書き出し

構造化文書のみ 独立したグラフィックは、構造化文書の文書構造にはいっさい含まれない。XML/SGMLにも書き出されない。

書き出されるのは、先述のとおり、テキスト中でグラフィック要素になっているアンカー枠内のものだけである。

テキストの回り込み

独立したグラフィックをテキストの前面に重ねて置いたとき、普通はテキストはその背面に隠れて見えなくなってしまうが、これを、テキストがグラフィックのまわりをよけてレイアウトされるようにすることができる。これを**テキストの回り込み**という。

テキストの回り込みをさせるには次のように操作する。

1. 回り込ませたいグラフィックを選択。
2. ［グラフィック］→［テキスト回り込み属性］を選択。またはグラフィックを右クリックしてコンテキストメニューで［テキスト回り込み属性］を選択。▶［テキスト回り込み属性］画面が現れる。
3. テキスト回り込みの［スタイル:］と［間隔:］を指定。
4. ［設定］を押す。▶テキストが回り込む。

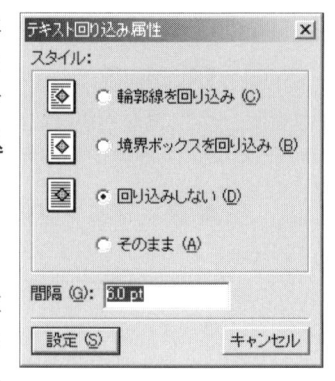

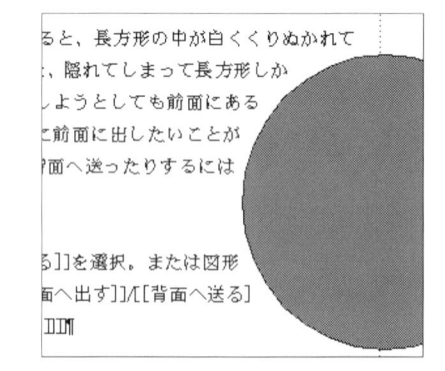

グラビティ

FrameMaker には、グラフィックどうしのあいだに万有引力を働かせる機能がある。これを**グラビティ**という。

グラビティ機能を有効にしておくと、グラフィックを描いているときに、近くのグラフィックに端点が吸い寄せられる。マウスドラッグでグラフィックのサイズ変更や変形を行っているときにも吸い寄せられる。これをうまく活用すると、グラフィックどうしを楽に美しく配置することができる。

● グラビティ機能を有効にする

グラビティ機能を有効にするには［グラフィック］→［グラビティ］を選択してチェックマークを入れる。もう一度選択するとチェックマークが外れてグラビティ機能が無効になる。

スナップ

FrameMaker には、グラフィックのマウスドラッグによる移動や回転を、滑らかでなくとびとびにさせる機能がある。この機能を**スナップ**という。

スナップ機能を有効にしておくと、グラフィックを描いているときに、端点が一定値ごとに量子的にジャンプする。マウスドラッグでグラフィックの移動や回転・サイズ変更・変形などを行っているときにもジャンプする。これをうまく活用すると、グラフィックを楽に美しく配置することができる。

● 2種類のスナップ

スナップには次の2種類がある。

- ［スナップグリッドによるスナップ］……ページ上またはグラフィック枠内の格子状の目に見えない**スナップグリッド**に端点が吸い付く。

    スナップグリッドはグリッド（⇨p24「グリッドの表示」）とは無関係だが、グリッドを表示させるならばスナップグリッド間隔はグリッド間隔の整数分の一にしておくと視覚的に端点のふるまいがわかりやすい。

- ［角度によるスナップ］……グラフィックを回転させているときに回転角度が一定幅になる。

● スナップ機能を有効にする

スナップ機能を有効にするには［グラフィック］→［スナップ］を選択してチェックマークを入れる。もう一度選択するとチェックマークが外れてスナップ機能が無効になる。

表示オプション画面による方法

または次のように操作する。

第 6 章 【操作編】各種ページ内容を作成・編集する

1. ［表示］→［オプション］を選択。▶［表示オプション］画面が現れる。
2. ［スナップ:］の［グリッド間隔:］にチェックマークを入れる。
3. ［設定］を押す。▶スナップ機能が有効になる。

　スナップ機能を無効にしたければ、逆に［スナップ:］の［グリッド間隔:］のチェックを外せばよい。

スナップの間隔を変える

　スナップの間隔は必要に応じて変えることもできる。［表示オプション］画面の［スナップ:］で［グリッド間隔:］・［回転角度:］に数値指定すればよい。

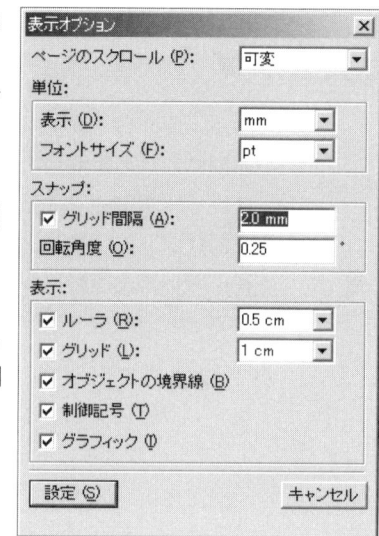

4 表

FrameMaker ではテキスト中に表組み（テーブル）を作成することができる。セルの高さや表罫線の位置などはセルの中のテキストの分量や文字サイズなどに応じて自動的に調整されるようになっているので便利だ。背景の網かけを1行おきに設定する機能など もある。

複数ページにわたる表を作成することもできる。その際、毎ページ冒頭に同じヘッダ行を印字させることも可能である。

構造化文書のみ 構造化文書に作成した表はXML/SGMLにも書き出される。

表の用語

表の一つ一つのマス目を**セル**という。

左から右まで横に並ぶセルをまとめて**行**という。テキストの行と区別したいときは**表行**と呼ぶこともある。

上から下まで縦に並ぶセルをまとめて**列**という。たとえば3行5列の表とは、縦3マス×横5マスの表のことである。

表の先頭に見出し行がある場合はこれを**ヘッダ**（行）と呼ぶ。表によってはなくてもよい。
表の末尾に見出し行がある場合はこれを**フッタ**（行）と呼ぶ。表によってはなくてもよい。
表の本体の行は**ボディ**（行）と呼ぶ。表には必ずボディ行が最低1行はなくてはならない。
表の上か下に表の**タイトル**をつけることもできる。

● 複数ページにわたる表のヘッダ・フッタ

表が複数ページにわたるとき、そのヘッダとフッタは毎ページ繰り返される。

構造化文書における表

構造化文書のみ 構造化文書の場合、表はさまざまな要素で構成されたものとして表現されている。それぞれ以下のような特殊な種別の要素になっている。

- **表全体**……**表要素**。表アンカーの位置で文書構造中（ないしテキスト中）に挿入されており、配下にその表構造を表現する特殊要素をすべて含んでいる。
- **表のタイトル**……**表タイトル要素**。表要素の第一子であるが、表によっては存在しないこともある。テキストを直接中に持ったり、段落などを表す文書構造を子に持ったりする。
- **表のヘッダ**……**表ヘッダ要素**。表要素の子要素。表タイトル要素の弟。ただし表によっては存在しないことがある。ヘッダ行を表す表行要素（たち）を子に持つ。
- **表のボディ**……**表ボディ要素**。表要素の子要素。表ヘッダ要素の弟。ボディ行を表す表行要素（たち）を子に持つ。

- **表のフッタ**……**表フッタ要素**。表要素の末子であるが、表によっては存在しないことがある。フッタ行を表す表行要素（たち）を子に持つ。
- **表の行**……**表行要素**。表ヘッダ要素・表ボディ要素・表フッタ要素の子要素。セルを表す表セル要素（たち）を子に持つ。
- **表のセル**……**表セル要素**。表行要素の子要素。テキストを直接中に持ったり、段落などを表す文書構造を子に持ったりする。

表タイトル要素と表セル要素の中には、文書構造規則によって、さまざまな文書構造を入れることができる場合もあるし、あるいはテキストを直接入れることもできる場合もある。たとえば、セル内の段落が1つしかない場合はテキストを直接入れることを許し、段落が複数ある場合は段落要素を用いるよう、フレキシブルに作られている文書構造規則などもある。

● 表要素のXML/SGML書き出し

表要素と、その配下の表構造を構成する特殊要素群は、構造化文書をXML形式やSGML形式で保存すると一緒に保存される。具体的にどのような構造として保存されるかは、開発者が読み書きルールやプラグインに定義してあるところに自動的に従うようになっている。

表を作成

表を作成するには次のように操作する。

1. 表を作成したい位置に文字カーソルを置く。
2. ［表］→［表を挿入］を選択。▶［表を挿入］画面が現れる。
3. 表タグや列数・行数を指定。

4. ［挿入］を押す。▶ 表が作成される。

```
[表の末尾に見出し行がある場合はこれをフッタ（行）と呼ぶ。表によってはなくてもよい。]
[表の本体の行はボディ（行）と呼ぶ。表には必ずボディ行が最低1行はなくてはならない。]

Table 1: §

| § | § | § | § | § | § | §  | § |
| § | § | § | § | § | § | §  | § |
| § | § | § | § | § | § | §  | § |
| § | § | § | § | § | § | §  | § |
| § | § | § | § | § | § | §  | § |
| § | § | § | § | § | § | §  | § |

[[表を作成する]]
```

● 表タグ

［表を挿入］画面の［表書式:］では、作成したい表に適用したい表タグ（⇨p186「表タグ」）を選択することができる。

● 列数

［列数:］では、作成したい表の列数を指定することができる。

● 行数

［ボディ行数:］・［ヘッダ行数:］・［フッタ行数:］では、作成したい表のボディ行数・ヘッダ行数・フッタ行数を指定することができる。

● 表のアンカー

表を挿入した位置には、その表をテキスト内で代表するアンカーが挿入されている。［表示］→［制御記号］を選択するとそこにアンカー記号が表示される。

表は、必ずしもアンカーのある行のすぐ下に配置されるとは限らない。表書式・表タグ（後述）の設定によっては、アンカーから離れた所に配置される場合もありうる。

また必要に応じ、表は複数のページに分割されて配置されることもある。その場合は、たとえば先頭の数行はアンカーと同じページに配置され、残りの数行はその次のページに配置されるといったふうになるだろう。

● 表要素の種類と挿入位置

構造化文書のみ 構造化文書において、開発者が表要素を定義していない場合は、テキスト内に表を挿入することは構造上許されない。表要素が定義されている場合であっても、表要素を挿入することが構造上許されていない箇所で表を挿入することは許されない。仮に挿入

することはできるが、その場合は、後で移動させるなり開発者に相談するなり何らかの対応をしなければならない。

挿入できる表要素が複数種類ある箇所で表挿入の操作を行うと、［表を挿入］画面の［エレメントタグ:］に複数の要素名が候補表示されるので、いずれかを選択して［挿入］を押す。

表要素が挿入されると、その配下の表構造を構成する表ボディ・表行・表セル要素も同時に自動的に生成される。表タイトル・表ヘッダ・表フッタ要素も必要に応じて自動生成される。

文書構造内における表要素の位置はつねにアンカーの位置と同じである。表の実際の位置によって左右されることはない。たとえば表が行の下にあるからといって要素がそこに行くわけではないし、表が次ページにあったとしても要素はそこへは移動しない。

● 表要素を挿入

構造化文書のみ 上述のように表を挿入することによって結果的に表要素が挿入されるようにするのではなく、逆に、表要素を挿入することによって表を挿入することもできる。表要素の挿入の操作方法は通常の要素と同じである。

表を選択

表を移動・複製・削除するには、表を選択する必要がある。表を選択するには、そのアンカーをマウスドラッグやShift+→などで選択する。

● 表要素を選択

構造化文書のみ 構造化文書では、表を選択すると表要素も選択される。逆に、構造図上で表要素を選択することによって表を選択することもできる。

表を移動/複製

表を移動させたり複製したりするには、そのアンカーを選択して、通常のテキストと同様にカット＆ペースト・コピー＆ペーストすればよい。

● 表要素を移動/複製

構造化文書のみ 構造化文書では、表を移動/複製すると表要素も移動/複製される。逆に、構造図上で表要素を移動/複製することによって表を移動/複製することもできる。

表を削除

表を削除するには、そのアンカーを選択してDeleteキーで削除する。

● 表要素を削除
　構造化文書のみ　構造化文書では、表を削除すると表要素も削除される。逆に、構造図上で表要素を削除することによって表を削除することもできる。

表セル内のテキスト編集

　表のセルの中にテキストを入力したり、すでにセルの中にあるテキストを編集したりするには、まず文字カーソルをそのセルの中に置く必要がある。

● 文字カーソルをセルの中に置く
　文字カーソルを表のセルの中に置くには、通常のテキストの場合と同様、その箇所をクリックすればよい。
　セル内に文字カーソルを置いたら、あとは通常と同様にその中でテキストを追加したり編集したりすることができる。

● セル高さの自動調整
　中身を入れる前のセルは普通、テキスト1行分の高さしかないが、セルの中にたくさんのテキストを入力したりペーストしたりすれば、そのテキスト行数や文字サイズに応じて必要なだけ高さが広がるようになっている。
　このときもちろん、同じ表行に属するセルの高さはすべて同じ高さに広がることになる。結果として表行の高さは、特に固定値を指定していないかぎり、その行の中でもっとも高さを必要とするセルに合わせた高さにつねに自動調整されるわけである。

● セル間のカーソル移動とタブの入力
　表セルの中に文字カーソルがある時に Tab キーを押すと次のセル（すぐ右のセル）へ文字カーソルを移動させることができる。Shift+Tab キーを押すと前のセル（すぐ左のセル）へ移動する。右端の次のセルは次行の左端となり、左端の前のセルは前行の右端となる。
　表セルの中でタブを入力したいときは、上述の理由により Tab キーは使えない。かわりにまず Esc キーを押してから Tab キーを押す必要がある。

● ヘッダ行・フッタ行のテキスト編集
　表が複数ページにわたって配置されているとき、ヘッダ行やフッタ行はその2ページ目からはただ印字されるだけで、そこに文字カーソルを入れてテキスト編集することはできない。表の1ページに印字されているヘッダ行/フッタ行のセルに文字カーソルを入れる必要がある。

表書式

　NOTE
　構造化文書のみ　構造化文書では、表書式・表タグは、表を作成する段階で、表要素の種類に対応し

て自動的に最適なものが選択されるよう開発されていることが多いので、オペレーターがそれ以外の表書式や表タグを適用することを開発者が禁じている場合がある。そのような場合は本項の内容はオペレーターにとってとりあえず必要ない。

　表には、インデントやタイトルや整列位置や規則的な罫線・塗りなどといった表書式を適用することができる。どういった性質の表にどの表書式を適用するかという仕様が開発者からオペレーターに渡された場合は、それに従って表書式を各表に適用する必要がある。そこでこの節では表書式の表示・設定の方法を解説する。

　表書式を表示・設定するには［表書式］画面を利用する。

● **表書式を表示・設定**

表書式を表示・設定するには次のように操作する。

1. 表書式を表示・変更したい表の中に文字カーソルを置くかセルを選択する。またはマウスドラッグや Shift+→などで表のアンカーを選択して表全体を選択。連続する複数の表アンカーをまとめて選択すれば（間にテキストがある場合は一緒に選択してかまわない）、それらの表の書式をまとめて表示・設定することができる。

2. ［表］→［表書式］を選択（またはCtrl+T）。▶［表書式］画面が現れる。

3. 必要に応じ、画面上端のタブを押して画面内の表示内容（書式属性グループ）を切り換える。または［属性:］で切り換えてもよい。必要に応じて内容を変更する。

4. 内容を変更した場合は［適用］を押す。▶新しい書式が表に適用される。

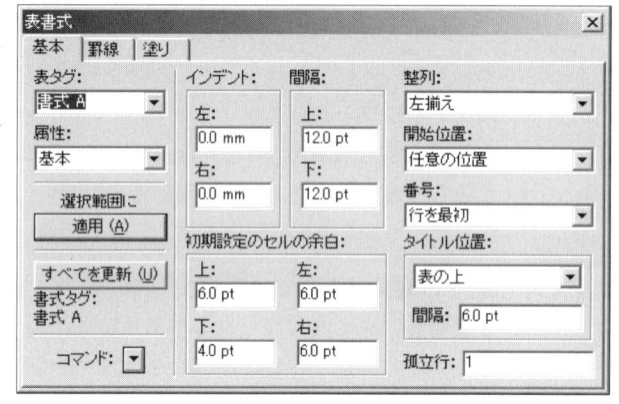

5. ［表書式］画面は常駐画面なので、画面を表示させたまま文字カーソルを他の表へ移動させる（または他の表を選択する）こともできる。▶その表の書式が表示される。

6. ［表書式］画面が当面必要なくなったときは、右上の［×］を押して閉じる。

● **表書式の書式属性グループ**

表書式には以下の3つの書式属性グループがある。

- ［基本］……表の基本的な書式属性たち。インデント・表上下間隔・セル上下左右余白初期設定・整列・開始位置・番号順序・タイトル位置・タイトル間隔・孤立行数。

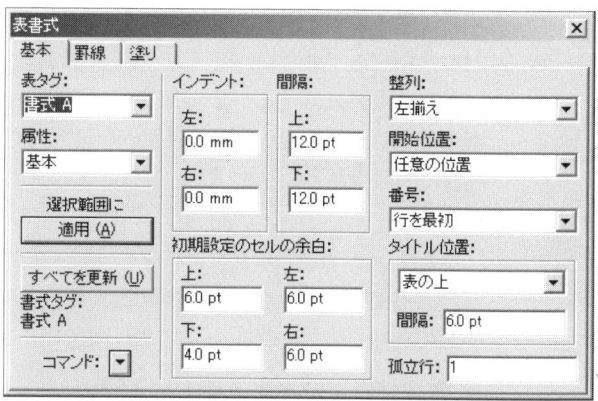

- ［罫線］……表の罫線初期設定に関する書式属性たち。

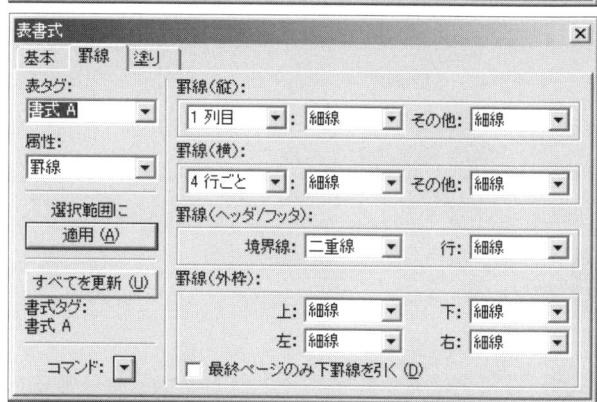

- ［塗り］……表の塗り初期設定に関する書式属性たち。

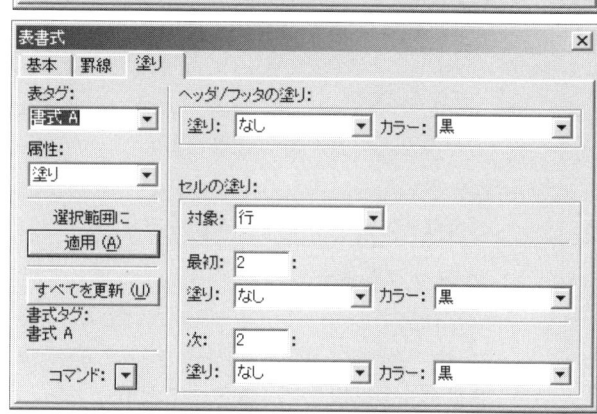

● 表書式の各書式項目の設定
　NOTE
　構造化文書のみ ふつうは開発者があらかじめ行うので、通常、オペレーターが行う必要はない。
　⇒p321「表の基本書式」・p325「表の罫線」・p325「表の塗り」

● 特定の書式属性だけを変更
　書式の異なる複数の表をまとめて選択した状態で［表書式］画面を表示させると、［段落書

185

式]・[文字書式]画面の場合と同様、異なっている分の書式属性は「そのまま」として表示される。 ⇨p147「特定の書式属性だけを変更」

これをわざとすべて「そのまま」にするにはやはり［表書式］画面の［コマンド:］で［すべての属性を「そのまま」に設定］を選択すればよく、そうしたうえで特定の書式属性だけを設定して［適用］を押せば、異なる書式の表のその書式属性だけをまとめて変更することができる。

一部の書式属性だけを「そのまま」にするには、選択肢項目の場合は［そのまま］を選択する。入力項目の場合は内容を削除して空欄にする。チェックボックスの場合は1～2回クリックして灰色のチェックマークにすればよい。

● **書式属性表示を表と同じに戻す**

表に文字カーソルを置いて（またはセルや表全体を選択して）その表書式を表示させたあと、［表書式］画面の内容を変更したが、それを表に適用する前に気が変わって、［表書式］画面内の書式表示を元に戻したくなったというときは、［表書式］画面の［コマンド:］で［選択中の段落の属性に戻す］を選択すればよい。（コマンド名には「段落の」となっているが、これは誤りで、実際は「選択中の表の属性に戻す」動作が行われる。）

表タグ

> NOTE
> 構造化文書では、表書式・表タグは、表を作成する段階で、表要素の種類に対応して自動的に最適なものが選択されるよう開発されていることが多いので、オペレーターがそれ以外の表書式や表タグを適用することを開発者が禁じている場合がある。そのような場合は本項の内容はオペレーターにとってとりあえず必要ない。

たくさんの表がある文書に対して、そのひとつひとつに表書式を適用していく作業は面倒だ。書式が同じ表もあるだろう。そんなときのため、表書式は、名前をつけて保存しておき、必要な表に適用していくことができる。この表書式の名前のことを**表タグ**という。

● **表タグを表示**

現在文字カーソルがある（またはセルや表全体が選択されている）表に適用されている表タグは、［表書式］画面の［表タグ:］に表示される。

複数の表を選択しているときの表示

異なる表タグが適用されている複数の表を選択すると、［表書式］画面の［表タグ:］は空欄になる。

● **表タグを作成・編集**

> NOTE
> 構造化文書のみ ふつうは開発者があらかじめ行うので、通常、オペレーターが行う必要はない。

⇨p320「表タグ」

●表タグを適用

　表タグを表に適用するには、まずその表に文字カーソルを置くかセルを選択する。またはマウスドラッグやShift+→などで表のアンカーを選択して表全体を選択。連続する複数の表にまとめて適用したい場合にはそれらの表のアンカーを選択する。その後、以下のいずれかの操作を行う。

1.　［表書式］画面の［表タグ:］から、適用したい表タグを選択。
2.　［適用］を押す。▶表タグが適用される。

●表タグを適用した表の書式を変更

　NOTE
　表タグから適用された表書式をこのように局所的に変えてもよいかどうかは、文書全体の統一感や文書作成の効率性という観点から好ましくないと判定されることもあるので、開発者に確認をとるべきである。

　構造化文書のみ　構造化文書では、この方法でレイアウトの微調整を行っても、XML/SGML 形式で保存すれば変更は解除されてしまう。

　表に表タグを適用すると、表の書式は表タグとまったく同じになるが、あとからその表の書式を変えることも可能である。［表書式］画面でその表の書式内容を変更したのち［適用］を押せばよい。

　その場合、もとの表タグの内容は変わらないし、その表タグが適用されている他の表の書式ももとのままである。

　ただしこのような場当たり的なことをすると、同じ表タグが適用されているように見えても、表タグ通りの書式の表と、表タグ通りではない書式の表とが混在することになってしまうので、後々混乱を招くもとになる。注意が必要だ。

表の列の幅を変える

　表の列の幅を変えるには次のように操作する。

1.　幅を変えたい列の任意のセルの上でマウスをドラッグしてセルを選択（セル全体が反転表示された状態にする）。▶セルの右端に小さな黒点が現れる。 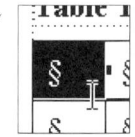
2.　黒点をマウスで横にドラッグ。▶列幅が変わる。

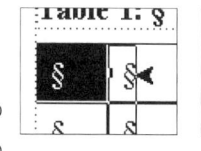

●複数の列の幅をまとめて変えることもできる

　上記の方法で横に連続する複数のセルを選択して、その右端に現れる小さな黒点をドラッグすれば、それら複数の列の幅をまとめて変えることができる。この場合、黒点を横に移動させた距離は、各列に均等

に按分される。つまり、列幅の比率は変わらない。

●数値指定による方法

列幅を数値指定によって変える方法もある。次のように操作する。

1. 幅を変えたい列の任意のセルに文字カーソルを置き、［表］→［列のサイズを変更］を選択。またはセルを右クリックしてコンテキストメニューで［表］→［列のサイズを変更］を選択。▶［選択列のサイズ変更］画面が現れる。
2. 列幅を指定。
3. ［サイズ変更］を押す。▶列幅が変わる。

セルを選択して操作してもよい

セルを選択した状態から操作することもできる。この方式の場合、複数の列の幅をまとめて変えることもできる。次のように操作する。

1. マウスをドラッグしてセルを選択。▶右端に小さな黒点が表れる。
    複数の列の幅をまとめて変えたいときは、マウスを横にドラッグして複数列のセルを選択。
2. ［表］→［列のサイズを変更］を選択。または右クリックしてコンテキストメニューで［列のサイズを変更］を選択。▶［選択列のサイズ変更］画面が現れる。以下操作は同じ。

列幅で指定

列幅を単純に長さで数値指定したければ［列幅で指定：］を選択して数値指定する。

複数の列に対してまとめてこれを指定するとすべて同じ幅になる。

比率で指定

新しい列幅を、現在の列幅に対する比率で指定したいときは、［比率で指定：］を選択してパーセント指定する。

たとえばいま列幅が10 mmの列で「40」を指定すれば列幅は4 mmに変わる。

複数の列に対してまとめてこれを指定すると、各列ごとにもとの列幅に対する比率で新しい列幅が決定される。

たとえばいま列幅が10 mmの列と5 mmの列に対してまとめてこの方式で「40」を指定すれば列幅はそれぞれ4 mmと2 mmに変わる。

列番号で指定

新しい列幅を、現在のいずれかの列と同じ幅にしたいときは、［列番号で指定：］を選択して、その列の番号（左から順に1, 2, 3,…と数えて）を指定する。

複数の列に対してまとめてこれを指定するとすべて同じ幅になる。

合計幅で指定（均等）

複数の列に対してその合計幅を指定し、各列に等しく按分したいときは、［合計幅で指定（均等）:］を選択して合計幅を数値指定する。

たとえば3つの連続する列に対してまとめてこの方式で「30mm」を指定すれば列幅はいずれも 10 mmになる。

1つの列に対して指定した場合は［列幅で指定:］と同じ。

合計幅で指定（比率保持）

複数の列に対してその合計幅を指定し、各列の現在の列幅どうしの比率に従って按分したいときは、［合計幅で指定（比率保持）:］を選択して合計幅を数値指定する。

たとえば列幅が2 mmの列と3 mmの列と5 mmの列に対してまとめてこの方式で「20mm」を指定すれば列幅はそれぞれ4 mmと6 mmと10 mmに変わる。

1つの列に対して指定した場合は［列幅で指定:］と同じ。

選択セルの内容に合わせる

セルの中身の多い少ないに応じて自動的に列幅を調整させたいときは、［選択セルの内容に合わせる］を選択して、［最大幅:］に列幅の上限を数値指定する。

表の行の行書式を変える

行の高さや配置位置は通常、セルの中身やコラムの残りスペースに応じて自動調整されるが、これを手動制御したい場合には行書式を指定する。行書式を指定するには次のように操作する。

1. 行書式を変えたい行の任意のセルに文字カーソルを置き、［表］→［行書式］を選択。またはセルを右クリックしてコンテキストメニューで［表］→［行書式］を選択。▶［行の書式］画面が現れる。
2. 行書式を指定。
3. ［設定］を押す。▶行書式が変わる。

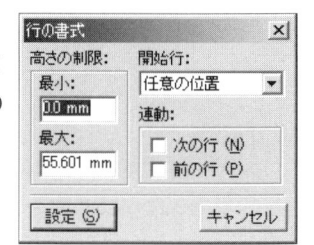

● **セルを選択して操作してもよい**

セルを選択した状態から操作することもできる。この方式の場合、複数の行の行書式をまとめて変えることもできる。次のように操作する。

1. マウスをドラッグしてセルを選択。▶右端に小さな黒点が表れる。

    複数の行の幅をまとめて変えたいときは、マウスを縦にドラッグして複数行のセルを選択。
2. ［表］→［行書式］を選択。または右クリックしてコンテキストメニューで［行書式］を選択。▶［行の書式］画面が現れる。以下操作は同じ。

● 表の行の高さに下限／上限を設ける

表行の高さに下限／上限を設けるには、［高さの制限:］の［最小:］／［最大:］に下限値／上限値を数値指定する。

当初、下限値は0、上限値は非常に大きな値に設定されている。

行のセルの内容がどれも少なくて、行の高さが下限値まで縮んでもセルの下端に達しない場合には、行のセルにはいずれも下部に多かれ少なかれアキが生じることになる。

行のいずれかのセルの内容が多くなりすぎて、行の高さが上限値に達してもセルに入りきらなくなった場合、それより下の内容は印字されないが、内部的には保持されており、さらに追加することもできる。

● 表の行の開始位置を指定

表の行のページ内／コラム内における開始位置を指定するには、［開始行:］で次のいずれかを選択する。

- ［任意の位置］……前の行のすぐ下に続けて配置。すでにコラムの下端なら次コラムの先頭に配置。
- ［コラムの先頭］……改コラムして次コラムの先頭に配置。一般に、前の行の下からコラム下端までアキができる。多段組でない場合は、次の［ページの先頭］と同じ。
- ［ページの先頭］……改ページして次ページの先頭に配置。一般に、前の行の下からページ下端までアキができる。
- ［左ページの先頭］……同上、ただし左ページの先頭に配置。一般に、現ページが左ページなら2回改ページされることになり、その場合あいだの右ページ1ページはまるまる空白となる。
- ［右ページの先頭］……同上、ただし右ページの先頭に配置。一般に、現ページが右ページなら2回改ページされることになり、その場合あいだの左ページ1ページはまるまる空白となる。

● 表の行を次の行／前の行と連動させる

次の行や前の行と同じコラムに配置されるよう自動調整させるには、［連動:］の［次の行］／［前の行］にチェックマークを入れる。

［次の行］にチェックマークを入れた場合は、次の行が現コラムに入りきらなければ、一緒に次のコラムに配置される。その場合、一般に現コラムの下部にはアキができる。

［前の行］にチェックマークを入れた場合、前の行で前コラムがいっぱいになってしまうときは、前の行も一緒に現コラムに配置される。その場合、一般に前コラムの下部にはアキができる。

表に行を追加

表にボディ行を追加するには次のように操作する。

1. ボディ行を追加したい位置の上隣か下隣のボディ行の任意のセルに文字カーソルを置き、［表］→［行/列を追加］を選択。またはセルを右クリックしてコンテキストメニューで［表］→［行/列を追加］を選択。▶［行・列を追加］画面が現れる。
2. 選んだセルの下に追加したいなら［選択範囲の下］を、上に追加したいなら［選択範囲の上］を［行追加:］で選択。追加したい行数を指定。
3. ［追加］を押す。▶ボディ行が追加される。

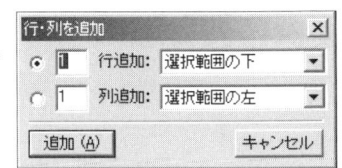

●ヘッダ行を追加

ヘッダ行の追加方法は、その表にヘッダ行がすでにある場合とまだない場合とで異なる。

ヘッダ行がすでにある表にヘッダ行を追加

ヘッダ行がすでにある表にさらにヘッダ行を追加するには次のように操作する。

1. ヘッダ行を追加したい位置の上隣か下隣のヘッダ行の任意のセルに文字カーソルを置き、［表］→［行/列を追加］を選択（またはコンテキストメニュー）。▶［行・列を追加］画面が現れる。
2. 以下、上述のボディ行追加操作と同じ。▶ヘッダ行が追加される。

ヘッダ行がまだない表にヘッダ行を追加

ヘッダ行がない表にヘッダ行を追加するには次のように操作する。

1. ヘッダ行を追加したい表の任意のセルに文字カーソルを置き、［表］→［行/列を追加］を選択（またはコンテキストメニュー）。▶［行・列を追加］画面が現れる。
2. ［行追加:］で［ヘッダ行］を選択。追加したい行数を指定。
3. ［追加］を押す。▶ヘッダ行が追加される。

この操作は実は、表にすでにヘッダ行がある場合にも使える。その場合は、既存のヘッダ行の下に新しいヘッダ行が追加される。

●フッタ行を追加

フッタ行の追加方法はヘッダ行とまったく同様である。上記ヘッダ行追加操作説明の「ヘッダ」をすべて「フッタ」に読み替えればよい。

●セルを選択して操作してもよい

セルを選択した状態から操作することもできる。次のように操作する。

1. マウスをドラッグしてセルを選択。▶右端に小さな黒点が表れる。
2. ［表］→［行/列を追加］を選択。または右クリックしてコンテキストメニューで［行/列を追加］を選択。▶［行・列を追加］画面が現れる。以下操作は同じ。

なお、マウスを縦にドラッグして複数行のセルを選択しておくと、その行数が追加行数欄に自動入力されているので便利だ。

● 表行要素を追加

構造化文書のみ 構造化文書の場合、表行を追加すると表行要素も追加される。逆に、構造図上で表行要素を挿入することによって表行を追加することもできる。

表に列を追加

表に列を追加するには次のように操作する。

1. 列を追加したい位置の左隣か右隣の列の任意のセルに文字カーソルを置き、［表］→［行/列を追加］を選択。またはセルを右クリックしてコンテキストメニューで［表］→［行/列を追加］を選択。▶［行・列を追加］画面が現れる。
2. 選んだセルの左に追加したいなら［選択範囲の左］を、右に追加したいなら［選択範囲の右］を［列追加:］で選択。追加したい列数を指定。
3. ［追加］を押す。▶列が追加される。

● セルを選択して操作してもよい

セルを選択した状態から列追加の操作を行うこともできる。次のように操作する。

1. マウスをドラッグしてセルを選択。▶右端に小さな黒点が表れる。
2. ［表］→［行/列を追加］を選択。または右クリックしてコンテキストメニューで［行/列を追加］を選択。▶［行・列を追加］画面が現れる。以下操作は同じ。

なお、マウスを横にドラッグして複数列のセルを選択しておくと、その列数が追加列数欄に自動入力されているので便利だ。

表の行を複製

表の行を複製するには次のように操作する。

1. マウスを横にドラッグして、コピー元にしたい表行を、左端のセルから右端のセルまですべて選択。
    複数の連続する行をまとめて複製したいときは、それらの行を選択。
2. ［編集］→［コピー］を選択。または右クリックしてコンテキストメニューで［コピー］を選択。またはCtrl+C。
3. コピー先にしたい位置の行の任意のセルに文字カーソルを置く。またはセルを選択。
4. ［編集］→［ペースト］を選択。または右クリックしてコンテキストメニューで［ペースト］を選択。またはCtrl+V。▶［行をペースト］画面が現れる。

5. 選んだ行の上に行を挿入ペーストしたいなら［現在の行の上に挿入］を選択。
　　下に挿入ペーストしたいなら［現在の行の下に挿入］を選択。
　　選んだ行を上書きペーストしたいなら［現在の行を置換］を選択。 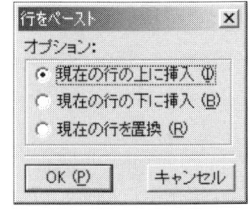
6. ［OK］を押す。▶行が複製される。

●表行要素を複製
　構造化文書のみ 構造化文書の場合、表行を複製すると表行要素も複製される。逆に、構造図上で表行要素をコピー＆ペーストで複製することによって表行を複製することもできる。

表の行を移動させる

表の行を移動させるには次のように操作する。
1. マウスを横にドラッグして、移動させたい表行を、左端のセルから右端のセルまですべて選択。
　　複数の連続する行をまとめて移動させたいときは、それらの行を選択。
2. ［編集］→［カット］を選択。または右クリックしてコンテキストメニューで［カット］を選択。またはCtrl+X。▶［表セルをカット］画面が現れる。
3. ［セルを削除］を選択。
4. ［OK］を押す。▶表行がカットされる。
5. 移動先にしたい位置の行の任意のセルに文字カーソルを置く。またはセルを選択。
6. 上述の表行複製の際のペースト操作と同じ方法で表行をペースト。▶行が移動する。

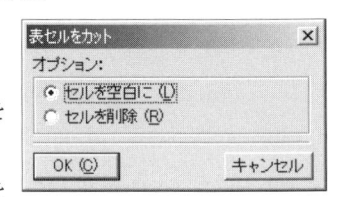

●表行要素を移動させる
　構造化文書のみ 構造化文書の場合、表行を移動させると表行要素も移動される。逆に、構造図上で表行要素をドラッグ＆ドロップかカット＆ペーストで移動させることによって表行を移動させることもできる。

表の列を複製

表の列を複製するには次のように操作する。
1. マウスを縦にドラッグして、コピー元にしたい列を、上端のセルから下端のセルまですべて選択。

193

複数の連続する列をまとめて複製したいときは、それらの列を選択。
2. ［編集］→［コピー］を選択。または右クリックしてコンテキストメニューで［コピー］を選択。またはCtrl+C。
3. コピー先にしたい位置の列の任意のセルに文字カーソルを置く。またはセルを選択。
4. ［編集］→［ペースト］を選択。または右クリックしてコンテキストメニューで［ペースト］を選択。またはCtrl+V。▶［列をペースト］画面が現れる。
5. 選んだ列の左に列を挿入ペーストしたいなら［現在の列の左に挿入］を選択。
　　右に挿入ペーストしたいなら［現在の列の右に挿入］を選択。
　　選んだ列を上書きペーストしたいなら［現在の列を置換］を選択。 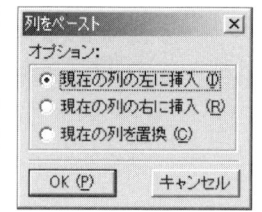
6. ［OK］を押す。▶列が複製される。

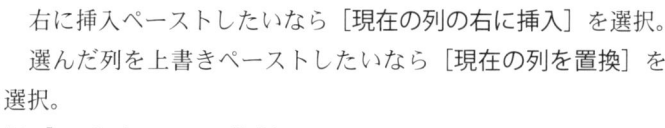

表の列を移動させる

表の列を移動させるには次のように操作する。
1. マウスを縦にドラッグして、移動させたい表列を、上端のセルから下端のセルまですべて選択。
　　複数の連続する列をまとめて移動させたいときは、それらの列を選択。
2. 先述の表行移動の際のカット操作と同じ方法で表列をカット。
3. 移動先にしたい位置の列の任意のセルに文字カーソルを置く。またはセルを選択。
4. 上述の表列複製の際のペースト操作と同じ方法で表列をペースト。▶列が移動する。

表の行/列を削除

表の行/列を削除するには次のように操作する。
1. マウスを横にドラッグして、削除したい表行を、左端のセルから右端のセルまですべて選択。
　　またはマウスを縦にドラッグして、削除したい表列を、上端のセルから下端のセルまですべて選択。
　　複数の連続する行/列をまとめて削除したいときは、それらの行/列を選択。
2. Deleteキーを押す。▶［表セルを削除］画面が現れる。
3. ［セルを表から削除］を選択。
4. ［OK］を押す。▶行/列が削除される。

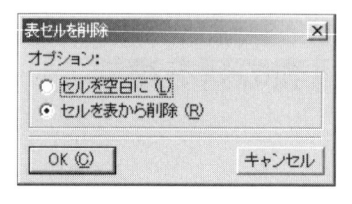

●表行要素を削除

　構造化文書のみ 構造化文書の場合、表行を削除すると表行要素も削除される。逆に、構造図上で表行要素を削除することによって表行を削除することもできる。

セルを連結

　上下左右に隣り合ったセルどうしをつなげて一つの大きなセルにすることができる。これをセルの**連結**という。複数行・複数列をまとめて田型に連結することも可能だ。

　セルを連結するには次のように操作する。

1. マウスをドラッグして、連結したいセル群を選択する。
2. ［表］→［セル連結］を選択。または右クリックしてコンテキストメニューで［セル連結］を選択。▶セルが連結される。

　セルを連結すると、元々の各セルにあった中身は互いに改段落で区切られて連結セルに収められる。

　なお、ヘッダ行/フッタ行のセルとボディ行のセルを連結することはできない。

●セルの連結を解除

　連結されているセルを、元どおり個々のセルにばらすには、次のように操作する。

1. 連結を解除したいセルに文字カーソルを置く。
2. ［表］→［セル連結を解除］を選択。▶セルの連結が解除される。

　セルの連結を解除すると、連結セルにあった中身はすべて左上のセルに収められ、他のセルはすべて空になる。

セルを選択して操作してもよい

　セルを選択した状態から操作することもできる。次のように操作する。

1. マウスをドラッグしてセルを選択。▶右端に小さな黒点が表れる。
2. ［表］→［セル連結を解除］を選択。または右クリックしてコンテキストメニューで［セル連結を解除］を選択。▶セルの連結が解除される。

表セル内のテキストの上下位置を変える

　表セル内でテキストを上揃え/中央揃え/下揃えするには、セル内の段落の段落書式/段落タグの書式を変更する必要がある。詳しくは⇨p326「表セル内でテキストを上揃え/中央揃え/下揃え」

表セル内の上／下／左／右の余白を変える

　表セル内の上／下／左／右の余白は、表全体に対して表書式／表タグで指定されているが、特定の表セルに対してこれを変えるには、セル内の段落の段落書式／段落タグの書式を変更する必要がある。詳しくは⇨p326「表セル内の上下左右余白を変える」

罫線・塗り

　表の罫線と塗りの設定は、表書式や表タグに、表全体に対して規則的に定義されているが（⇨p183「表書式」）、表内の特定箇所に対して、その規則から外れた罫線や塗りの設定を個別に行いたいときは、次のように操作する。

1. 罫線／塗りの設定を変えたいセルに文字カーソルを置き、［表］→［罫線・塗り］を選択。またはセルを右クリックしてコンテキストメニューで［表］→［罫線・塗り］を選択。▶［罫線・塗り］画面が現れる。
2. 罫線／塗りの設定を指定。
3. ［適用］を押す。▶罫線／塗りの設定が変わる。

● セルを選択して操作してもよい

　セルを選択した状態から操作することもできる。次のように操作する。

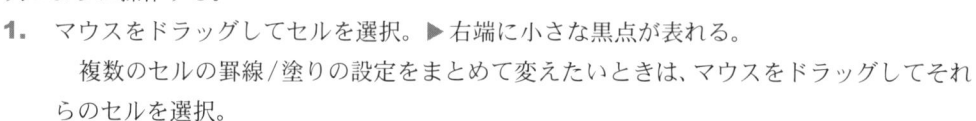

1. マウスをドラッグしてセルを選択。▶右端に小さな黒点が表れる。
　　複数のセルの罫線／塗りの設定をまとめて変えたいときは、マウスをドラッグしてそれらのセルを選択。
2. ［表］→［罫線・塗り］を選択。または右クリックしてコンテキストメニューで［罫線・塗り］を選択。▶［罫線・塗り］画面が現れる。以下操作は同じ。

セルの向きを変える

セルの内容の向きを変えるには次のように操作する。

1. 向きを変えたいセルに文字カーソルを置き、[グラフィック] → [回転] を選択。またはセルを右クリックしてコンテキストメニューで [表] → [回転] を選択。▶ [表セルを回転] 画面が現れる。

2. 向きを選択。

3. [OK] を押す。▶セルの向きが変わる。

● セルを選択して操作してもよい

セルを選択した状態から操作することもできる。次のように操作する。

1. マウスをドラッグしてセルを選択。▶右端に小さな黒点が表れる。
   複数のセルの向きをまとめて変えたいときは、マウスをドラッグしてそれらのセルを選択。

2. [グラフィック] → [回転] を選択。または右クリックしてコンテキストメニューで [回転] を選択。▶ [表セルを回転] 画面が現れる。以下操作は同じ。

表のタイトルを編集

表には、その表書式によっては、上か下にタイトル欄がつく。タイトル欄にタイトルを入力したり、タイトルを編集したりするには、タイトル欄の中をクリックして文字カーソルを置けばよい。

● 複数ページにわたる表のタイトル

表が複数ページにわたるとき、その表タイトルは毎ページ繰り返される。

なお、表が複数ページにわたるときに表タイトルに「何シート中何シート目」とか「つづく」などと自動印字されるようにするために、表タイトルに特殊な変数を挿入するよう指示されることがある。⇒p217「複数ページにわたる表のための変数」

複数のコラムをぶち抜く表

多段組のテキスト枠の中で、表全体の幅がコラムより広くて他のコラムにもかぶさる場合、そのコラムのテキストは自動的に表を避けて配置される。すなわちこのようにして、複数のコラムをぶち抜く表を作ることができる。

ソート

表の内容をソート（並べ替え）するには次のように操作する。

1. ソートしたい表の任意のセルに文字カーソルを置き、［表］→［ソート］を選択。またはセルを右クリックしてコンテキストメニューで［表］→［ソート］を選択。▶［表をソート］画面が現れる。
2. ソートの設定を指定。
3. ［ソート］を押す。▶表がソートされる。

FrameMakerは表計算ソフトやデータベースソフトではないので、このソート機能は簡易的なものであり、あまりきめ細かい条件の指定はできない。本格的なソートが必要な表の場合は、まずそうした専門のソフトでソートを行ってから、その結果をFrameMakerにコピーしてくるほうがよいだろう。

●セルを選択して操作してもよい

セルを選択した状態から操作することもできる。次のように操作する。

1. マウスをドラッグしてセルを選択。▶右端に小さな黒点が表れる。
2. ［表］→［ソート］を選択。または右クリックしてコンテキストメニューで［ソート］を選択。▶［表をソート］画面が現れる。以下操作は同じ。

段落を表に変換

カンマ区切り（CSV）やタブ区切りされたレコードデータを表に変換するには次のように操作する。

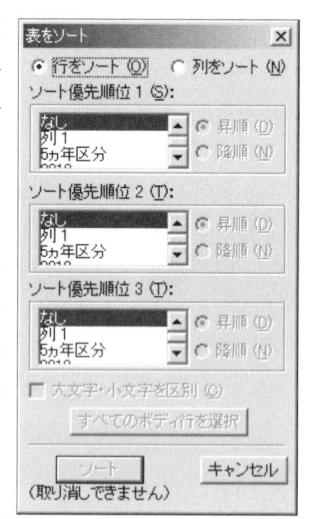

1. マウスのドラッグやShift+→などでレコードデータの段落群全体を選択。
2. ［表］→［表に変換］を選択。▶［表に変換］画面が現れる。
3. 表への変換の設定を指定。
4. ［変換］を押す。▶ 表に変換される。

表を段落に変換

逆に、表を段落に変換するには次のように操作する。

1. ソートしたい表の任意のセルに文字カーソルを置く。またはマウスをドラッグしてセルを選択。
2. ［表］→［段落に変換］を選択。▶［段落に変換］画面が現れる。
3. 各行を各レコードにしたいなら［行方向］を、各列を各レコードにしたいなら［列方向］を選択。
4. ［変換］を押す。▶ 表が段落に変換される。

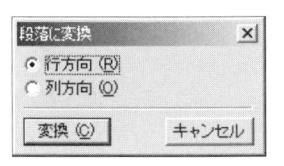

5 脚注

FrameMakerでは本文や表に**脚注**を付けることができる。脚注は自動的に番号が付けられ、テキストや表の位置が変われば脚注の配置位置もそれに応じて自動的に変わるので便利だ。

構造化文書における脚注

構造化文書のみ 構造化文書の場合、脚注は一つの要素になっている。この特殊な種別の要素を**脚注要素**という。

●脚注要素のXML/SGML書き出し

脚注要素は、構造化文書をXML形式やSGML形式で保存すると一緒に保存される。

脚注を挿入

脚注を挿入するには次のように操作する。

1. 脚注を挿入したい位置に文字カーソルを置く。
2. ［スペシャル］→［脚注］を選択。▶脚注が挿入される。
   脚注を挿入した位置には、脚注番号が印字される。
   それに対応する脚注が、ページや表の末尾に自動配置される。

本文と脚注の間の区切り線も自動的に描かれる。脚注領域がテキスト枠の下端に設けられた分、本文領域は狭くなっている。

3. 脚注の内容を入力。

● 脚注要素の種類と挿入位置

　構造化文書のみ 構造化文書において、開発者が脚注要素を定義していない場合は、テキスト内に脚注を挿入することは構造上許されない。脚注要素が定義されている場合であっても、脚注要素を挿入することが構造上許されていない箇所で脚注を挿入することは許されない。仮に挿入することはできるが、その場合は、後で移動させるなり開発者に相談するなり何らかの対応をしなければならない。

　挿入できる脚注要素が複数種類ある箇所で脚注挿入の操作を行うと、［脚注エレメントを挿入］画面が現れるので、［エレメント:］で要素名を選択して［挿入］を押す。

　文書構造内における脚注要素の位置はつねに本文中の脚注番号の位置と同じである。脚注テキストの位置によって左右されることはない。脚注がページ下端や表の後にあるからといって要素がそこに行くわけではない。

● 脚注要素を挿入

　構造化文書のみ 上述のように脚注を挿入することによって結果的に脚注要素が挿入されるようにするのではなく、逆に、脚注要素を挿入することによって脚注を挿入することもできる。脚注要素の挿入の操作方法は通常の要素と同じである。

脚注の書式の設定

> **NOTE**
> **構造化文書のみ** ふつうは開発者があらかじめ行うので、通常、オペレーターが行う必要はない。

⇨p327「脚注」

脚注を移動・複製・削除

脚注を移動させたり複製したりするには、マウスのドラッグやShift+→などで脚注の自動番号を選択し、通常のテキストと同様にカット＆ペーストかコピー＆ペーストすればよい。

脚注を削除する場合も同様に、脚注の自動番号を選択してDeleteキーを押せばよい。

●脚注要素を移動・複製・削除

　構造化文書のみ　構造化文書の場合、脚注を移動・複製・削除すると脚注要素も移動・複製・削除される。逆に、脚注要素を移動・複製・削除することによって脚注を移動・複製・削除することもできる。

同じ脚注番号を複数の箇所に入れる

同じ脚注番号を複数の箇所に入れて、同じ脚注を読ませたいときは、最初の回だけ普通に脚注を作り、あとの回はそれを相互参照の機能で参照するという方法を採る必要がある。⇒p203「相互参照」

6 相互参照

FrameMaker ではテキスト内に**相互参照**を設定することができる。相互参照とは、文書内の他の箇所を指し示す文字列をテキスト内に自動印字する機能である。たとえば「第○章第○節"×××××"（△△ページ）参照」といった文字列を文中に自動印字させることができる。

相互参照先

相互参照先として用いることができるのは以下の3種類のいずれかである。
- **要素**……　構造化文書のみ　文書内のどこかの要素を指し示す。
- **段落**……（注：構造化文書では通常使わない。）文書内のどこかの段落（たいていは見出し段落）を指し示す。
- **相互参照マーカ**……指し示したい場所に目印としてそのためのマーカを挿入しておき、それを指し示す。

構造化文書における相互参照

構造化文書のみ　構造化文書の場合、相互参照は一つの要素になっている。この特殊な種別の要素を**相互参照要素**という。

●相互参照要素のXML/SGML書き出し

相互参照要素は、構造化文書をXML形式やSGML形式で保存すると一緒に保存される。

要素への相互参照を挿入

構造化文書のみ　構造化文書で相互参照を作成する場合には、要素を参照先とするのが普通である。段落や相互参照マーカへの相互参照を作れないわけではないが、それだとXMLやSGMLで保存したとき参照を保つしくみが標準的に用意されていないので通常はそうした方式を採らない。

参照先とすることのできる要素の種類（要素名）は開発者によってテンプレートに定義されている（固有ID属性が要素に対して定義されている）。それ以外の種類の要素に対して相互参照をすることはできない。

要素への相互参照を挿入するには次のように操作する。

1. 相互参照を挿入したい位置に文字カーソルを置く。
2. ［スペシャル］→［相互参照］を選択。▶［相互参照］画面が現れる。

203

3. ［ソースの種類:］で［エレメント(順にリスト)］を選択。▶その下の表示が［エレメントタグ:］欄と［エレメント(文書順):］欄になる。

4. 参照したい要素の名前を［エレメントタグ:］で選択。▶その名前を持つ要素の冒頭部テキストが［エレメント(文書順):］に一覧表示される。

5. 参照したい要素を［エレメント(文書順):］で選択。相互参照書式を［参照］の［書式:］で選択。▶その書式の定義内容が下に表示される。

6. ［挿入］を押す。▶相互参照が挿入される。

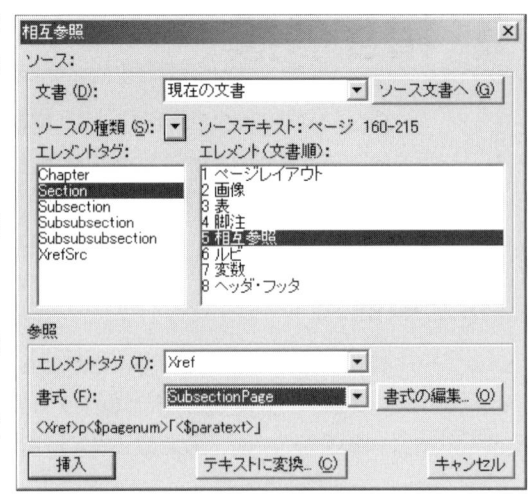

●固有IDを手動指定した要素への相互参照を挿入

構造化文書における相互参照は、実は参照先要素の固有ID属性と参照元要素（相互参照要素）のID参照属性の値が一致することによって結び付けられている。とくにこれはXML/SGML文書において重要かつ一般的なしくみであり、この共通の値を**ID値**という。

ただ普通は開発者はこれをオペレーターの目には触れないようにして、かつ相互参照作成時には自動的にランダム生成された属性値が双方に設定されるようテンプレートに定義しているので、気にする必要がない。

だが文書によっては、このID値をランダムでなく何らかの命名規則に従って与えるよう要請されている場合があり、そのようなときにはこの自動ID生成方式は使えないので、あらかじめ参照先要素の固有ID属性にID値を入力しておく必要がある。

固有ID属性にすでに値を持つ要素に対して相互参照を作成すると、参照元要素のID参照属性にはその値が複製されるので、結果的に双方が一致して相互参照が結び付けられることになる。

相互参照を挿入する際に、参照先要素の ID 値が命名規則に従っていてすでにわかっている場合には、［相互参照］画面の［ソースの種類：］で、［エレメント (順にリスト)］のかわりに［エレメント (ID でソート)］を選択すると便利だ。するとその右下が［エレメント (文書順)：］欄でなく［エレメント (ID 順)：］欄になり、要素が ID 順に一覧表示されるようになるので探しやすくなる。

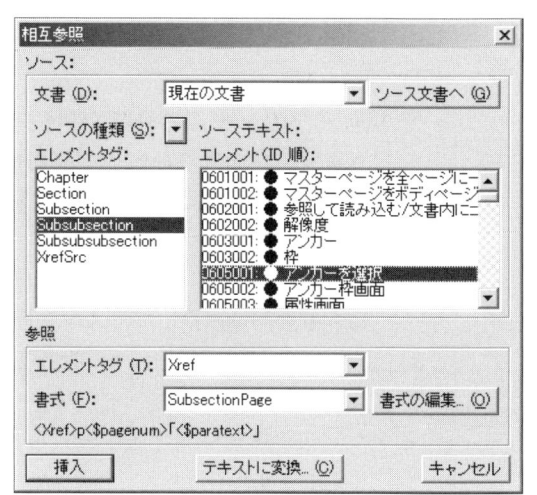

相互参照書式の設定

> **NOTE**
> **構造化文書のみ** ふつうは開発者があらかじめ行うので、通常、オペレーターが行う必要はない。ただどういった文脈の相互参照にどの相互参照書式を適用すればいいかという指針だけを開発者から得てそれに従えばいい。

⇨ p331「相互参照」

相互参照を編集

相互参照を移動/複製/削除したり、参照先や相互参照書式を変えたりするには、まず相互参照を選択する必要がある。

● 相互参照を選択

相互参照を選択するには、自動印字文字列の上をクリックすればよい。あるいは、自動印字文字列をマウスのドラッグや Shift+→ などで選択してもよい。

相互参照要素を選択

構造化文書のみ 相互参照を選択すると相互参照要素も選択される。逆に、相互参照要素を選択することによって相互参照を選択することもできる。

● 相互参照を移動/複製/削除

相互参照を移動させたり複製したりするには、相互参照を選択し、通常のテキストと同様にカット&ペーストかコピー&ペーストすればよい。

相互参照を削除する場合も同様に、相互参照を選択して Delete キーを押せばよい。

相互参照要素を移動/複製/削除

構造化文書のみ 相互参照を移動/複製/削除すると相互参照要素も移動/複製/削除さ

れる。逆に、相互参照要素を移動/複製/削除することによって相互参照を移動/複製/削除することもできる。

● 相互参照のソースの種類/参照先/相互参照書式を変える

相互参照のソースの種類や参照先や相互参照書式を変えるには次のように操作する。

1. 相互参照をダブルクリックする。または相互参照を選択して［スペシャル］→［相互参照］を選択。▶［相互参照］画面が現れる。
2. ソースの種類や参照先や書式を必要に応じて変える。
3. ［置換］を押す。▶ 相互参照のソースの種類/参照先/書式が変わる。

● 参照先を表示

［相互参照］画面で、参照先を選んだ状態で［ソース文書へ］を押すと、その参照先の先頭に文字カーソルが置かれて、そこが表示される。と同時に［相互参照］画面は閉じる。

段落への相互参照

> **NOTE**
> **構造化文書のみ** 構造化文書では通常、段落への相互参照は作成しない。

文書内の段落への相互参照をテキストに挿入するには次のように操作する。

1. 相互参照を挿入したい位置に文字カーソルを置く。

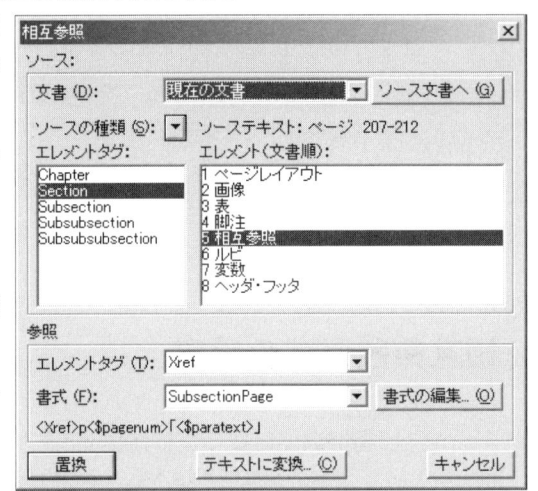

2. ［スペシャル］→［相互参照］を選択。
   ▶［相互参照］画面が現れる。
3. ［ソースの種類：］で［段落］を選択。
   ▶ その下の表示が［段落タグ：］欄と［段落：］欄になる。
4. 参照したい段落に適用されている段落タグを［段落タグ：］で選択。▶ その段落タグが適用されている段落の冒頭部テキストが［段落：］に一覧表示される。

5. 参照したい段落を［段落：］で選択。相互参照書式を［参照］の［書式：］で選択。▶ その書式の定義内容が下に表示される。

6. ［挿入］を押す。▶ 相互参照が挿入される。

> 注を作り、あとの回はそれを相互参照の機能で参照するという方法を採る必要る。詳しくはp207「相互参照」で解説する。¶

● 相互参照要素の種類と挿入位置

構造化文書のみ 構造化文書において、開発者が相互参照要素を定義していない場合は、テキスト内に相互参照を挿入することは構造上許されない。相互参照要素が定義されている場合であっても、相互参照要素を挿入することが構造上許されていない箇所で相互参照を挿入することは許されない。仮に挿入することはできるが、後で移動させるなり開発者に相談するなり何らかの対応をしなければならない。

挿入できる相互参照要素が複数種類ある箇所で相互参照挿入の操作を行うと、［相互参照］

画面の［参照］の［エレメントタグ:］に複数の要素名が候補表示されるので、いずれかを選択して［挿入］を押す。

●相互参照要素を挿入
構造化文書のみ 上述のように相互参照を挿入することによって結果的に相互参照要素が挿入されるようにするのではなく、逆に、相互参照要素を挿入することによって相互参照を挿入することもできる。相互参照要素の挿入の操作方法は通常の要素と同じである。

相互参照マーカへの相互参照

相互参照マーカは文書内の任意の箇所に入れることができる。これを相互参照で指し示すことにより、文書内の任意の箇所に対して相互参照を張ることが可能である。

たとえば一つの段落が複数のページにまたがっているような場合、その段落に対して相互参照をすると、その段落の先頭が属しているページの番号が自動印字される。が、実際にはその段落の終わりのほうにある特殊な用語を読者に参照させたいのかもしれない。そのような場合は、その用語が現実に配置されているページの番号が印字されるほうが望ましい。相互参照マーカはそんなときに活用することができる。

相互参照マーカを用いた相互参照を作成するには、まず相互参照マーカを参照先位置に挿入し、そのあとその相互参照マーカに対して相互参照を作成するという流れになる。

●構造化文書における相互参照マーカ
構造化文書のみ

構造化文書の場合、相互参照マーカは一つの要素として挿入することもできる。この特殊な種別の要素を**マーカ要素**という。

相互参照マーカを要素として挿入するか、それとも非構造化文書の場合と同様にテキスト内に直接挿入するかは、文書によって異なるので開発者の指示に従うこと。

相互参照マーカのXML/SGML書き出し

要素として挿入した相互参照マーカ、すなわちマーカ要素は、構造化文書をXML形式やSGML形式で保存すると、一緒に要素として保存される。

●相互参照マーカを挿入
相互参照マーカを挿入するには次のように操作する。

1. 相互参照させたい単語やテキスト範囲を、マウスドラッグやShift+→などで選択。またはその先頭に文字カーソルを置く。

2. ［スペシャル］→［マーカ］を選択。▶［マーカ］画面が現れる。

　　　範囲を選択してあった場合は［マーカテキスト:］にその文字列が自動入力されている。文字カーソルを置いただけの場合は［マーカテキスト:］は空。
3. ［マーカの種類:］で［相互参照］を選択。この相互参照先の内容を表す簡単な文字列（マーカテキスト）を［マーカテキスト:］に入力（自動入力されている場合、もしそれを変更したければ変更）。

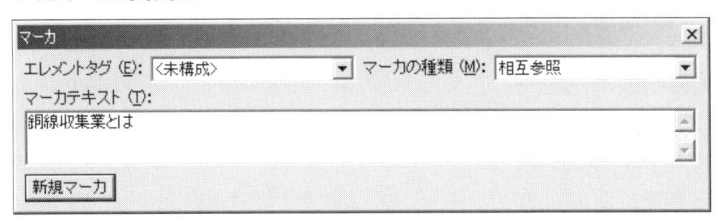

4. ［新規マーカ］を押す。▶選択範囲の先頭に（または文字カーソルを置いた位置に）相互参照マーカが挿入される。
5. ［マーカ］画面は常駐画面なので、これを開いたまま、文書内の他の箇所でテキストを選択したり文字カーソルを置いたりして上記操作を繰り返し、複数のマーカを連続して挿入することもできる。必要なくなったときは右上の［×］を押せば画面が閉じる。

　マーカは、［表示］→［制御記号］で制御記号を表示していると**T**と表示される。印刷はされない。

マーカ要素の挿入・編集・削除

　構造化文書のみ 構造化文書において、開発者がマーカ要素を定義していない場合は、相互参照マーカを要素としてテキスト内に挿入することは許されない。マーカ要素が定義されている場合であっても、マーカ要素を挿入することが構造上許されていない箇所で相互参照マーカを要素として挿入することは許されない。とりあえず挿入することは可能ではあるが、その場合は、あとで移動させるなり開発者に相談するなりの対応をとる必要がある。

　相互参照マーカを要素として挿入するには、［マーカ］画面で［エレメントタグ:］から要素名を選択する。または通常の要素と同じ操作方法でマーカ要素を挿入する。

　要素として挿入した相互参照マーカを移動/複製/削除する方法は通常の要素と同じである。

●相互参照マーカを選択

　相互参照マーカを移動・削除したり内容変更したりするには、まず相互参照マーカを選択する必要がある。

相互参照マーカを選択するには、マウスでドラッグするか、Shift+→などで選択すればよい。

マーカ要素を選択

構造化文書のみ 要素として挿入した相互参照マーカの場合、相互参照マーカを選択するとマーカ要素も選択される。逆に、構造図上でマーカ要素を選択することによって相互参照マーカを選択することもできる。

●相互参照マーカを移動させる

相互参照マーカを移動させるには、相互参照マーカを選択したあと、普通のテキストと同様にカット＆ペーストすればよい。

マーカ要素を移動させる

構造化文書のみ 要素として挿入した相互参照マーカの場合、相互参照マーカを移動させるとマーカ要素も移動される。逆に、構造図上でマーカ要素を移動させることによって相互参照マーカを移動させることもできる。

●相互参照マーカを削除

相互参照マーカを削除するには、相互参照マーカを選択したあと、普通のテキストと同様にDeleteキーで削除すればよい。

マーカ要素を削除

構造化文書のみ 要素として挿入した相互参照マーカの場合、相互参照マーカを削除するとマーカ要素も削除される。逆に、構造図上でマーカ要素を削除することによって相互参照マーカを削除することもできる。

●相互参照マーカの内容を変える

相互参照マーカの内容を変えるには次のように操作する。

1. 相互参照マーカを選択。
2. ［スペシャル］→［マーカ］を選択。▶［マーカ］画面が現れる。

3. ［マーカテキスト:］を変更。
4. ［マーカを編集］を押す。▶相互参照マーカの内容が変わる。
5. ［マーカ］画面は常駐画面なので、これを開いたまま、文書内の他の箇所でテキストを選択したり文字カーソルを置いたりして上記操作を繰り返し、複数のマーカの内容を連続して変えることもできる。必要なくなったときは右上の［×］を押せば画面が閉じる。

●相互参照マーカへの相互参照を挿入

相互参照マーカへの相互参照を挿入するには次のように操作する。

1. 相互参照を挿入したい位置に文字カーソルを置く。
2. ［スペシャル］→［相互参照］を選択。▶［相互参照］画面が現れる。
3. ［ソースの種類:］で［相互参照マーカ］を選択。▶その下の表示が［マーカの種類:］欄と［相互参照マーカ:］欄になる。

    ［相互参照マーカ:］欄には、文書内の相互参照マーカのマーカテキストが一覧表示されている。

4. 参照したい相互参照マーカを［相互参照マーカ:］で選択。相互参照書式を［参照］の［書式:］で選択。▶その書式の定義内容が下に表示される。
5. ［挿入］を押す。▶相互参照が挿入される。

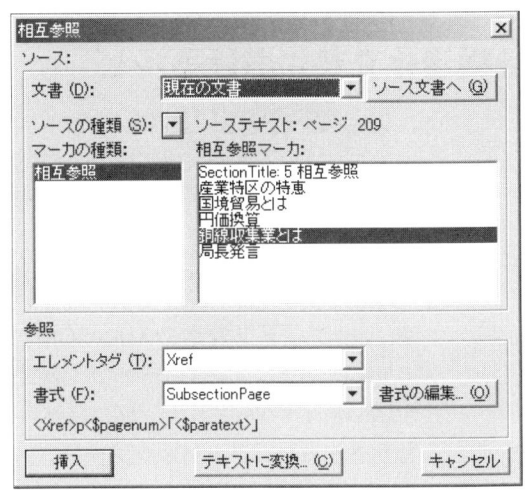

7 ルビ

FrameMakerでは、漢字などの任意のテキスト範囲に**ルビ**（ふりがな）をふることができる。

構造化文書におけるルビ

 構造化文書のみ 構造化文書の場合、ルビは2種類の要素で構成されたものとして表現されている。それぞれ以下のような特殊な種別の要素になっている。

- **ルビ範囲全体**……**ルビグループ要素**。中身はまず親文字のテキストがあり、その後にルビ要素を子要素に持つ。
- **ルビ**……**ルビ要素**。ルビグループ要素の子要素。親文字のテキストの後。

●ルビグループ要素のXML/SGML書き出し

ルビグループ要素と、その中の親文字のテキストとルビ要素は、構造化文書をXML形式やSGML形式で保存すると一緒に保存される。具体的にどのような構造として保存されるかは、開発者が読み書きルールやプラグインに定義してあるところに自動的に従うようになっている。

ルビをふる

ルビをふるには次のように操作する。

1. ルビをふりたいテキスト範囲を選択。
2. ［スペシャル］→［ルビ］を選択。▶テキスト範囲のすぐ上にルビを入力する場所が作られ、そこに文字カーソルが置かれる。親文字とルビがまとめて四角い枠で囲まれて、ルビを編集中だということが示される。
3. ルビを入力。
4. ルビの右端で→キーを押してルビ範囲の外に出る。またはルビ範囲の外をクリックしてもよい。▶四角い枠が消える。

●ルビグループ要素の種類と挿入位置

 構造化文書のみ 構造化文書において、開発者がルビグループ要素を定義していない場合は、テキスト範囲にルビをふることは構造上許されない。ルビグループ要素が定義されている場合であっても、ルビグループ要素でラップすることが構造上許されていない箇所でルビをふることは許されない。仮にラップすることはできるが、その場合は、後で移動させるなり開発者に相談するなり何らかの対応をしなければならない。

ラップに用いることのできるルビグループ要素が複数種類ある箇所でルビをふる操作を行うと、［ルビグループエレメントを使用］画面が現れるので、［エレメント:］で要素名を選択して［ラップ］を押す。

ルビグループ要素でラップされると、そのルビグループ要素の中の末尾にルビ要素も同時に自動生成される。

●ルビグループ要素でラップ

　構造化文書のみ　上述のようにルビをふることによって結果的にルビグループ要素でラップされるようにするのではなく、逆に、ルビグループ要素でラップすることによってルビをふることもできる。ルビグループ要素によるラップの操作方法は通常の要素の場合と同じである。

ルビの書式の設定

> NOTE
> 構造化文書のみ　ふつうは開発者があらかじめ行うので、通常、オペレーターが行う必要はない。
>
> ⇨p335「ルビ」

ルビ範囲内の移動とルビの変更

　ルビ範囲の左側から→キーを押していくと、まず親文字の中に文字カーソルが入るので、必要に応じて親文字を変更することができる。

　親文字の右端でさらに→キーを押すとルビの中に文字カーソルが入るので、必要に応じてルビを変更することができる。

　ルビ範囲の右端でさらに→キーを押すとルビ範囲の右側に出る。

　ルビ範囲の右側から←キーを押していった場合はこの逆の順序になる。

　親文字やルビをクリックして文字カーソルを直接その中に入れることもできる。

ルビを削除

　ルビをすべて削除するとルビ範囲も解消されて親文字は普通のテキストに戻る。

●ルビグループ要素をラップ解除

　構造化文書のみ　構造化文書では、ルビのテキストをすべて削除したとしても、ルビ要素が空で残っていれば、ルビ範囲も有効のまま残っている。構造化要素でルビ範囲を解消するにはルビ要素を削除する必要がある。

ルビ要素を削除すると、その親のルビグループ要素もラップ解除され、中の親文字は普通のテキストに戻る。
　ルビグループ要素を直接ラップ解除操作によってラップ解除することはできない。

8 変数

FrameMakerではテキスト内にさまざまな文字列**変数**を挿入することができる。変数を挿入すると、あらかじめ定めておいた文字列がその位置に自動的に印字されるようになる。今日の日付やページ番号などを含んだ、その場の状況に応じて印字内容が変化する変数もある。

どのような場面にどの変数を用いるかは開発者により戦略が立てられて示されるはずなのでそれに従うこと。

構造化文書における変数

構造化文書のみ 構造化文書の場合、変数によっては、一つの要素として挿入できるものもある。この特殊な種別の要素を**システム変数要素**という。

だが変数によっては要素として挿入せず非構造化文書の場合と同様にテキスト内に直接挿入する。この使い分けは文書によって異なるので開発者の指示に従うこと。

●変数のXML/SGML書き出し

要素として挿入した変数、すなわちシステム変数要素は、構造化文書をXML形式やSGML形式で保存すると、一緒に要素として保存される。

要素としてでなくテキスト内に直接挿入した変数は、構造化文書をXML形式やSGML形式で保存すると、一緒に実体参照として保存される。

変数を挿入

変数を挿入するには（システム変数要素の場合を除いて）次のように操作する。

1. ［スペシャル］→［変数］を選択。▶［変数］画面が現れる。
2. 挿入したい変数を［変数:］で選択。
3. ［挿入］を押す。▶変数が挿入される。

●システム変数要素の挿入・編集・削除

構造化文書のみ 構造化文書において、開発者がシステム変数要素を定義していない場合は、変数を要素としてテキスト内に挿入することは不可能である。システム変数要素が定義されている場合であっても、システム変数要素を挿入することが構造上許されていない箇所で変数を要素として挿入することは不可能である。

変数を要素として挿入するには、システム変数要素を挿入する。その操作方法は通常の要素と同じである。上記の非構造化文書の方法で変数を挿入しても、変数を要素として挿入するこ

とはできない。

変数の定義と書式の設定

NOTE
構造化文書のみ ふつうは開発者があらかじめ行うので、通常、オペレーターが行う必要はない。

⇨p336「変数」

変数を選択

変数を移動/複製/削除したり、別の変数に変えたりするには、まず変数を選択する必要がある。

変数を選択するには、自動印字文字列の上をクリックすればよい。あるいは、自動印字文字列をマウスのドラッグやShift+→などで選択してもよい。

●システム変数要素を選択

構造化文書のみ 要素として挿入した変数の場合、変数を選択するとシステム変数要素も選択される。逆に、システム変数要素を選択することによって変数を選択することもできる。

なお、システム変数要素として挿入した変数は、別の変数に変えることはできない。ダブルクリックしても［変数］画面は現れない。

変数を移動/複製/削除

変数を移動させたり複製したりするには、変数を選択し、通常のテキストと同様にカット＆ペーストかコピー＆ペーストすればよい。

変数を削除する場合も同様に、変数を選択してDeleteキーを押せばよい。

●システム変数要素を移動/複製/削除

構造化文書のみ 要素として挿入した変数の場合、変数を移動/複製/削除するとシステム変数要素も移動/複製/削除される。逆に、システム変数要素を移動/複製/削除することによって変数を移動/複製/削除することもできる。

なお、システム変数要素として挿入した変数は、別の変数に変えることはできない。ダブルクリックしても［変数］画面は現れない。

別の変数に変える

テキスト内の変数を別の変数に変えるには（システム変数要素の場合を除いて）次のように操作する。

1. 変数をダブルクリックする。または変数を選択して［スペシャル］→［変数］を選択。▶［変数］画面が現れる。
2. 変数を［変数:］で選択。
3. ［置換］を押す。▶変数が変わる。

● システム変数要素の場合

構造化文書のみ 要素として挿入した変数は、別の変数に変えることはできない。ダブルクリックしても［変数］画面は現れない。

いろいろな変数

変数のなかには、ちょっと特殊な用途に用いられるものもある。

● ノンブルやランニングヘッダの変数

本文中だけではなく、マスターページ上でヘッダやフッタにノンブルやランニングヘッダを印字するために用いられていることもある。

● 複数ページにわたる表のための変数

また、表が複数ページにわたるとき、表タイトルに「つづき」というテキストや「全何枚中何枚目」というカウントを自動印字させるために、それ用の変数を挿入するよう指示されることもある。

9 色

FrameMaker の文書にはあらかじめいくつかの色が用意されているが、必要に応じて自由に追加して利用することができる。

色を追加

ページ内容の色を指定する際に、色の選択肢の中に望みの色がない場合は、次のように操作すれば、任意の色を追加することができる。

1. ［表示］→［カラー］→［定義］を選択。▶［カラー定義］画面が現れる。
2. 追加したい色を表す任意の名前を［カラー名:］に入力。色の定義を指定。
3. ［追加］を押す。
4. ［OK］を押す。▶ 選択肢に新たな色が加わる。

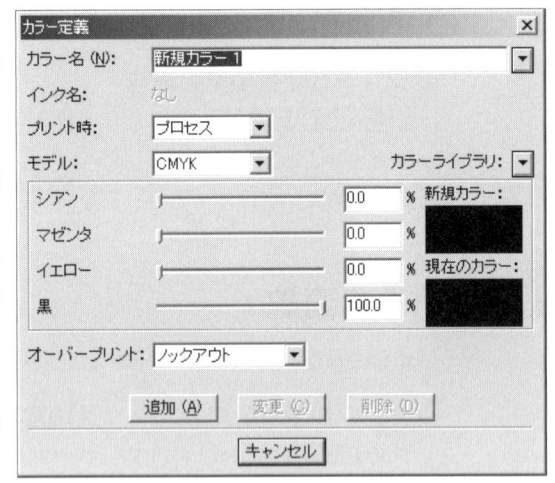

10 書式・EDDを取り込む

> **NOTE**
> 非構造化文書ではEDDの取り込みはない。

「文書の書式や構造定義が改良されたので、その新規格を関連全文書に適用したい」と開発者から言ってくることがある。

こういうことがいっせいに統一的にできるのがFrameMakerの良いところでもある。つまり文書の構造はまったく同じなのに、違うレイアウトを適用するだけでちょっと違った見た目の文書に自動的に変わるのである。あるいは既存の文書に新しい構造定義を適用してちょっと手直しをするだけで、新しい構造定義に合った文書ができあがるのである。

このように言われるときは、開発者から新しいテンプレートファイルかEDDファイルが提供されるのが普通なので、そこから文書に書式を取り込むという操作やEDDを取り込むという操作をすればよい。

なお、テンプレートファイルもEDDファイルも、通常のFrameMaker文書ファイル形式なので、ふつうにFrameMakerで開くことができる。

テンプレートファイルが提供された場合

テンプレートファイルが提供された場合は、その中に書式とEDDの両方が入っているので、両方取り込むのか、どちらかだけでいいのか、開発者に確認したほうがいい。両方取り込む場合は、書式をまず取り込んでからEDDを取り込むのが無難だ。

EDDファイルが提供された場合

構造化文書のみ EDDファイルが提供された場合は、そこからEDDだけを取り込めばよい。EDDファイルから書式を取り込むと、文書がデタラメな書式に変わってしまうので、注意が必要だ。

テンプレートファイルとEDDファイルの両方が提供された場合

構造化文書のみ こういう提供のしかたをする開発者はたぶんあまりいないと思うが、こういうときはたぶん、書式をテンプレートファイルから取り込み、そのあとEDDをEDDファイルから取り込んでほしいのだろうと思うが、要確認だ。

書式を取り込む操作

テンプレートファイルから文書に書式を取り込むには具体的には次のように操作する。

1. 新しい書式を適用したい文書ファイルを開いておく。
2. 新しいテンプレートのファイルも FrameMaker で開いておく。
3. 文書ファイルのほうのウィンドウをアクティブにする。
4. ［ファイル］→［取り込み］→［書式］を選択。▶［書式を取り込む］画面が現れる。
5. ［取り込み元の文書:］でテンプレートファイルを選ぶ。全項目にチェックマークを入れる（とくに高度な理由から外すべき項目がないかぎり）。
6. ［取り込み］を押す。▶文書に新しい書式が適用される。

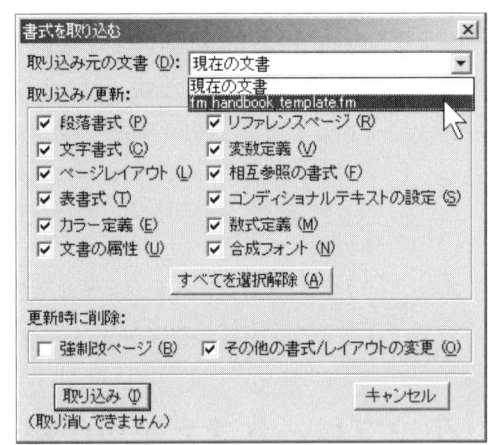

EDD を取り込む操作

構造化文書のみ テンプレートファイルや EDD ファイルから文書に EDD を取り込むには具体的には次のように操作する。

1. 新しい EDD を適用したい文書ファイルを開いておく。
2. 新しいテンプレート（または EDD）のファイルも FrameMaker で開いておく。
3. 文書ファイルのほうのウィンドウをアクティブにする。
4. ［ファイル］→［取り込み］→［エレメント定義］を選択。▶［エレメント定義を取り込む］画面が現れる。
5. ［取り込み元の文書:］でテンプレート（または EDD）ファイルを選ぶ。［更新時に削除:］の［変更された書式ルール］にチェックマークを入れる（とくに高度な理由から外すべき場合でないかぎり）。

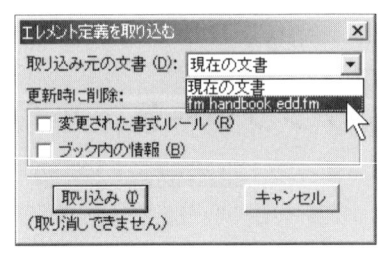

6. ［取り込み］を押す。▶ 文書に新しいEDDが適用される。［EDDからエレメント定義を取り込みました。］と表示される。
7. ［OK］を押す。

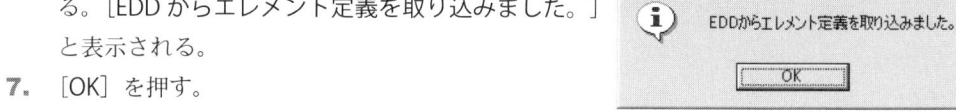

Navigation

・**構造化**文書の**開発者**をめざすなら⇨次章へ進む
・**構造化**文書の**オペレーター**を極めるなら⇨次章へ進む
・**非構造化**文書のみを作りたいなら⇨次章へ進む

第 7 章

【操作編】
文書の統合と多媒体展開

　各章ごとの文書ファイルをまとめて一冊として扱うブック機能。バージョン管理。できた文書をPDFやHTMLに展開。【オペレーター向】

第 7 章 【操作編】文書の統合と多媒体展開

1 ブック

　FrameMakerでは、複数の文書ファイルをまとめて一つのグループとして取り扱うことができる。どの文書をどのような順番でひとまとめにするかは、**ブック**というファイルに記録されている。

　ブック内ではページ番号や図番号を通したり、文書間で相互参照を行ったりすることができる。またブック内の文書すべてをまとめた目次や索引の文書ファイルを自動生成させることもできるし、まとめてPDF化したりHTML化したりすることもできる。

　構造化文書のみ　プロジェクトによっては、XML/SGMLファイル（群）を開くとブックとその構成FrameMaker文書ファイル群が生成されるよう、開発者が読み書きルールを作成している場合もある。これをXML/SGMLとして再保存する際には、ブックをまとめて保存することができる。

ブックを作成

　ブックを作成するには［ファイル］→［新規］→［ブック］を選択する。すると新しいブックが生成され、そのウィンドウが開く。最初はブックには文書ファイルは登録されていない。

ブックを保存

ブックをファイルとして保存するには、上書き保存したいなら［ファイル］→［ブックを保存］を選択する。別名で保存したいなら次のように操作する。
1. ［ファイル］→［ブックを別名で保存］を選択。▶［ブックを保存］画面が現れる。
2. 保存先フォルダを選択し、ファイル名を入力する。拡張子は「.book」とするのが一般的。
3. ［保存］を押す。▶ブックが別名保存される。

なお、新規作成したばかりでまだ一度もファイルとして保存したことのないブックの場合は、上書き保存の操作をしても別名で保存の動作になる。

ブックを開く

ブックのファイルをFrameMakerで開くには、通常の文書ファイルを開くときと同様、［ファイル］→［開く］を選択してブックファイルを選択して［開く］を押せばよい。またはブックのファイルアイコンをダブルクリックしてもよいが、その拡張子ないしリソースがシステム上でFrameMakerで開くよう関連づけられていることが前提になる。

ブックを閉じる

ブックを閉じるには［ファイル］→［ブックを閉じる］を選択する。またはブックのウィンドウの右上の［×］を押す。

ブックにFrameMaker文書ファイルを登録

ブックにFrameMaker文書ファイルを登録するには次のように操作する。
1. ［追加］→［ファイル］を選択。またはブックのウィンドウの下端の ▢ を押す。▶［ブックにファイルを追加］画面が現れる。
2. 追加したいFrameMaker文書ファイルを選択。

3. ［追加］を押す。▶ブックにFrameMaker文書ファイルが登録される。

構造化文書におけるブック

構造化文書のみ 構造化文書を扱っている場合は、ブックにも構造を持たせることができる。

●エレメント定義を取り込む

ブックを構造化するには、作成したブックにエレメント定義を取り込む必要がある。ブックのウィンドウで一番上のブックファイル名を選択したうえで、文書にエレメント定義を取り込むのと同様に操作すればよい。⇨p219「書式・EDDを取り込む」

●ブックの構造

ブックのウィンドウで構造図を表示させるとブックの構造を表示・編集することができる。ブックの最上位要素の配下に、ブック内の各文書の最上位要素が順番に属する形になる。構造図上で文書の最上位要素どうしの順番を入れ替えると、ブック内の文書の順番もそれに伴って入れ替わる。

ブックの構造図では、ブック内の各文書の最上位要素の属性も表示されるが、これをここで直接編集することはできない。ブック内の文書の最上位要素の属性を編集したり、その配下の

構造を編集したりするには、その文書を開く必要がある。

構造化されたブックをXML/SGML形式で保存すると、ブックの構造も一緒に保存される。

ブック内の文書を開く

ブックに登録したFrameMaker文書を開くには次の2通りの方法がある。

- ブックと関係なく、単独のFrameMaker文書ファイルを開くのと同じように、［ファイル］→［開く］を選択したり文書ファイルアイコンをダブルクリックしたりして開く。
- ブックから開く方法。ブックのウィンドウで、文書をダブルクリックするか、または文書を右クリックしてコンテキストメニューで［開く］を選択する。
- 構造化文書のみ ブックの構造図から開く方法。ブックの構造図で、文書の要素をダブルクリックする。

開いた後の編集などの操作方法はいずれの場合も、これまで述べてきた、ブックに登録されていない文書の場合と同じである。

ブック内の文書間の移動

ブックを開いた状態で、ブック内の文書を開いて（方法は問わない）PageUp/PageDownキーでスクロールしていると、文書の末尾に達したとき、ブック内の次の文書を開くかどうかきいてくるメッセージが現れる。

開きたければ［はい］を、開きたくなければ［いいえ］を選択する。

文書の先頭に達したときも同様に、ブック内の前の文書を開くかどうかをたずねてくる。

いちいちブックのウィンドウに戻らなくても各文書間をシームレスに移動することができるので便利だ。

ブック内の文書の順番を入れ替える

ブック内の文書の順番を入れ替えるには、ブックのウィンドウで文書を縦にドラッグ＆ドロップすればよい。

構造化文書のみ ブックの構造図で文書の要素を移動させてもよい。

文書のブック登録を抹消

ブックに登録されている FrameMaker 文書ファイルの登録を抹消するには次のように操作する。（FrameMaker 文書ファイル自体を削除するわけではなく、あくまでブックの登録から外れるだけである。）

1. 登録抹消したいブックをクリックして選択。
2. ［編集］→［消去］を選択。または［編集］→［ブックからファイルを削除］を選択。またはブックのウィンドウの下端の🗑を押す。または右クリックしてコンテキストメニューで［ブックから削除］を選択。▶FrameMaker 文書ファイルのブック登録が抹消される。

構造化文書のみ またはブックの構造図で文書の要素を削除してもよい。

ブック内の文書を印刷

ブックに登録されている FrameMaker 文書を印刷するには次の2通りの方法がある。
- FrameMaker 文書を開き、その文書のウィンドウ上で、ブックと関係なく印刷する。
- FrameMaker 文書を開かずに、ブックのウィンドウ上で印刷する。

後者の場合はさらに次の2通りの印刷パターンがありえる。
- ブックのウィンドウ上で選択した文書だけを印刷する。
- ブック内のすべての文書を印刷する。

●ブックのウィンドウで選択した文書だけを印刷

ブックのウィンドウで選択した文書だけを印刷するには次のように操作する。

1. ブックのウィンドウで、印刷したい文書を選択する。
   複数の文書を選択してもよい。Shift キーを押しながら2個目の文書を選択すると、1個目の文書から2個目の文書までのすべての文書を選択することができる。また、Ctrl キーを押しながら2個目以降の文書を選択すると、とびとびの文書を複数選択することができる。
2. ［ファイル］→［選択ファイルをプリント］を選択する。▶［ブック内の選択ファイルをプリント］画面が現れる。［ファイル］→［プリント］のプリント画面とほとんど同じ画面。
3. ［プリント］を押す。▶印刷される。

●ブック内のすべての文書を印刷

ブック内のすべての文書をまとめて印刷するには次のように操作する。

1. ［ファイル］→［ブックをプリント］画面を選択（または Ctrl+P）。▶［ブックをプリント］画面が現れる。［ファイル］→［プリント］のプリント画面とほとんど同じ画面。

2. ［プリント］を押す。▶印刷される。

ブック内の文書間の相互参照

同じブックに登録された文書どうしの間では相互参照を作成することができる。

ブック内の文書の中に、そのブック内の別の文書への相互参照を挿入するには、次のように操作する。

1. 相互参照を挿入したい文書（参照元文書）と相互参照先にしたい文書（参照先文書）の両方をブックから開く。
2. ［ウインドウ］→［ファイルパス］を選択するなどして、参照元文書の文書ウィンドウを表示させる。
3. 参照元文書の中の、相互参照を挿入したい箇所に文字カーソルを置く。
4. 文書内の相互参照を挿入するときと同様に（⇨p203「相互参照」）、［スペシャル］→［相互参照］を選択。▶［相互参照］画面が現れる。
5. ［ソース:］の［文書:］で参照先文書を選択。▶その下の欄の表示が、参照先文書の中にある物の一覧に切り換わる。
6. 文書内の相互参照を挿入するときと同様に、［ソースの種類:］を選び、その下の欄から参照先を選び、［参照］の［書式:］で相互参照書式を選択。構造化文書ならば、必要に応じて［エレメントタグ:］で相互参照要素名を選択。
7. ［挿入］を押す。▶文書間の相互参照が挿入される。

文書間の相互参照を編集する操作は、文書内の相互参照の編集と同様である。ただし参照先文書を閉じた状態で［相互参照］画面を表示させようとすると、［この相互参照のソースファイルを開きますか？］というメッセージが現れるので、先へ進むには［OK］を押して参照先文書を開く必要がある。

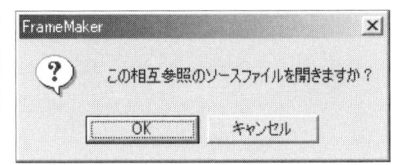

ブック内の文書の設定をまとめて変える

　ブックのウィンドウで文書（1つないし複数）を選択したあと、メニューコマンドでその設定を変更すると、文書を開かずにそれらの文書の設定をまとめて変更することができる。
　この方法で変更できる設定は以下の通り。

- ［ファイル］→［取り込み］→［書式］
- ［ファイル］→［取り込み］→［エレメント］
- ［書式］メニュー・［表示］メニューの各設定

2 目次

ブックには**目次**を自動作成させることができる。目次用の別文書を生成し、各文書の見出し段落を抽出してきてページ番号とともに並べる機能がFrameMakerにはある。

目次文書は開発者がブックにすでに追加してある場合が多いと考えられるので、オペレーターに徹するならば一からこれを作る必要はない。どの見出しを抽出して、どのようなレイアウト・書式で並べるかは、開発者がテンプレートや目次文書に定義しているはずである。オペレーターに徹する場合は、その定義内容にまでは踏み込む必要はなく、ただ目次を適切なタイミング（本文内容の更新後、印刷前など）で更新する操作を知っていればよい。

目次を更新

すでにブックに目次文書が存在するときに、その内容を更新するには次のように操作する。

1. ブックウィンドウで［編集］→［ブック更新］を選択。またはブックウィンドウ下端の を押す。▶［ブック更新］画面が現れる。
2. ［目次、リスト、索引を生成］にチェックマークを入れる。目次文書が［生成しない:］の中にある場合は［<---］を押して［生成する:］の方に入れる。
3. ［更新］を押す。▶作業時間がしばらくかかったのち、目次が更新される。

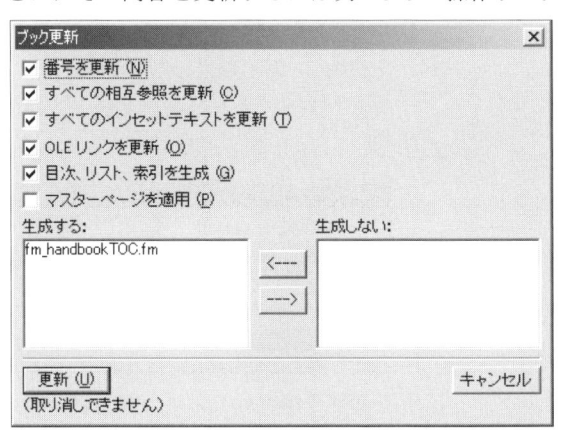

3 索引

ブックには**索引**を自動作成させることができる。索引用の別文書を生成し、各文書から索引項目を拾ってきてページ番号とともに並べる機能がFrameMakerにはある。索引項目は、その事項が記述されている各箇所に索引マーカとして挿入しておく必要がある。

索引文書は開発者がブックにすでに追加してある場合が多いと考えられるので、オペレーターに徹するならば一からこれを作る必要はない。索引をどのようなレイアウト・順序・書式で並べるかは、開発者がテンプレートや索引文書に定義しているはずである。オペレーターに徹する場合は、その定義内容にまでは踏み込む必要はなく、ただ索引を適切なタイミング（索引項目追加時や、本文内容の更新後、印刷前など）で更新する操作を知っていればよい。

索引項目を追加

索引項目を追加するには次のように操作する。

1. 文書内の、索引項目として追加したい単語やテキスト範囲を、マウスドラッグやShift+→などで選択。またはその先頭付近に文字カーソルを置く。
2. ［スペシャル］→［マーカ］を選択。▶［マーカ］画面が現れる。

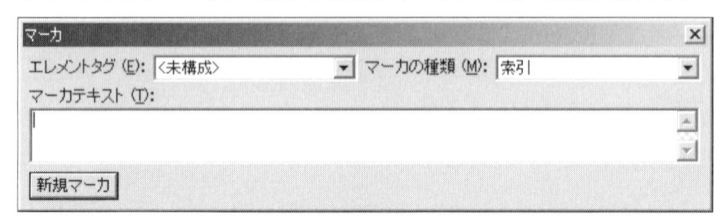

   範囲を選択してあった場合は［マーカテキスト:］にその文字列が自動入力されている。文字カーソルを置いただけの場合は［マーカテキスト:］は空。
3. ［マーカの種類:］で［索引］を選択。索引項目文字列を［マーカテキスト:］に入力（自動入力されている場合、もしそれを変更したければ変更）。

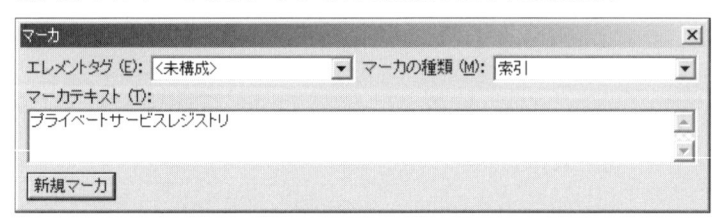

4. ［新規マーカ］を押す。▶選択範囲の先頭に（または文字カーソルを置いた位置に）索引マーカが挿入される。
5. ［マーカ］画面は常駐画面なので、これを開いたまま、文書内の他の箇所でテキストを選択したり文字カーソルを置いたりして上記操作を繰り返し、複数のマーカを連続して挿

入することもできる。必要なくなったときは右上の［×］を押せば画面が閉じる。

マーカは、［表示］→［制御記号］で制御記号を表示しているとTと表示される。印刷はされない。

索引項目に読みを持たせる

漢字の索引項目は読みの順に並んでくれない。索引項目を読みの順に並べるには、読みを持たせる必要がある。この読みは索引内には印字されず、ただ順序を決定するためだけに用いられる。

索引項目に読みを持たせるにはマーカテキストで索引項目の後に「[」と「]」（半角角カッコ）の中に入れて指定する。

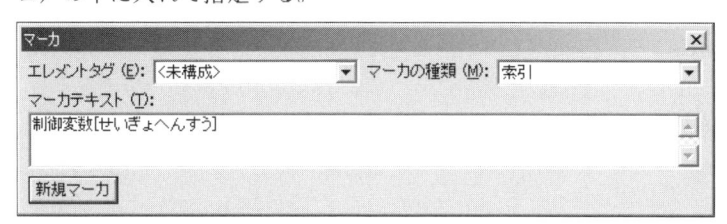

```
マーカ
エレメントタグ(E): <未構成>    マーカの種類(M): 索引
マーカテキスト(T):
制御変数[せいぎょへんすう]

新規マーカ
```

索引項目を階層にする

索引の中で大項目の中に小項目を入れるなど、索引に階層を持たせたいときは、索引項目で階層の区切り「:」（半角コロン）を指定する。

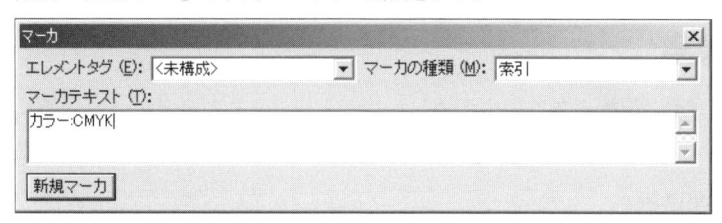

```
マーカ
エレメントタグ(E): <未構成>    マーカの種類(M): 索引
マーカテキスト(T):
カラー:CMYK

新規マーカ
```

階層構造の索引項目に読みを持たせたい場合は、索引項目の階層をいったんすべて指定したあとに読みの全階層を付け加えるという書き方をする。

```
マーカ
エレメントタグ(E): <未構成>    マーカの種類(M): 索引
マーカテキスト(T):
色空間:ユーザー定義[いろくうかん:ゆーざーていぎ]

新規マーカ
```

その際、イレギュラーな並び順（必ず一番最後にしたいなど）を実現するために、本当の読

みではなく、あえて極端な文字列（「んんん」など）を読みとして与える方法もある。

さまざまな索引項目書式

上述の読みと階層のほかに、索引項目文字列では以下のような制御命令が利用できる。

- **複数の項目を併記**……「;」（半角セミコロン）で各項目を区切る。
- **文字タグを指定**……「<」と「>」（半角不等号）で文字タグをくくったものを前置する。その後で段落のデフォルト書式に戻すには「<Default Para Font>」を前置する。
- **ページ番号を印字させない**……索引項目文字列の前に「<$nopage>」と入れる。たとえば「○○を見よ」のように他の索引項目へ飛ばしたいときに使う。複数項目併記の場合で、その後の項目ではページ番号を印字させたいなら「<$singlepage>」と前置する。
- **ページ範囲を索引に載せる**……索引項目文字列の前に「<$startrange>」と入れたマーカを開始ページに作成し、索引項目文字列の前に「<$endrange>」と入れたマーカを終了ページに作成すると、索引にはたとえば「95-97」のようにページ範囲で印字される。ただし両者が同じページのときは単一ページとして印字される（「95-95」でなく「95」と）。

索引マーカを編集

索引マーカを移動・削除したり内容変更したりするには、まず索引マーカを選択する必要がある。

●索引マーカを選択
索引マーカを選択するには、マウスでドラッグするか、Shift+→などで選択すればよい。

●索引マーカを移動させる
索引マーカを移動させるには、索引マーカを選択したあと、普通のテキストと同様にカット＆ペーストすればよい。

●索引マーカを削除
索引マーカを削除するには、索引マーカを選択したあと、普通のテキストと同様にDeleteキーで削除すればよい。

●索引マーカの内容を変える

索引マーカの内容を変えるには次のように操作する。

1. 索引マーカを選択。
2. ［スペシャル］→［マーカ］を選択。▶［マーカ］画面が現れる。 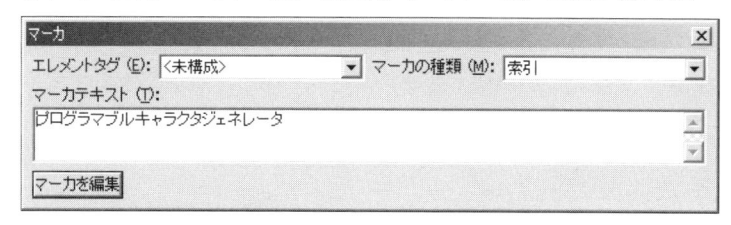
3. ［マーカテキスト:］を変更。
4. ［マーカを編集］を押す。▶索引マーカの内容が変わる。
5. ［マーカ］画面は常駐画面なので、これを開いたまま、文書内の他の箇所でテキストを選択したり文字カーソルを置いたりして上記操作を繰り返し、複数のマーカの内容を連続して変えることもできる。必要なくなったときは右上の［×］を押せば画面が閉じる。

索引を更新

すでにブックに索引文書が存在するときに、その内容を更新するには次のように操作する。

1. ブックウィンドウで［編集］→［ブック更新］を選択。またはブックウィンドウ下端の を押す。▶［ブック更新］画面が現れる。
2. ［目次、リスト、索引を生成］にチェックマークを入れる。索引文書が［生成しない:］の中にある場合は［<---］を押して［生成する:］の方に入れる。
3. ［更新］を押す。▶作業時間がしばらくかかったのち、索引が更新される。

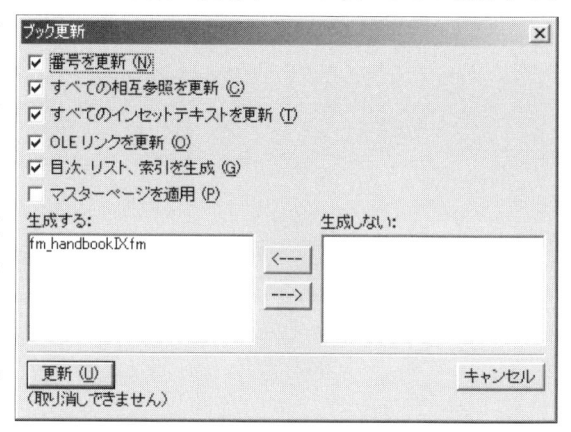

構造化文書における索引マーカ

構造化文書のみ 構造化文書の場合、索引マーカは一つの要素として挿入することもできる。この特殊な種別の要素を**マーカ要素**という。

索引マーカを要素として挿入するか、それとも非構造化文書の場合と同様にテキスト内に直接挿入するかは、文書によって異なるので開発者の指示に従うこと。

●マーカ要素の挿入・編集・削除

構造化文書において、開発者がマーカ要素を定義していない場合は、索引マーカを要素としてテキスト内に挿入することは許されない。マーカ要素が定義されている場合であっても、マーカ要素を挿入することが構造上許されていない箇所で索引マーカを要素として挿入することは許されない。とりあえず挿入することは可能ではあるが、その場合は、あとで移動させるなり開発者に相談するなりの対応をとる必要がある。

索引マーカを要素として挿入するには、［マーカ］画面で［エレメントタグ:］から要素名を選択する。または通常の要素と同じ操作方法でマーカ要素を挿入する。

要素として挿入した索引マーカを移動/複製/削除する方法は通常の要素と同じである。

●索引マーカのXML/SGML書き出し

要素として挿入した索引マーカ、すなわちマーカ要素は、構造化文書をXML形式やSGML形式で保存すると、一緒に要素として保存される。

4 コンディショナルテキスト

　FrameMakerでは、同じ文書の複数のバージョンを一つのファイルに共存させておき、必要に応じて印字を自由に切り換えることができる。この切り換え可能な内容のことを**コンディショナルテキスト**という。

　たとえば機械のマニュアルなどで、機種Aの説明書と機種Bの説明書がほぼ同内容の場合に、両者を一つの文書ファイルとして作ってしまい、相違点だけをコンディショナルテキストとしておいて切り換えるといった活用が可能だ。

　バージョンごとに印字を切り換えるには、どのコンディショナルテキストがどのバージョンのためのものなのかを指定しておく必要がある。そのためには、各バージョンを表す何らかの名前をそれぞれ決めておき、コンディショナルテキストをそのいずれかに属させておくという方法をとる。この印字切り換え用のバージョン名のことを**コンディションタグ**という。

　たとえば上記の例でいえば、機種A独特の記述をコンディションタグAに属するコンディショナルテキストにして、機種B独特の記述をコンディションタグBに属するコンディショナルテキストにしておく。両機種共通の記述はコンディショナルテキストにしないでおくか、あるいはコンディションタグA・B両方に属するコンディショナルテキストにしておく。そうしておいたうえでコンディションタグAを印字させコンディションタグBを隠すよう切り換えれば機種A用のマニュアルが印刷できるし、逆にコンディションタグAを隠しコンディションタグBを印字するよう切り換えれば機種B用のマニュアルが印刷できる。

　コンディションタグとその表示書式は開発者によって文書やテンプレートの中にすでに定義されているのが普通なので、オペレーターに徹する場合はそれらを一から定義する必要はない。

構造化文書におけるコンディショナルテキスト

　構造化文書のみ 構造化文書の内容をコンディショナルテキストにした場合、それをXML形式で保存すると、コンディショナルテキストに関する情報も一緒に保存される（処理命令として）。それを開くと、コンディショナルテキストの適用範囲やコンディションタグの表示設定などはすべて元通りに開かれる。

　SGML形式で保存すると、コンディショナルテキストに関する情報はすべて失われ、その時印字させていた箇所だけが保存され、隠していた箇所は消去される。

コンディショナルテキストに設定する

　テキスト範囲をコンディショナルテキストにするには次のように操作する。

1. コンディショナルテキストにしたいテキスト範囲を、マウスのドラッグやShift+→などで選択。

2. ［スペシャル］→［コンディショナルテキスト］を選択。▶［コンディショナルテキスト］画面が現れる。

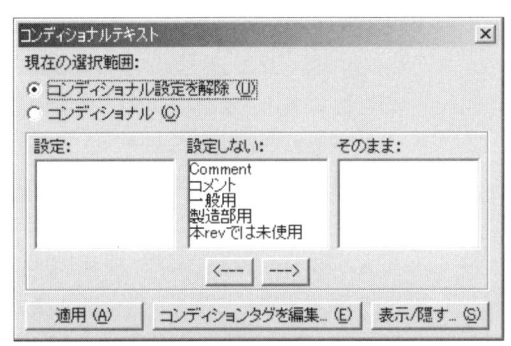

3. 属させたいコンディションタグが［設定:］の中になければ、選択して［<---］を押して（またはダブルクリック）、入れる（複数可）。属させたくないコンディションタグが［設定:］の中にあれば、選択して［--->］を押して（またはダブルクリック）、そこから出す。

   なお、Shift キーを押しながら［<---］／［--->］を押すとまとめて移すことが可能。

4. ［現在の選択範囲:］で［コンディショナル］を選択。

5. ［適用］を押す。▶テキスト範囲がコンディショナルテキストになる。

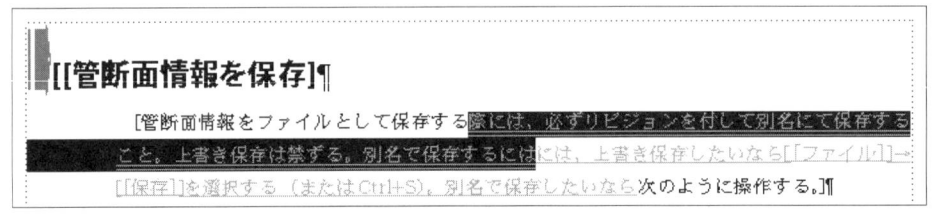

6. ［コンディショナルテキスト］画面は常駐画面なので、この画面を開いたままで別のテキスト範囲を選択して、コンディショナルテキスト設定を繰り返すこともできる。当面必

要なくなったら画面右上の［×］を押して閉じる。
　コンディショナルテキストは、普通の段落テキストだけではなく、アンカー枠や表のアンカー、表行にも適用することができる。

●キーボードによる方法

　キーボードを使ってコンディショナルテキストに設定することもできる。次のように操作する。

1. コンディショナルテキストにしたいテキスト範囲を選択。
2. Ctrl+4を押す。▶文書ウィンドウ右下に［追加：**コンディションタグ**］と表示される。
3. ↑/↓キーやコンディション名の頭文字のキーを押して、適用したいコンディションタグを選択。

　　`追加: Comment`

4. Enterキーを押す。▶コンディショナルテキストに設定される。

コンディションタグの表示

　コンディショナルテキストの中に文字カーソルを置くと、文書ウィンドウの左下隅に、その箇所に適用されているコンディションタグがカッコに入って表示される。

　`(製造部用)フロー:A E:P`

　適用されているコンディションタグが複数ある箇所では、「+」で連結されて表示される。

　`(Comment+一般用+製造部用)フロー:A E:P`

コンディショナルテキストを解除する

　コンディショナルテキストになっているテキスト範囲をコンディショナルテキストでない普通のテキストに戻すには次のように操作する。

1. 普通のテキストに戻したいテキスト範囲を、マウスのドラッグやShift+→などで選択。
2. ［スペシャル］→［コンディショナルテキスト］を選択。▶［コンディショナルテキスト］画面が現れる。
3. ［現在の選択範囲:］で［コンディショナル設定を解除］を選択。
4. ［適用］を押す。▶テキスト範囲が普通のテキストになる。
5. ［コンディショナルテキスト］画面は常駐画面なので、この画面を開いたままで別のテキスト範囲を選択して、コンディショナルテキスト解除を繰り返すこともできる。当面必要なくなったら画面右上の［×］を押して閉じる。

●キーボードによる方法

　キーボードを使ってコンディショナルテキストを解除するには、テキスト範囲を選択して

Ctrl+6を押せばよい。すると、選択したテキスト範囲に適用されているコンディションタグがすべてまとめて削除される。

複数のコンディションタグが適用されているテキスト範囲において、キーボードを使ってそのうち一つのコンディションタグだけを解除したい場合は、次のように操作する。

1. コンディションタグを解除したいテキスト範囲を選択。
2. Ctrl+5を押す。▶文書ウィンドウ右下に［削除:**コンディションタグ**］と表示される。
3. ↑／↓キーやコンディション名の頭文字のキーを押して、解除したいコンディションタグを選択。

    削除: Comment

4. Enterキーを押す。▶コンディションタグが解除される。

印字するコンディションタグを切り換える

特定のコンディションタグに属するコンディショナルテキスト（とコンディショナルテキストでない普通のテキスト）だけを印字させ、そうでないコンディショナルテキストは印字させないようにするには、次のように操作する。

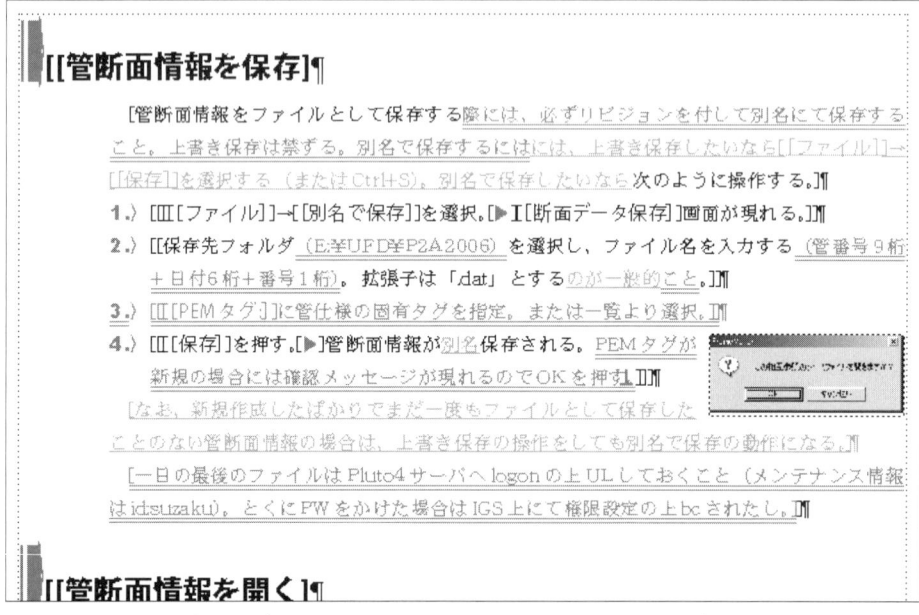

1. ［スペシャル］→［コンディショナルテキスト］を選択。▶［コンディショナルテキスト］画面が現れる。

2. ［表示/隠す］を押す。［コンディショナルテキストを表示/隠す］画面が現れる。

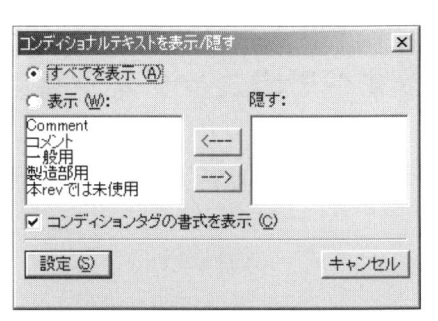

3. 印字させたいコンディションタグが［隠す:］の中にあれば、選択して［<---］を押して（またはダブルクリック）、［表示:］に入れる。隠したいコンディションタグが［表示:］の中にあれば、選択して［--->］を押して（またはダブルクリック）、［隠す:］に入れる。

　なお、Shiftキーを押しながら［<---］/［--->］を押すと、まとめて移すことが可能。

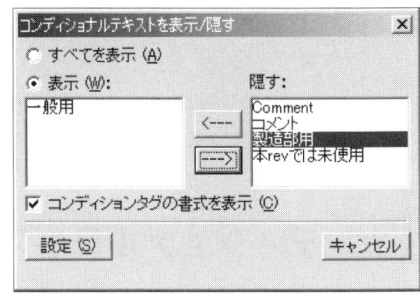

4. ［表示:］オプションボタンを選択。

5. ［設定］を押す。▶［コンディショナルテキストを表示/隠す］画面が閉じるとともに、印字するコンディションタグが切り換わる。

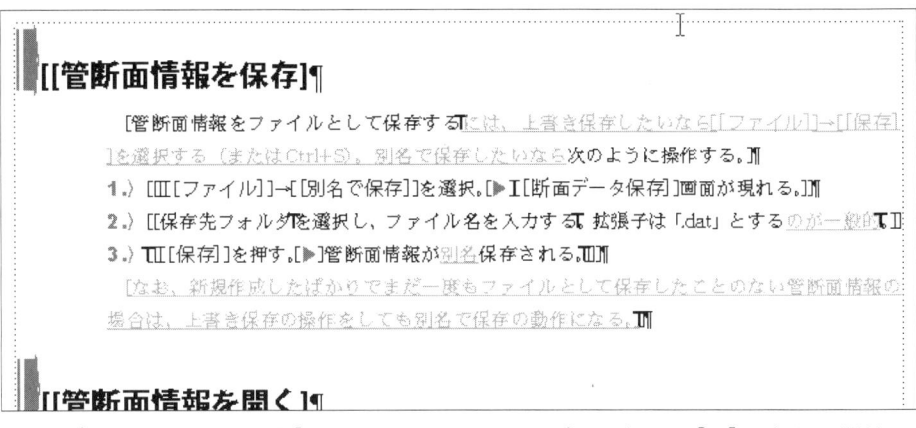

6. ［コンディショナルテキスト］画面が当面要らなければ画面右上の［×］を押して閉じる。

　［表示］→［制御記号］にチェックマークを入れておけば、コンディショナルテキストが隠されている箇所にはTという記号が表示される。

すべてのコンディションタグを印字

すべてのコンディションタグ（とコンディショナルテキストでない普通のテキスト）を印字させるには次のように操作する。

1. ［スペシャル］→［コンディショナルテキスト］を選択。▶［コンディショナルテキスト］画面が現れる。
2. ［表示/隠す］を押す。［コンディショナルテキストを表示/隠す］画面が現れる。
3. ［すべてを表示］を選択。
4. ［設定］を押す。▶［コンディショナルテキストを表示/隠す］画面が閉じるとともに、すべてのコンディションタグが印字される。
5. ［コンディショナルテキスト］画面が当面要らなければ画面右上の［×］を押して閉じる。

コンディショナルテキストに書式をつけない

コンディショナルテキストには通常、識別のために色や下線がついて印字されるが、これは編集上の便宜のためであって、最終的に印刷など実用する際にはこのような色や下線はついていてほしくない。コンディショナルテキストに書式をつけないようにするには次のように操作する。

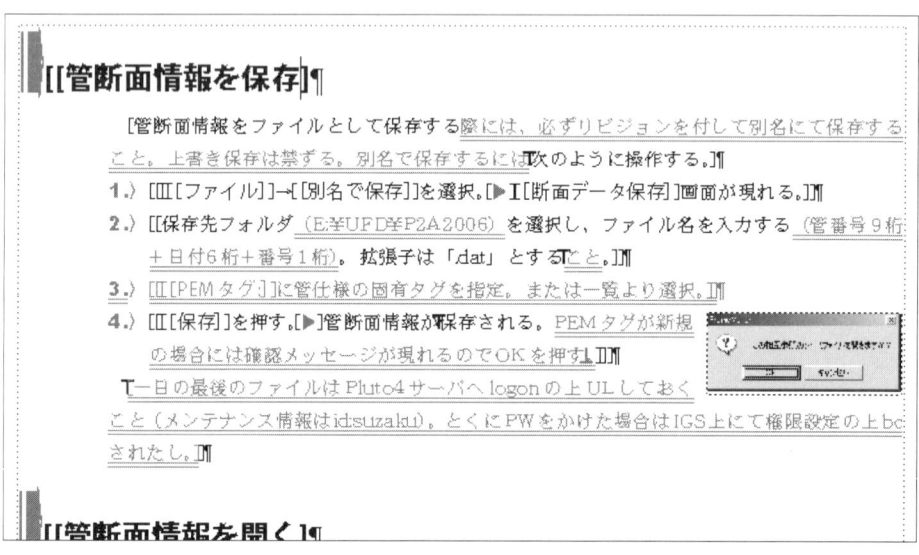

1. ［スペシャル］→［コンディショナルテキスト］を選択。▶［コンディショナルテキスト］画面が現れる。

2. ［表示/隠す］を押す。［コンディショナルテキストを表示/隠す］画面が現れる。
3. ［コンディションタグの書式を表示］のチェックを外す。
4. ［設定］を押す。▶［コンディショナルテキストを表示/隠す］画面が閉じるとともに、コンディションタグの書式が解除される。
5. ［コンディショナルテキスト］画面が当面要らなければ画面右上の［×］を押して閉じる。

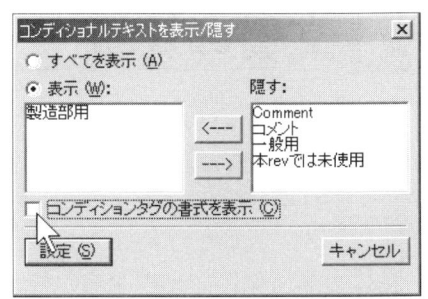

書式がつかなくなったからといって、コンディショナルテキストの情報が消去されてしまったわけではない。逆にコンディショナルテキストに色や下線をつけたければ、上記操作で［コンディションタグの書式を表示］にチェックマークを入れればよい。

第 7 章 【操作編】文書の統合と多媒体展開

5 文書の比較

　FrameMakerには、2つのFrameMaker文書の内容を自動的に比較して、その違いを一覧にした文書を作成する機能がある。普通は、同じ文書の修正前と修正後のファイルを比較してそのリビジョンによる違いを抽出するのに活用される。

1. 比較したい2つの文書を開く。
2. 新しいほうの文書のウィンドウをアクティブにする。
3. ［ファイル］→［ユーティリティ］→［文書を比較］を選択。▶［文書を比較］画面が現れる。
4. 古いほうの文書を［古い文書:］で選択。
5. ［比較］を押す。▶ 比較結果を印字した文書が生成されてそのウィンドウが開く。

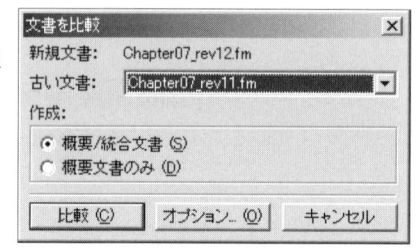

概要文書と統合文書

　文書の比較機能によって生成される文書には、**概要文書**と**統合文書**の2種類がある。［文書を比較］画面の［作成:］で［概要/統合文書］を選択すると両方生成される。［概要文書のみ］を選択すると概要文書だけが生成される。

● 概要文書

　概要文書は「概要.fm」という仮ファイル名になっており、比較結果の概要が一覧になって

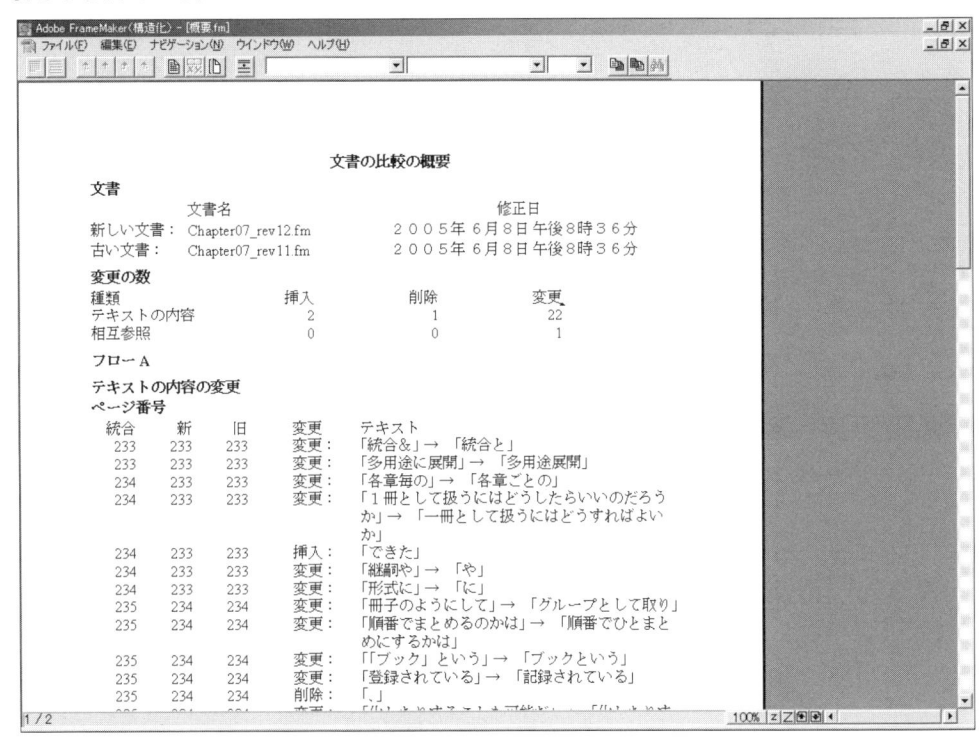

まとめられている。

●統合文書
　統合文書は新しいほうの文書ファイル名に「CMP」をつけた仮ファイル名になっており、新文書を複製した文書の中に、旧文書に対する違いがコンディショナルテキストとして挿入され

ている。

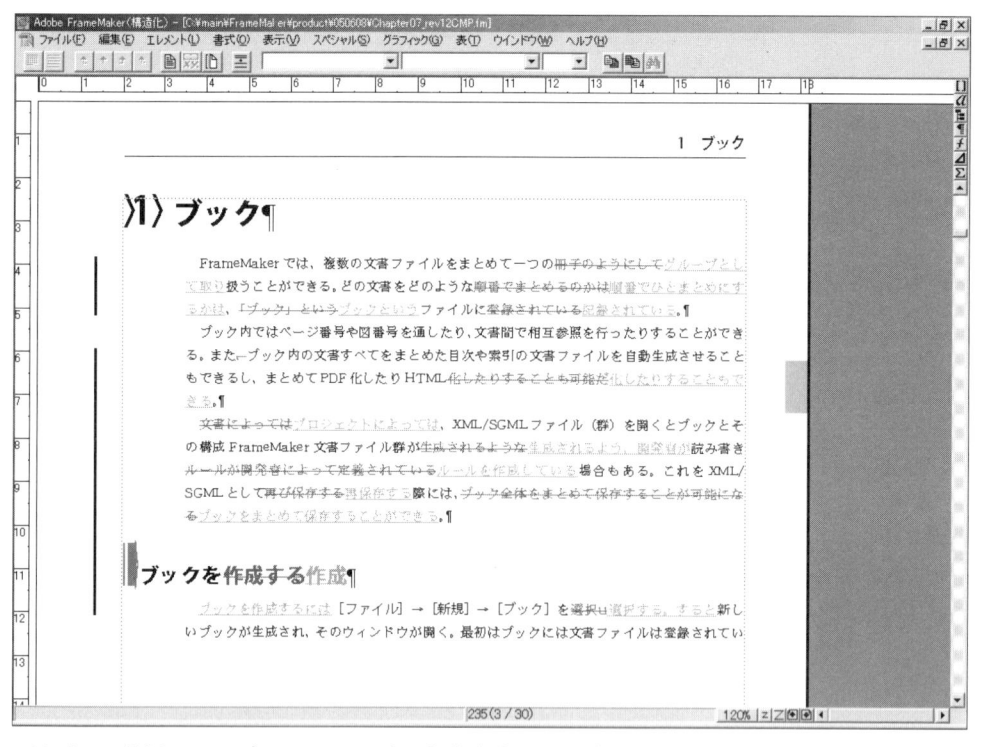

以下の2種類のコンディションタグが自動生成されて適用されている。

- 削除箇所……「削除」というコンディションタグのコンディショナルテキストになっている。赤字に取り消し線の入った書式で印字される。
- 挿入箇所……「挿入」というコンディションタグのコンディショナルテキストになっている。緑字に下線を引いた書式で印字される。

6 名前空間

構造化文書のみ 構造化文書によっては、要素に**名前空間**を設定する必要がある場合もある。名前空間を設定するには、その接頭辞とパスの情報が必要で、これらは開発者から支給されるだろう。

名前空間を設定

要素に名前空間を設定するには次のように操作する。

1. 名前空間を設定したい要素の中に文字カーソルを置くか、構造図で要素を選択。
2. ［エレメント］→［名前空間］を選択。▶［名前空間］画面が現れる。
3. ［接頭辞:］に名前空間接頭辞を指定。［パス:］に名前空間パスを指定。
4. ［追加］を押す。▶［宣言された名前空間:］に追加される。構造図上、要素名の右に［*］印が表示される。
5. ［名前空間］画面は常駐画面なので、表示させたまま、他の要素を選択して名前空間の設定を繰り返すこともできる。当面必要なくなったら右上の［×］を押して閉じる。

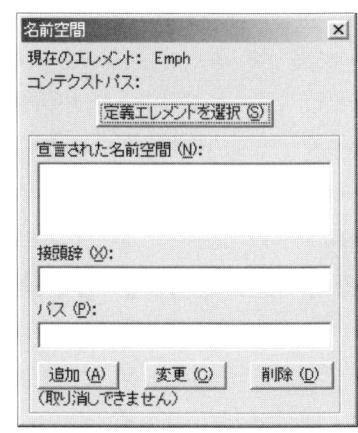

名前空間を解除

要素に対する名前空間の設定を解除するには次のように操作する。

1. 名前空間の設定を解除したい要素の中に文字カーソルを置くか、構造図で要素を選択。
2. ［エレメント］→［名前空間］を選択。▶［名前空間］画面が現れる。
3. 解除したい名前空間を［宣言された名前空間:］で選択。
4. ［削除］を押す。▶［宣言された名前空間:］から名前空間が削除される。構造図上、要素名の右の［*］印も消える。
5. ［名前空間］画面は常駐画面なので、表示させたまま、他の要素を選択して名前空間の設定解除を繰り返すこともできる。当面必要なくなったら右上の［×］を押して閉じる。

7 PDF化

FrameMakerの大きな特徴の一つとして、PDFやHTMLといった電子文書形式への展開が容易であるという点が挙げられる。紙の文書やXML/SGMLデータを作るだけがFrameMakerではない。

PDFファイルもただ印刷物と同じ体裁のものができるだけではなく、FrameMaker上の相互参照はすべてPDFのリンクに自動変換されるほか、しおり・アーティクル・タグといったさまざまなインタラクティブ機能もFrameMakerからPDF上に自動生成させることができるので便利だ。(PDF・Acrobatの基礎知識は本書では解説しないので必要に応じて関連リソースを参照のこと。)

FrameMaker文書をPDFファイルに変換するには2通りの方法がある。

- **プリントによる方法**……Acrobat Distillerをインストールしておき、他の文書作成ソフト同様、プリント画面を使ってPDF化。
- **保存による方法**……FrameMakerの「別名で保存」の画面でPDF形式で保存する。

プリントによるPDF化

Acrobat DistillerがインストールされているEnvironmentでFrameMaker文書をプリントによる方法でPDFファイルに変換するには次のように操作する。

1. [ファイル] → [プリント] を選択（またはCtrl+P）。▶ [文書をプリント] 画面が現れる。

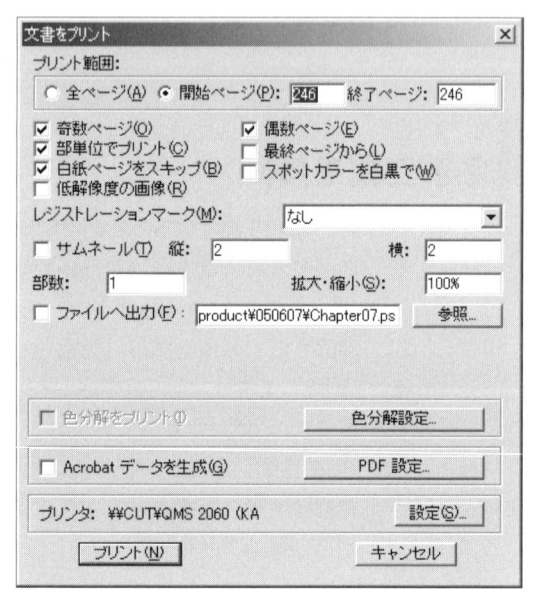

2. ［プリンタ:］に表示されている現在のプリンタが「Adobe PDF」でなければ右の［設定］を押す。▶［プリンタの設定］画面が現れる。
3. ［プリンタ名:］で「Adobe PDF」を選択。 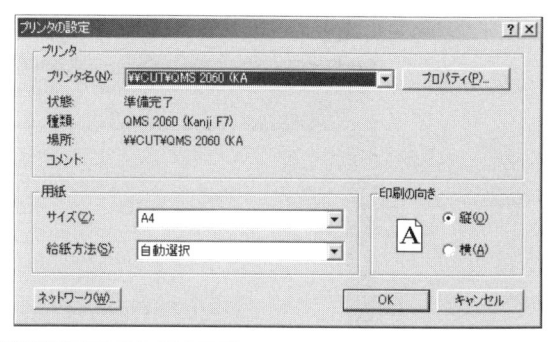
4. ［OK］を押す。▶［プリンタの設定］画面が閉じ、［システムのフォント情報が変更されました。この変更は文書の書式と出力に影響を及ぼす場合があります。］というメッセージが現れる。 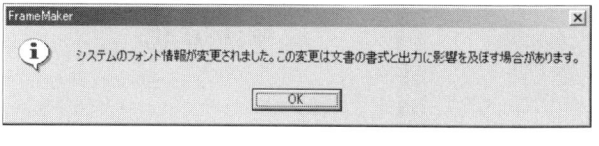
5. ［OK］を押す。▶メッセージ画面が閉じ、［文書をプリント］画面に戻る。
6. プリントするときと同じように、プリント範囲などを選択。
7. ［プリント］を押す。▶［文書をプリント］画面が閉じ、[PDFファイルの保存]画面が現れる。
8. 作成したいPDFファイルの名前と保存先フォルダを指定。
9. ［保存］を押す。▶［PDFファイルの保存］画面が閉じ、PDFへの変換が始まる。変換中は経過を示す［Adobe PDFを作成中］画面が表示されている。

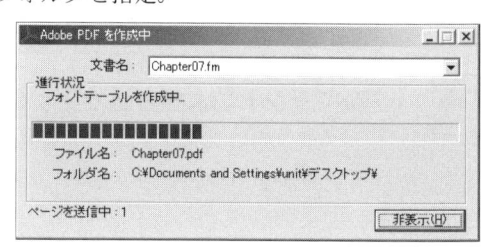

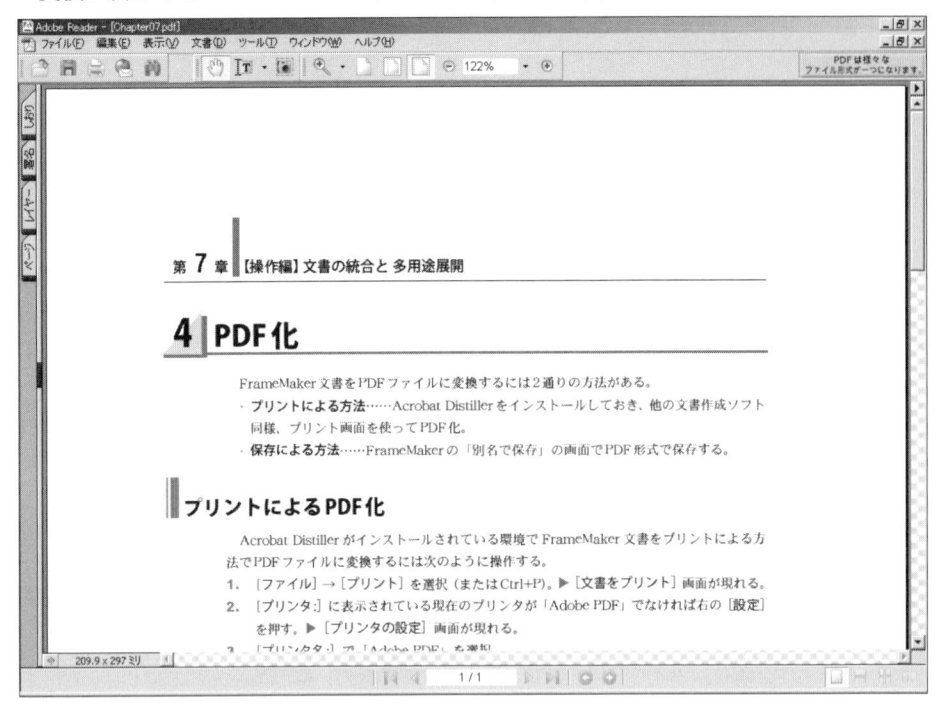

変換が終わると Adobe Reader 等で PDF ファイルが表示される。

● プリントによる方法でブックを PDF 化

ブック内の文書をプリントによる方法でまとめて PDF 化するには、［ファイル］→［選択ファイルをプリント］か［ファイル］→［ブックをプリント］を選択して、上と同様に操作すればよい。

保存による PDF 化

FrameMaker 文書を保存による方法で PDF ファイルに変換するには次のように操作する。
1. ［ファイル］→［別名で保存］を選択。▶［文書を保存］画面が現れる。
2. ［ファイルの種類:］で［PDF (*.pdf)］を選択。ファイルの名前と保存先フォルダを指定。
3. ［保存］を押す。▶［PDF 設定］画面が現れる。
4. ［設定］を押す。▶PDF への変換が行われる。

なお、この保存による方法では、プリントによる方法と違って、文書内の一部のページだけを PDF にするということはできない。

● 保存による方法でブックを PDF 化

ブック内のすべての文書を保存による方法でまとめて PDF 化するには、［ファイル］→［ブックを別名で保存］を選択して、上と同様に操作すればよい。

なお、この保存による方法では、プリントによる方法と違って、ブック内の一部の文書だけをPDFにするということはできない。

PDF設定

FrameMakerでは、文書やブックをPDFに変換する際のさまざまな設定を行い、それを文書内やブック内に保存しておくことができる。そのために［PDF設定］画面が用意されている。

●PDF設定画面を表示させる

［PDF設定］画面（ブックの場合、［選択ファイルのPDF設定］という名前で同じ内容の画面。以下同じ）を表示させるには次のいずれかの操作を行う。

- 文書ウィンドウかブックウィンドウで［書式］→［文書］→［PDF設定］を選択。
- プリントによるPDF化の際、［文書をプリント］／［ブック内の選択ファイルをプリント］／［ブックをプリント］画面で［PDF設定］を押す。

　　プリントによるPDF化の場合、PDF設定の設定内容を有効にしてPDF化させるには、［Acrobatデータを生成］にチェックマークを入れる必要がある。ただしその際、［ファイルへ出力:］のチェックは外すこと（でないとダイレクトにPDFが生成されない）。また、［Acrobatデータを生成］にチェックマークを入れると、［プリント範囲:］が自動的に［全ページ］に切り換わる。

- 保存によるPDF化の際は、操作の途中で必ず現れるようになっている。（［文書を保存］／［ブックを保存］画面で［保存］を押したとき）

●PDF設定画面の内容

［PDF設定］画面には、［設定］・［しおり］・［タグ］・［リンク］という4つのタブがあり、画面上部のタブかその下のドロップダウンリストで切り換えることができる。

第7章 【操作編】文書の統合と多媒体展開

● 設定タブで可能な設定

［設定］タブでは以下の設定を行うことができる。

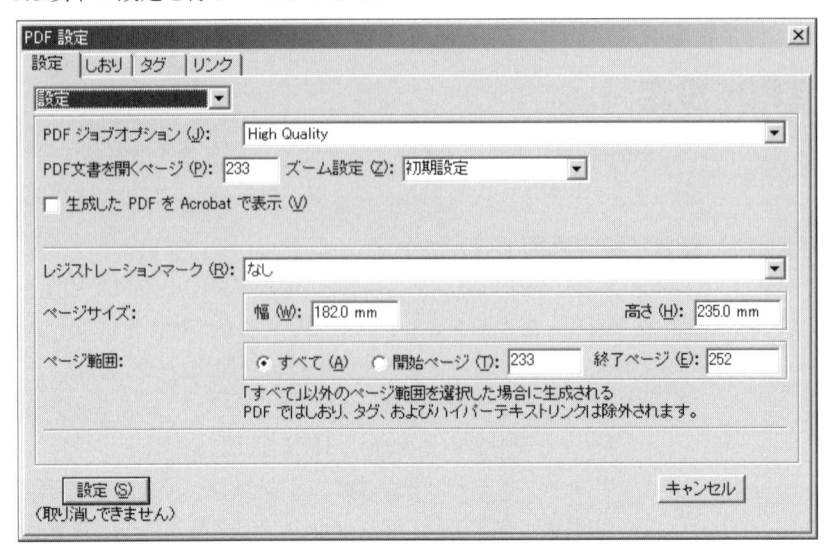

PDFジョブオプション

　［PDFジョブオプション:］では、PDFに変換する際のAcrobat Distillerのジョブオプションを選択することができる。

PDF文書を開くページ

　［PDF文書を開くページ:］では、生成されたPDFファイルをAdobe Reader等で開いた時にまずどのページが表示されるようにするかをページ番号で指定することができる。

ズーム設定

　［ズーム設定:］では、生成されたPDFファイルをAdobe Reader等で開いた時にまずどのようなズーム設定で表示されるようにするかを選択することができる。

生成したPDFをAcrobatで表示

　［生成したPDFをAcrobatで表示］にチェックマークを入れると、PDFファイルの生成が完了した時点でそれがAdobe Reader等で自動的に開かれて表示されるようにすることができる。

レジストレーションマーク

　［レジストレーションマーク:］では、生成するPDFファイルにトンボをつけることができる。次のいずれかを選択する。

- **なし**……トンボをつけない。
- **欧文**……欧文組版式のトンボをつける。
- **トンボ**……和文組版式のトンボをつける。

ページサイズ

［ページサイズ:］では、生成するPDFファイルの縦横のサイズを数値指定することができる。

ページ範囲

［ページ範囲:］では、PDFに変換するページ範囲を指定することができる。

● しおりタブで可能な設定

［しおり］タブでは以下の設定を行うことができる。

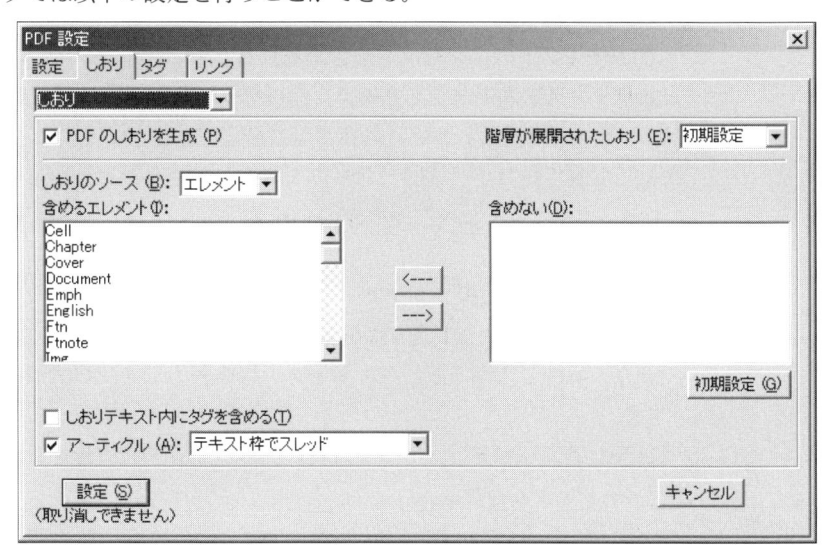

PDFのしおりを生成

［PDFのしおりを生成］にチェックマークを入れると、PDFファイル内に自動的にしおりが生成される。

階層が展開されたしおり

［階層が展開されたしおり:］では、生成したPDFファイルをAdobe Reader等で開いた時にしおりを何階層目まで展開表示しておくかを数値指定する。または［初期設定］・［すべて］・［なし］のいずれかを選択することもできる。

しおりのソース

［しおりのソース:］では、しおりを段落タグと要素のどちらから自動生成するかを選択することができる。

- ［段落］……下の［含める段落:］に［<---］で（またはダブルクリック）入れた段落タグが適用された段落のテキストがしおりになる。［含める段落:］の中の段落タグを選択して、下の［しおりの階層］の左右の［<<］・［>>］を押すと、その段落タグから生成されるしおりの階層を上げ下げすることができる。しおりにしたくない段落タグが［含める段落:］に入っているときは、それを選択して［--->］を押して（またはダブルクリック）、［含めない:］に入れればよい。

なお、Shiftキーを押しながら［<---］/［--->］を押すとまとめて移すことが可能。

- ［エレメント］……**構造化文書のみ** 下の［含めるエレメント：］に［<---］で（またはダブルクリック）入れた要素名を持つ要素の中のテキストがしおりになる。しおりにしたくない要素名が［含めるエレメント：］に入っているときは、それを選択して［--->］を押して（またはダブルクリック）、［含めない：］に入れればよい。

なお、Shiftキーを押しながら［<---］/［--->］を押すとまとめて移すことが可能。

しおりテキスト内にタグを含める

［しおりテキスト内に段落タグを含める］（［しおりのソース：］で［段落］を選択した場合）/［しおりテキスト内にタグを含める］（［しおりのソース：］で［エレメント］を選択した場合）にチェックマークを入れると、段落タグ / 要素名が追加されたしおりが生成される。試しにPDF化してみてしおりが意図どおりに生成されているかどうかを確認したいときなどに便利であるが、本番ではチェックを外すのが普通だろう。

アーティクル

［アーティクル：］にチェックマークを入れると、PDFファイルのページ上に自動的にアーティクルが生成される。生成方式を以下のいずれかから選択することができる。

- ［テキスト枠でスレッド］……テキスト枠の長方形をフロー順につないだアーティクルを生成。
- ［コラムでスレッド］……テキスト枠内のコラムの長方形をコラム順・フロー順につないだアーティクルを生成。

● **タグタブで可能な設定**

［タグ］タブでは以下の設定を行うことができる。

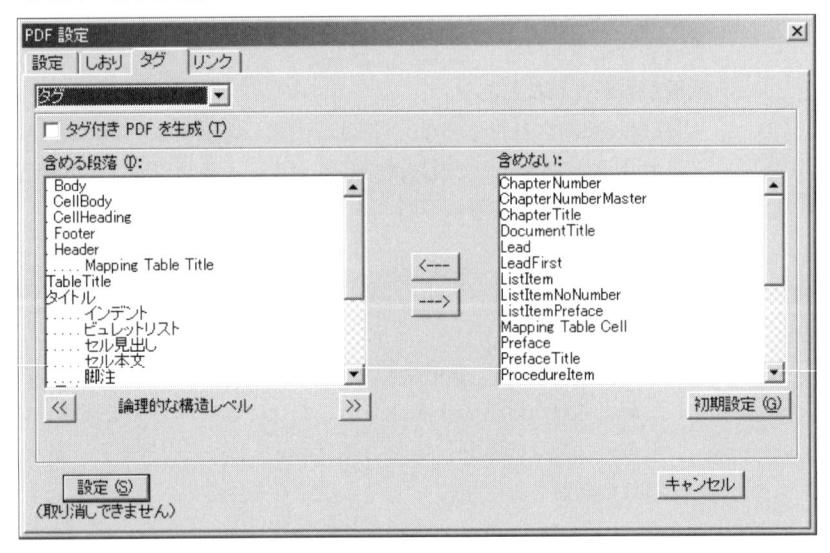

タグ付きPDFを生成

［タグ付きPDFを生成］にチェックマークを入れると、PDFファイル内に自動的にタグが生成される。（この「タグ」とはPDFの世界でいうところの「タグ」であって、FrameMakerの段落タグ・文字タグや構造化文書のタグなどとは直接関係ないので注意。）

下の［含める段落:］に［<---］で（またはダブルクリック）入れた段落タグが適用された段落のテキストがPDFのタグになる。［含める段落:］の中の段落タグを選択して、下の［論理的な構造レベル］の左右の［<<］・［>>］を押すと、その段落タグから生成されるPDFのタグの論理的な構造レベルを上げ下げすることができる。PDFのタグにしたくない段落タグが［含める段落:］に入っているときは、それを選択して［--->］を押して（またはダブルクリック）、［含めない:］に入れればよい。

なお、Shiftキーを押しながら［<---］／［--->］を押すとまとめて移すことが可能。

● リンクタブで可能な設定

［リンク］タブでは以下の設定を行うことができる。

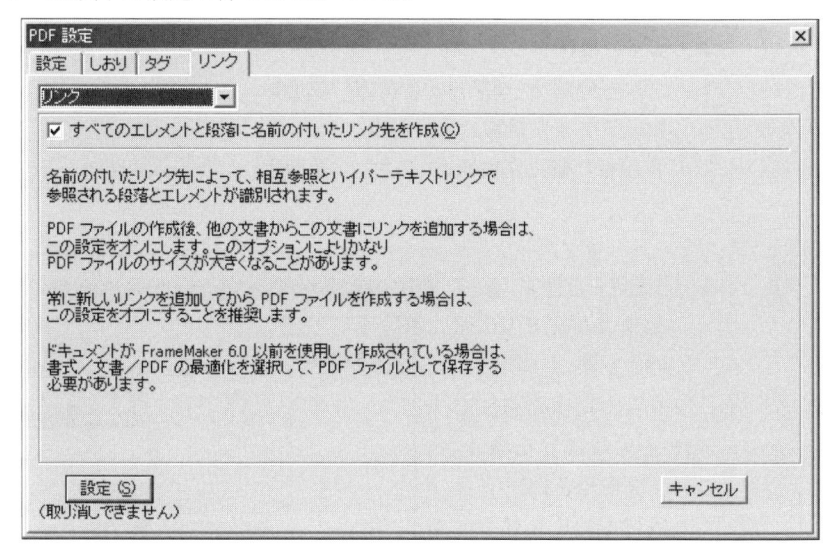

すべてのエレメントと段落に名前の付いたリンク先を作成

［すべてのエレメントと段落に名前の付いたリンク先を作成］にチェックマークを入れると、すべての要素と段落に対して、PDFファイル内に自動的に名前の付いたリンク先（named destination）が生成される。

第 7 章 【操作編】文書の統合と多媒体展開

文書情報を PDF に埋め込む

　FrameMakerでは、さまざまな**文書情報**をあらかじめ文書ファイルやブックファイルとともに保存しておき、生成するPDFファイルに自動的に埋め込ませることができる。

　この文書情報は **XMP**（Extensible Metadata Platform）形式のメタデータになっており、なかでも［タイトル］・［作成者］・［サブタイトル］・［キーワード］項目は、Adobe Reader等の［文書のプロパティ］で［概要］として表示される。

　文書ファイルに文書情報を保存するには次のように操作する。

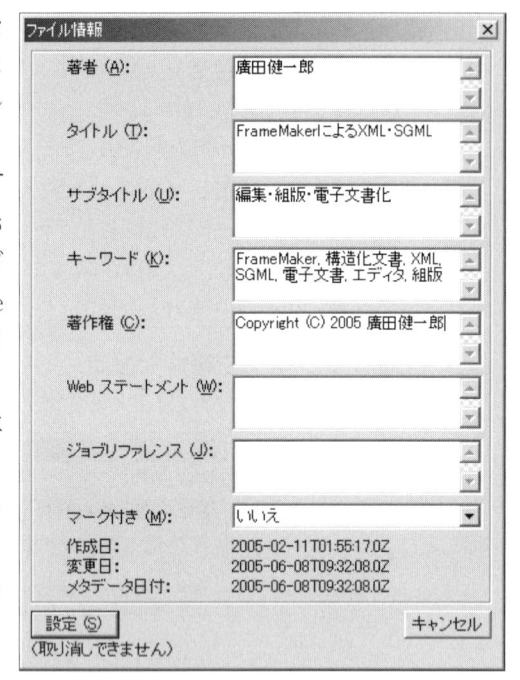

1. ［ファイル］→［ファイル情報］を選択。
   ▶ ［ファイル情報］画面が現れる。
2. 各項目の欄に文書情報（あれば）を指定。
3. ［設定］を押す。▶ 文書情報が文書内に保存される。

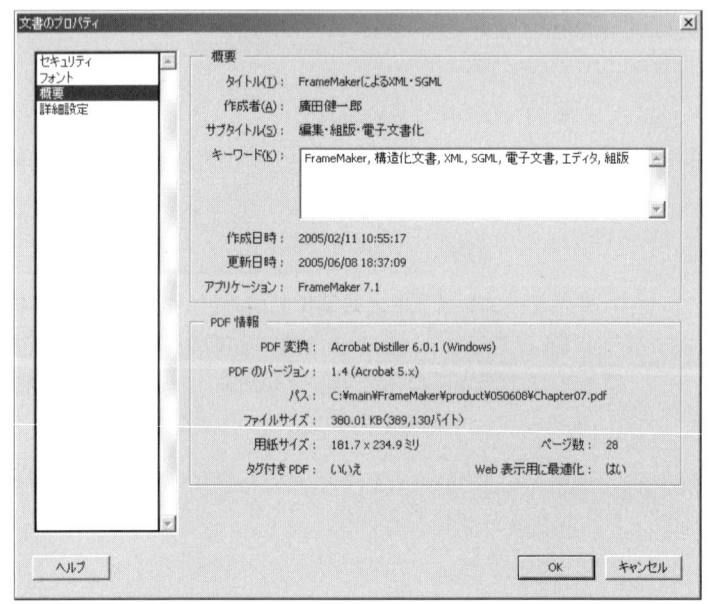

　プリントによる方法でPDFを生成させる場合、この文書情報をPDFファイル内に埋め込ませるには、［文書をプリント］画面で［Acrobatデータを生成］にチェックマークを入れておく必要がある。

● **ブックファイルに文書情報を保存**
　ブックファイルに文書情報を保存するには、ブックウィンドウで一番上のブックファイル名を選択したのち、上記の操作を行う。

8 HTML化

　FrameMakerには、Quadralay WebWorks Publisher Standard Edition 7.0というソフトウェアが同梱されており、必要に応じてインストールすることができる。これはFrameMaker文書をHTMLに変換することのできるソフトである。

　WebWorks Publisherの使い方については詳しくはそのマニュアルを参照のこと。

Navigation
- **構造化**文書の**開発者**をめざすなら ⇨ 次章へ進む
- **構造化**文書の**オペレーター**なら……本章で完了
- **非構造化**文書のみを極めたいなら ⇨ 次章へ進む

第 8 章

【開発編】
ページ内容書式開発

　文書のページレイアウトやさまざまなページ内容の書式を定義することにより、文書作成環境を内包したテンプレートをオペレーターのために構築する。
【開発者向】

第 8 章 【開発編】ページ内容書式開発

1 文書とページ

　本章では、開発者のために、FrameMakerでのさまざまなページレイアウトや書式などの開発方法をリファレンスマニュアル的に解説する。ページレイアウトそのものの作り方から、段落・文字書式、表・グラフィック・相互参照・脚注・ルビなどの書式の作り方まで、FrameMakerのさまざまなページ内容について各節で解説していく。

　 構造化文書のみ 構造化文書においては、こうしたページ内容の書式を定義したうえでさらに、どのような条件下にあるどの種類の要素に対してそれぞれどの書式を自動適用させるべきかをEDDで定義していくことになる。

FrameMaker文書のページを構成するもの

　FrameMaker文書のページは、大きく分けて次のようなものでできている。詳しくはそれぞれ後述する。

- **本文テキスト枠**……本文テキストを収容している枠。［表示］→［オプション］で［オブジェクトの境界線］をチェックしてあれば点線で表示されている。非構造化文書の本文も構造化文書の本文も、すべて本文テキスト枠の中に収められている。また、本文中に埋め込まれたグラフィックや段落飾りや表組みなども、ともに本文テキスト枠に収められている。⇨p275「テキスト枠とフロー」
- **非本文テキスト枠**……本文以外の、比較的短いテキストを収めた枠。⇨p275「テキスト枠とフロー」
- **グラフィック**……直線や四角形や画像など。

マスターページとボディページ

　またFrameMakerでは、先述のように（⇨p140「マスターページとボディページ」）、同じようなレイアウトのページをたくさん自動的に生成させるために、マスターページというウラのページ群が用意されている。これに対し、表にあって実際に内容を収容しているページ群をボディページと呼ぶ。⇨p267「マスターページとリファレンスページ」

　ボディページのレイアウトはマスターページと同じになる。逆にいえば、多数のボディページのレイアウトを一気に変更したい場合は、マスターページのレイアウトを変更するのが普通である。

　マスターページ上に置いた物は、ボディページ上では表示・印刷されるだけで、いじることができない。ただし本文テキスト枠は例外で、ボディページ上でも必要に応じて大きさや位置を変えることができる。

マスターページは新たに追加することもできる。どのボディページにどのマスターページを適用するかも自由である。⇨p269「ページの追加と削除」

フロー

テキスト枠は複数連結させることができる。このつながりをフローという。⇨p275「テキスト枠とフロー」

初期設定では、先頭ページから最終ページまですべてのページ上の本文テキスト枠がすべて一つのフローで順に連結されるようになっている。さらにこのフローの内容がいっぱいになってテキスト枠が足りなくなった時には、文書の末尾に新たにページが自動的に追加されて、そのページ上の本文テキスト枠にフローの末端が連結され、余った内容がそこに流し込まれるようになっているのが普通である。

2 ページレイアウト

新規文書を作成する

　FrameMakerの文書を生み出すには大きく分けて2通りの方法がある。一つは既存のXML文書やSGML文書をFrameMakerで開いたり、他の文書作成ソフト（Microsoft Wordなど）の形式の文書をFrameMakerで開くこと。これは普通に［ファイル］→［開く］を選択して開けばよい。もう一つはまったく新規に文書を起こすことである。
　新規文書を作成するには次のように操作する。

1. ［ファイル］→［新規］→［文書］を選択。▶［新規］画面が現れる。

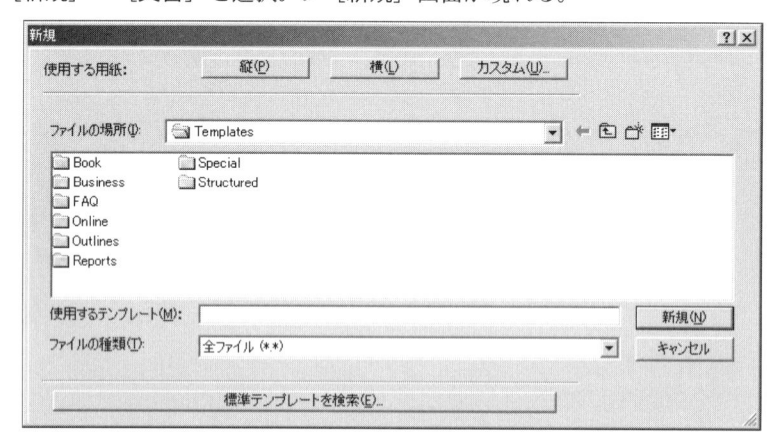

2. ［縦］を押すとA4縦の空文書ができる。［横］を押すとA4横の空文書ができる。
　できる文書には1ページしかなく、その1ページの中には本文のためのテキスト枠が1つあるだけで、テキスト枠の中身はもちろんまだまったくの空である。文書ファイル名もまだなくて、仮に名称未設定ということになっている。

●A4以外の空文書を新規作成することもできる

　新規作成した文書の用紙サイズは後からいつでも変えることができるが、最初からA4以外の文書を作りたい場合は、［新規］画面で次のように操作する。　⇨p265「用紙サイズ」

1. ［カスタム］を押す。▶ ［カスタムの用紙設定］画面が現れる。
2. ［用紙サイズ:］で望む規格を選ぶ。規格にもないサイズの場合や、自分で大きさを入力したいときは、［幅:］と［高さ:］に望む用紙サイズを入力する。⇨p264「単位」
3. ［作成］を押す。

［カスタムの用紙設定］画面では用紙サイズ以外にもさまざまなページレイアウトの基本設定を行うことができる。ただしどの項目もあとから変更することも可能だ。

- **余白**……本文テキスト枠とページ枠との間の上下左右の距離を［余白:］で設定することができる。⇨p277「テキスト枠を作成する」
- **コラム**……本文テキスト枠のコラムの数とコラム間の間隔を［コラム:］で設定することができる。⇨p280「コラム」
- **ページ設定**……文書を片面文書とするか見開き文書とするかを［ページ:］で設定することができる。先頭ページを左右どちらにするかも設定できる。⇨p266「片面文書と見開き文書」・p266「右ページ始まりの文書と左ページ始まりの文書」
- **単位**……この文書の編集で主要に用いる長さの単位を［単位:］で設定できる。⇨p264「単位」

● **様式文書を新規作成することもできる**

上記の方法では何のレイアウト飾りもまだなされていないテキスト枠1個だけの新規文書ができてくるのだが、そうではなくある程度目的によってできあいの形を持った文書を新規作成することもできる。そのためには［新規］画面で次のように操作する。

1. ［標準テンプレートを検索］を押す。▶ ［標準テンプレート］画面が現れる。さまざまな

第 8 章 【開発編】ページ内容書式開発

できあいの形の文書様式が用意されている。

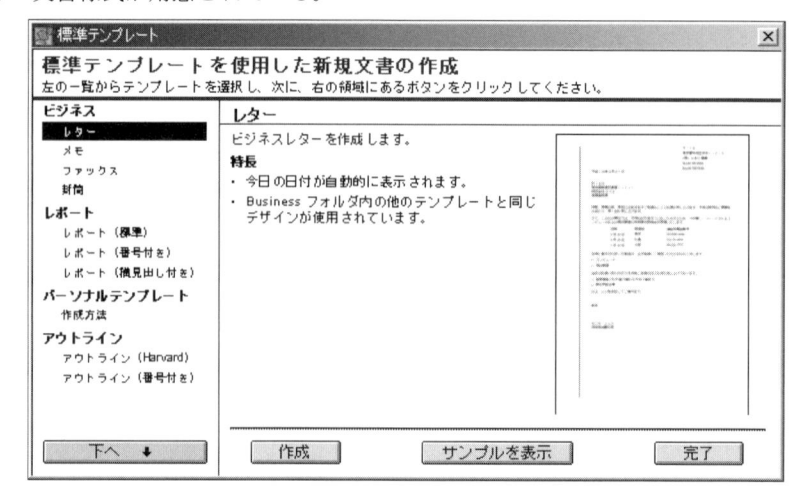

2. 好みのものがもしあればそれを選んで［作成］を押す。なければ［完了］を押す。

単位

FrameMakerは文書作成ソフトなので、長さの値を指定したり見たりする場面がたくさんある。ページの幅や高さ、フォントのサイズなどなど。そして世の中には長さの単位がいろいろある。ミリメートルやポイントやインチなどなど。

●長さを指定する

FrameMakerでは以下の単位で長さを指定することができる。

- ［cm］（センチメートル）……「cm」と指定。例：「1cm」。
- ［mm］（ミリメートル）……「mm」と指定。例：「1mm」。
- ［inch］（インチ）……「in」または「"」と指定。例：「1in」。1 in = 25.40 mm。
- ［pica］（パイカ）……「pc」または「pi」・「pica」と指定。例：「1pc」。1 pc = 4.218 mm。
- ［pt］（ポイント）……「pt」または「point」と指定。例：「10pt」。1 pt = 0.3514 mm。
- ［didot］（ディド）……「dd」と指定。例：「10dd」。1 dd = 0.3761 mm。
- ［cicero］（シセロ）……「cc」または「cicero」と指定。例：「1cc」。1 cc = 4.513 mm。
- ［Q］（級）……「Q」と指定。例：「9Q」。1 Q = 0.2500 mm。

2 ページレイアウト

● 文書のデフォルト単位

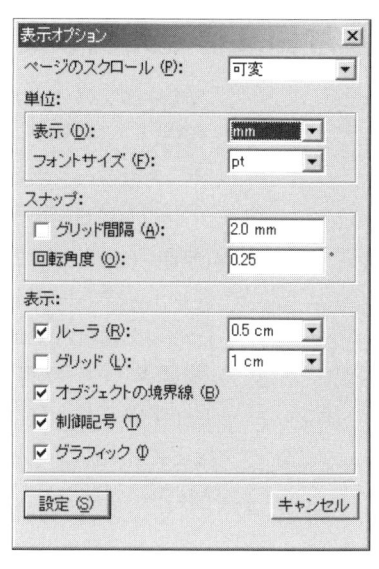

一方、長さの値を見る時には、入力された時に使用した単位にかかわらず、すべてその文書のデフォルト単位で表示される。

入力の際にも、もしも単位をつけずに長さを入力すると、デフォルト単位で入力されたと見なされる。

デフォルト単位は当初、一般の長さについては［mm］になっており、フォントサイズなどについては［pt］になっている。文書のデフォルト単位を変更するには次のように操作する。

1. ［表示］→［オプション］を選択。▶［表示オプション］画面が現れる。
2. 一般の長さのデフォルト単位を［単位:］の［表示:］で選ぶ。フォントサイズなどのデフォルト単位を［フォントサイズ:］で選ぶ。
3. ［設定］を押す。

用紙サイズ

文書の用紙サイズを変更するには、その文書ファイルを開いてそのウィンドウをアクティブにした状態で次のように操作する。

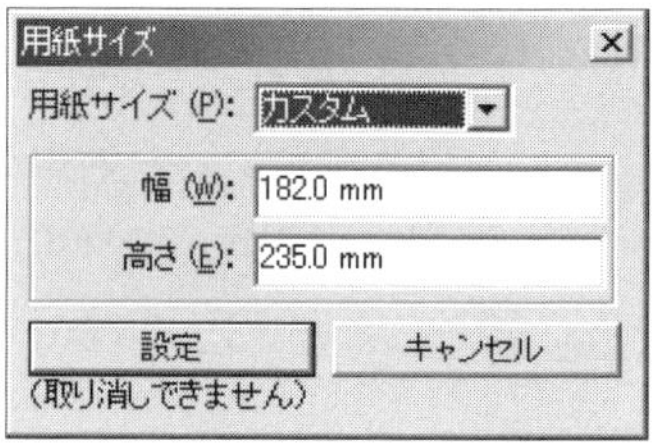

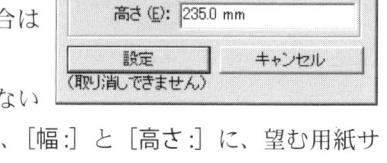

1. ［書式］→［ページレイアウト］→［用紙サイズ］を選択。▶［用紙サイズ］画面が現れる。
現在の用紙の規格とサイズが表示されている。FrameMaker の知っている規格以外の大きさの場合は［用紙サイズ:］に［カスタム］と表示される。
2. 望みの用紙規格を［用紙サイズ :］で選ぶ。規格にないサイズの場合や、自分で大きさを入力したいときは、［幅:］と［高さ:］に、望む用紙サイズを入力する。
3. ［設定］を押す。

なお、一つの文書ファイルの中に用紙サイズの異なるページを混在させることはできない。そのような必要があるときは、それぞれ別々の文書ファイルとしなければならない。

片面文書と見開き文書

文書を片面文書にするか見開き文書にするかを変更するには次のように操作する。

1. ［書式］→［ページレイアウト］→［ページ設定］を選択。▶［ページ設定］画面が現れる。］
2. ［ページ:］を変更する。
   - ［片面］……片面文書になる。基本的に全ページ同じページレイアウトになる。ハンドアウトやPDF文書にするための文書などで有用。
   - ［見開き］……見開き文書になる。左右で異なるページレイアウトが交互に現れるようにすることができる。本などで有用。
3. ［設定］を押す。

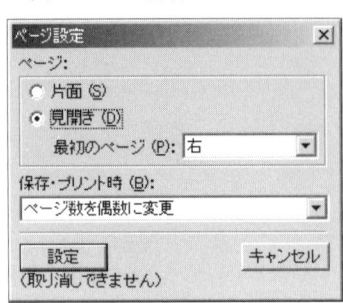

右ページ始まりの文書と左ページ始まりの文書

見開き文書の最初のページを右ページにするか左ページにするかを変更するには次のように操作する。

1. ［書式］→［ページレイアウト］→［ページ設定］を選択。▶［ページ設定］画面が現れる。
2. ［最初のページ:］を変更する。
   - ［左］……文書は左ページから開始される。見開きで始まる文書や、本の見開き構成の部分などで有用。
   - ［右］……文書は右ページから開始される。表紙や章扉を持つ本などで有用。
3. ［設定］を押す。

3 マスターページとリファレンスページ

FrameMaker 文書には 3 種類のページ群がある。

- **ボディページ**……オモテに現れるページたちそのもの。本文はボディページ上に配置される。FrameMaker 文書を開くとまず表示されるのもボディページ。
- **マスターページ**……オモテには現れないページたち。印刷されない。ボディページの雛型となるテキスト枠やヘッダ・フッタやグラフィックなどが置いてあり、ボディページはそれと同じレイアウトになる。ただし本文テキスト枠はボディページ上でサイズや位置などを変更することも可能。ページレイアウトの種類や左右などによってマスターページはいくつでも作っておくことができ、どのボディページをどのマスターページと同じレイアウトにするかは自動的に選ばれるようにすることもできるし、一定の規則にしたがって一括して選ばせることもできるし、手作業で自由に選ぶこともできる。
- **リファレンスページ**……オモテには現れないページたち。ボディページの本文中に出てくる段落罫線（⇨p316「段落上／下の自動グラフィック」）などの細かいグラフィック部品は、リファレンスページ上で作って置いておくことができる。またそのほかに、どのボディページをどのマスターページと同じレイアウトにすればよいかという規則などをリファレンスページに書いておくこともできる。

マスターページやリファレンスページを表示する

マスターページを表示させるには［表示］→［マスターページ］を選択する。同様に、リファレンスページを表示させるには［表示］→［リファレンスページ］を選択する。ボディページに戻るには［表示］→［ボディページ］を選択すればよい。

マスターページもリファレンスページも、そのスクロールやページ移動などの表示方法はボディページとまったく同様である。

ページ番号はボディページとは別に、マスターページもリファレンスページもそれぞれ 1 ページ目からカウントされる。また、ページ番号のほかにページ名が存在し、文書ウィンドウ下端にページ番号と一緒に表示される。

マスターページの内容

マスターページには、ページごとに名前がついている。現在表示しているマスターページの名前は、文書ウィンドウの下端に表示される。

文書を新規作成すると、マスターページがはじめから 1 ページまたは 2 ページ備わっている。片面文書の場合は 1 ページ、見開き文書の場合は 2 ページである。これに加えて、後から

マスターページを追加したり削除したりすることもできる。⇨p269「ページの追加と削除」

　先述のように（⇨p140「「Right」・「Left」マスターページ」）、片面文書に最初からあるマスターページは「Right」という名前である。他にマスターページを追加しないかぎり、文書内のボディページはすべて、このマスターページと同じレイアウトになる。

　見開き文書に最初からあるマスターページは「Left」「Right」という名前である。他にマスターページを追加しないかぎり、ボディページの左ページはすべて「Left」マスターページと同じレイアウトになり、右ページは「Right」と同じになる。

マスターページの編集と適用

●マスターページを編集

　「Left」「Right」マスターページ上にははじめ、本文のためのテキスト枠と、ヘッダのためのテキスト枠と、フッタのためのテキスト枠がある。このテキスト枠は大きさや位置を変更したり、追加したりすることができる。⇨p275「テキスト枠とフロー」

　また、直線や図形や画像などを貼ることもできる。⇨p154「画像と図形」

　マスターページに対して加えた変更は、ボディページにも反映される。

●マスターページをボディページに適用

　先述のように、はじめはすべてのボディページが「Left」または「Right」と同じレイアウトになっているが、特定のボディページをそれと違うマスターページと同じレイアウトにしたい場合には、ボディページにそのマスターページを適用すればよい。⇨p141「マスターページを適用」

4 ページの追加と削除

文書を新規作成した時点ではボディページは1ページしかないが、その後もちろん追加していくことができる。逆に削除することもできる。またマスターページやリファレンスページも追加/削除することが可能である。

ページを追加する

●内容の増加によるボディページの自動追加

ボディページ上の本文テキスト枠がいっぱいになっているとき、さらに内容を追加・挿入しようとすると、文書の最後尾に自動的にページが追加され、あふれた内容がそのページの本文テキスト枠に収容されるようになっている。

このため、ページを明示的に追加する操作をしなければならない場面はあまり多くはない。自動追加された新しいボディページに自動適用されているマスターページは次のとおり。

- 片面文書……「Right」
- 見開き文書の右ページ……「Right」
- 見開き文書の左ページ……「Left」

ただしマスターページのテキスト枠のフローの設定によっては、このような自動的なページ追加が行われないようにすることもできる。⇒p275「テキスト枠とフロー」

●ボディページの手動追加

ボディページを手動で追加するには次のように操作する。

1. 任意のボディページを表示させた状態で（ページを追加したい位置にあるページを表示させておくと便利）、[スペシャル]→[独立ページを追加]を選択。▶[独立ページを追加]画面が現れる。
2. ボディページを追加したい位置とページ数、適用したいマスターページを指定。
3. [追加]を押す。▶[このコマンドを使うと、独立ページが作成されます。通常、既存のページに入力すると、連結ページは自動的に追加されます。続行しますか？]というメッセージが現れる。
4. [OK]を押す。▶ボディページが追加される。

ページを追加する位置

ページを追加する位置は、[追加:]でページ番号とその前か後かを指定することによって示す。ページ番号ははじめは、現在表示しているボディ

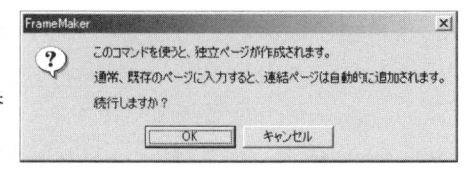

ページになっているので、必要に応じて変更する。そして［指定のページの前：］か［指定のページの後：］のいずれかを選べばよい。

使用するマスターページ

　［使用するマスターページ］で［初期設定］を選ぶと、ページの左右に応じて「Right」「Left」が交互に適用される。

手動ページ追加の特徴

　このように手動でボディページを追加する場合には、自動追加の場合と違って、文書の末尾以外でもどこでも好きなところにページを挿入することができる。

　なお、このようにして手動で追加したボディページのテキスト枠は既存のページとフローが連結されていないで、独立したフローになっている。もし連結したい場合は手作業で連結する必要がある。

● **マスターページを追加する**

　マスターページを追加するには、マスターページを表示させた状態で次のように操作する。

1. 任意のマスターページを表示させた状態で、［スペシャル］→［マスターページを追加］を選択。▶［マスターページを追加］画面が現れる。
2. 新しいマスターページにつけたいページ名を入力。基本ページレイアウトを指定。
3. ［追加］を押す。▶既存のマスターページの末尾に、新しいマスターページが追加される。

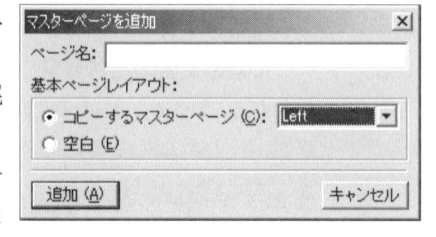

　［基本ページレイアウト］で［コピーするマスターページ］を選ぶと、既存のマスターページがまるごと複製されて新しいマスターページになるので、それを適宜変更すればよい。［空白］を選ぶと空白のマスターページができるので、一からレイアウトを作ることになる。

ボディページのレイアウトを反映したマスターページを追加

　ボディページを表示させた状態でマスターページを追加することもできる。すると、そのボディページのレイアウトが反映されたマスターページが作られる。次のように操作する。

1. マスターページにレイアウトを反映させたいボディページを表示させた状態で、［書式］→［ページレイアウト］→［新規マスターページ］を選択。▶［新規マスターページ］画面が現れる。
2. 新しいマスターページにつけたいページ名を入力。
3. ［作成］を押す。既存のマスターページの末尾に、ボディページのレイアウトが反映された新しいマスターページが追加される。

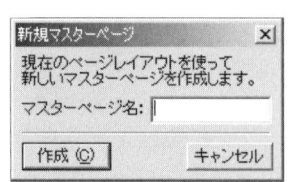

マスターページを並べ替え

　通常、マスターページは追加した順序に並んでいるが、この順序を変更するには次のように

操作する。

1. 任意のマスターページを表示させた状態で、［書式］→［ページレイアウト］→［カスタムマスターページを並べ替え］を選択。▶［カスタムマスターページを並べ替え］画面が現れる。
2. 位置を変えたいマスターページを選択し、［上へ移動］／［下へ移動］を押して位置を変える。
3. ［設定］を押す。▶マスターページが並べ替わる。

文書にはじめから存在する「Left」「Right」マスターページを並べ替えることはできない。

マスターページの名前を変える

マスターページの名前を変えるには次のように操作する。

1. 名前を変えたいマスターページを表示させる。▶ 文書ウィンドウ下端にマスターページ名が表示される。
2. 文書ウィンドウ下端のマスターページ名をクリック。▶［マスターページ名］画面が現れる。
3. 新しいマスターページ名を入力。
4. ［設定］を押す。▶マスターページ名が変わる。

ページを回転させる

文書内の任意のページを、90度ずつ回転させることができる。すなわち、左右に倒したり、逆さまにすることができる。

ページを回転させるには次のように操作する。

1. 回転させたいページを表示させる。
2. 時計回りに（右に）90度倒したいなら、［書式］→［レイアウトのカスタマイズ］→［ページ回転(時計回り)］を選択。反時計回りに（左に）90度倒したいなら、［書式］→［レイアウトのカスタマイズ］→［ページ回転(反時計回り)］を選択。▶ページが回転する。

同じ向きに2度回転すればページをさかさまにすることができる。

● ページの回転を解除

ページの回転を解除するには、そのページを表示させた状態で、［書式］→［レイアウトのカスタマイズ］→［ページ回転を解除］を選択すればよい。

ページを削除する

●ボディページの削除

ボディページが自動追加されるときと異なり、本文の内容が減ってページが余ったとしても、そのページはすぐ自動的に削除されるわけではない。しかし文書を保存したり印刷したりするタイミングでは、設定によっては自動削除されることがある（後述）。

上記設定によっても自動削除されないボディページを削除したいときや、不要になったボディページを即座に削除したいときは、ボディページを手動で削除すればよい。

1. 任意のボディページを表示させた状態で（削除したいページを表示させておくと便利）、［スペシャル］→［ページを削除］を選択。▶［ページを削除］画面が現れる。
2. 削除したいボディページの範囲を指定。 
3. ［削除］を押す。▶［**ページ番号**ページの削除は取り消しできません。続行しますか？］というメッセージが表示される。
4. ［OK］を押す。▶ボディページが削除される。

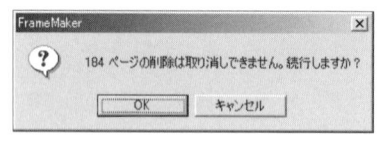

ページ範囲

ページ範囲ははじめは、現在表示しているページだけを削除する指定になっているので、必要に応じて変更する。右欄に、文書の先頭ページと最終ページの番号が表示されているので、必要に応じて参考にする。

他のページと構造化テキストフローが連結されているページは削除できない

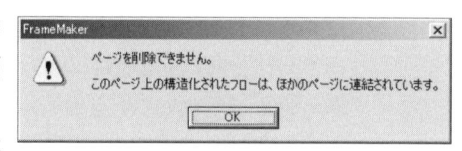

なお、構造化文書の場合、本文テキストが他のページとフロー連結されているボディページは削除することができない。削除しようとすると、［ページを削除できません。このページ上の構造化されたフローは、ほかのページに連結されています。］というメッセージが現れ、［ページを削除］画面に戻される。

●マスターページを削除する

元からあった「Left」「Right」マスターページを削除することはできないが、それ以外の、後から追加したマスターページを削除するには次のように操作する。

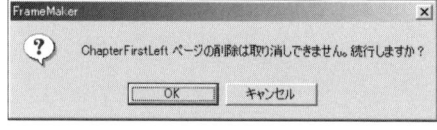

1. 削除したいマスターページを表示させた状態で、［スペシャル］→［「**マスターページ名**」ページを削除］を選択。▶［**マスターページ名**ページの削除は取り消しできません。続行

しますか?]というメッセージが現れる。

2. [OK]を押す。▶マスターページが削除される。

ボディページに適用されているマスターページは削除できない

なお、どこかのボディページに適用されているマスターページは削除することができない。削除しようとすると、[**ページ番号**ページに使用されているので、「**マスターページ名**」マスターページを削除できません。書式/ページレイアウト/マスターページ設定を選択してこれを変更し、もう一度実行してください。]というメッセージが現れる。

保存・プリント時の空白ページの自動削除・自動追加

FrameMaker では、本文が増えて入りきらなくなったときにはその分ページが自動的に増える。しかし逆に本文が減ったときには、ページがすぐにその分自動的に減るとは限らない。通常は、文書を保存したりプリントしたりするタイミングで自動的に削除されるようになっている。

また、文書の全ページ数をつねに偶数か奇数に保つように、必要に応じて文書の末尾に自動的に空白ページを持たせるよう設定することもできる。

このような、文書の保存・プリントのタイミングにおける空白ページの自動削除・自動追加を設定するには次のように操作する。

1. [書式]→[ページレイアウト]→[ページ設定]を選択。▶[ページ設定]画面が現れる。
2. [保存・プリント時:]を変更する。
   - [空白ページを削除]……文書末尾に空白ページがあればすべて自動削除。
   - [ページ数を偶数に変更]……上と同じだが、ただし文書の総ページ数が偶数になるようにする。すなわち、もし本文が奇数ページ数で収まっているならば、文書末尾にあえて空白ページが1ページ残されたり追加されたりする。次の章扉の手前の空白ページを確保しておきたい場合などに有用。
   - [ページ数を奇数に変更]……上の逆。総ページ数が奇数になるようにする。
   - [ページ数を変更しない]……保存・プリント時に空白ページを自動削除・自動追加しない。
3. [設定]を押す。

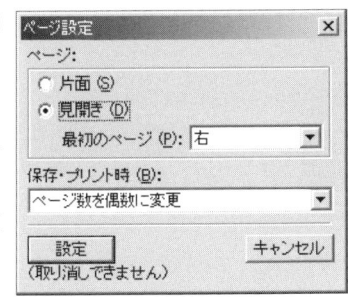

●空白ページの内容と自動削除されないページ

ここでいう「空白ページ」というのは、本文が終わった後の本文テキスト枠が空のページというだけの意味であり、ページ自体がまったくの真っ白とはかぎらない。たいていはマスターページ上のページ番号や飾りグラフィックなどがある。

それ以外のテキストやグラフィックなどが手作業で置かれて残っているページや、本文テキスト枠に手作業で変更を加えられたページなどがあると、そこまでのページは自動削除されない。そのような内容や変更を勝手に消去してもいいのか FrameMaker には判断できないからだ。この場合、そのページが文書の最終ページであるとして上記自動削除動作が行われる。もしすでにそれが要らないページなのであれば、手動でページを削除すればよい。

マスターページの一括変更機能でマスターページが変更されているページも、手動で変更を加えられたページとして扱われるので、自動削除されない。本文のページ数が多かった時にマスターページの一括変更を行い、その後に本文のページ数が減ると、そのようなことが起こりうる。そのようなときはもう一度マスターページの一括変更を行えば、空白ページになったページのマスターページ変更は解除されて元のデフォルトのマスターページに戻るので、手動変更はないと見なされ自動削除されるようになる。または上記同様、手動でページを削除してもよい。

5 テキスト枠とフロー

　テキスト枠の連結は、同じページ上にある複数のテキスト枠どうしでもできるし、別のページにあるテキスト枠でも可能である。ボディページ上のテキスト枠どうしはもちろんのこと、マスターページ上のテキスト枠どうしを連結することも可能だ。
　複数のテキスト枠が連結されてフローを構成しているとき、各テキスト枠はこのフローに属するという言い方をする。

フロータグと本文/非本文テキスト枠

　フローには名前をつけることができる。これを**フロータグ**という。
　フロータグは、文字カーソルがそのフロー内にあるとき、文書ウィンドウの左下隅に［フロー：**フロータグ**］として表示されている。
　新規作成した文書で生成されている本文テキスト枠には、「A」というそっけないフロータグが自動的についている。
　複数のフロータグを活用すれば、ひとつの文書に複数のフローを持たせることができる。応用としてはたとえば、語学テキストで左ページのフロー「A」には原文を、右ページのフロー「B」には対訳を流したりすることもできるし、または新聞紙面で記事ごとにそれぞれ違うフローにしたりすることもできる。
　これまで言及してきた本文テキスト枠とは実は、フロータグがついたフローに属するテキスト枠のことである。非本文テキスト枠とは、フロータグのないフローに属するテキスト枠か、またはフローに属さない（すなわち他と連結されていない）テキスト枠のことである。
　本文テキスト枠は、フロータグの指定を外すことにより、非本文テキスト枠に変えることができる。逆に非本文テキスト枠は、フロータグを指定することにより、本文テキスト枠に変えることができる。

フロータグと自動連結

　フローの内容が増えたときに、ページが自動的に文書末尾に追加され、そのページ上の新しい本文テキスト枠がフロー末尾に連結されて、そこに内容の続きが流し込まれるようにするには、フロータグがついたフロー（すなわち本文テキスト枠が属するフロー）で自動連結を設定する必要がある。
　新規作成した文書で生成されている本文テキスト枠のフローには自動連結がはじめから設定されているので、ユーザーはテキスト枠の連結のことなど気にせずどんどん内容とともにページを増やしていくことができる。マスターページ上であとから作成する本文テキスト枠に

ついても同様である。

　なお、非本文テキスト枠（すなわちフロータグのないテキスト枠）に自動連結を設定することはできない。

ボディページ・マスターページとテキスト枠

　テキスト枠は、マスターページ上で作った場合とボディページ上で作った場合とで若干ふるまいが異なる。

●非本文テキスト枠のふるまい

マスターページ上で作った場合

　マスターページ上で非本文テキスト枠を作ると、その内容は適用先ボディページにも印字されるが、内容を追加・編集したりテキスト枠を編集したりすることはマスターページ上でしかできない。たとえばページ番号や章タイトルをヘッダ／フッタに印字したいとか、著作権表示を各ページ下端に出したいとかの用途に用いる。

ボディページ上で作った場合

　これに対して、ボディページ上で非本文テキスト枠を作ると、そのボディページだけに存在する単発のテキスト枠になり、マスターページとは一切関係がなくなる。たとえば特定のページにだけどこかイレギュラーな位置にテキストを置きたいときに用いる。

●本文テキスト枠のふるまい

マスターページ上で作った場合

　一方、マスターページ上で本文テキスト枠を作ると、それと同じ位置・大きさの本文テキスト枠が適用先ボディページに複製されていく。ボディページ上で内容を追加・編集したりテキスト枠を編集したりすることができる。マスターページ上では内容を入れないのが普通だ。自動連結にした場合は内容の増加に応じてボディページも増えていく。文書のメインの本文に用いるのはこれである。

ボディページ上で作った場合

　ボディページ上で本文テキスト枠を作ることもできる。これはボディページだけに存在するテキスト枠になり、マスターページとは関係がなくなる。たとえば新聞紙面など、フローに属するテキスト枠の配置がページによってさまざまである場合に用いる。自動連結にした場合は（あまりこういうケースはなさそうだが）、内容の増加に応じてボディページも自動追加されていく。その際追加されるページには、元のボディページと同じマスターページが適用されているのに加え、本文テキスト枠が同じ位置・大きさに自動生成されており、フロー末尾に連結されている。

テキスト枠を作成する

テキスト枠を作成するには、まずツールパレットを表示させておく必要がある。編集するときもたいていはツールパレットが必要だ。⇨p158「ツールパレット」

●ボディページ上でテキスト枠を作成する

テキスト枠を新たに作成する際の挙動も、ボディページ上とマスターページ上とでは少し異なる。ボディページ上でテキスト枠を作成するには次のように操作する。

1. ツールパレットで▓を選ぶ。 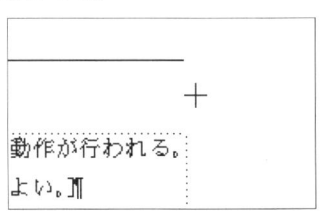
2. ページ上でマウスをドラッグして、望みの位置と大きさの枠を描き（Shiftキーを押しながらドラッグすると正方形が描ける）、マウスボタンを放す。▶テキスト枠が作成されると同時に、[新規テキスト枠を作成]画面が現れる。 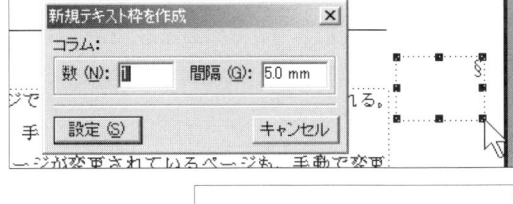
3. [設定]を押す。▶テキスト枠は選択された状態になっている。
4. テキスト枠の選択状態を解除するには、テキスト枠の外のどこかをクリックする。

このようにして作成されるテキスト枠は非本文テキスト枠である。もしもこれを本文テキスト枠に変えたい場合はフロータグを指定する必要がある。

コラム

[新規テキスト枠を作成]画面では、作成するテキスト枠のコラムの数と間隔を指定することもできる。⇨p280「コラム」

●マスターページ上でテキスト枠を作成する

マスターページ上でテキスト枠を作成するには次のように操作する。

1. ツールパレットで▓を選ぶ。
2. ページ上でマウスをドラッグして、望みの位置と大きさの枠を描き、マウスボタンを放

す。▶テキスト枠が作成されると同時に、[新規テキスト枠を追加]画面が現れる。
3. テキスト枠の種類とフロータグを指定。
4. [追加]を押す。▶テキスト枠は選択された状態になっている。
5. テキスト枠の選択状態を解除するには、テキスト枠の外のどこかをクリックする。

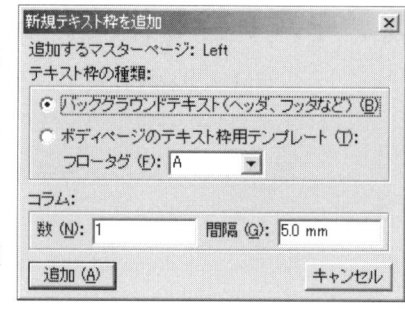

テキスト枠の種類とフロータグ

　[新規テキスト枠を追加]画面でのテキスト枠の種類とフロータグの指定のしかたは次のとおり。

- [バックグラウンドテキスト(ヘッダ、フッタなど)] ……非本文テキスト枠を作成したいときに選ぶ。
- [ボディページのテキスト枠用テンプレート:] ……本文テキスト枠を作成したいときに選ぶ。

　あわせて、本文テキスト枠を属させたいフローを[フロータグ:]で指定する必要がある。既存のフローを選ぶこともできるし、新たなフロータグを入力してフローを作ることもできる。

　選んだフローに属する本文テキスト枠がそのマスターページ上にすでに存在している場合、この新規テキスト枠はそのページ内におけるフローの末尾に連結され、そのことを伝える[新しいテキスト枠は、「**フロータグ**」フローの最後に連結されています。]というメッセージが現れるので、[OK]を押す。

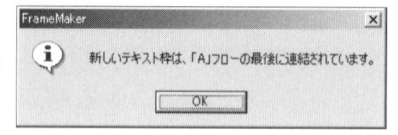

コラム

　[新規テキスト枠を追加]画面の[コラム:]では、コラムの数と間隔を指定することもできる。⇨p280「コラム」

テキスト枠の内容を編集する

　テキスト枠に内容を入力したり構造を編集したり、コピー・ペーストなどの編集を行ったりするには、ツールパレットの▙を選んだ状態でテキスト枠をクリックすれば、文字カーソルがテキスト枠の中に現れて、テキスト枠の中身を編集することができるようになる。

　ただしテキスト枠が選択されている時は（後述）、クリックしただけでは中身を編集できるようにはならない。そのような時は、ツールパレットの▙を選んだ状態でテキスト枠をダブルクリックすれば、選択が解除されるとともに文字カーソルが現れる。あるいはいったんテキスト枠の選択を解除してからあらためてテキスト枠をクリックしてもよい。

テキスト枠を編集する

テキスト枠はグラフィックの一種なので、その編集方法は基本的に一般のグラフィックの編集方法と同じである。⇨p165「グラフィックを編集」

●テキスト枠を分割する

テキスト枠を水平に切って上下2つに分けることもできる。新聞紙面などで、ひとつの項目が終わったすぐ下から別のフローが始まるようなレイアウトを作る際に便利だ。

テキスト枠を分割するには次のように操作する。

1. テキスト枠を分割したい位置のすぐ上の行（分割後、上の部分の最終行にしたい行）に文字カーソルを置く。
2. ［書式］→［レイアウトのカスタマイズ］→［テキスト枠を分割］を選択。▶文字カーソルのすぐ下でテキスト枠が分割される。

   なお、文字カーソルを置いた行の横に、他の行の段落内アンカー枠があるときは、そのアンカー枠の直上で分割される。⇨p156「アンカー枠」

●テキスト枠の属性を表示・変更する

テキスト枠の属性を表示すると、グラフィックとしてのテキスト枠のさまざまな属性のほかに、コラムやフローなどといったテキスト枠独特の機能設定も表示・変更することができる。⇨p280「コラム」・p280「フロー」

テキスト枠の属性を表示するには、テキスト枠を選択した後、次のいずれかの操作を行う。

- ［グラフィック］→［オブジェクトの属性］を選択。
- テキスト枠を右クリックしてコンテキストメニューで［オブジェクトの属性］を選択。
- ［書式］→［レイアウトのカスタマイズ］→［テキスト枠をカスタマイズ］を選択。

すると［テキスト枠のカスタマイズ］画面が現れる。ここにテキスト枠のさまざまな属性が表示されている。これらは変更することもできる。［設定］を押せば変更がテキスト枠に反映される。

●フロー

［フロー:］では、テキスト枠が属するフローのフロータグと自動連結の設定を行うことができる。

フロータグが指定されているテキスト枠（すなわち本文テキスト枠）でフロータグを空欄にすると、非本文テキスト枠になる。

逆にフロータグが空欄のテキスト枠（すなわち非本文テキスト枠）でフロータグを入力すると、本文テキスト枠になる。マスターページ上のテキスト枠だった場合には、その瞬間から適用先ボディページ上で内容を追加・編集したりテキスト枠を編集したりすることができるようになる。

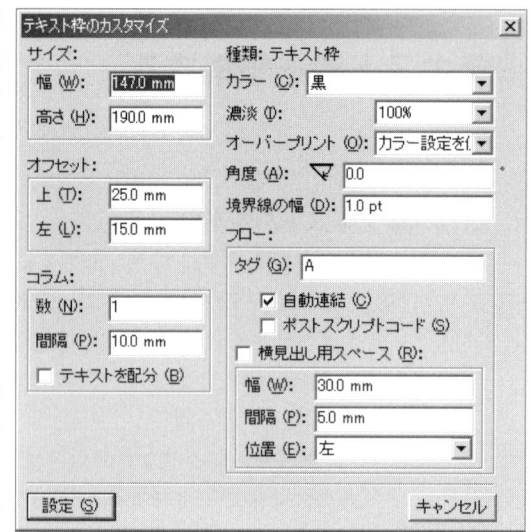

●横見出し用スペース

［横見出し用スペース:］にチェックを入れると、テキスト枠に横見出し用スペースを設けることができる。⇨p308「横見出し」

［幅:］で横見出し用スペースの幅を数値指定し、［間隔:］で横見出し用スペースと本文スペースとの間隔を指定し、［位置:］でテキスト枠内での横見出しスペースの位置として次のいずれかを選択することができる。

- ［左］……左
- ［右］……右
- ［内側］……のど側
- ［外側］……前小口側

●コラム

［コラム:］では、テキスト枠のコラムを設定することができる（次項）。

コラム

テキスト枠は、縦にいくつかに割って、多段組みを形成させることもできる。このとき、一つ一つの段組みのことを**コラム**という。たとえば3段組みであれば、「コラムが3つある」ということだ。

もちろん、縦長のテキスト枠をいくつか作って横に並べてフロー連結しても同じなのだが、コラムには、テキストを配分するという便利な機能がある。これは、テキスト枠の内容がいっぱいいっぱいに満たないときに、下部の空白を各コラムに均等に割り振る機能である。たとえばもし3段組みのテキスト枠で、テキストを配分しなかったら3段目の下部が9行あくというときに、テキストを配分させると各段の下部が自動的に3行ずつあくように組まれるのだ。テキスト枠を並べて連結したのでは、この効果を自動的に得ることはできない。

●コラム設定を変更

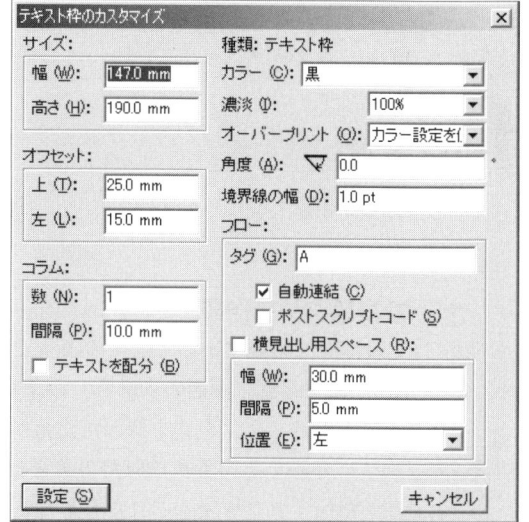

テキスト枠のコラム数は、テキスト枠の作成時に指定することもできる⇒p277「ボディページ上でテキスト枠を作成する」・p277「マスターページ上でテキスト枠を作成する」。また、作成後に変更することもできる。いずれの場合も、コラム間の間隔を指定することが可能だ。作成時にとくに指定しなければ、コラム数は1になる。すなわち多段組みでない1段組みになる。

テキスト枠のコラム数やコラム間隔を後から変更するには、［テキスト枠のカスタマイズ］画面の［コラム:］で［数:］や［間隔:］を変更すればよい。その際［テキスト枠を配分］にチェックを入れれば、上で述べたテキスト枠の配分機能を利用できるようになる。

フロー内のコラム設定をまとめて変更

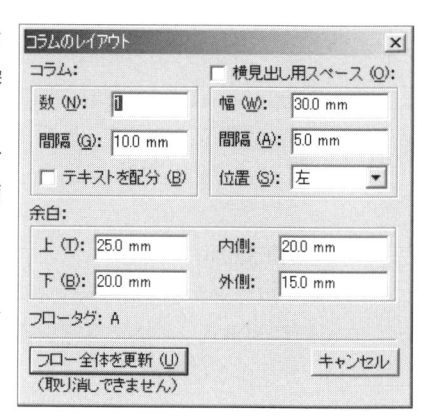

一つのフローに属するテキスト枠のコラム設定をすべてまとめて変更することもできる。次のように操作する。

1. ［書式］→［ページレイアウト］→［コラムのレイアウト］を選択。▶［コラムのレイアウト］画面が現れる。
2. コラム設定を［コラム:］で指定。
3. ［フロー全体を更新］を押す。▶フロー全体のテキスト枠のコラム設定が変更される。

6 段落書式・段落タグと文字書式・文字タグ

テキストには段落書式・段落タグや文字書式・文字タグを作成・適用することができる。
⇨p144「段落書式と文字書式」

段落書式

段落書式を表示・設定するには主に［段落書式］画面を利用する（⇨p144「段落書式」）。個々の書式属性の内容についてはこのあとのいくつかの節で順に解説していく。

段落タグ

段落タグを表示・適用するには、［段落書式］画面や書式バーや段落カタログなどを利用する。⇨p148「段落カタログと段落タグ」

●段落タグを作成

段落タグを作成するには次のように操作する。

1. ［段落書式］画面の内容を、段落タグとして定義したい内容に変更する。
   登録したい書式を持った段落がすでにあれば、そこに文字カーソルを置いてもよい。
   登録したい書式に似た書式を持った段落に文字カーソルを置いたり、似た書式を持った段落タグを表示させたりしたあとで、［段落書式］画面の内容を変更してもよい。
   似た書式のままとりあえず段落タグとして登録して、後で正確な内容に変更する（後述）という手もある。
2. ［段落書式］画面の［コマンド:］から［新規書式］を選択。▶［新規書式］画面が現れる。
3. 段落書式の利用対象などを示す任意の名前を［タグ:］に入力。［カタログに保存］にチェックを入れる。
4. ［作成］を押す。▶新しい段落タグが作成される。
   ［段落書式］画面の［段落タグ:］の選択肢に追加されている。

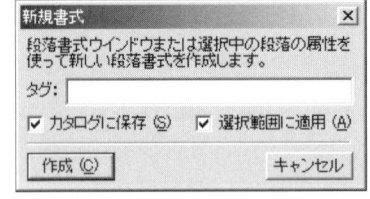

選択範囲に適用

段落タグを登録すると同時に、現在のカーソル位置の段落にその書式を適用したい場合は、［新規書式］画面で［選択範囲に適用］にチェックを入れる。

カタログに保存

［カタログに保存］のチェックを外し、［選択範囲に適用］にチェックを入れると、段落タグは文書には登録されずに、現在のカーソル位置の段落にだけ適用される。何らかの特殊な目的がある場合のみに用いる。

書式バーを用いる方法

書式バー（⇨p148「書式バー」）を用いて段落タグを登録する方法もある。書式バーの段落タグドロップダウンリストで［新規書式］を選択すれば、上記と同じ［新規書式］画面が現れるので、あとは同様の操作となる。

● 段落タグの定義を変更

段落タグとして登録した書式内容を変更するには次のように操作する。

1. ［段落書式］画面で、内容を変更したい段落タグを選択（そのタグが適用されている段落に文字カーソルを置くなどして）。▶その段落タグの書式内容が表示される。
2. 書式内容を変更。
3. ［すべてを更新］を押す。▶段落タグの内容が更新され、そのタグが適用されている段落の書式も更新される。

書式バーを用いる方法

書式バー（⇨p148「書式バー」）を用いて段落タグの定義を変更する方法もある。定義を変更したい段落タグが適用された段落の段落書式を変更し、その段落に文字カーソルを置いた状態で、書式バーで［すべて更新］を選択する。

● 段落タグの名前を変更

段落タグの名前を変更するには次のように操作する。

1. ［段落書式］画面で、名前を変更したい段落タグを表示させる。
2. ［段落タグ:］を新しい名前に書き換える。
3. ［すべてを更新］を押す。▶［「旧タグ」タグの名前をすべて「新タグ」に変更しますか？］というメッセージが現れる。
4. ［OK］を押す。▶段落タグの名前が変更される。

● 段落タグを削除

段落タグを削除するには次のように操作する。

1. ［段落書式］画面で［コマンド:］から［書式を削除］を選択。［カタログから書式を削除］画面が現れる。
2. 削除したい段落タグを一覧から選択。
3. ［削除］を押す。削除したい段落タグが複数ある場合はこれを繰り返す。
4. ［OK］を押す。▶段落タグが削除される。

段落カタログを用いる方法

段落カタログで［削除］を押すと上と同じ［カタログから書式を削除］画面が現れるので、あとは同様の操作で段落タグを削除することもできる。

第 8 章 【開発編】ページ内容書式開発

文字書式

一方、文字書式を表示・設定するには［文字書式］画面を利用する。⇨p150「文字書式」

文字タグ

文字タグを表示・適用するには、［文字書式］画面や文字カタログなどを利用する。⇨p152「文字カタログと文字タグ」

●文字タグを作成

文字タグを作成するには次のように操作する。

1. ［文字書式］画面の内容を、文字タグとして定義したい内容に変更する。

    登録したい書式を持ったテキスト範囲がすでにあれば、その中に文字カーソルを置いてもよい。

    登録したい書式に似た書式を持ったテキスト範囲の中に文字カーソルを置いたり、似た書式を持った文字タグを表示させたりしたあとで、［文字書式］画面の内容を変更してもよい。

    似た書式のままとりあえず文字タグとして登録して、後で正確な内容に変更する（後述）という手もある。

2. ［文字書式］画面の［コマンド:］から［新規書式］を選択。▶［新規書式］画面が現れる。

3. 文字書式の利用対象などを示す任意の名前を［タグ:］に入力。［カタログに保存］にチェックを入れる。

4. ［作成］を押す。▶新しい文字タグが作成される。

    ［文字書式］画面の［文字タグ:］の選択肢に追加されている。

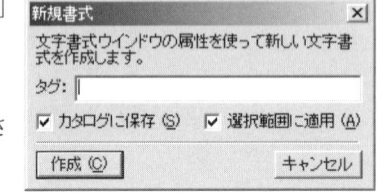

選択範囲に適用

文字タグを登録すると同時に、現在選択しているテキスト範囲にその書式を適用したい場合は、［新規書式］画面で［選択範囲に適用］にチェックを入れる。

カタログに保存

［カタログに保存］のチェックを外し、［選択範囲に適用］にチェックを入れると、文字タグは文書には登録されずに、現在選択されているテキスト範囲にだけ適用される。何らかの特殊な目的がある場合のみ用いる。

●「そのまま」の書式属性を含む文字タグ

文字タグは段落タグと異なり、「そのまま」の書式属性を含んだ定義をすることが可能である。その場合、「そのまま」の属性は段落書式から引き継がれて印字される。たとえばフォン

ト名だけをArialと指定し、残りの属性はすべて「そのまま」とした文字タグを定義した場合、それをもしも段落書式がTimesの9 ptである段落の中のテキスト範囲に適用すると、適用箇所はArialの9 ptで印字される。

● 文字タグの定義を変更

文字タグとして登録した書式内容を変更するには次のように操作する。

1. ［文字書式］画面で、内容を変更したい文字タグを選択（そのタグが適用されているテキスト範囲を選択するなどして）。▶その文字タグの書式内容が表示される。
2. 書式内容を変更。
3. ［すべてを更新］を押す。▶文字タグの内容が更新され、そのタグが適用されているテキスト範囲の書式も更新される。

● 文字タグの名前を変更

文字タグの名前を変更するには次のように操作する。

1. ［文字書式］画面で、名前を変更したい文字タグを表示させる。
2. ［文字タグ:］を新しい名前に書き換える。
3. ［すべてを更新］を押す。▶「「旧タグ」タグの名前をすべて「新タグ」に変更しますか？」というメッセージが現れる。
4. ［OK］を押す。▶文字タグの名前が変更される。

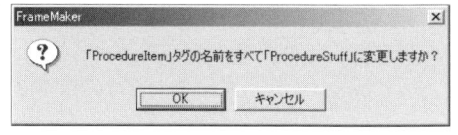

● 文字タグを削除

文字タグを削除するには次のように操作する。

1. ［文字書式］画面で［コマンド:］から［書式を削除］を選択。［カタログから書式を削除］画面が現れる。
2. 削除したい文字タグを一覧から選択。
3. ［削除］を押す。削除したい文字タグが複数ある場合はこれを繰り返す。
4. ［OK］を押す。▶文字タグが削除される。

文字カタログを用いる方法

文字カタログで［削除］を押すと上と同じ［カタログから書式を削除］画面が現れるので、あとは同様の操作で文字タグを削除することもできる。

第 8 章 【開発編】ページ内容書式開発

7 段落の基本書式と文字組み調整書式

段落の基本的な書式と、自動ハイフネーション・単語間隔自動調整・和文文字組み自動調整という文字組みの自動調整に関連した書式を設定する方法を解説する。

左揃え／中央揃え／右揃え／均等配置

段落を左揃え／中央揃え／右揃え／均等配置するには、［段落書式］画面の［基本］タブで［整列:］から選択する。

- ［左揃え］……各行の左端を揃える。右端は不揃いでもかまわないとする。
- ［中央揃え］……各行を中央で揃える（センタリング）。
- ［右揃え］……各行の右端を揃える。左端は不揃いでもかまわないとする。
- ［均等配置］……各行の左端を揃えながらも、自然改行箇所では右端も揃うよう文字間隔を許される限り自然調整する。

●書式バーを用いる方法

または書式バー（⇨p148「書式バー」）で、いちばん左のボタンを押してポップアップメニューを表示させ、［左揃え］／［中央揃え］／［右揃え］／［均等配置］のいずれかを選択するという方法もある。ボタンのアイコンは、現在カーソルがある段落の整列を表す図柄になっている。

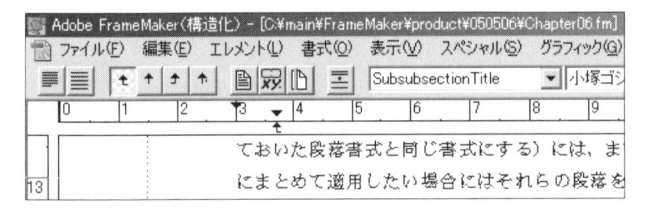

インデント（字下げ）する

段落のインデントを変えるには、［段落書式］画面の［基本］タブで［インデント:］にインデント幅を数値指定する。

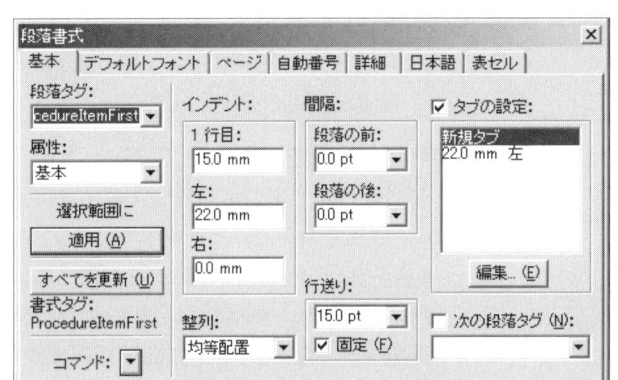

- ［1行目:］……段落の1行目の左インデント。
- ［左:］……段落の1行目以外の左インデント。
- ［右:］……段落の右インデント。

●ルーラを用いる方法

または文書ウィンドウの上端にあるルーラで、小さな［▼］を移動させてインデントを変更するという方法もある。

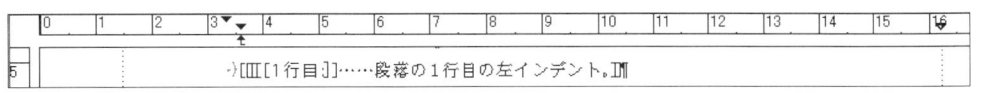

ルーラが表示されていない場合は、［表示］→［ルーラ］を選択すれば表示される。

- 左の上の▼……1行目インデント
- 左の下の▼……左インデント
- 右の下の▽……右インデント

行送りを変える

段落の行送りを指定するには、［段落書式］画面の［基本］タブで［行送り:］に数値指定する。または選択肢［シングル］／［1.5］／［ダブル］のなかから選ぶ。

［固定］にチェックを入れない場合は、行内の文字のフォントサイズ等によって行送りが必要に応じて自動調整される。［固定］にチェックを入れると自動調整はされず常に指定した固定値で行送りされる。

●書式バーを用いる方法

または書式バー（⇨p148「書式バー」）で、左から2番目のボタンを押してポップアップメニューを表示させ、［シングル］／［1.5］／［ダブル］／［カスタム］のいずれかを選択するという方法もある。ボタンのアイコンは、現在カーソルがある段落の行送りを表す図柄になっている。

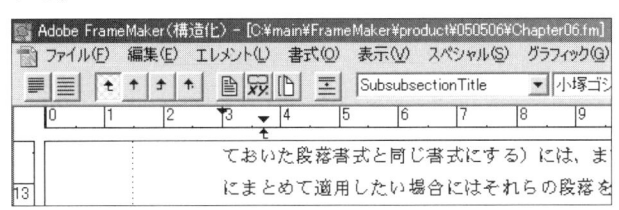

[カスタム]を選んだ場合は、任意の行送り画面が現れるので、[任意:]に行送りを数値指定するか、[シングル]／[1.5]／[ダブル]のいずれかを選んで[設定]を押す。ここで[行送りを固定]のチェックは[段落書式]画面の[固定]と同じ。

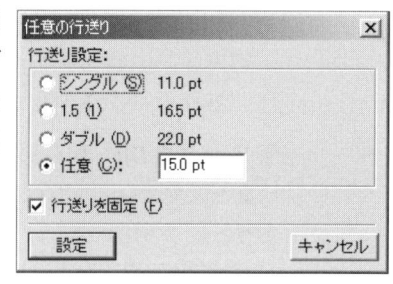

●複数コラムの行をベースライン整列

複数のコラムを持つ多段組みのテキスト枠では、途中で見出しなどが入って本文と異なる行送りが行われると、左右の行は互い違いになる（コラムどうしの行が横に揃わない）。それが見苦しいと感じる場合は、ある程度までの大きさの見出しであれば左右の行を横に揃えるように自動調整させることができる。これを**ベースライン整列**という。

ベースライン整列を行わせるには、そのフローの本文段落の行送りをすべて等しくしてかつ固定したうえで、次のように操作する。

1. ベースライン整列を行わせたいフローに文字カーソルを置いた状態で、[書式]→[ページレイアウト]→[行のレイアウト]を選択。▶[行のレイアウト]画面が現れる。
2. [ベースラインで整列]にチェックを入れる。本文段落の行送り値と同じ値を[整列する段落の行送り隔:]に入力。見出しがコラムの先頭に来た場合にそれのフォントサイズが最大いくらまでならベースライン整列を行うかを[1行めの整列:]に入力。[フェザリング]のチェックを外す。
3. [フローを更新]を押す。▶ベースライン整列が行われるようになる。

●フェザリング

コラムの末尾までテキストが充たされるように行送りや段落間隔を自動的に広げることを**フェザリング**という。フェザリングを行わせるには次のように操作する。

1. フェザリングを行わせたいフローに文字カーソルを置いた状態で、[書式]→[ページレイアウト]→[行のレイアウト]を選択。▶[行のレイアウト]画面が現れる。
2. [フェザリング]にチェックを入れる。行送りを広げてよい最大値を[最大の行送り隔:]に入力。段落間隔を広げてよい最大値を[最大の段落間隔:]に入力。

3. ［フローを更新］を押す。▶ フェザリングが行われるようになる。

段落前・段落後・段落間のアキを変える

段落の前（すなわち上）のアキや、段落の後（すなわち下）のアキを変えるには、［段落書式］画面の［基本］タブで［間隔:］に数値指定する。
- ［段落の前:］……段落の前（上）のアキ。段落の先頭行がコラム上端に来た場合はあけない。
- ［段落の後:］……段落の後（下）のアキ。段落の最終行がコラム下端に来た場合はあけない。

●書式バーを用いる方法
または、次のように書式バーを用いて段落間のアキを指定することもできる。
1. 段落間をあけたい複数の段落を選択。
2. 書式バー（⇒p148「書式バー」）で、左から2番目のボタンを押してポップアップメニューを表示させ、［間隔］を選択。［段落間隔］画面が現れる。
3. ［任意:］で段落間のアキを数値指定するか、［なし］／［1行］／［2行］のいずれかを選ぶ。
4. ［設定］を押す。▶ 各段落どうしの間があく。

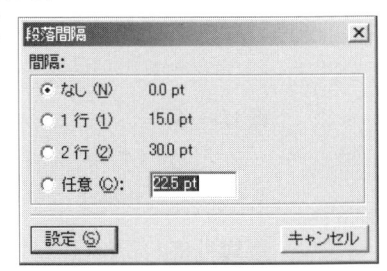

タブの位置・整列方式・リーダ

段落のタブの位置・整列方式・リーダを指定するには、［段落書式］画面の［基本］タブで［タブの設定:］に指定する。タブ位置を持たない段落では［タブの設定:］にチェックマークが入らず、下のタブ位置一覧にも［新規タブ］としか表示されないが、タブ位置を持つ段落ではチェックが入り、［新規タブ］以外にタブ位置が列挙される。

●タブ位置を追加
段落にタブ位置を新たに追加するには次のように操作する。
1. ［タブの設定:］で、［新規タブ］を選択して［編集］を押す。または［新規タブ］をダブルクリック。▶［タブを編集］画面が現れる。

2. タブ位置などを指定。
3. ［続行］を押す。▶タブ位置が追加されている。

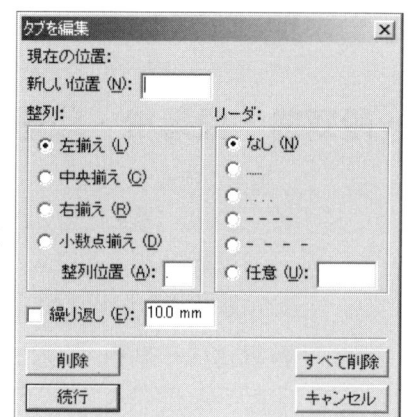

●整列

タブ位置の整列方式を指定するには［タブを編集］画面の［整列:］から次のいずれかを選ぶ。

- ［左揃え］……タブの後のテキストはタブ位置を左端として配置される。
- ［中央揃え］…タブの後のテキストはタブ位置を中央として配置される。たとえば表のヘッダ等で用いる。
- ［右揃え］…タブの後のテキストはタブ位置を右端として配置される。たとえば整数を縦に列挙する場合などに用いる。
- ［小数点揃え］……タブの後のテキストは小数点をタブ位置に合わせて配置される。小数点として用いる文字を［整列位置:］で指定することもできる（初期値はピリオドになっているが、言語によってはカンマを小数点として用いることもあるので）。

●リーダ

タブ位置までリーダを自動印字させるには［タブを編集］画面の［リーダ:］でリーダの種類を選ぶ。［任意:］に任意の文字列をリーダとして指定することもできる。

●繰り返し

段落にタブ位置を一定間隔ごとに繰り返しまとめて追加することもできる。［タブを編集］画面の［繰り返し:］にチェックを入れ、繰り返し間隔を数値指定する。

●タブ位置の定義を変更

段落の既存のタブ位置の定義を変更するには次のように操作する。

1. ［タブの設定:］で、変更したいタブ位置を選択して［編集］を押す。または変更したいタブ位置をダブルクリック。▶［タブを編集］画面が現れる。

2. タブ位置などを変更。
3. ［続行］を押す。▶タブ位置の定義が変更されている。

● タブ位置を削除

段落の既存のタブ位置を削除するには次のように操作する。

1. ［タブの設定：］で、削除したいタブ位置を選択して［編集］を押す。または削除したいタブ位置をダブルクリック。▶［タブを編集］画面が現れる。
2. ［削除］を押す。▶タブ位置が削除される。

● すべてのタブ位置を削除

段落の既存のすべてのタブ位置をまとめて削除することもできる。次のように操作する。

1. ［タブの設定:］で［編集］を押す。または任意のタブ位置をダブルクリック。▶［タブを編集］画面が現れる。
2. ［すべて削除］を押す。▶すべてのタブ位置が削除される。

● ルーラを用いる方法

または書式バー（⇨p148「書式バー」）とルーラで、小さな上向き矢印を追加・移動させてタブ位置を追加・変更するという方法もある。

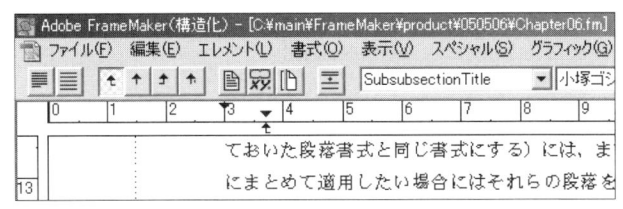

ルーラが表示されていない場合は、［表示］→［ルーラ］を選択すれば表示される。

書式バーとルーラを用いてタブ位置を追加するには次のように操作する。

1. 書式バーの左から3番目に4つ固まっている上向き矢印ボタンのいずれかをクリックして整列を選ぶ。左から左揃え/中央揃え/右揃え/小数点揃えのボタン。
2. ルーラの目盛り線の下で、タブ位置を追加したい位置をクリック。▶タブ位置が追加される。

ルーラを用いてタブ位置を変更するには矢印を横にドラッグする。

ルーラを用いてタブ位置を削除するには矢印を下にドラッグしてルーラから出してしまえばよい。

ルーラで矢印をダブルクリックすると［タブを編集］画面が現れるので、タブ位置の定義を変更することができる（整列方式やリーダなども）。

次段落に自動適用される段落タグを指定

段落の末尾でEnterキーを押すなどして改段落したときに次の段落に自動的に適用される段落タグを指定しておくこともできる。［段落書式］画面の［基本］タブで［次の段落タグ:］にチェックを入れて段落タグを選ぶ。

自動ハイフネーションの設定を変える

自動ハイフネーションの設定を変えるには、［段落書式］画面の［詳細］タブの［自動ハイフネーション:］で以下のように指定する。

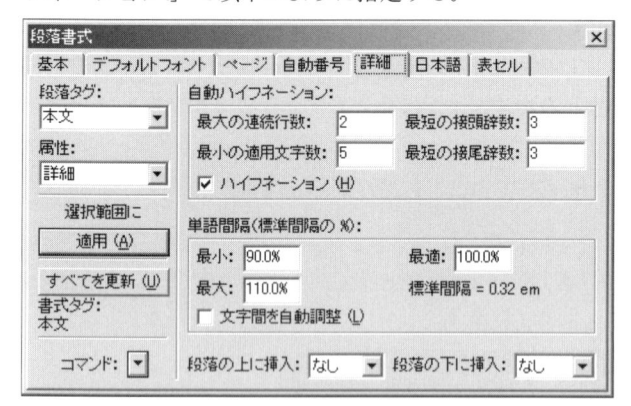

●自動ハイフネーション機能を有効にする

自動ハイフネーション機能を有効にするには［ハイフネーション］にチェックマークを入れる。

> NOTE
> 以下、各種設定を行う動機についての記述は、ハイフネーション作法の解説として厳密ではない。

●最大の連続行数

ハイフンで終わる行はあまりたくさん連続すると見苦しいものだ。ハイフンで終わる行が一定行数以上連続しないよう自動調整するには、［最大の連続行数:］に上限行数を指定する。

●最小の適用文字数

あまりにも短い単語をたまたま行末で入りきらないからといってハイフンで二行に分割するのは滑稽な印象を与える。一定文字数以上の単語だけしか自動ハイフネーションされないようにするには、［最小の適用文字数:］に下限文字数を指定する。

●最短の接頭辞/接尾辞数

単語をハイフンで二分割したうちの片方があまりに短いのは嫌だという場合は、自動ハイフ

ネーションでそのような分割が起こらないようにするために、［最短の接頭辞数:］にハイフンの前の部分の下限文字数を指定し、［最短の接尾辞数:］に後の部分の下限文字数を指定することができる。

単語間隔の自動調整設定を変える

> **NOTE**
> 以下、各種設定を行う動機についての記述は、欧文組版作法の解説として厳密ではない。

欧文では習慣上、単語の途中の好き勝手な位置で改行することは許されないし、途中でいっさい改行してはならないことになっている単語もたくさんある。そのため欧文組版では、単語と単語の間の間隔を狭めたり広げたりして調整することで各行にうまく単語群を収めるよう工夫する必要がある。とくに均等配置の場合、みだりにハイフネーションを多用するよりは、なるべく単語間隔の調整で解決するほうが望ましいとされる。あまりにぶざまに単語間隔が狭まりすぎたり広がりすぎたりする場合にかぎり、ハイフネーションに走ることが認められるのである。ただしその閾値は制作者により好みがあるし、またレイアウト（一行文字数等）によってもある程度基準を変えたほうがいいだろう。

テキストを追加したり編集したりすると、そのたびに時々刻々、単語間隔の自動調整の必要があるかどうかの判定が各行ごとに行われる。調整の必要ありと判定された行については、どの程度間隔を狭めれば、あるいは広げればよいかが計算される。その結果あまりに狭まりすぎる、あるいは広がりすぎることがわかった場合はその調整案は捨てられ、別の解決策の検討に移るようになっている。計算結果が許容範囲内であれば実際にその自動調整が行われる。

自動調整されない場合の単語間隔、および自動調整の許容範囲は、段落ごとに段落書式で指定できるようになっている。単語間隔の自動調整設定を変えるには、［段落書式］画面の［詳細］タブの［単語間隔(標準間隔の %):］で以下のように指定する。

●最適単語間隔

自動調整されない場合の単語間隔は［最適:］にパーセント値で指定する。

●最小単語間隔/最大単語間隔

単語間隔を自動調整で狭めて/広げてよい下限値は［最小:］/［最大:］にパーセント値で指定する。

●文字間隔を自動調整して逃げる

異常に長い単語が文中に出現。単語間隔の自動調整が試みられたが、許容範囲をあっさり超えており実行できなかった。ハイフネーションは許容されておらず却下された。…となるともう自動調整の手段は何も残されていない。このような事態においては結局、その行では最大単語間隔の設定が緊急避難的に無視され、単語間隔が非常に広くあけられることになる。オペレーターはそこに組版アルゴリズムの悲鳴を聞くべきである。

同様の悲鳴は、一行文字数が異常に少ない場合にも起きる。途上国の英字紙などでひんぱんに見られ、欧米人に揶揄されている現象だ。

これを解決する最終手段は、文字間隔の自動調整（一般には広げること）を許すことである。通常、文字間隔は固定値であり、自動調整されることはないのだが、上記のような事情でその禁を解きたいときは、［文字間を自動調整］にチェックマークを入れる。

和文文字組みの自動調整設定を変える

和文の文字組みの自動調整設定を変えるには、［段落書式］画面の［日本語］タブで以下のように指定する。

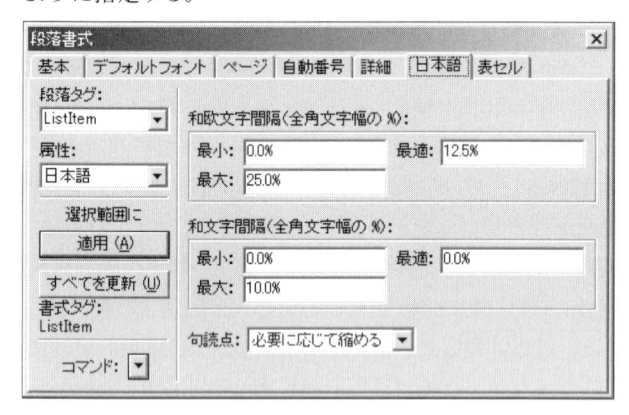

---NOTE---
以下、各種設定を行う動機についての記述は、文字組み作法の解説として厳密ではない。

●和欧文字間隔

和文の中に欧文（英単語や英略語等）が混在するときは、欧文と和文の間に少しだけアキを入れると美しい。

これを自動的に行わせるには、［和欧文字間隔(全角文字幅の%):］で次のように指定する。

- ［最適:］……和文と欧文との間の通常の間隔をパーセント指定。
- ［最小:］／［最大:］……各行に文字をうまく収めるために和欧文字間隔が自動調整される場合に許容しうる最小／最大間隔をパーセント指定。

●和文字間隔

和文の文字間隔を指定するには、［和文字間隔(全角文字幅の%):］で次のように指定する。

- ［最適:］……和文の通常の文字間隔をパーセント指定。
- ［最小:］／［最大:］……各行に文字をうまく収めるために和文字間隔が自動調整される場合に許容しうる最小／最大間隔をパーセント指定。

●**句読点**

　和文の句読点の後を縮めると全体が締まった印象になるが、反面すっきり揃った感じがなくなる。どちらを採るかは制作者の好みや文書の性質による。

　これを自動的に行わせるかどうかを指定するには、［句読点:］で［必要に応じて縮める］／［縮めない］／［常に縮める］のいずれかを選択する。

8 フォントとスタイル

段落やテキスト範囲のフォントやスタイルの指定を行う方法を解説する。

フォントを変える

段落のフォントを変えるには、[段落書式]画面の[デフォルトフォント]タブで[フォント名:]から選択する。

テキスト範囲の場合は[文字書式]画面。

[書式]→[フォント]→[**フォント名**]を選択してもよい。

●書式バーを用いる方法

書式バー（⇨p148「書式バー」）のフォント名ドロップダウンリストでフォントを変えることもできる。

●合成フォント

和文フォントと欧文フォントを組み合わせた**合成フォント**を定義して使うこともできる。合成フォントは[フォント名:]の選択肢の最初に表示される。

8 フォントとスタイル

合成フォントを追加するには次のように操作する。

1. ［書式］→［文書］→［合成フォント］を選択。▶［合成フォントを編集］画面が現れる。
2. 追加したい合成フォントの名前を［合成フォント名:］に指定。合成フォントに使いたい和文フォントと欧文フォントを選択。
3. ［追加］を押す。▶［合成フォント:］一覧に追加される。追加したい合成フォントが複数ある場合はこれを繰り返す。
4. ［OK］を押す。▶合成フォントが追加される。

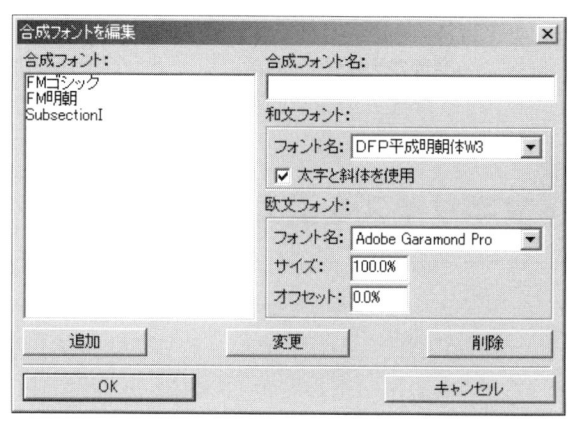

太字と斜体を使用

合成フォントのテキストに太字/斜体が適用されたときに和文にも太字/斜体がかかるようにするには、［和文フォント:］で［太字と斜体を使用］にチェックマークを入れる。チェックマークを外すと欧文だけが太字（ボールド）/斜体（イタリック）になるようになる。

サイズ

合成フォントの欧文と和文のサイズがちぐはぐだと感じられる場合は、欧文の和文に対するサイズ比率を［欧文フォント:］で［サイズ:］にパーセント指定すれば、欧文が和文よりも大きめ/小さめに印字されるようにすることができる。

オフセット

合成フォントの欧文と和文が上下にずれていると感じられる場合は、欧文の和文に対するベースライン移動比率を［欧文フォント:］で［オフセット:］にパーセント指定すれば、欧文が和文よりも少し上/下に印字されるようにすることができる（正値なら上、負値なら下）。

合成フォントを変更

作成ずみの合成フォントの内容を変更するには、［合成フォントを編集］画面で次のように操作する。

1. ［書式］→［文書］→［合成フォント］を選択。▶［合成フォントを編集］画面が現れる。
2. 変更したい合成フォントを［合成フォント:］一覧から選ぶ。
3. 内容を変更する。
4. ［変更］を押す。変更したい合成フォントが複数ある場合はこれを繰り返す。
5. ［OK］を押す。▶合成フォントの内容が変更される。

合成フォントを削除

合成フォントを削除するには、［合成フォントを編集］画面で次のように操作する。

1. ［書式］→［文書］→［合成フォント］を選択。▶［合成フォントを編集］画面が現れる。
2. 変更したい合成フォントを［合成フォント:］一覧から選ぶ。

3. ［削除］を押す。▶［合成フォント:］一覧から消去される。変更したい合成フォントが複数ある場合はこれを繰り返す。
4. ［OK］を押す。▶合成フォントの内容が削除される。

半角カナは使えない
合成フォントで半角カナを使うことはできない。

文字サイズを変える

段落の文字サイズを変えるには、［段落書式］画面の［デフォルトフォント］タブで［サイズ:］から選択するか数値指定する。テキスト範囲の場合は［文字書式］画面。

［書式］→［サイズ］→［**文字サイズ**］を選択してもよい。［書式］→［サイズ］→［その他］を選択すると［フォントサイズ］画面が現れるので、サイズを数値指定して［設定］を押せば任意の文字サイズにすることができる。

● **書式バーを用いる方法**
書式バー（⇨p148「書式バー」）の文字サイズドロップダウンリストで文字サイズを変えることもできる。［その他］を選択するとやはり［フォントサイズ］画面が現れるので、任意の文字サイズを設定することも可能だ。

太字・ボールド

テキスト範囲を太字にしたりボールド体フォントにしたりするには、［文字書式］画面の［太さ:］で選ぶ。段落の場合は［段落書式］画面の［デフォルトフォント］タブ。

選択できる太さはフォントによって異なり、たとえば［Bolded］なら太字、［Bold］や［Heavy］なら各種ボールド体、［Regular］なら普通。

［書式］→［スタイル］→［太字］を選択して太字／ボールドにするという方法もある（またはCtrl+B）。解除するには［書式］→［スタイル］→［標準］を選択するか、太字／ボールドの箇所で再度［書式］→［スタイル］→［太字］を選択する（またはCtrl+B）。

斜体・イタリック

テキスト範囲に斜体をかけたりイタリック体フォントにしたりするには、［文字書式］画面の

［角度:］で選ぶ。段落の場合は［段落書式］画面の［デフォルトフォント］タブ。

選択できる角度はフォントによって異なり、たとえば［Obliqued］なら斜体、［Italic］ならイタリック体、［Regular］なら正体。

［書式］→［スタイル］→［斜体］を選択して斜体/イタリックにするという方法もある（またはCtrl+I）。解除するには［書式］→［スタイル］→［標準］を選択するか、斜体/イタリックの箇所で再度［書式］→［スタイル］→［斜体］を選択する（またはCtrl+I）。

フォントの種類を選ぶ

フォントによっては、複数の種類が選べるものがある。テキスト範囲のフォントの種類を指定するには、［文字書式］画面の［種類:］で選ぶ。段落の場合は［段落書式］画面の［デフォルトフォント］タブ。

選択できる種類はフォントによって異なり、たとえば［Narrow］なら細長く、［Regular］なら標準。

下線をひく

テキスト範囲に下線をひくには、［文字書式］画面の［下線］/［二重下線］/［特殊下線］の選択肢にチェックを入れ、必要に応じて下線の種類をこの3種類のなかから選択する。段落の場合は［段落書式］画面の［デフォルトフォント］タブ。

特殊下線とは、異なるサイズの文字が混在していても文字からの間隔と太さがつねに一定な下線のこと。ただの下線ではそれがまちまちになる。なお、二重下線では常に一定になる。

［書式］→［スタイル］→［下線］を選択して下線をひくという方法もある（またはCtrl+U）。解除するには［書式］→［スタイル］→［標準］を選択するか、下線のある箇所で再度［書式］→［スタイル］→［下線］を選択する（またはCtrl+U）。

同様に、［書式］→［スタイル］→［二重下線］を選択して二重下線をひくという方法もある。解除するには［書式］→［スタイル］→［標準］を選択するか、二重下線のある箇所で再度［書式］→［スタイル］→［二重下線］を選択する。

上線をひく

テキスト範囲に上線をひくには、［文字書式］画面の［上線］にチェックを入れる。段落の場合は［段落書式］画面の［デフォルトフォント］タブ。

［書式］→［スタイル］→［上線］を選択して上線をひくという方法もある。

解除するには［書式］→［スタイル］→［標準］を選択するか、下線のある箇所で再度［書式］→［スタイル］→［上線］を選択する。

取り消し線をひく

テキスト範囲に取り消し線をひくには、［文字書式］画面の［取り消し線］にチェックを入れる。段落の場合は［段落書式］画面の［デフォルトフォント］タブ。

［書式］→［スタイル］→［取り消し線］を選択して取り消し線をひくという方法もある。解除するには［書式］→［スタイル］→［標準］を選択するか、取り消し線のある箇所で再度［書式］→［スタイル］→［取り消し線］を選択する。

改訂バーをひく

改訂バーとは、コラムのわきに引かれる縦線であり、主に文書内の改訂箇所を示すために用いられる。プリントもされる。

テキスト範囲を含む行の横に改訂バーをひくには、［文字書式］画面の［改訂バー］にチェックを入れる。段落の場合は［段落書式］画面の［デフォルトフォント］タブ。

［書式］→［スタイル］→［改訂バー］を選択して改訂バーをひくという方法もある。解除するには［書式］→［スタイル］→［標準］を選択するか、改訂バーのある箇所で再度［書式］→［スタイル］→［改訂バー］を選択する。

● 改訂バーの太さ・位置・色を変える

改訂バーの太さ・位置・色という属性は、文書全体で一律に変えることができる。一つの文書内の一部の改訂バーの属性だけを変えることはできない。

改訂バーの属性を変更するには次のように操作する。

1. ［書式］→［文書］→［改訂バー］を選択。▶［改訂バーの属性］画面が現れる。

2. 属性を変更。
3. ［設定］を押す。▶文書の改訂バーの属性が変わる。

位置

［改訂バーの属性］画面の［位置:］では、コラムに対する改訂バーの位置として次のいずれかを選択できる。

- ［コラムの左］……左
- ［コラムの右］……右
- ［外側］……前小口側
- ［内側］……のど側

● **自動改訂バー**

自動改訂バーの機能を有効にしておくと、テキストに変更を加えたとき自動的にその横に改訂バーが引かれるようになる。共同執筆作業におけるバージョン管理や、閲覧者に対する変更箇所の強調や、翻訳者に対する改版時の便宜などに活用することができる。

自動改訂バーの機能を有効にするには次のように操作する。

1. ［書式］→［文書］→［改訂バー］を選択。▶［改訂バーの属性］画面が現れる。
2. ［自動改訂バー］にチェックマークを入れる。
3. ［設定］を押す。▶自動改訂バー機能が有効になる。

● **改訂バーをすべて消去する**

文書のバージョンが上がった際などには、過去の改訂バーはすべてクリアして今後の変更だけをマークしていきたくなるものだ。そんなとき、上記の方法で一つ一つ解除していたのでは気が遠くなる。自動改訂バーの機能を利用していた場合などはなおさらだ。

そんなときは、文書内の改訂バーをすべて消去する機能を利用すると便利である。改訂バーをすべて消去するには次のように操作する。

1. ［書式］→［文書］→［改訂バー］を選択。▶［改訂バーの属性］画面が現れる。
2. ［すべての改訂バーを消去］にチェックマークを入れる。
3. ［設定］を押す。▶すべての改訂バーが消去される。

上付き／下付き

テキスト範囲を上付きや下付きにするには、［文字書式］画面の［上付き文字］／［下付き文字］の選択肢にチェックを入れ、どちらかを選択する。段落の場合（あまりありえないが）は［段落書式］画面の［デフォルトフォント］タブ。

2.0×10^{-3} L CH_3COOH

第 8 章 【開発編】ページ内容書式開発

　　　　［書式］→［スタイル］→［上付き文字］を選択して上付きにするという方法もある。解除
　　　するには［書式］→［スタイル］→［標準］を選択するか、上付きの箇所で再度［書式］→
　　　［スタイル］→［上付き文字］を選択する。下付きについても同様の操作を行う。

　　　●上付き/下付きのサイズ・文字幅・オフセットを変える
　　　　文字サイズに対する上付き/下付きのサイズ比率・文字幅比率・オフセット比率は、文書全
　　　体で一律に変えることができる。一つの文書内の一部の上付き/下付きのそうした比率だけを
　　　変更することはできない。
　　　　上付き/下付きのサイズ比率・文字幅比率・オフセット比率を変更するには次のように操作
　　　する。

　　　1. ［書式］→［文書］→［テキストオ
　　　　　プション］を選択。▶テキストオ
　　　　　プション画面が現れる。
　　　2. ［上付き文字:］/［下付き文字:］列
　　　　　の［サイズ:］/［文字幅:］/［オフ
　　　　　セット:］をパーセント指定。
　　　3. ［適用］を押す。▶文書の上付き/
　　　　　下付きのサイズ比率・文字幅比率・
　　　　　オフセット比率が変わる。

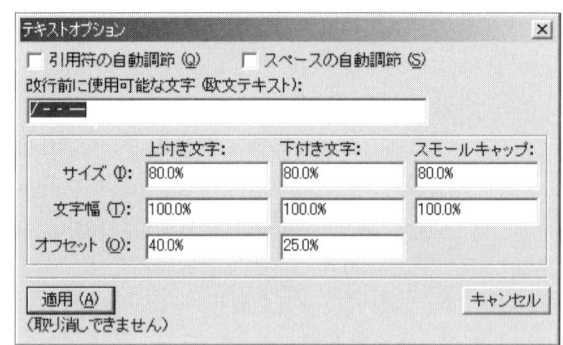

スモールキャップ/小文字/大文字

　　　　スモールキャップとは小さな大文字のこと。
　　　　テキスト範囲の欧文をスモールキャップにしたり、すべて
　　　小文字またはすべて大文字として印字させるには、［文字書
　　　式］画面の［スモールキャップ］/［小文字］/［大文字］の選択肢にチェックを入れ、文字種
　　　をこの3種類のなかから選択する。段落の場合は［段落書式］画面の［デフォルトフォント］
　　　タブ。
　　　　［書式］→［スタイル］→［スモールキャップ］を選択してスモールキャップ印字にすると
　　　いう方法もある。解除するには［書式］→［スタイル］→［標準］を選択するか、スモール
　　　キャップの箇所で再度［書式］→［スタイル］→［スモールキャップ］を選択する。
　　　　印字上は変わるが、データ上は大文字小文字は元のまま記録されているので、解除すればま
　　　た元通りの大文字小文字の印字に戻る。

　　　●スモールキャップのサイズ・文字幅の比率を変える
　　　　文字サイズに対するスモールキャップのサイズ比率・文字幅比率は、文書全体で一律に変え
　　　ることができる。一つの文書内の一部のスモールキャップのそうした比率だけを変更すること

はできない。

スモールキャップのサイズ比率・文字幅比率を変更するには次のように操作する。

1. ［書式］→［文書］→［テキストオプション］を選択。▶テキストオプション画面が現れる。
2. ［スモールキャップ:］列の［サイズ:］/［文字幅:］をパーセント指定。
3. ［適用］を押す。▶文書のスモールキャップのサイズ比率・文字幅比率が変わる。

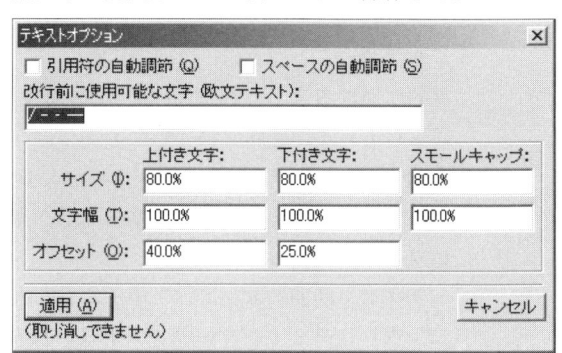

文字色

テキスト範囲の文字に色をつけるには、［文字書式］画面の［カラー:］で選ぶ。段落の場合は［段落書式］画面の［デフォルトフォント］タブ。（選択肢の中に望みの色がない場合は、⇨p218「色」）

文字間隔を変える

テキスト範囲の文字間隔を変えるには、［文字書式］画面の［文字間隔:］にパーセント指定する。段落の場合は［段落書式］画面の［デフォルトフォント］タブ。

0.0%なら間隔なし。負値なら詰まる。

文字幅を変える

テキスト範囲の文字幅を変えるには、［文字書式］画面の［文字幅:］にパーセント指定する。段落の場合は［段落書式］画面の［デフォルトフォント］タブ。

100.0%なら正体。負値なら長体、正値なら平体がかかる。

全角文字を詰める

テキスト範囲の全角文字に詰めを適用するには、［文字書式］画面の［詰め］にチェックマークを入れる。段落の場合は［段落書式］画面の［デフォルトフォント］タブ。

ペアカーニングと合字

ペアカーニングとは、英字の特定の並びで間隔があきすぎて見えるときに、それを適切に自動的に詰めること。ペアカーニングの対象とするべき並びと詰めの度合いはフォントごとに定義されている。定義されていないフォントもある。

合字（リガチャ）とは、英字の特定の並びをその二字がつながった字体で印字すること。合字の対象とするべき並びと印字キャラクタはフォントごとに定義されている。定義されていないフォントもある。

テキスト範囲の欧文にペアカーニングと合字を適用するには、［文字書式］画面の［ペアカーニング］にチェックマークを入れる。段落の場合は［段落書式］画面の［デフォルトフォント］タブ。

言語を指定

テキスト範囲の言語を指定するには、［文字書式］画面の［言語:］で選択する。段落の場合は［段落書式］画面の［デフォルトフォント］タブ。

9 段落のページ内レイアウト

段落のページ内レイアウトを決定する、開始位置・前後段落連動・孤立行数・段落内見出し・横見出し・コラムぶち抜きなどの書式を解説する。

段落を自動的にページ/コラムの先頭に

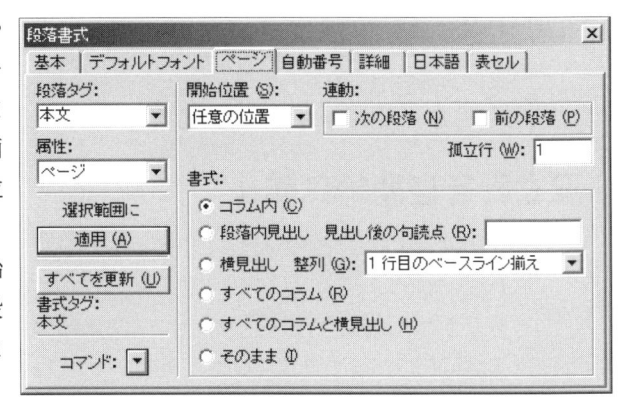

段落の前で自動的に改ページや改コラムが行われて、段落がページの先頭やコラムの先頭から始まるようにするには、［段落書式］画面の［ページ］タブの［開始位置:］で開始位置を選択する。

- ［任意の位置］……どこから始まってもよい。通常、前の段落のすぐ下に配置されることになる。
- ［コラムの先頭］……コラムの先頭から開始される。すなわち、この段落の直前で改コラムされるので、通常、前のコラムの下部にあきができる。前の段落がページ内の最後の（または唯一の）コラムにあった場合は［ページの先頭］と同じ結果になる。
- ［ページの先頭］……ページの先頭から開始される。すなわち、この段落の直前で改ページされるので、通常、前ページの下部や残りコラムにあきができる。
- ［左ページの先頭］……左ページの先頭から開始される。前の段落が右ページだった場合は［ページの先頭］と同じ結果になる。前の段落が左ページだった場合は二度改ページされるので、まったく本文のない右ページが1ページできる。
- ［右ページの先頭］……［左ページの先頭］の逆。

●メニューを用いる方法

または次のようにメニューを用いる方法もある。

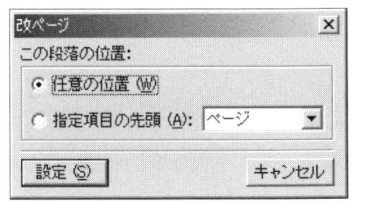

1. 開始位置を変えたい段落に文字カーソルを置く。複数の段落をまとめて変えたい場合はそれらを選択する。
2. ［スペシャル］→［改ページ］を選択。▶［改ページ］画面が現れる。
3. ［任意の位置］を選ぶか、［指定項目の先頭:］で［コラム］/［ページ］/［左ページ］/［右ページ］のいずれかを選択。

4. ［設定］を押す→段落の開始位置が変わる。

段落を自動的に次段落／前段落と同じコラムに

段落（の末尾）が自動的に次段落（の先頭）と同じコラムにレイアウトされるようにするには、［段落書式］画面の［ページ］タブの［連動：］で［次の段落］にチェックマークを入れる。逆に、段落（の先頭）が前段落（の末尾）と同じコラムにレイアウトされるようにするには［前の段落］にチェックマークを入れる。

たとえば、見出し行とその直後の本文が離れないようにしたいときなどにこの機能を利用する。その結果としてコラム下部に不自然なあきができることもある。

孤立行を自動的に防止

段落の最初や最後の行だけが別のコラムにレイアウトされてしまうことを**孤立行**（ウィドウ／オーファン）といい、制作者によってはこれを嫌うことがある。正統的な組版では避けるべきとされる。孤立行が生じるのは、段落がたまたまコラムの最終行で始まったときや、段落の最終行だけが現コラムに収まりきらず次コラムへ送られてしまったときだ。

段落の孤立行を防止するには、［段落書式］画面の［ページ］タブの［孤立行：］に、孤立を許容できる最小行数を指定する。

はじめは「1」が指定されている。この場合、1行だけ孤立してもレイアウト調整されない。1行だけ孤立するのを防ぐには「2」を指定する。

「3」を指定すると、2行孤立することも防止されるようになる。以下同様。

もしとんでもなく大きな数（「100」など）を指定すると、その段落は絶対に別々のコラムには分割されなくなる。どうしても一つのコラムの中にまとめて見せたい段落があるときに活用できる設定だ。ただし段落が長すぎて1ページに収まらないときはやむなく分割される。

段落内見出し

見出しの後は普通は改行してから本文を始めるものだが、小見出しなどでは、見出しをその後の本文先頭行の左端に入れ込むレイアウトが用いられることがある。これを**段落内見出し**という。

段落内見出しは、本文段落の頭の見出し部分だけ文字書式を変えるという手法で表現することももちろんできるが、文書構造の観点からは、段落内にあろうが独立行であろうが見出しは見出しなので統一的に扱えるほうが望ましい。そのために、データ上は見出しを独立段落としたままで後の本文の段落内見出しとして印字する機能が用意されている。

このような段落内見出しを実現するには、見出しは見出し、その後の本文は本文でそれぞれ

独立した段落として作っておいて、

> **段落内見出し**¶
> 　小見出しなどでは、見出しを独立行にせずに、本文先頭行の左端に入れ込むレイアウトが用いられることがある。これを段落内見出しという。段落内見出しを実現するには、見出しは見出し、その後の本文は本文でそれぞれ独立した段落としてまず作っておいてから、次の操作を行う。¶

見出し段落の段落書式として、［段落書式］画面の［ページ］タブの［書式:］で［段落内見出し］を選択する。

> **段落内見出し**¶小見出しなどでは、見出しを独立行にせずに、本文先頭行の左端に入れ込むレイアウトが用いられることがある。これを段落内見出しという。段落内見出しを実現するには、見出しは見出し、その後の本文は本文でそれぞれ独立した段落としてまず作っておいてから、次の操作を行う。¶
> 1.）見出し段落に文字カーソルを置く。¶

　一見、2つの段落が1つの段落になってしまった（冒頭の見出し文字列だけ文字書式の異なる）かのように見えるが、段落記号を表示させていればわかるように、データ上は段落内見出しは依然として独立した段落のままである。だからその段落書式（たとえばフォントやスタイルなど）を変えれば、段落内見出しの部分だけの書式を変えることができるし、構造上も見出しは本文段落の中に包含されないで独立できている。

●見出し後の句読点

　［見出し後の句読点:］には、見出しの後の区切り文字列を指定することができる。たとえば全角スペースを指定すれば本文との間があいて見やすくなる。

　タブを入れたい場合は半角で「¥t」と指定する。もっとも、段落内見出しの後の本文の開始位置は見出しの長さに応じて左右にずれるのが一般に美しいので、それをあえてタブ位置で固定するのはちょっと特殊なレイアウトかもしれない。

●どちらの段落書式が反映されるか

　段落内見出しでは、本来2つの段落であるものが見かけ上1つの段落にまとめられてしまうので、段落書式の反映のされ方も変則的になる。どちらの段落の設定が反映されるかは属性によって異なっているので、以下主なものを挙げる。

- **1行目インデント**……見出し段落での設定が反映され、本文段落での設定は無視される。
- **左インデント**……本文段落での設定が反映。ただし見出しが複数行にわたる場合、その分は見出し段落での設定が反映。
- **右インデント**……本文段落での設定が反映。

- **整列**……おのおの独立して反映され、互いの妥協結果のようなレイアウトになる。
- **段落前間隔**……見出し段落での設定が反映。
- **段落後間隔**……本文段落での設定が反映。
- **行送り**……本文段落での設定が反映。ただし見出しが複数行にわたる場合、その分は見出し段落での設定が反映。
- **開始位置**……見出し段落での設定が反映。

●独立行見出しに戻す

段落内見出しを普通の独立行見出しに戻すには、［段落書式］画面の［ページ］タブの［書式:］で［コラム内］を選ぶ。

横見出し

見出しと本文は普通はまっすぐ縦に並べるものだが、文書によっては、テキスト内の左右いずれかの端の一定幅を見出し専用のスペースとして確保しておき、本文は残りの部分にのみ収めるというレイアウトが用いられることがある。このような見出しを**横見出し**という。⇒p280「横見出し用スペース」

段落を横見出しにするには、［段落書式］画面の［ページ］タブの［書式:］で［横見出し］を選択する。

●整列

横見出しの直後の本文段落は、横見出しの真横にレイアウトされる。ただし微妙な位置関係を、［整列:］で指定することが可能だ。

- ［1行目のベースライン揃え］……横見出しの1行目のベースラインと、本文の1行目のベースラインとを、同じ水準に揃える。

| 横見出しと整列¶ | ［横見出し］を選択する。¶
　横見出しの直後の本文段落は、横見出しの真横にレイアウトされる。ただし微妙な位置関係を、［整列:］で指定することが可能だ。［1行目のベースライン揃え］／［上揃え］／［最終行のベースライン揃え］のいずれかを選択できる。¶ |

- ［上揃え］……横見出しの上端と、本文の上端とを、同じ水準に揃える。

| 横見出しと整列¶ | ［横見出し］を選択する。¶
　横見出しの直後の本文段落は、横見出しの真横にレイアウトされる。ただし微妙な位置関係を、［整列:］で指定することが可能だ。［1行目のベースライン揃え］／［上揃え］／［最終行のベースライン揃え］のいずれかを選択できる。¶ |

- ［最終行のベースライン揃え］……横見出しの最終行のベースラインと、本文の1行目の

ベースラインとを、同じ水準に揃える。

●本文スペース内見出しに戻す

横見出しを普通の本文スペース内見出しに戻すには、［段落書式］画面の［ページ］タブの［書式:］で［コラム内］を選ぶ。

コラムをぶち抜き

多段組みのテキスト枠でコラムをすべてぶち抜き（2段ぶち抜き、3段ぶち抜き、…）して段落をレイアウトするには、［段落書式］画面の［ページ］タブの［書式:］で［すべてのコラム］を選択する。

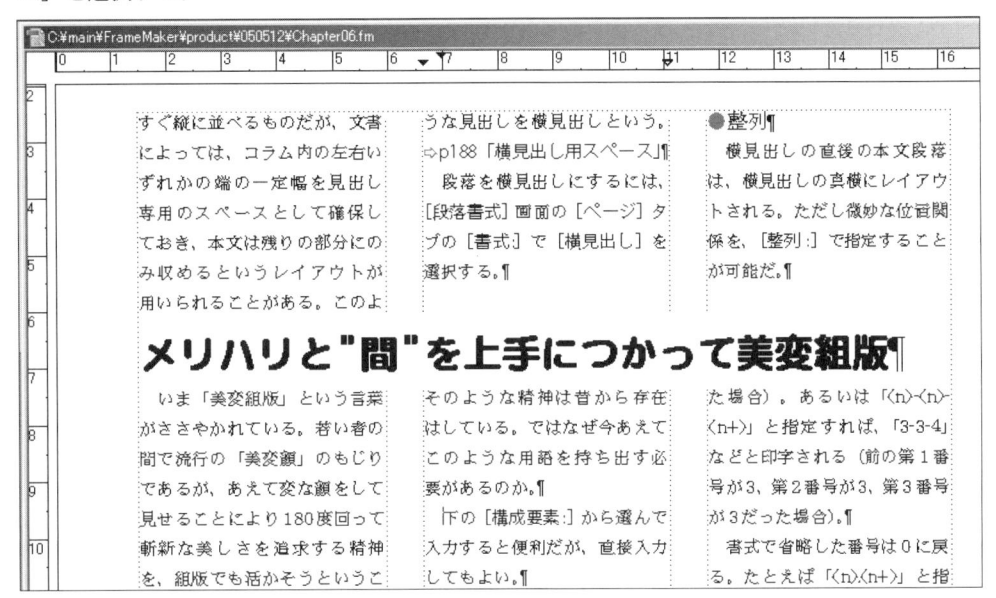

●コラムと横見出しをぶち抜き

さらに横見出しスペース（あれば）もいっしょにぶち抜きしたいときは［すべてのコラムと横見出し］を選択する。

●コラム内に戻す
　コラム（と横見出し）をぶち抜きしている段落を、普通に1つのコラム内に収めるレイアウトに戻すには、［コラム内］を選べばよい。

10 自動番号

章番号や節番号、図番号や表番号、番号つきリストなど、段落に自動的に番号をふる機能を解説する。番号のないビュレットつき箇条書きなどもこの機能で作成できる。

段落に自動番号をふる

段落に自動番号をふるには、［段落書式］画面の［自動番号］タブの［自動番号の書式:］にチェックを入れ、書式を指定する文字列を入力する。

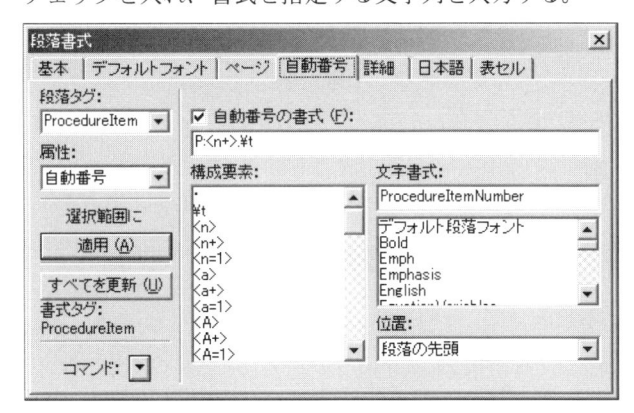

● 自動番号の値の動き

自動番号は、フローの先頭では0になっている。フローの先頭から順に、各段落の自動番号書式が解析されていき、それに従って番号が変更・印字されていく。番号は変更されると、次にそれが変更される段落まではずっと同じ値を保ちつづける。

● 自動番号書式の記法

書式文字列には、自動番号の構成要素と任意の文字列とを自由に混在させることができる。このうち任意文字列のほうはそのままで印字されるので、「章」「節」「図」等々自由な文字を入れていい。

自動番号の構成要素とは、自動番号を印字したり制御したりするための一種の命令のようなものであり、さまざまな種類が用意されている。一般に構成要素は、自動的に番号に置き換えられて印字される。もっとも基本的な構成要素は以下の3つ。

・番号を1にして印字したいときは、書式に半角で「〈n=1〉」と指定する。

　たとえば「第〈n=1〉章」と書式指定した段落には実際には「第1章」という自動番号が印字される。

　1以外の数（0または任意の自然数）を指定することもできる。

・番号を1増やして印字したいときは、書式に半角で「〈n+〉」と指定する。

たとえば番号が「⟨n=1⟩」などによって1になっているとき、「第⟨n+⟩章」と書式指定した段落には実際には「第2章」という自動番号が印字される。

それより後にもしまた「第⟨n+⟩章」と書式指定した段落があればそこには「第3章」と印字される。

以下「⟨n+⟩」に出会うたびにいくらでも増えていく。

・番号を同じままで印字したいときは、書式に半角で「⟨n⟩」と指定する。

● 構成要素を選んで書式文字列を作成することもできる

自動番号の書式を入力する際、用いたい構成要素を下の［構成要素：］からクリックして選ぶと、その文字列が書式文字列欄に入力されるので便利だ。

● 番号のスキップ

番号を1増やしたいが印字したくないときは、半角で「⟨ +⟩」と指定する（プラスの前に半角スペース1つ）。改版で内容が削除されたが以降の番号は変えたくないというような場合に活用できる。

複数の自動番号による階層的番号づけ

文書が階層構造をしている場合には、番号づけも階層的になることがある。たとえば「2.3.4項」は第2章の中の第3節の中の第4項を表すし、「図2.34」は第2章の中の第34図という意味だろう。

このような階層的な番号づけを自動的に行うには、複数の自動番号を書式に並べればよい。たとえば「⟨n⟩.⟨n=1⟩」と指定すれば、「3.1」などと印字される（前の第1番号が3だった場合）。あるいは「⟨n⟩-⟨n⟩-⟨n+⟩」と指定すれば、「3-3-4」などと印字される（前の第1番号が3、第2番号が3、第3番号が3だった場合）。

各番号は書式内での順序によって識別され、互いに独立して記憶されている。

● 番号を印字しない

階層的番号づけでは、つねにすべての番号を印字したいとは限らない。たとえば章の中に節がある場合、章見出しに「第1章」と書いてあるのに、さらにそのあと節見出しごとに「第1章第●節」といちいち章番号から書かれていたのではわずらわしいばかりだ。

しかし上述のように、複数の自動番号を並べた場合には各番号は書式内での順序によって識別されているので、章番号を出したくないからといって「第⟨n+⟩節」とだけ書式指定したのでは、第1番号すなわち章番号がどんどんカウントアップされていってしまう。

このように複数の自動番号のなかに印字したくない番号があるときは、書式内の本来その番号が来るべき位置に半角で「⟨ ⟩」（間に半角スペース1つ）と指定して番号をとばすことができる。このときとばされて印字されなかった番号でも、値は前のまま温存される。たとえば「⟨ ⟩第⟨n+⟩節」と指定すれば、「第4節」などと印字され（前の第2番号が3だった場合）、第

1番号は印字されないが保持されている。

●小番号の自動リセット

階層的番号づけでは、大番号を進めたときにはふつう小番号はリセットされる。たとえば「2.3.8」のあとに「2.4」が来れば、その次は「2.4.1」であって「2.4.9」ではない。

これを自動番号で実現するには、書式で後方の小番号を省略すればよい。するとそれらは全部0に戻る。たとえば「〈n〉.〈n+〉」と指定すれば、「3.4」などと印字されつつ（前の第1番号が3、第2番号が3だった場合）、第3番号・第4番号・第5番号…はすべて0に戻る。

これを活用すると、「〈n=1〉」と「〈n+〉」を使い分ける必要がなく、すべて「〈n+〉」で統一できるので便利だ。

なお、後方の番号をリセットしたくないが印字もしたくないというときは、書式内のその位置に先述の「〈 〉」を書いておけばよい。たとえば「〈n〉.〈n+〉〈 〉」と指定すれば、第3番号は印字されないが保持されている。

●番号の手動リセット

逆に、リセットしたい番号がリセットしたくない番号よりも書式上前方にある場合は、「〈n=0〉」を用いて「〈n=0〉.〈n+〉」などと書式指定すればよい。このときこの前方の番号は印字されるので、印字結果は「0.4」などとなる（第2番号が3だった場合）。

もしこれを印字したくないという場合には、半角で「〈 =0〉」（イコールの前に半角スペース1つ）と指定する。たとえば「〈 =0〉第〈n+〉図」の印字結果は「第4図」などとなる（第2番号が3だった場合）。あるいは「〈n+〉章〈 =0〉〈 〉」と指定すれば、「3章」などと印字され（第1番号が2だった場合）、かつ第2番号が0に戻るが、第3番号は保持される。

0以外の数（任意の自然数）を指定することもできる。

いろいろな自動番号

自動番号は上記の半角算用数字以外にも以下のようなさまざまな構成要素を書式に用いることができる。すべて半角で指定すること。

- \<n\>・\<n+\>・\<n=1\> ……半角算用数字＝1, 2, 3, …
- \<a\>・\<a+\>・\<a=1\> ……半角アルファベット小文字＝a, b, c, …
- \<A\>・\<A+\>・\<A=1\> ……半角アルファベット大文字＝A, B, C, …
- \<r\>・\<r+\>・\<r=1\> ……半角ローマ数字小文字＝i, ii, iii, …
- \<R\>・\<R+\>・\<R=1\> ……半角ローマ数字大文字＝I, II, III, …
- \<zenkaku n\>・\<zenkaku n+\>・\<zenkaku n=1\> ……全角算用数字＝１，２，３，…
- \<zenkaku a\>・\<zenkaku a+\>・\<zenkaku a=1\> ……全角アルファベット小文字＝ａ，ｂ，ｃ，…
- \<zenkaku A\>・\<zenkaku A+\>・\<zenkaku A=1\> ……全角アルファベット大文字＝Ａ，Ｂ，

C, …
- <kanji kazu>・<kanji kazu+>・<kanji kazu=1> ……漢数字＝一, 二, 三, … 十, 百, …
- <kanji n>・<kanji n+>・<kanji n=1> ……漢数字＝一, 二, 三, … 一〇, 一〇〇, …
- <daiji>・<daiji+>・<daiji=1> ……むずかしい漢数字＝壱, 弐, 参, …
- <hira iroha>・<hira iroha+>・<hira iroha=1> ……いろはひらがな＝い, ろ, は, …
- <kata iroha>・<kata iroha+>・<kata iroha=1> ……いろはカタカナ＝イ, ロ, ハ, …
- <hira gojuon>・<hira gojuon+>・<hira gojuon=1> ……五十音ひらがな＝あ, い, う, …
- <kata gojuon>・<kata gojuon+>・<kata gojuon=1> ……五十音カタカナ＝ア, イ, ウ, …

巻番号・章番号を含む自動番号

　文書には、固有の巻番号・章番号を指定することができる。自動番号内に巻番号を印字させたいときは、書式に半角で「<$volnum>」と指定する。章番号を印字させたいときは「<$chapnum>」と指定する。

系列ラベルをつけて複数の自動番号系列を用いる

　一つのフローのなかで複数の自動番号系列を用いたいときは、書式の頭に系列名とコンマを半角で入れる。これを系列ラベルという。たとえば図表番号が章番号と無縁に通しで増えていくようなときは、図表の自動番号書式を「F:第<n+>図」と指定し、章番号を「A:第<n+>章」などと指定すればよい。

箇条書きリストを作る

　自動番号の構成要素をまったく含まない書式文字列を指定してもさしつかえない。そのような利用法も、段落に自動的に一定の文字列やビュレット・タブなどを付加することのできる機能としてじゅうぶん出番がある。とくに箇条書きリストを作るのに便利だ。書式文字列に「●」でも「◆」でも「◎」・「>」・「－」でも何でも指定すればどんなマークの箇条書きリストでも作ることができる。

●タブ

　自動番号にタブを入れたいときは書式に半角で「¥t」と指定する。たとえば「(<n+>)¥t」と指定すると「(4)　　」などと印字される（前の番号が3だった場合）。

●ビュレット

　自動番号に箇条書きのビュレットを入れたいときは書式に「・」と指定する。これは［構成要素:］から選ぶのがいちばん便利だ。

自動番号の文字書式を変える

自動番号の文字書式は、段落書式と違うものにすることもできる。［段落書式］画面の［自動番号］タブの［文字書式:］で、自動番号に適用したい文字書式が登録されている文字タグを選択すればよい。そのような文字タグがない場合は、あらかじめ作成しておく。

段落書式と同じ書式のままでよければ［デフォルト段落フォント］を選ぶ。はじめはこれが選ばれている。

自動番号を段落の最後につける

数式の番号などは、段落の最後についているのが普通だ。自動番号を段落の先頭・最後どちらにつけるか指定するには、［段落書式］画面の［自動番号］タブの［位置:］で［段落の先頭］／［段落の最後］のいずれかを選択する。はじめは［段落の先頭］が選ばれている。

11 段落上／下の自動グラフィック

FrameMakerでは、段落のすぐ上や下に自動的にグラフィックを印字するようにすることができる。印字できるグラフィックとしては、いくつかの種類の罫などがはじめから用意されている。

段落の上／下にグラフィックを自動印字させる

段落の上／下にグラフィックが印字されるようにするには、［段落書式］画面の［詳細］タブの［段落の上に挿入:］／［段落の下に挿入:］でグラフィックを選択する。

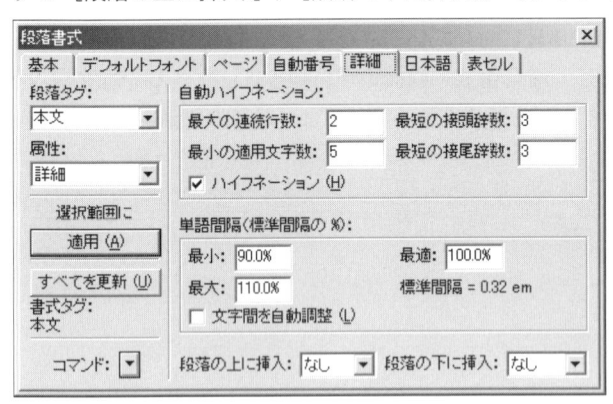

段落上／下用のグラフィックを表示させる

段落上／下用のグラフィックは、実際にはその文書のリファレンスページに置かれている（⇨p267「マスターページとリファレンスページ」）。これを表示させるには次のように操作する。

1. ［表示］→［リファレンスページ］を選択してリファレンスページを表示させる。

11　段落上/下の自動グラフィック

2. スクロールなどして、ページ名［リファレンス］のリファレンスページに移動。

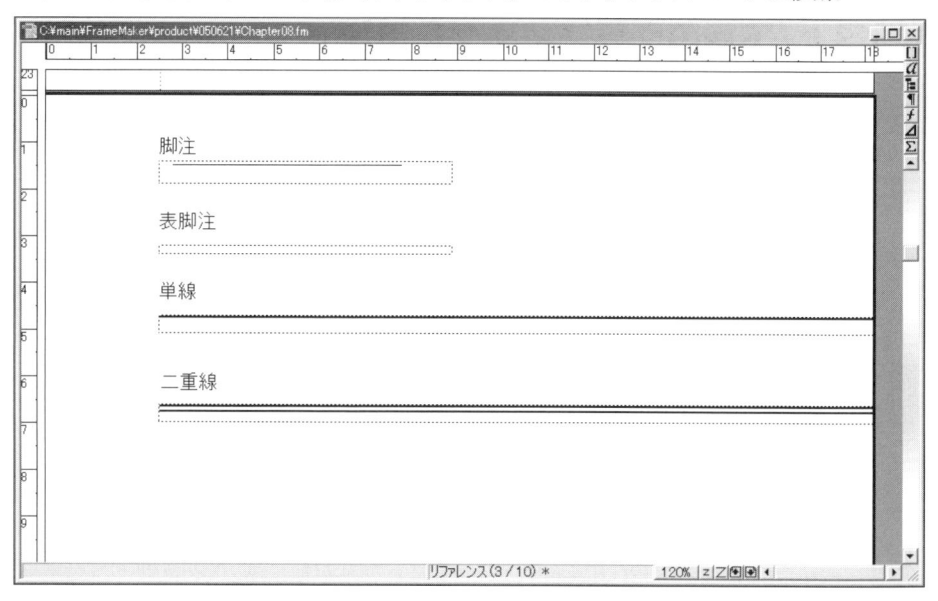

段落上/下用のグラフィックを収めたグラフィック枠がそれぞれ貼り付けられている。なお、その上のテキスト行は、人間がこのページを見たときにわかりやすいようコメント的に貼り付けてあるだけであって、動作に必須ではない。

段落上/下用のグラフィック枠の名前

この［リファレンス］リファレンスページにあるグラフィック枠は、普通のグラフィック枠と違って、それぞれ名前を持っている。段落書式画面の選択肢に現れる名前がそれだ。これらのグラフィック枠の名前を表示するにはグラフィック枠を選択する。すると、文書ウィンドウ下端のふだんページ番号が表示されている所に［枠:**グラフィック枠名**］と表示される。

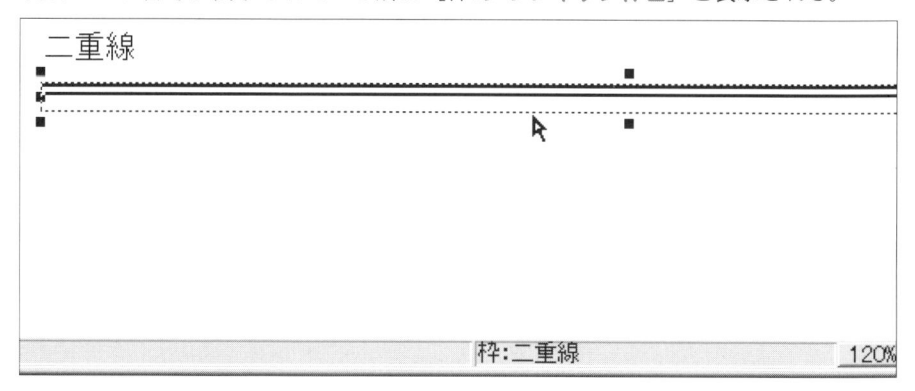

段落上/下用のグラフィックを追加

　段落の上や下に自動印字されるグラフィックは、用意されているもののほかに自分で作成することもできる。そのためには［リファレンス］リファレンスページにグラフィック枠を追加してその中にグラフィックを作成すればよい。具体的には次のように操作する。

1. ［リファレンス］リファレンスページの中の開いている所に、マウスをドラッグしてグラフィック枠を描き（⇨p171「グラフィック枠」）、ドロップ。▶グラフィック枠が描かれ、同時に［枠名］画面が現れる。
2. グラフィック枠につけたい名前を［枠名:］に指定。
3. ［設定］を押す。▶できたグラフィック枠に名前がつく。
4. 段落上/下に自動印字させたいグラフィックをグラフィック枠内に作成。⇨p154「画像と図形」
　　グラフィック枠の上下端とグラフィックの上下端との間にアキを作ると、その分だけ段落上/下のグラフィックの上下にもアキが生じる。たとえばグラフィック枠の上端から2cm下がった所にグラフィックを置けば、そのグラフィックを段落の上に自動印字させた場合、前段落とグラフィックとの間に2cmのアキが生じる。このことを利用してアキを調整することができる。
5. わかりやすいようグラフィック枠のそばにテキスト行などで枠名や説明を入れておいてもよい。

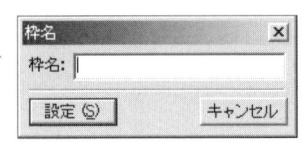

段落上/下用のグラフィック枠の名前を変える

　［リファレンス］リファレンスページのグラフィック枠の名前を変えるには次のように操作する。

1. 名前を変えたいグラフィック枠を選択。▶文書ウィンドウ下端にグラフィック枠名が表示される。
2. 文書ウィンドウ下端のグラフィック枠名をクリック。▶［枠名］画面が現れる。
3. ［枠名:］を変更。
4. ［設定］を押す。▶グラフィック枠名が変わる。

段落横にグラフィックを自動印字させたい

　FrameMakerの標準機能には、上述のように段落の上か下にグラフィックを自動印字させる機能はあるが、段落の右か左に同様にグラフィックを自動印字させる機能はない。

だが裏技として、そのグラフィックを自作フォントのグリフにすることができれば、自動番号機能を使ってそのキャラクタを自動番号として自動印字させ、自作フォントが適用される文字スタイルを適用させるという方法もある。

あるいはグラフィック部分を独立した段落として作れるなら、横見出し用スペースを使うという手もある。これだと複数行にわたるグラフィックも自動配置することができる。

第 8 章 【開発編】ページ内容書式開発

12 表

表には表書式・表タグを作成・適用することができる。⇨p179「表」

表書式

表書式を表示・設定するには主に［表書式］画面を利用する（⇨p183「表書式」）。個々の書式属性の内容については本節の後半で順に解説していく。

表タグ

表タグを表示・適用するには［表書式］画面を利用する。⇨p186「表タグ」

●表タグを作成

表タグを作成するには次のように操作する。

1. ［表書式］画面の内容を、表タグとして定義したい内容に変更する。
    登録したい書式を持った表がすでにあれば、そこに文字カーソルを置いてもよい。
    登録したい書式に似た書式を持った表に文字カーソルを置いたあとで、［表書式］画面の内容を変更してもよい。
    似た書式のままとりあえず表タグとして登録して、後で正確な内容に変更する（後述）という手もある。
2. ［表書式］画面の［コマンド:］から［新規書式］を選択。▶［新規書式］画面が現れる。
3. 表書式の利用対象などを示す任意の名前を［タグ:］に入力。［カタログに保存］にチェックを入れる。
4. ［作成］を押す。▶新しい表タグが作成される。
    ［表書式］画面の［表タグ:］の選択肢に追加されている。

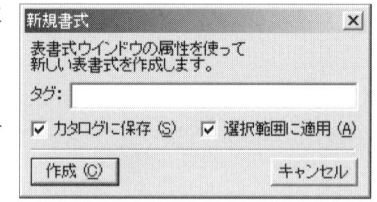

選択範囲に適用

　表タグを登録すると同時に、現在のカーソル位置の表にその書式を適用したい場合は、［新規書式］画面で［選択範囲に適用］にチェックを入れる。

カタログに保存

　［カタログに保存］のチェックを外し、［選択範囲に適用］にチェックを入れると、表タグは文書には登録されずに、現在のカーソル位置の表にだけ適用される。何らかの特殊な目的がある場合のみ用いる。

●表タグの定義を変更

表タグとして登録した書式内容を変更するには次のように操作する。

1. ［表書式］画面で、内容を変更したい表タグを選択（そのタグが適用されている表に文字カーソルを置くなどして）。▶その表タグの書式内容が表示される。
2. 書式内容を変更。
3. ［すべてを更新］を押す。▶表タグの内容が更新され、そのタグが適用されている表の書式も更新される。

● **表タグの名前を変更**

表タグの名前を変更するには次のように操作する。

1. ［表書式］画面で、名前を変更したい表タグを表示させる。
2. ［表タグ:］を新しい名前に書き換える。
3. ［すべてを更新］を押す。▶［「**旧タグ**」タグの名前をすべて「**新タグ**」に変更しますか？］というメッセージが現れる。
4. ［OK］を押す。▶表タグの名前が変更される。

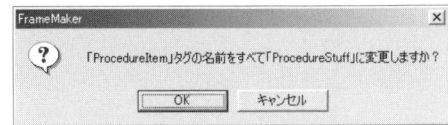

● **表タグを削除**

表タグを削除するには次のように操作する。

1. ［表書式］画面で［コマンド:］から［書式を削除］を選択。［カタログから書式を削除］画面が現れる。
2. 削除したい表タグを一覧から選択。
3. ［削除］を押す。削除したい表タグが複数ある場合はこれを繰り返す。
4. ［OK］を押す。▶表タグが削除される。

表の基本書式

表の基本的な書式を設定する方法を解説する。

第 8 章　【開発編】ページ内容書式開発

●左右インデントと左揃え/中央揃え/右揃え/内側/外側

表をコラム内で右揃え/中央揃え/左揃え/内側/外側に配置するには、[表書式]画面の[基本]タブで[整列:]から選択する。

また、表の配置位置を左右にずらしたいときは、[表書式]画面の[基本]タブの[インデント:]で、[左:]に左インデントを数値指定したり、[右:]に右インデントを数値指定したりする。段落のインデントと異なり、表のインデントには負値も指定することができる。

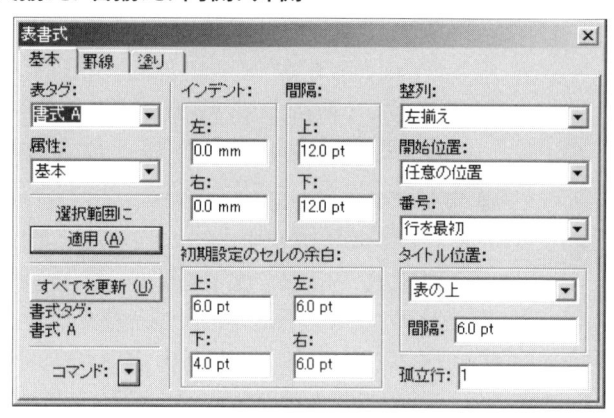

なお、表アンカーが置いてある段落の段落書式・段落タグのインデント値は、表のインデントに影響を与えない。

以下、[整列:]の各選択肢の配置動作と、それに対する[インデント:]の効果を順に述べる。

- [左揃え]……表の左端を以下の線に合わせる。左インデントが0ならばコラム左端、正ならばその分右へ、負ならばその分左(コラム外)へ。

    右インデントの値は意味を持たない。表の横幅が広いときは表の右端がコラムの外にはみ出す。

- [中央揃え]……表の中央を、以下の左端線と右端線の間の中央に合わせる。左端線は、左インデントが0ならばコラム左端、正ならばその分右(コラム外)へ、負ならばその分左へ。右端線は、右インデントが0ならばコラム右端、正ならばその分左へ、負ならばその分右(コラム外)へ。

    表の横幅が広いときは表の両端か片端がコラムの外にはみ出す。

- [右揃え]……表の右端を以下の線に合わせる。右インデントが0ならばコラム右端、正ならばその分左へ、負ならばその分右(コラム外)へ。

    左インデントの値は意味を持たない。表の横幅が広いときは表の左端がコラムの外にはみ出す。

- [内側]……表をのど側に寄せる。たまたまそのページでそれが左側なら[左揃え]、右側なら[右揃え]と同じ動作。

- [外側]……表を前小口側に寄せる。たまたまそのページでそれが左側なら[左揃え]、右側なら[右揃え]と同じ動作。

●表を自動的にページ/コラムの先頭に

表がページの先頭やコラムの先頭から始まるようにするには、[表書式]画面の[基本]タ

ブの［開始位置:］で開始位置を選択する。

- ［任意の位置］……どこから始まってもよい。通常、表のアンカーが置いてある行のすぐ下に配置されることになる。
- ［コラムの先頭］……コラムの先頭から開始される。すなわち、表の直前で改コラムされるので、通常、前のコラムの下部にあきができる。表のアンカーがページ内の最後の（または唯一の）コラムにあった場合は［ページの先頭］と同じ結果になる。
- ［ページの先頭］……ページの先頭から開始される。すなわち、表の直前で改ページされるので、通常、前ページの下部や残りコラムにあきができる。
- ［左ページの先頭］……左ページの先頭から開始される。表のアンカーが右ページにあった場合は［ページの先頭］と同じ結果になる。表のアンカーが左ページにあった場合は二度改ページされるので、まったく本文のない右ページが1ページできる。
- ［右ページの先頭］……［左ページの先頭］の逆。
- ［フロート］……［任意の位置］と同じ。ただし、諸事情で表アンカーのすぐ下に配置できないときは、かわりにそのあとの内容でコラムの残りスペースを満たし、表は次コラムの先頭に配置する。

● 表の上下のアキを変える

表の上（すなわち前）のアキや、表の下（すなわち後）のアキを変えるには、［表書式］画面の［基本］タブで［間隔:］に数値指定する。

- ［上:］……表の上（前）のアキ。［開始位置:］が［フロート］のときはあけない。
- ［下:］……表の下（後）のアキ。表の最後の表行がコラム下端に来た場合はあけない。

● 孤立行を自動的に防止

表の最初や最後の表行だけが別のコラムにレイアウトされてしまうことを**孤立行**（ウィドウ/オーファン）といい、見やすさや美しさの観点からこれを避けたいときがある。孤立行が生じるのは、表がたまたまコラムの下端で始まったときや、表の最後の表行だけが現コラムに収まりきらず次コラムへ送られてしまったときだ。

表の孤立行を防止するには、［表書式］画面の［基本］タブの［孤立行:］に、孤立を許容できる最小行数を指定する。

はじめは「1」が指定されている。この場合、1行だけ孤立してもレイアウト調整されない。1行だけ孤立するのを防ぐには「2」を指定する。

「3」を指定すると、2行孤立することも防止されるようになる。以下同様。

もしとんでもなく大きな数（「100」など）を指定すると、その表は絶対に別々のコラムには分割されなくなる。どうしても一つのコラムの中にまとめて見せたい表があるときに活用できる設定だ。ただし表が長すぎて1ページに収まらないときはやむなく分割される。

●表タイトルをつける

表に表タイトルをつけるには、［表書式］画面の［基本］タブの［タイトル位置:］で表タイトルの有無・位置を［タイトルなし］・［表の上］・［表の下］のなかから選択する。

構造化文書における表タイトルの追加と削除

（注：非構造化文書では本項の内容は必要ない。）

構造化文書の場合、上記の方法で表書式を変更して表に表タイトルをつけると、それに対応する表タイトル要素が挿入される。しかし逆に、構造図上で表タイトル要素を挿入することによって表に表タイトルをつけることもできる。

また構造化文書の場合、表書式を変更して表の表タイトルをなくすと、それに対応する表タイトル要素も削除される。しかし挿入の場合とは異なり、構造図上の操作で表タイトル要素を削除することはできない。

表タイトルの整列とインデント

なお、表タイトルの整列とインデントを変えるには、表タイトル内の段落の段落書式/段落タブの整列とインデントを指定する（⇨p286「左揃え/中央揃え/右揃え/均等配置」・p286「インデント（字下げ）する」）。表の整列とインデントには影響されない。

●表タイトルと表本体との間隔を変える

表に表タイトルをつけている場合に、表タイトルと表本体との間の間隔を変えるには、［表書式］画面の［基本］タブの［タイトル位置:］で［間隔:］に数値指定する。

●表のセル内の上下左右余白の初期設定を変える

表の中のすべてのセルの、上/下/左/右端からセル内テキストまでの間隔を変えるには、［表書式］画面の［基本］タブの［初期設定のセルの余白:］でそれぞれ［上:］/［下:］/［左:］/［右:］に数値指定する。

ただし上下左右余白はそれぞれ、セルごとに個別に指定することもできる（⇨p326「表セル内の上下左右余白を変える」）。上記の値は表全体に対する初期設定であり、値が個別指定されていないセル内余白はすべてこの初期設定値になる。

●表内の自動番号の進行方向を変える

自動番号（⇨p311「自動番号」）を持つ段落は表セル内にも置くことができる。しかし通常の本文と違って表では一般に横方向にも段落が並ぶから、表によっては、同系列の番号が縦にも横にも並ぶ可能性がある。こういう場合番号はまず縦にカウントしていくのだろうか、それとも横に行くのが先だろうか。この進行方向は表の内容によって異なるので、それを変えるには、［表書式］画面の［基本］タブの［番号:］で次のいずれかを選択する。

- ［行を最初］……まず1行目を左から右へカウント。次に2行目を…以下最終行まで。

1§	2§
3§	4§
5§	6§

- ［列を最初］……まず1列目を上から下へカウント。次に2列目を…以下最終列まで。

1§	4§
2§	5§
3§	6§

表の罫線

表の中のすべてのセルの罫線を変えるには、［表書式］画面の［罫線］タブで設定する。

ただし罫線はそれぞれ、セルごとに個別に指定することもできる（⇨p196「罫線・塗り」）。上記の設定は表全体に対する初期設定であり、個別設定されていない罫線はすべてこの初期設定に従って描かれる。

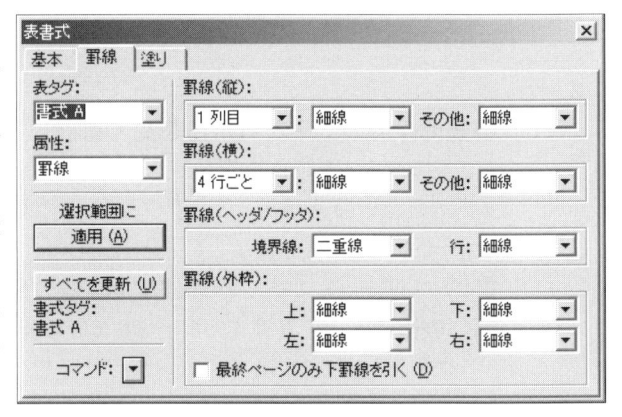

表の塗り

表の中のすべてのセルの塗りを変えるには、［表書式］画面の「塗り］タブで設定する。

ただし塗りはそれぞれ、セルごとに個別に指定することもできる（⇨p196「罫線・塗り」）。上記の設定は表全体に対する初期設定であり、個別設定されていない塗りはすべてこの初期設定に従って行われる。

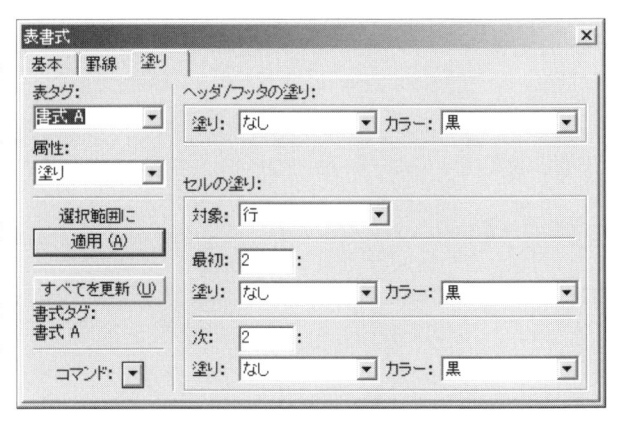

表セル内テキストの書式

表セル内におけるテキストの書式を設定する方法を解説する。

●表セル内でテキストを上揃え/中央揃え/下揃え

表セル内でテキストを上揃え/中央揃え/下揃えするには、セル内の段落の段落書式/段落タグに対し、[段落書式]画面の[表セル]タブの[セル内容を縦方向に整列:]からそれぞれ[上揃え]/[中央揃え]/[下揃え]を選択する。

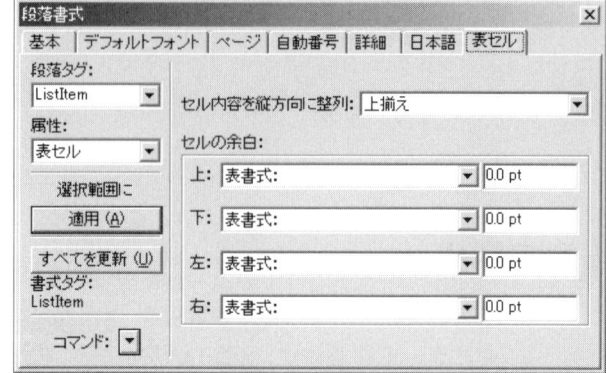

●表セル内の上下左右余白を変える

表セルの上/下/左/右端からセル内テキストまでの間隔をセルごとに個別設定するには、セル内の段落の段落書式/段落タグに対し、[段落書式]画面の[表セル]タブの[セルの余白:]でそれぞれ[上:]/[下:]/[左:]/[右:]に指定する。このとき次のように、選択肢でどれを選ぶかによってその後の数値指定の意味が異なる。

- [表書式:]……表書式で指定されている表全体の初期設定値に対して、指定数値を代数的に加えた値を余白とする。

  たとえば初期設定値で5ptと指定されているときに、こちらで10ptと指定すれば余白は15ptとなるし、-3ptと指定すれば余白は2ptとなる。

- [任意:]……指定数値を余白とする。表書式で指定されている初期設定値は無視。

13 脚注

脚注では、挿入位置と本文先頭に同じ脚注番号が自動印字される。なお、この番号は段落書式の自動番号とは関係がない。⇨p200「脚注」

脚注には次の2種類がある。

- **通常段落の脚注**……表内以外のテキストにつけた脚注。脚注の内容はページ下端に印字される。
- **表の脚注**……表内のテキストにつけた脚注。脚注の内容は表のすぐ下に印字される。

両者は番号も別個にカウントされる。それぞれ、付番規則や書式や脚注線を定義することができる。

脚注の付番規則・字種を変える

脚注の付番規則と字種は文書単位で変えることができる。脚注の付番規則/字種を表示・設定するには次のように操作する。

1. ［書式］→［文書］→［番号属性］を選択。▶［番号属性］画面が現れる。
2. 通常段落の脚注の付番規則を変えたいときは［脚注］タブを選択。表脚注の付番規則を変えたいときは［表の脚注］タブを選択。（タブを押すかわりに選択肢で選択してもよい。）
3. 必要に応じて付番規則を変える。
4. ［設定］を押す。▶文書の脚注付番規則が変わる。

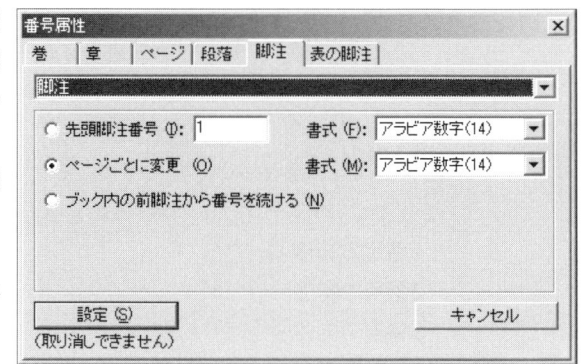

●通常段落の脚注の付番規則

通常段落の脚注の付番規則を変える際には、［番号属性］画面の［脚注］タブで以下のように設定する。

文書内で通し番号

脚注番号を文書内で通し番号にしたいときは、［先頭脚注番号］を選択する。その場合は、文書内の脚注番号を何番から始めたいかをその右に数値指定することができ、また、脚注番号の字種をその右の［書式:］から選択することができる。

ページごとの番号

脚注番号をページごとに1から始めたいときは、［ページごとに変更］を選択する。その場合は、脚注番号の字種をその右の［書式:］から選択することができる。

● **表脚注の付番規則**

　表脚注の付番規則を変える際には、[番号属性] 画面の [表の脚注] タブで、脚注番号の字種を [書式:] から選択する。

　なお、表脚注の番号は表ごとに1から開始される。

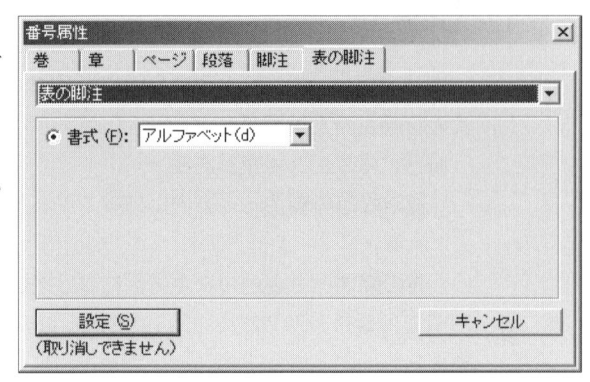

● **任意の文字列**

　脚注番号には、任意の文字列内の文字を順に印字させることもできる。この文字は数以外でもかまわない。

　任意の文字列内の文字を順に脚注番号に印字させるには、[番号属性] 画面の [脚注] タブや [表の脚注] タブで次のように操作する。

1. [書式:] から [カスタム] を選択。▶ [任意の番号スタイル] 画面が現れる。
2. [パターン:] に数列を指定。カンマ等の区切り文字は入れない。
3. [設定] を押す。▶ [任意の番号スタイル画面] が閉じる。
4. [番号属性] 画面の [設定] を押す。▶ 文書の脚注番号書式が変わる。

　なお、脚注が多くて文字列内の文字が尽きたときは、文字列の頭に返って順に2文字ずつ印字されていく。それも尽きたら今度は3文字ずつ…以下同様。

　たとえば [パターン:] に「*#」と指定した場合、脚注番号は順に次のように自動印字される。

- 1番目の脚注……[*]
- 2番目の脚注……[#]
- 3番目の脚注……[**]
- 4番目の脚注……[##]
- 5番目の脚注……[***]
- 6番目の脚注……[###]
- …以下同様。

脚注の書式を変える

　脚注の書式は文書単位で変えることができる。脚注の書式を表示・設定するには次のように操作する。

1. ［書式］→［文書］→［脚注属性］を選択。
   ▶［脚注属性］画面が現れる。
2. 通常段落の脚注の書式を変えたいときは［脚注］タブを選択。表脚注の書式を変えたいときは［表の脚注］タブを選択。（タブを押すかわりに選択肢で選択してもよい。）
3. 必要に応じて脚注の書式を変える。
4. ［設定］を押す。▶文書内の脚注の書式が変わる。

● 通常段落の脚注の高さ

通常段落の脚注に対しては、その内容をページ下部に組んだときの高さの上限値を設定しておくことができる。

脚注の高さの上限値を変えるには、［脚注属性］画面の［脚注］タブで［脚注部分の最大の高さ:］に数値指定する。

● 脚注に自動適用される段落タグ

文書内の本文段落の脚注と表脚注に対しては、その内容にそれぞれ1種類の段落タグが自動的に適用される。この段落タグは当初はそれぞれ、文書の新規作成時から自動生成されている「脚注」段落タグ・「表脚注」段落タグであるが、必要に応じて別の段落タグに変えることもできる。

脚注の段落タグを変えるには、［脚注属性］画面の［脚注］タブか［表の脚注］タブで［段落書式:］に段落タグを指定する。

脚注内容の段落書式

脚注内容の行間隔やフォントなどといったさまざまな段落書式は、すべて段落タグの中で定義しておけばよい。

脚注内容の印字幅や番号との間隔もまた、段落タグのインデントとタブで調整することができる。

脚注線

脚注の上につく境界線もまた、段落タグの中で段落前グラフィックとして、文書の新規作成時から［リファレンス］リファレンスページ上に自動生成されている「脚注」グラフィック

枠・「表脚注」グラフィック枠を参照することによって定義されている。
　このレイアウトを変えたいときは、これらのグラフィック枠の中身を編集すればよい。

脚注番号は段落タグで定義しない

　ただしこの段落タグの中で自動番号を定義しても、脚注番号の書式にはいっさい影響を与えない。脚注番号の書式の指定方法は次に述べる。

●脚注の番号書式

　本文段落の脚注の挿入位置／内容頭に自動印字される番号の書式を変えるには、［脚注属性］画面の［脚注］タブの［番号の書式:］でそれぞれ［本文:］／［脚注:］に書式を指定する。

　同様に、表脚注の挿入位置／内容頭に自動印字される番号の書式を変えるには、［脚注属性］画面の［表の脚注］タブの［番号の書式:］でそれぞれ［セル:］／［脚注:］に書式を指定する。

位置

　番号の印字位置を［位置:］から選択する。

- ［上付き文字］……番号を上付きにして印字。挿入位置ではたいていこれを選択する。
- ［ベースライン］……番号を上付き・下付きにせず印字。内容頭ではたいていこれ。
- ［下付き文字］……番号を下付きにして印字。

接頭辞・接尾辞

　番号の前／後につける文字列や制御キャラクタをそれぞれ［接頭辞:］／［接尾辞:］に指定する。タブを入れたければ「¥t」と指定。

14 相互参照

相互参照には、その挿入位置に自動印字される文字列の書式を作成・適用することができる。⇨p203「相互参照」

相互参照書式を適用

相互参照書式を適用するには［相互参照］画面を利用する。⇨p203「要素への相互参照を挿入」・p205「相互参照を編集」・p206「段落への相互参照」・p208「相互参照マーカへの相互参照」

相互参照書式を作成・編集

相互参照書式を表示/作成/変更/削除するには［相互参照の書式を編集］画面を利用する。［相互参照の書式を編集］画面を表示させるには、［相互参照］画面で［書式の編集］を押せばよい。そして相互参照書式の表示/作成/変更/削除が済んだら［OK］を押せば［相互参照］画面に戻る。

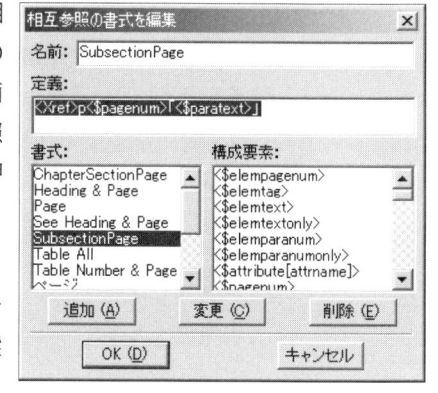

● 相互参照書式を表示

相互参照書式を表示するには、［相互参照の書式を編集］画面で、表示させたい書式を［書式:］から選択する。するとその相互参照書式の名前が［名前:］に、定義が［定義:］に表示される。

● 相互参照書式を作成

相互参照書式を作成するには［相互参照の書式を編集］画面で次のように操作する。

1. 新しい相互参照書式につけたい名前を［名前:］に指定。新しい相互参照書式の定義を［定義:］に指定。
2. ［追加］を押す。▶ 相互参照書式が［書式:］に追加される。

相互参照書式の記法は後述する。

● 相互参照書式の定義を変更

相互参照書式として登録した書式内容を変更するには［相互参照の書式を編集］画面で次のように操作する。

1. 定義を変更したい書式を［書式:］から選択。▶ その書式の定義が［定義:］に表示される。

2. ［定義:］の内容を新しい定義に変更。
3. ［変更］を押す。▶相互参照書式の定義が変更される。

● **相互参照書式の名前を変更**

相互参照書式の名前を変更するには［相互参照の書式を編集］画面で次のように操作する。
1. 名前を変更したい書式を［書式:］から選択。▶その書式の名前が［名前:］に表示される。
2. ［名前:］の内容を新しい名前に変更。
3. ［変更］を押す。▶相互参照書式の名前が変更される。

● **相互参照書式を削除**

相互参照書式を削除するには［相互参照の書式を編集］画面で次のように操作する。
1. 削除したい書式を［書式:］から選択。▶その書式の名前が［名前:］に表示される。
2. ［削除］を押す。▶相互参照書式が削除される。

その書式を用いた相互参照が文書内にある場合は、［相互参照］画面で［OK］を押して閉じるときに、[「**相互参照書式名**」書式を使用している相互参照を編集可能なテキストに変換しますか？（取り消しできません。）]というメッセージが現れるので、［OK］を押すと、それらの相互参照が普通のテキストに変換される。

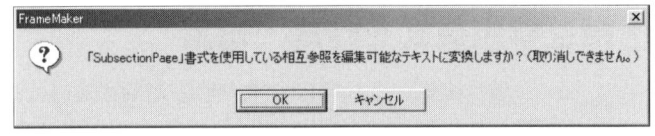

相互参照書式の記法

相互参照書式の定義の中には、普通の文字列と制御命令を混在させて記す。普通の文字列はそのまま自動印字される。制御命令のほうは、さらに次の2種類に分けることができる。

- **自動文字列生成命令**……参照先に応じて異なる文字列を自動生成して印字する。
 「〈$**命令名**〉」という形をとる。たとえば「〈$pagenum〉」は参照先のページ番号を自動印字する命令。
 命令によっては「〈$**命令名**［**要素名等**］〉」という形をとることもある。
- **文字タグ指定命令**……それ以降の印字文字列にその文字タグを適用する。
 「〈**文字タグ**〉」という形をとる。
 デフォルト段落フォントに戻したいときは「〈デフォルト段落フォント〉」または「〈/〉」を用いる。

たとえば「〈Xref〉p〈$pagenum〉」という定義内容を持つ相互参照書式が適用された相互参照の場合、その参照先が500ページにあれば、文字タグXrefを適用された「p500」という文字列が自動印字される。

● **制御命令を一覧から選択**

制御命令は手入力してもよいが、［相互参照の書式を編集］画面の［構成要素：］のなかにも一覧表示されている。［書式：］の中に文字カーソルを置いてから、［構成要素：］のなかから挿入したいものをクリックすると、文字カーソルの位置に挿入されるので便利だ。

● **自動文字列生成命令一覧**

相互参照書式の定義に利用できる自動文字列生成命令を以下に列挙する。

要素・属性

構造化文書のみ

- <$elempagenum> ……参照先要素のページ番号。

  任意の要素名を角カッコでくくって「<$elempagenum[**要素名**]>」と記述すると、参照先要素に先行する開始タグのなかで、指定要素名を持つもののうち、参照先要素に最も近いもののページ番号になる。複数の要素名どうしをカンマで区切って「<$elempagenum[**要素名,要素名**]>」などと記述すると、参照先要素に先行する開始タグのなかで、指定要素名のいずれかを持つもののうち、参照先要素に最も近いもののページ番号になる。以下同様。

- <$elemtag> ……参照先要素の要素名。<$elemtag[**要素名**]>も利用可能。

- <$elemtext> ……参照先要素内の先頭段落のテキスト（自動番号を含まない。自動印字の接頭辞・接尾辞は含む）。<$elemtext[**要素名**]>も利用可能。

- <$elemtextonly> ……参照先要素内の先頭段落のテキスト（自動番号と自動印字の接頭辞・接尾辞を含まない）。<$elemtextonly[**要素名**]>も利用可能。

- <$elemparanum> ……参照先要素内の先頭段落の自動番号文字列。<$elemparanum[**要素名**]>も利用可能。

- <$elemparanumonly> ……参照先要素内の先頭段落の自動番号（カウンタ前後の自動番号文字列を含まない）。<$elemparanumonly[**要素名**]>も利用可能。

- <$attribute[**属性名**]> ……参照先要素の指定属性の値（未設定ならその初期設定値）。

  コロンの後に要素名をつけて「<$attribute[**属性名:要素名**]>」と記述すると、参照先要素に先行する開始タグのなかで、指定要素名を持つもののうち、参照先要素に最も近いものの指定属性の値になる。

段落

- <$pagenum> ……参照先段落のページ番号。

  任意の段落タグを角カッコでくくって「<$pagenum[**段落タグ**]>」と記述すると、参照先段落に先行する段落のなかで、指定段落タグを適用されたもののうち、参照先段落に最も近いもののページ番号になる。複数の段落タグどうしをカンマで区切って「<$pagenum[**段落タグ,段落タグ**]>」などと記述すると、参照先段落に先行する段落のなかで、指定段落タグのいずれかを適用されたもののうち、参照先段落に最も近いものの

ページ番号になる。以下同様。
- <$paratext> ……参照先段落のテキスト（自動番号を含まない）。〈$paratext[**段落タグ**]〉も利用可能。
- <$paratag> ……参照先段落の段落タグ。〈$paratag[**段落タグ**]〉も利用可能。
- <$paranum> ……参照先段落の自動番号文字列。〈$paranum[**段落タグ**]〉も利用可能。
- <$paranumonly> ……参照先段落の自動番号（カウンタ前後の自動番号文字列を含まない）。〈$paranumonly[**段落タグ**]〉も利用可能。

文書
- <$fullfilename> ……参照先文書ファイルへのフルパス。
- <$filename> ……参照先文書ファイル名。
- <$volnum> ……参照先文書の章番号。
- <$chapnum> ……参照先文書の巻番号。

15 ルビ

テキストにはルビをつけることができる。⇨p212「ルビ」

ルビの書式を変更

ルビの書式は文書全体に対して必要に応じて変更することができる。ルビの書式を変更するには次のように操作する。

1. ［書式］→［文書］→［ルビ設定］を選択。▶［ルビ設定］画面が現れる。
2. 設定を変える。
3. ［設定］を押す。▶文書内のルビの書式が変わる。

NOTE
以下、各種設定を行う動機についての記述は、ルビ組み作法の解説として厳密ではない。

●サイズ

［ルビ設定］画面の［サイズ:］では、親文字に対するルビの相対サイズを指定することができる。

●ルビの配置

［ルビ設定］画面の［ルビの配置(和字が親文字):］／［ルビの配置(その他の親文字):］では、それぞれ和字／その他の親文字に対するルビの配置方式を、いくつかの模式図から選択することができる。

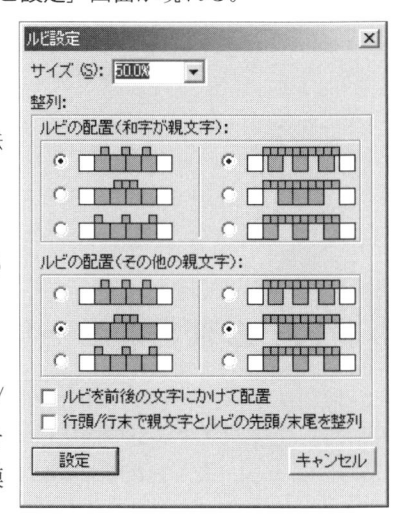

●ルビを前後の文字にかけて配置

ルビの字数が多いときには、親文字の左右に不自然なアキができてしまい美しくない。そんな不格好さを少しでも解消するため、親文字の前後の文字の上にルビが少しだけかかるように配置させるには、［ルビ設定］画面で［ルビを前後の文字にかけて配置］にチェックマークを入れればよい。

●行頭/行末で親文字とルビの先頭/末尾を整列

行頭ではルビの左端と親文字の左端が揃っていたほうが美しいと感じられるかもしれない。行末でも同様に、ルビの右端と親文字の右端が揃っていたほうが美しいと感じることがある。そのようにさせるには、［ルビ設定］画面で［行頭/行末で親文字とルビの先頭/末尾を整列］にチェックマークを入れればよい。

16 変数

テキストに変数を挿入すると、決まった文字列や自動生成された文字列をそこに印字させることができる。⇨p215「変数」

変数を挿入するには［変数］画面を利用する。⇨p215「変数を挿入」

変数の定義を表示

変数の定義を表示させるには、［変数］画面で、定義を表示させたい変数を［変数:］から選択する。すると、その下にその変数の定義が表示される。

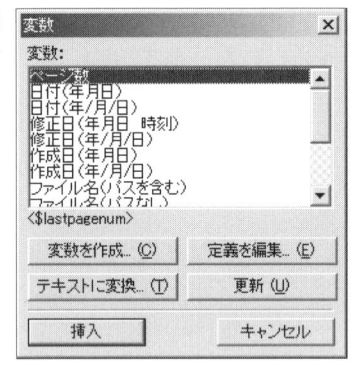

システム変数とユーザ変数

変数には次の2種類がある。［変数］画面の［変数:］には両者が混在して表示されている。

- **システム変数**……FrameMaker文書にはじめから定義されている変数。

  表が複数ページにわたる場合に表タイトルに番号をつけるための変数や（⇨p217「複数ページにわたる表のための変数」）、マスターページのヘッダ/フッタやノンブル（ページ番号）のための変数などといった特殊なシステム変数もある。

  マスターページ用のシステム変数は、マスターページの非本文テキスト枠にのみ挿入することができる。それ以外の所に文字カーソルを置いているときは、［変数］画面の［変数:］にも表示されない。

- **ユーザ変数**……ユーザーが自由に定義した変数。

  ただしDocBookPath変数は例外。この変数はFrameMaker文書にはじめから定義されているが、ユーザ変数として定義されている。

●システム変数一覧

システム変数を以下に列挙する。

ボディページ・マスターページ両用

- ［ページ数］……文書のページ数。例：「352」。
- ［日付(年月日)］……現在の日付。例：「２００６年１月２７日」。
- ［日付(年/月/日)］……現在の日付。例：「０６／１／２７」。

16 変数

- ［修正日(年月日　時刻)］……文書ファイルの修正日時。
   例：「２００６年１月２７日 午後７時０４分」。
- ［修正日(年/月/日)］……文書ファイルの修正日。例：「０６／１／２７」。
- ［作成日(年月日)］……文書ファイルの作成日。例：「２００５年５月１０日」。
- ［作成日(年/月/日)］……文書ファイルの作成日。例：「０５／５／１０」。
- ［ファイル名(パスを含む)］……文書ファイルへのフルパス。
   例：「G:¥仕事¥新灯印刷¥1-27 再¥FM72XML¥Chapter08.fm」。
- ［ファイル名(パスなし)］……文書ファイルのファイル名。例：「Chapter08.fm」。
- ［表の続き］……複数ページにわたる表の２シート目から表タイトルに「続き」と印字。
- ［表シート］……複数ページにわたる表の表タイトルにシート番号・シート数を印字。
- ［巻番号］……文書の巻番号。例：「1」。
- ［章番号］……文書の章番号。例：「8」。

マスターページ用

- ［現在のページ番号］……現ページの番号。ノンブルに使用。
- ［ヘッダ/フッタ1］……ヘッダ/フッタ。文書に応じて定義。主にランニングヘッダに使用。
- ［ヘッダ/フッタ2］……同上。以下順に［ヘッダ/フッタ12］まであり、すべて同上。

システム変数の定義を変更

システム変数の定義を変更するには［変数］画面で次のように操作する。

1. 定義を変更したいシステム変数を［変数:］から選択。▶その下にその変数の定義が表示される。
2. ［定義を編集］を押す。▶［システム変数を編集］画面が現れる。
3. ［定義:］の内容を新しい定義に変更。
4. ［編集］を押す。▶システム変数の定義が変わる。と同時に、［システム変数を編集］画面が閉じて［変数］画面に戻る。

なお、システム変数の定義名を変えることはできない。また、システム変数の定義を削除したり追加したりすることもできない。

システム変数定義の記法

システム変数の定義の中には、普通の文字列と制御命令を混在させて記す。普通の文字列はそのまま自動印字される。制御命令のほうは、さらに次の２種類に分けることができる。

- **自動文字列生成命令**……変数の属するページや文書などに応じて異なる文字列を自動生成して印字する。

  「〈$**命令名**〉」という形をとる。たとえば「〈$lastpagenum〉」は文書のページ数を自動印字する命令。

  命令によっては「〈$**命令名**[**要素名等**]〉」という形をとることもある。

- **文字タグ指定命令**……それ以降の印字文字列にその文字タグを適用する。

  「〈**文字タグ**〉」という形をとる。

  デフォルト段落フォントに戻したいときは〈デフォルト段落フォント〉または〈/〉を用いる。

たとえば「〈Emph〉全〈$lastpagenum〉ページ」という定義にしておいた［ページ数］システム変数を文書内に挿入した場合、その文書が500ページあれば、文字タグEmphを適用された「全500ページ」という文字列が自動印字される。

●制御命令を一覧から選択

制御命令は手入力してもよいが、［システム変数を編集］画面の［構成要素：］のなかにも一覧表示されている。［定義：］の中に文字カーソルを置いてから、［構成要素：］のなかから挿入したいものをクリックすると、文字カーソルの位置に挿入されるので便利だ。

また自動文字列生成命令は、システム変数の種類によって使える命令が異なっている。［構成要素：］には、そのシステム変数で使うことを許されている命令だけが一覧表示されるようになっている。

●自動文字列生成命令一覧

システム変数の定義に利用できる自動文字列生成命令を以下に列挙する。なお、生成される文字列は段落書式/文字書式の言語指定によって異なるので、［Nihongo］の場合について載せる。

ページ・巻番号・章番号

- <$curpagenum> ……現在位置のページ番号。
- <$lastpagenum> ……文書の総ページ数。
- <$volnum> ……文書の巻番号。
- <$chapnum> ……文書の章番号。

時刻・日付

- <$second> ……時刻の秒。例：「5」・「55」。
- <$second00> ……時刻の秒（「0」による2桁揃え）。例：「05」・「55」。
- <$minute> ……時刻の分。例：「5」・「55」。
- <$minute00> ……時刻の分（「0」による2桁揃え）。例：「05」・「55」。
- <$hour> ……時刻の時。例：「5」・「11」。
- <$hour01> ……時刻の時（「0」による2桁揃え）。例：「05」・「11」。

- <$hour24> ……時刻の時（「0」による2桁揃え。24時間制）。例：「05」・「23」。
- <$ampm> ……時刻の午前/午後。例：「午前」・「午後」。
- <$AMPM> ……同上。
- <$daynum> ……日付の日。例：「5」・「28」。
- <$daynum01> ……日付の日（「0」による2桁揃え）。例：「05」・「28」。
- <$dayname> ……日付の曜日。例：「日曜日」・「水曜日」。
- <$shortdayname> ……日付の曜日（略記）。例：「日」・「水」。
- <$monthnum> ……日付の月。例：「5」・「12」。
- <$monthnum01> ……日付の月（「0」による2桁揃え）。例：「05」・「12」。
- <$monthname> ……日付の月名。例：「5月」・「12月」。
- <$shortmonthname> ……同上。
- <$year> ……日付の年。例：「2005」・「1999」。
- <$shortyear> ……日付の年（略記）。例：「05」・「99」。
- <$daynumkanjikazu> ……日付の日（漢数字）。例：「五」・「二十四」。
- <$daynumkanjinumeric> ……日付の日（漢数字略記）。例：「五」・「二四」。
- <$monthnumkanjikazu> ……日付の月（漢数字）。例：「五」・「十二」。
- <$monthnumkanjinumeric> ……日付の月（漢数字略記）。例：「五」・「一二」。
- <$imperialera> ……日付の元号。例：「平成」・「昭和」。
- <$imperialyear> ……日付の和暦年。例：「1」・「15」。
- <$imperialyear01> ……日付の和暦年（「0」による2桁揃え）。例：「01」・「15」。
- <$imperialyearkanjikazu> ……日付の和暦年（漢数字）。例：「一」・「十五」。
- <$imperialyearspecialkanjikazu> ……日付の和暦年（漢数字。元号初年を元年表記）。例：「元」・「十五」。
- <$imperialyearkanjinumeric> ……日付の和暦年（漢数字略記）。例：「一」・「一五」。
- <$imperialyearspecialkanjinumeric> ……日付の和暦年（漢数字略記。元号初年を元年表記）。例：「元」・「一五」。

ファイル名
- <$fullfilename> ……文書ファイルへのフルパス。
- <$filename> ……文書ファイル名。

表
- <$tblsheetnum> ……表が複数ページにわたる場合の現在位置のシート番号。
- <$tblsheetcount> ……表が複数ページにわたる場合のシート数。

ヘッダ/フッタ（構造化）

構造化文書のみ
- <$elemtag[要素名]> ……現ページ内初出の指定要素名の開始タグの要素名。なければページを遡って探す。以下同様。

複数の要素名どうしをカンマで区切って「<$elemtag[**要素名,要素名**]>」などと記述すると、それらのうちページ内で最初に現れたものが採用される。プラスとカンマをつけて「<$elemtag[+,**要素名**]>」と記述すると、ページ内で初出でなく最後に現れたものが採用される（辞書類の右ページヘッダなどに有用）。以下同様。

- <$elemtextonly[**要素名**]> ……現ページ内初出の指定要素名の開始タグの要素内の先頭段落のテキスト（自動番号と自動印字の接頭辞・接尾辞を含まない）。
- <$elemtext[**要素名**]> ……現ページ内初出の指定要素名の開始タグの要素内の先頭段落のテキスト（自動番号を含まない。自動印字の接頭辞・接尾辞は含む）。
- <$elemparanumonly[**要素名**]> ……現ページ内初出の指定要素名の開始タグの要素内の先頭段落の自動番号（カウンタ前後の自動番号文字列を含まない）。
- <$elemparanum[**要素名**]> ……現ページ内初出の指定要素名の開始タグの要素内の先頭段落の自動番号文字列。
- <$attribute[**属性名**]> ……現ページ内初出の指定属性名の属性の値(未設定ならその初期設定値)。

　コロンの後に要素名をつけて<$attribute[**属性名:要素名**]>と記述すると、現ページ内初出の指定要素名の開始タグの指定属性の値になる。以下同様。

- <$highchoice[**属性名**]> ……現ページ内の指定属性名の属性の値のうち、属性値選択肢一覧中もっとも順序が後のもの。
- <$lowchoice[**属性名**]> ……現ページ内の指定属性名の属性の値のうち、属性値選択肢一覧中もっとも順序が前のもの。

ヘッダ/フッタ（非構造化）

- <$paratext[**段落タグ**]> ……現ページ内初出の指定段落タグの段落のテキスト（自動番号を含まない）。

　複数の段落タグどうしをカンマで区切って「<$paratext[**段落タグ,段落タグ**]>」などと記述すると、それらのうちページ内で最初に現れたものが採用される。プラスとカンマをつけて「<$paratext[+,**段落タグ**]>」と記述すると、ページ内で初出でなく最後に現れたものが採用される（辞書類の右ページヘッダなどに有用）。以下同様。

- <$paranum[**段落タグ**]> ……現ページ内初出の指定段落タグの段落の自動番号文字列。
- <$paranumonly[**段落タグ**]> ……現ページ内初出の指定段落タグの段落の自動番号（カウンタ前後の自動番号文字列を含まない）。
- <$paratag[**段落タグ**]> ……現ページ内初出の指定段落タグの段落の段落タグ。

ヘッダ/フッタ（マーカ）

- <$marker1> ……現ページ内初出の［ヘッダ/フッタ $1］マーカのテキスト。
- <$marker2> ……現ページ内初出の［ヘッダ/フッタ $2］マーカのテキスト。

ヘッダ/フッタ（コンディショナルテキスト）

- <$condtag[**コンディションタグ（優先順位1）,…,コンディションタグ（優先順位n）,デ**

フォルトテキスト ］〉……現ページ内にコンディショナルテキストが存在するコンディションタグのうち優先順位がもっとも高いもの（ページの機密水準印字などに有用）。どれもないときはデフォルトテキスト。

　どれもないときに何も印字しなくてよければ、デフォルトテキストとして半角バックスラッシュ1個の後に半角スペース1個を指定するとよい。

ユーザ変数を作成

　ユーザ変数を作成するには［変数］画面で次のように操作する。

1. ［変数を作成］を押す。▶［ユーザ変数を編集］画面が現れる。
2. ［変数名:］に変数名を指定。［定義:］に変数定義を指定。
3. ［追加］を押す。▶［ユーザ変数:］に新しい変数が表示される。
4. 複数の変数をまとめて作成したい場合はこれを繰り返す。
5. ［OK］を押す。▶ユーザ変数が作成される。と同時に、［ユーザ変数を編集］画面が閉じて［変数］画面に戻る。

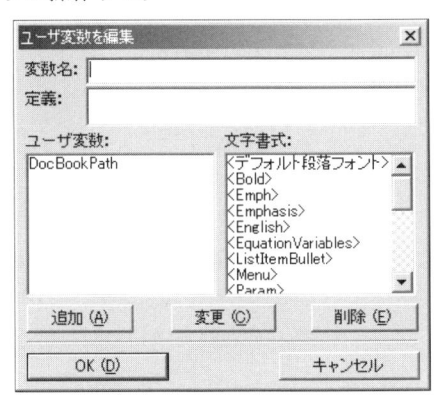

　なお、今回作成したい変数が1個だけのときは、［追加］を押さずにいきなり［OK］を押してもよい。

ユーザ変数定義の記法

　ユーザ変数の定義の中には、普通の文字列と文字タグを混在させて記す。普通の文字列はそのまま自動印字される。文字タグは、「〈**文字タグ**〉」という形で記述することにより、それ以降の印字文字列にその文字タグを適用させることができる。デフォルト段落フォントに戻したいときは「〈デフォルト段落フォント〉」または「〈/〉」を用いる。

　たとえば「〈Model〉FrameMaker 7」という定義にしておいたユーザ変数を文書内に挿入した場合は、文字タグModelを適用された「FrameMaker 7」という文字列が自動印字される。

●文字タグを一覧から選択

　文字タグは手入力してもよいが、［ユーザ変数を編集］画面の［文字書式:］のなかにも一覧表示されている。［定義:］の中に文字カーソルを置いてから、［文字書式:］のなかから挿入したいものをクリックすると、文字カーソルの位置に挿入されるので便利だ。

ユーザ変数の定義を変更

ユーザ変数の定義を変更するには［変数］画面で次のように操作する。

1. ［定義を編集］を押す。▶［ユーザ変数を編集］画面が現れる。
2. 定義を変更したい変数を［ユーザ変数 :］で選択。▶［変数名:］にその変数名、［定義:］に現在の定義が表示される。
3. ［定義:］の内容を新しい定義に変更。
4. 複数の変数定義をまとめて変更したい場合はこれを繰り返す。
5. ［OK］を押す。▶ユーザ変数の定義が変更される。と同時に、［ユーザ変数を編集］画面が閉じて［変数］画面に戻る。

なお、あらかじめ［変数］画面で、定義を変更したいユーザ変数を［変数:］で選択しておいてから［定義を編集］を押して［ユーザ変数を編集］画面を開くと、その変数が［ユーザ変数:］のなかではじめから選択されているので便利だ。

ユーザ変数の名前を変更

ユーザ変数の名前を変えるには［変数］画面で次のように操作する。

1. ［定義を編集］を押す。▶［ユーザ変数を編集］画面が現れる。
2. 定義を変更したい変数を［ユーザ変数:］で選択。▶［変数名:］にその変数名、［定義:］に現在の定義が表示される。
3. ［変数名:］を新しい名前に変更。
4. ［変更］を押す。▶［ユーザ変数:］の表示が新しい変数名に変わる。
5. 複数の変数名をまとめて変更したい場合はこれを繰り返す。
6. ［OK］を押す。▶ユーザ変数の名前が変更される。と同時に、［ユーザ変数を編集］画面が閉じて［変数］画面に戻る。

なお、あらかじめ［変数］画面で、名前を変更したいユーザ変数を［変数:］で選択しておいてから［定義を編集］を押して［ユーザ変数を編集］画面を開くと、その変数が［ユーザ変数:］のなかではじめから選択されているので便利だ。

ユーザ変数を削除

ユーザ変数の定義を削除するには［変数］画面で次のように操作する。

1. ［定義を編集］を押す。▶［ユーザ変数を編集］画面が現れる。
2. 削除したい変数を［ユーザ変数:］で選択。▶［変数名:］にその変数名、［定義:］に現在の定義が表示される。
3. ［削除］を押す。▶［ユーザ変数:］の表示から変数が消える。
4. 複数の変数をまとめて削除したい場合はこれを繰り返す。
5. ［OK］を押す。▶ユーザ変数が削除される。と同時に、［ユーザ変数を編集］画面が閉じて［変数］画面に戻る。

なお、あらかじめ［変数］画面で、削除したいユーザ変数を［変数:］で選択しておいてから［定義を編集］を押して［ユーザ変数を編集］画面を開くと、その変数が［ユーザ変数:］のなかではじめから選択されているので便利だ。

第 8 章 【開発編】ページ内容書式開発

17 目次

ブックに目次文書を追加すると、ブック内の文書の目次を自動生成させることができる。
⇨p231「目次」

目次に自動生成させる内容を指定するには、構造化文書の場合は通常、要素名を指定する（複数可）。すると、ブック内の全文書から、その名前のすべての要素の最初の段落が抽出され、ページ番号とともに目次文書へ複製される。

非構造化文書の場合は段落タグを指定する（複数可）。すると、ブック内の全文書から、その段落タグが適用されたすべての段落が抽出され、ページ番号とともに目次文書へ複製される。

目次文書を追加

ブックに目次文書を追加するには次のように操作する。

1. ブックウィンドウで、目次文書を追加したい位置の直前か直後の文書を選択。
2. ［追加］→［目次］を選択。▶ブックウィンドウに目次文書名が追加される。と同時に、［目次を設定］画面が現れる。 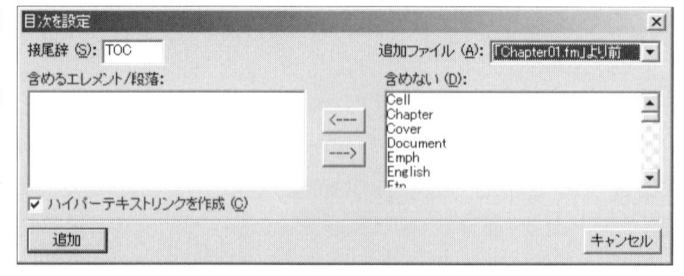
3. 選択した文書の前後どちらに目次文書を追加したいかを［追加ファイル:］で選択。目次に載せたいテキストを持つ要素名または段落タグが［含めない:］に表示されている場合は、それを選択して［<---］を押して［含めるエレメント/段落:］に入れる。逆の場合は［--->］を押して［含めない:］に入れる。

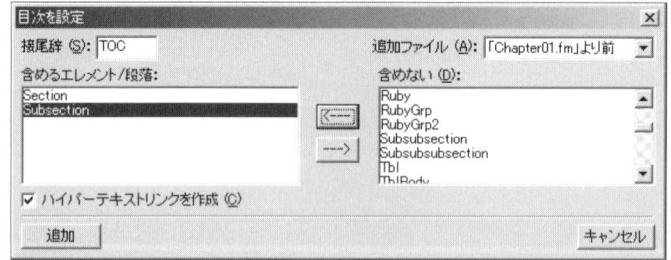

4. ［追加］を押す。▶［ブック更新］画面が現れる。 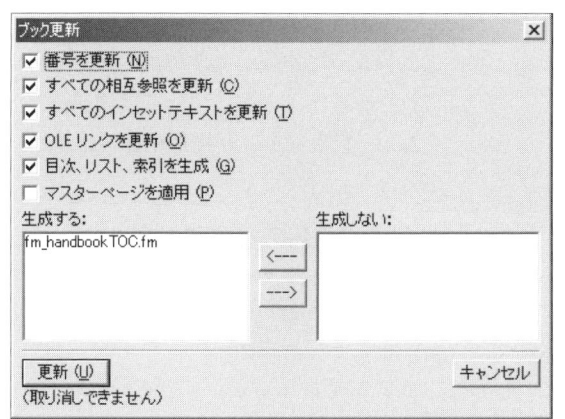
5. ［目次、リスト、索引を生成］にチェックマークが入っていない場合は入れる。目次文書が［生成しない:］に表示されている場合は［<---］を押して［生成する:］に移す。
6. ［更新］を押す。▶ブック内の各文書からの情報収集が始まる。しばらく時間がかかった後、生成された目次の文書ウィンドウが最小化された状態で現れる。
7. 目次文書ウィンドウを最大化などして広げてみる。▶目次の中身が生成されている。

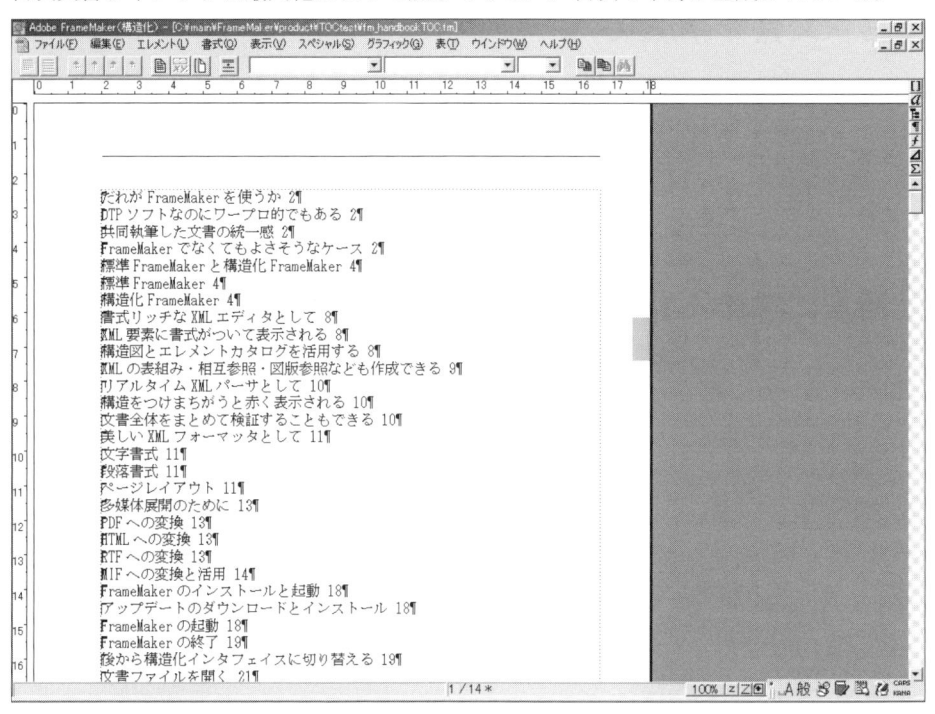

ただしこの時点ではまだこの目次文書はファイルとしては保存されていない。
8. ［ファイル］→［保存］を選択。▶目次文書がファイルとして保存される。
　なお、目次文書をファイル保存せずに閉じてしまうと、ブックに名前はあるがファイルはないという状態になってしまうので注意が必要だ。また、何らかの原因で目次の生成が失敗した場合にもこれと同じ状態になってしまう。そのようなときは、ブックから

登録を削除するとよい。

このように作成してすぐの目次文書は、各段落の書式がすべて同じで、見ばえが良くない。これを改善する方法については後述。

なお、目次文書は非構造化文書になる。要素名で見出しを引っ張ってきた場合でも、その要素になるわけではない。

●目次文書名の接尾辞を変える

目次文書のファイル名は、ブック名＋接尾辞＋「.fm」として自動生成される。この接尾辞ははじめ「TOC」となっているが、もし変えたい場合は、［目次を設定］画面の［接尾辞:］で指定することができる。

たとえばブックファイル名が「foo.book」の場合、接尾辞を「Mucluc」とすると、目次文書のファイル名は「fooMucluc.fm」となる。

目次文書を構造化

目次文書は、必要に応じて構造化文書にすることもできる。方法は通常の文書と同様だ。

ただし目次は、後述のようにして更新すると、そのたびに構造がなくなってしまうので、何度も同じことをする手間を省くには、構造化作業を行うのは、もうそれ以上更新はしないというめどがついてからのほうがよいだろう。

目次に含める見出しを変更

目次に含める要素名や段落タグを変更したいときは次のように操作する。

1. ブックウィンドウで目次文書を選択して［編集］→［目次を設定］を選択。または目次文書を右クリックしてコンテキストメニューで［目次を設定］を選択。▶［目次を設定］画面が現れる。

   現在目次に含めるよう設定されている見出しの一覧が表示されている。

2. 目次に載せたいテキストを持つ要素名または段落タグが［含めない:］

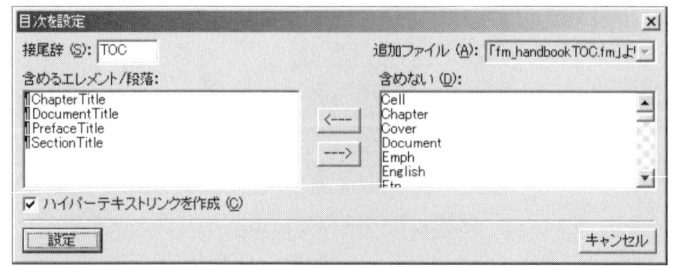

   に表示されている場合は、それを選択して［<---］を押して［含めるエレメント/段落:］に入れる。逆の場合は［--->］を押して［含めない:］に入れる。

3. ［設定］を押す。▶［ブック更新］画面が現れる。

4. ［目次、リスト、索引を生成］にチェックマークが入っていない場合は入れる。目次文書が［生成しない:］に表示されている場合は［<---］を押して［生成する:］に移す。
5. ［更新］を押す。▶しばらく時間がかかった後、目次文書の内容が変わる。

目次文書のレイアウトを改善

目次文書のレイアウトを変える方法を解説する。

●目次内の見出しの段落書式を変える

何はともあれ、見出しがどれも同じ段落書式なのをまずは何とかしたいところである。たとえば章見出しは大きなフォントサイズで、節見出しは小さなフォントサイズで印字させたりしたい。

目次の各段落には、元の要素名や段落タグごとに目次文書内に自動生成された段落タグが自動的に適用されている。なのでこの段落タグの定義内容を変更すれば各レベルの見出しの段落書式を変えることができる。

たとえばChapterTitle段落タグを目次に含めて生成させた場合には、ChapterTitleTOCという段落タグが自動生成される。そしてブックの各文書内の、ChapterTitle段落タグが適用されている各段落が、目次文書へ自動的に複製され、それらの段落にChapterTitleTOC段落タグが自動的に適用される。したがって、ChapterTitle段落タグの書式定義内容を変えれば、ChapterTitle段落タグから複製された目次段落の見栄えを改善させることができる。

段落タグの定義変更の方法は通常の段落タグの場合と同様だ。⇨p282「段落タグ」

●目次内の見出しのテキスト内容を変える

目次内の各段落の段落書式でなくテキスト内容を変えるには次のように操作する。

1. 目次文書の［TOC］リファレンスページを表示させる（⇨p267「マスターページやリファレンスページを表示する」）。▶目次の段落タグごとに、印字するべきテキストが定義されている。
2. 変更したい段落タグが適用された段落の目次テキスト定義内容を変える。
3. 目次を更新する（⇨p231「目次を更新」）。▶目次のテキスト内容が変わる。

●目次テキスト定義の記法

目次テキスト定義の中には、普通の文字列と自動文字列生成命令を混在させて記す。普通の文字列はそのまま自動印字される。自動文字列生成命令は、変数の属するページや文書などに応じて異なる文字列を自動生成して印字するもので、「〈$**命令名**〉」という形をとる。

たとえば「〈$paratext〉〈$pagenum〉」と定義された目次段落では、段落テキストの後にページ番号が自動印字される。

● 自動文字列生成命令一覧

目次テキストの定義に利用できる自動文字列生成命令を以下に列挙する。

ページ・巻番号・章番号

- <$pagenum> ……ページ番号。
- <$volnum> ……文書の巻番号。
- <$chapnum> ……文書の章番号。

見出し内容（構造化）

- <$elemtext> ……要素内の先頭段落のテキスト（自動番号を含まない。自動印字の接頭辞・接尾辞は含む）。
- <$elemtextonly> ……要素内の先頭段落のテキスト（自動番号と自動印字の接頭辞・接尾辞を含まない）。
- <$elemtag> ……要素名。

見出し内容（非構造化）

- <$paratext> ……段落のテキスト（自動番号を含まない）。
- <$paratag> ……段落タグ。

見出し番号

- <$paranum> ……段落の自動番号文字列。
- <$paranumonly> ……段落の自動番号（カウンタ前後の自動番号文字列を含まない）。

● タブとリーダ

目次にタブとリーダ（見出しとページ番号の間の「……」や「-----」など）をつけるには、段落タグでタブを定義し、目次テキスト定義の中に直接タブを書き込めばよい。

● 見出しの中の文字書式を変える

見出し内の一部分の文字書式を変えるには、その文字書式によって定義した文字タグを、目次テキスト定義のその部分に適用すればよい。文字タグでなく直接文字書式を変えただけでは更新時に反映されないので注意が必要だ。

● 目次のページレイアウトを変える

目次の段落書式や文字書式ではなく、ページのレイアウトを変えるには、通常の文書のページレイアウトを変えるのと同様に、目次文書のマスターページのレイアウトを変更すればよい。

18 索引

ブックに索引文書を追加すると、ブック内の文書の索引を自動生成させることができる。
⇒p232「索引」

索引文書を追加

ブックに索引文書を追加するには次のように操作する。

1. ブックウィンドウで、索引文書を追加したい位置の直前か直後の文書を選択。
2. ［追加］→［索引(標準)］を選択。▶ブックウィンドウに索引文書名が追加される。と同時に、［索引(標準)を設定］画面が現れる。 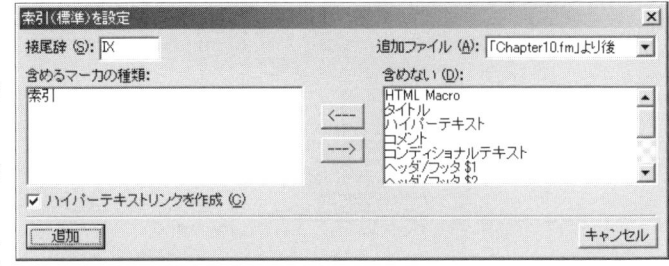
3. 選択した文書の前後どちらに索引文書を追加したいかを［追加ファイル:］で選択。［含めるマーカの種類:］に［索引］だけが入っていることを確認。
4. ［追加］を押す。▶［ブック更新］画面が現れる。 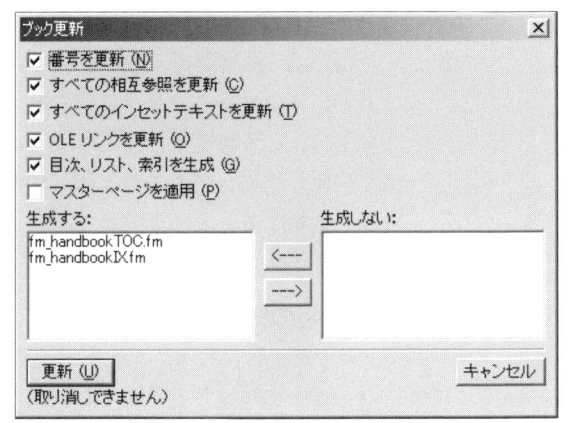
5. ［目次、リスト、索引を生成］にチェックマークが入っていない場合は入れる。索引文書が［生成しない:］に表示されている場合は［<---］を押して［生成する:］に移す。
6. ［更新］を押す。▶ブック内の各文書からの情報収集が始まる。しばらく時間がかかった後、生成された索引の文書ウィンドウが最小化された状態で現れる。

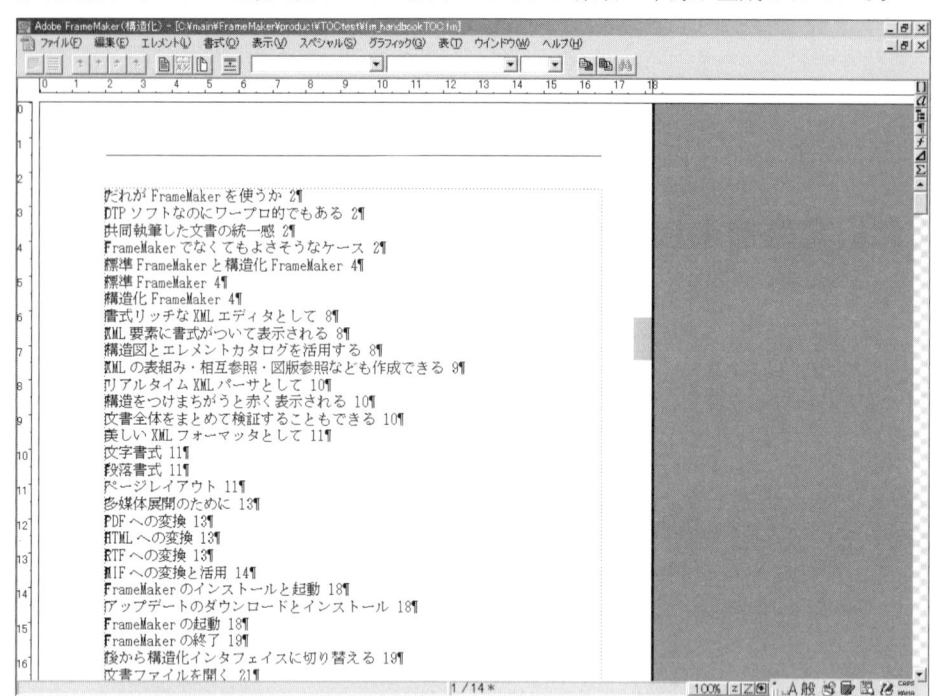

第 8 章 【開発編】ページ内容書式開発

7. 索引文書ウィンドウを最大化などして広げてみる。▶索引の中身が生成されている。

ただしこの時点ではまだこの索引文書はファイルとしては保存されていない。

8. ［ファイル］→［保存］を選択。▶索引文書がファイルとして保存される。

なお、索引文書をファイル保存せずに閉じてしまうと、ブックに名前はあるがファイルはないという状態になってしまうので注意が必要だ。また、何らかの原因で索引の生成が失敗した場合にもこれと同じ状態になってしまう。そのようなときは、ブックから登録を削除するとよい。

なお、索引文書は非構造化文書になる。

● 索引文書名の接尾辞を変える

索引文書のファイル名は、ブック名＋接尾辞＋「.fm」として自動生成される。この接尾辞ははじめ「IX」となっているが、もし変えたい場合は、［索引(標準)を設定］画面の［接尾辞:］で指定することができる。

たとえばブックファイル名が「foo.book」の場合、接尾辞を「Indeks」とすると、索引文書のファイル名は「fooIndeks.fm」となる。

19 コンディショナルテキスト

文書の内容にコンディショナルテキストを適用すると、用途によって異なる内容を印字させることができる。⇨p237「コンディショナルテキスト」

コンディションタグ

コンディショナルテキストに設定するコンディションタグを選択したり、コンディショナルテキストの印字/非印字をコンディションタグごとに切り換えたり、コンディショナルテキストの書式を有効/無効にしたりするには、[コンディショナルテキスト]画面を利用する。⇨p237「コンディショナルテキストに設定する」

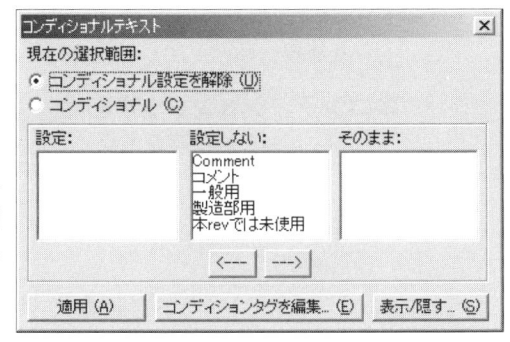

●コンディションタグの書式を表示/変更

コンディションタグの書式を表示させたり変更したりするには、[コンディショナルテキスト]画面で次のように操作する。

1. 書式を表示/変更したいコンディションタグを、[設定:]・[設定しない:]・[そのまま:]のいずれかから選択。
2. [コンディションタグを編集]を押す。▶ [コンディションタグを編集]画面が現れる。選択したコンディションタグの書式が表示されている。
3. 必要に応じて書式を変える。
4. [設定]を押す。▶コンディションタグの書式が変わる。と同時に、[コンディションタグを編集]画面が閉じて[コンディショナルテキスト]画面に戻る。

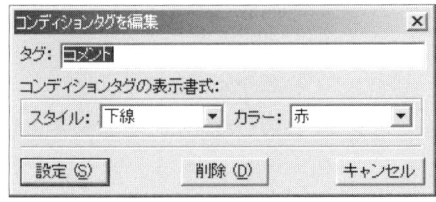

スタイル

コンディションタグ書式のスタイルを変えるには、[コンディションタグを編集]画面の[スタイル:]から[そのまま]・[上線]・[取り消し線]・[下線]・[二重下線]・[改訂バー]・[特殊下線]・[特殊下線・改訂バー]のいずれかを選択する。

カラー

コンディションタグ書式のカラーを変えるには、[コンディションタグを編集]画面の[カ

第 8 章 【開発編】ページ内容書式開発

ラー:]から色を選択する。

●コンディションタグを追加

コンディションタグを追加するには［コンディショナルテキスト］画面で次のように操作する。

1. ［コンディションタグを編集］を押す。▶［コンディションタグを編集］画面が現れる。
2. 新しいコンディションタグにつけたい名前を［タグ:］に指定する。
3. 必要に応じて書式を変える。
4. ［設定］を押す。▶ コンディションタグが作成される。と同時に、［コンディションタグを編集］画面が閉じて［コンディショナルテキスト］画面に戻る。

●コンディションタグを削除

コンディションタグを削除するには［コンディショナルテキスト］画面で次のように操作する。

1. 削除したいコンディションタグを、［設定:］・［設定しない:］・［そのまま:］のいずれかから選択。
2. ［コンディションタグを編集］を押す。▶［コンディションタグを編集］画面が現れる。選択したコンディションタグの書式が表示されている。
3. ［削除］を押す。▶そのコンディションタグが設定されたコンディショナルテキストが文書中にない場合は、コンディションタグが削除される。と同時に、［コンディションタグを編集］画面が閉じて［コンディショナルテキスト］画面に戻る。（完了）
   削除しようとしたコンディションタグが設定されたコンディショナルテキストが文書中に存在する場合は、［コンディションタグを削除］画面が現れる。
4. 削除しようとしているコンディションタグが設定されたコンディショナルテキストのコンディショナル設定を解除したいなら［コンディショナル設定を解除］を選択。そのテキストそのものを削除したいなら［テキストを削除］を選択。
5. ［OK］を押す。▶コンディションタグが削除される。と同時に、［コンディションタグを編集］画面が閉じて［コンディショナルテキスト］画面に戻る。

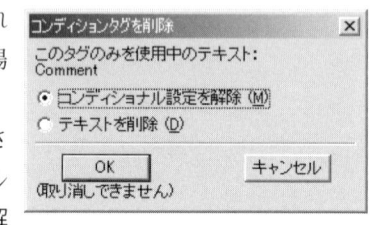

Navigation

- **構造化**文書の**開発者**をめざすなら⇨次章へ進む
- **非構造化**文書のみなら……本章で完了

第 **9** 章

【開発編】
XMLありきの
場合の開発の流れ

　構造化文書のみ XML 文書がすでに存在しているケースにおいて、それを FrameMaker で編集・組版できる環境とレイアウトを構築するための開発作業の流れ。【開発者向】

1 DTDを読み込んでEDDにする

　本章と次章では、XML・SGML文書をFrameMakerで編集できるようにするための開発を行うにあたっての全体像をつかんでいくことを目的とする。プロジェクトによってさまざまなケースがあるが、おおざっぱに次の2つのケースを想定する。

- XMLやSGMLの文書がすでに存在していて、それをFrameMakerで編集したい ⇨ 本章
- 非構造化文書が存在していて、それをFrameMakerを使ってXMLやSGMLにしたい ⇨ 次章

　本章では、もともとXMLやSGMLの文書がすでにあってそれをFrameMakerで編集・組版・展開したいというときの開発の流れを駆け足で見ていこう。途中こまかい操作法などでわかりにくいところがあるかもしれないが、まずは大きな流れだけざっと眺めるつもりで追ってみてほしい。FrameMakerでの構造化文書の環境開発ということはこういう感じで進めていくのだなという雰囲気をつかんでいただきたい。

　すでにSGML文書や妥当なXML文書が存在していてそれをFrameMakerで編集したいという場合には、そのDTDをまず読み込んでEDDにすることから始めるのが普通である。

EDDとは

　EDDはFrameMaker独自の形式であり、DTDと同様、文書の構造を記述したファイルである。Element Definition Documentの略だ。

　EDDがDTDと同じで文書構造を記述するものなら、なぜFrameMakerはDTDを直接参照しないのか？

　なぜEDDなどという独自形式のファイルが別途必要なのか？

　それは、EDDでは文書構造だけではなく、各要素の書式をも定義することができるからである。そのほか、文書構造を編集する際に便利な機能（たとえば子要素が自動挿入されたり）を定義しておくこともできるようになっている。

●DTDからできるEDD

　DTDを読み込んでEDDに変換した段階では、もちろんこのEDD内に含まれるのはDTDと同じ文書構造定義だけであり、書式定義や便宜機能などはどこからも湧いては来ない。それらは後から自分でEDD内に書き加えていくものである。

1 DTDを読み込んでEDDにする

DTDをEDDにする操作

たとえば右図のようなXML用DTDが用意されているものとする。

構造化FrameMakerインタフェイスの利用環境はすでに導入されているものとして（⇨5章）、DTDを読み込んでEDDにするには構造化FrameMaker上で次のように操作する。

1. ［ファイル］→［構造ツール］→［DTDを開く］を選択。▶ ファイル選択画面が現れる。
2. DTDファイルを選んで［開く］を押す。▶［構造化アプリケーションを使用］画面が現れる。
3. 今はこのDTD用の構造化アプリケーション（⇨p364「構造化アプリケーションを定義」）はまだ作っていないので、とりあえず［<アプリケーションなし>］を選んだまま［続行］を押す。▶［タイプを選択］画面が現れる。
4. 読み込みたいのがSGMLのDTDなら［SGML］を選び、XMLのDTDなら［XML］を選ぶ。この例ではXML。［OK］を押す。▶ DTDがEDDに変換され、新しくウィンドウが開いてそのEDDが表示される。と同時にその前面に［DTDの読み取りが完了しました。］と表示される。
5. ［OK］を押す。

●XMLスキーマを読み込んでEDDにする

FrameMaker 7.2では、DTDのかわりに、XMLスキーマを読み込んでEDDにすることも可能である。具体的には、まずXMLスキーマをDTDに変換し、それを上記の操作で読み込めばよい。XMLスキーマをDTDに変換するには、次のように操作する。

1. ［ファイル］→［構造ツール］→［スキーマを開く］を選択。▶ ファイル選択画面が現れる。
2. XMLスキーマファイルを選んで［選択］を押す。▶［DTDとして保存］画面が現れる。

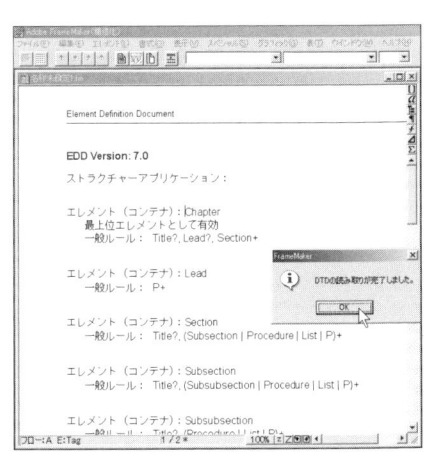

355

3. DTDファイルの名前と保存先を選んで［保存］を押す。▶XMLスキーマがDTDファイルに変換される。

EDDをファイルに保存

EDDはそれ自体が構造化FrameMaker文書ファイル形式である。

通常の構造化FrameMaker文書と全く同様に、［ファイル］→［保存］か［ファイル］→［別名で保存］を選択して、［ファイルの種類］を［文書7.0］のまま拡張子.fmで適当なファイル名をつけて適宜保存しておくことができる。

EDDファイルを開くときも、通常の構造化FrameMaker文書と同じように構造化FrameMakerで［ファイル］→［開く］を選択して開けばよい。

DTDからEDDができたら

このようにしてできたEDDは、もとのDTDを何のひねりもなく素直にそのまま読み込んだものである。互いにまったく同じ構造定義内容を持っている。

ゆくゆくはこのEDDにいろいろなひねりや書式定義を加えて、FrameMakerの諸機能を活用できるようにするわけだが、まずはこのEDDで実際に目的のXML文書やSGML文書を扱うためのページ環境を作っておく必要がある。これを次に述べる。

2 EDDをテンプレートに取り込む

　EDDに決められた構造規則に従って実際の構造化文書を作成・編集するには、そのEDDをまず何らかのテンプレートに取り込んでおく必要がある。

テンプレートとは

　テンプレートは本文のないFrameMakerファイルである。逆に、本文以外のあらゆる体裁情報を持っている。

　テンプレートには、文書の判型や本文の組み付け構成をはじめとして、ノンブルや柱の書式、輪郭罫・段間罫など、さまざまなページレイアウトを自由に作成しておくことができる。

●テンプレートの活用法

　これにいろいろな本文内容を流し込むことによって、一つのテンプレートからいくつもの定型文書を顔ハメ看板のように作り出していくというのが一般的なFrameMakerの使い方である。

　逆に同じ本文内容であっても、違った体裁のテンプレートにハメ込めば全然がらっと雰囲気がかわって見えることにもなる。

●構造化文書のテンプレート

　それに加えて、構造化文書を扱う場合には、テンプレートはEDDを内蔵していなければならない。それは構造化文書では、EDDが本文の従うべき構造規則を定義し、かつ本文の書式もすべてEDDによって決定されるからである。

　EDDを内蔵したテンプレートファイルを作るには、まずEDDを内蔵していないテンプレートを作り、そこにEDDファイルを取り込むという手順をふむ。

　内蔵したEDDをあとから変更したくなったら、もとのEDDファイルを開いて望みの変更を行い、それを再度テンプレートに取り込めばよい。また、EDDを内蔵したあとであっても、テンプレートはさらに編集することができる。一般には、これを何回も（何十回も何百回も）繰り返すことで、EDDもテンプレートも徐々に形を整え、洗練されてできあがっていくのである。

●定義済み段落・文字・表書式などの利用

　なおテンプレートでは、本文内で用いたい代表的な段落書式・文字書式・表書式などをあらかじめ定義して名前をつけておくこともできるようになっている。標準FrameMakerではこれを利用することにより、本文外だけでなく本文そのものの割り付けにも統一感を与えることができる。

　構造化FrameMakerでも、このような定義済みの書式は、その段落タグをEDD内で指定し

て利用することが可能である。そのほうが場合によってはテンプレートの本文書式の変更が手軽にできるという利点がある。

テンプレートを作る操作

　FrameMakerのテンプレートは、通常のFrameMaker文書ファイルである。違いはただ本文が何も入っていないことだけである。

　新たにテンプレートを用意しようとするとき、すでに似たテンプレートがあればそれを流用して改変して使ってもよいのだが、そういうものがなければ、まずは出発点として、標準判型で1段組みの、飾りもそっけもないとりあえずのテンプレートを新規に作っておく。あとから徐々に体裁を整えていけばよいからである。

　そのような新しいテンプレートを作るには、FrameMaker（標準・構造化どちらのインタフェイスでもよい）で次のように操作する。

1. ［ファイル］→［新規］→［文書］を選択する。▶［新規］画面が現れる。
2. ［使用する用紙］の［縦］を押す。▶新しくウィンドウが開いて新規の空っぽのA4縦の文書が表示される。

　これを新規テンプレートとして用いることができる。

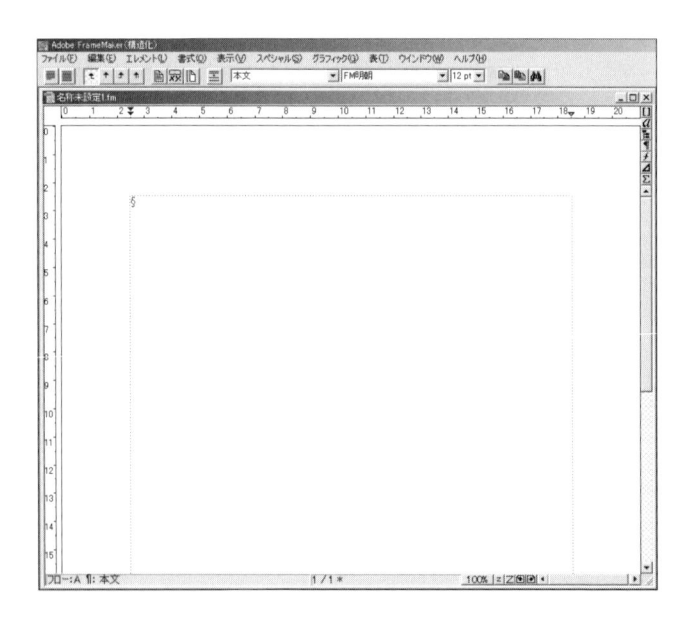

テンプレートにEDDを取り込む操作

テンプレートに EDD を取り込んで構造化文書を扱えるようにするには、構造化FrameMaker上で次のように操作する。

1. EDDを取り込ませたいテンプレートを開いておく。
2. 取り込みたいEDDも開いておく。
   この点はつい忘れやすいので注意が必要である。
3. テンプレートのほうのウィンドウをアクティブにする。
4. ［ファイル］→［取り込み］→［エレメント定義］を選択する。▶ ［エレメント定義を取り込む］画面が現れる。
5. 取り込みたいEDDを［取り込み元の文書］で選ぶ。
6. ［取り込み］を押す。▶ ［EDDからエレメント定義を取り込みました。］と表示される。
7. ［OK］を押す。
   この操作をしてもテンプレートの見た目は操作前と何も変わらない。しかしEDDはすでに取り込まれて内蔵されている。

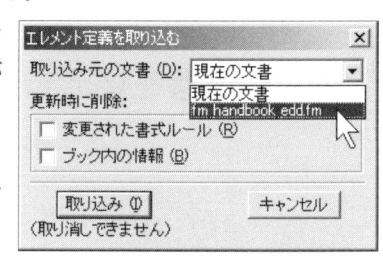

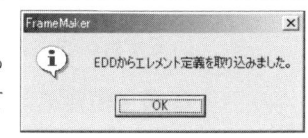

テンプレートをファイルに保存

先述のように、テンプレートはそれ自体が普通のFrameMaker文書ファイルである。だからテンプレートをファイルとして保存する方法も、普通のFrameMaker文書とまったく同じである。［ファイルの種類］を［文書7.0］のまま拡張子.fmで適宜保存すればよい。

開くときも普通のFrameMakerファイル同様である。ただしすでにEDDを内蔵して構造化文書用のテンプレートになっているものは、標準FrameMakerでなく構造化FrameMakerで開かなければならない。

EDDを取り込んだテンプレートができたら

このようにしてEDDを内蔵したテンプレートは、すでにそのEDDの定義に従って構造化されているはずである。すなわち、構造化文書の作成や編集が可能になっているはずである。

本当にそうなっているかどうか、実際のXML・SGML文書をここに流し込んでみる前に軽く試験してみるとよい。これを次に述べる。

3 構造化されていることを確認してみる

EDDを内蔵したテンプレートが本当にそのEDDどおりに構造化文書を扱えるようになっているかどうかを確めるには、ごく簡単な構造化文書をそのテンプレート上で軽く作ってみるとよい。

構造化文書はさまざまな手順で作っていくことができるし、また同じことをやるのでもFrameMakerではいろいろな操作法が用意されているが、たとえば以下のようにしてみる。画面表示も設定によって微妙に異なるかもしれないが当面あまり気にする必要はない。

最上位要素を挿入してみる

テンプレートのウィンドウで、本文の空っぽのテキスト枠の中をクリックして文字カーソルを置く。

今あなたは何の構造もまだついていない無の文書へ足を踏み入れた。当然、いかなる要素の下にも属さない立場にある。言いかえれば来たるべき構造の最上位にいる。構造の最上位において使用が許されるのは「最上位要素」だけである。

● 最上位要素とは

まともなDTDなら、どの要素の子にもなっていない要素が一つだけあるはずで、そういうDTDを読み込んでEDDにすると自動的にこれが最上位要素として定義される。

文字どおり、文書内でもっとも頂点に立つことのできる要素のことである。最上位要素でない要素を文書構造の最上位に置くことは許されない。

別の言い方をすれば、あらゆる構造化文書はかならず最上位要素の開始とともに始まり、その終了とともに終わらなければならない。文書内の他のすべての要素は最上位要素の子や孫やひ孫……として置かれなければならない。

● 最上位要素を挿入する操作

本文の空のテキスト枠の中に文字カーソルを置いた状態で最上位要素を挿入するにはたとえば次のように操作する。

1. エレメントカタログが表示されていなければ、文書ウィンドウ右端の上のほうにある[]を押す。▶エレメントカタログが現れる。

    エレメントカタログには、現在のカーソル位置で利用可能な要素の名前が表示されている。すなわち今の場合、最上位要素として使用できる要素の名前が表示されている。

    なお、エレメントカタログの現れた位置や大きさが気に入らなければ、操作に便利なように適宜調整してもよい。

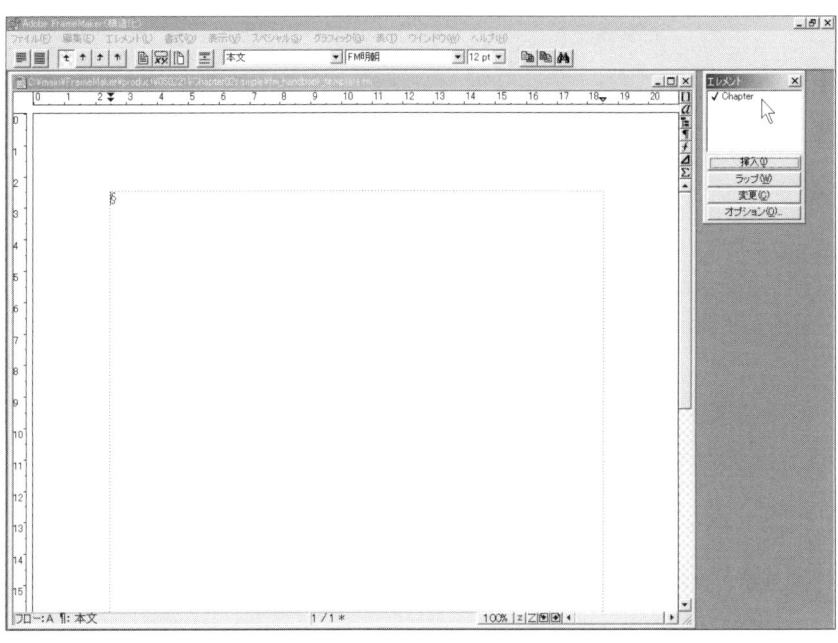

3 構造化されていることを確認してみる

2. エレメントカタログで要素名をクリックして選択する。
3. ［挿入］を押す。▶エレメントカタログに表示されている要素名が変わる。

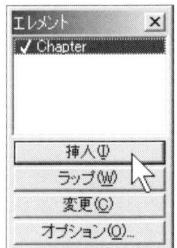

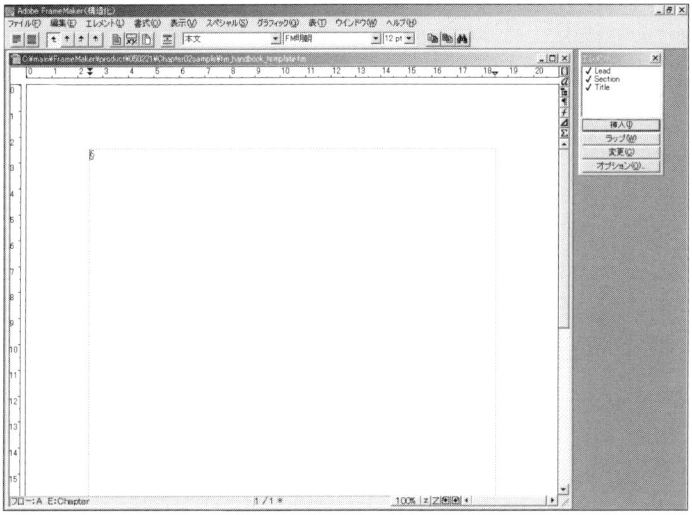

4. 本文ウィンドウのほうに何も変化がないようであれば、［表示］→［エレメント境界（タグ）］を選択してチェックマークを入れる。▶文字カーソルをはさんで要素の開始タグと終了タグが表示される。

361

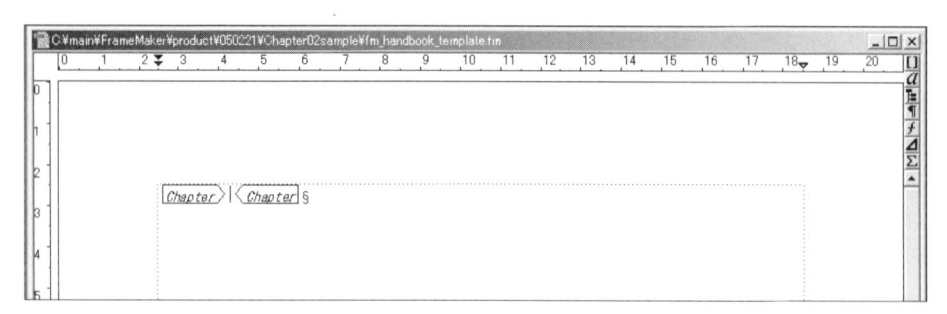

これを見れば、たしかにここに要素が挿入されたことがわかる。そして今あらたにエレメントカタログに表示された要素名は、この最上位要素の下に挿入することのできる要素である。

どうやらEDDはテンプレートに正しく取り込まれて、構造化の機能が正しくはたらいているようである。

いくつか子要素を挿入してみてさらに確かめてもよい

最上位要素を入れてみただけでは不安だということなら、同様の操作で、最上位要素の下にもういくつか要素を挿入したり、テキストを打ってみたりするのもいいだろう。

このとき、構造図が表示されていなければ、ウィンドウ右端の上のほうにある📄を押すと構造図が表示されるので、つけた構造をリアルタイムでツリーでも見ることができて、よりわかりやすくなる。

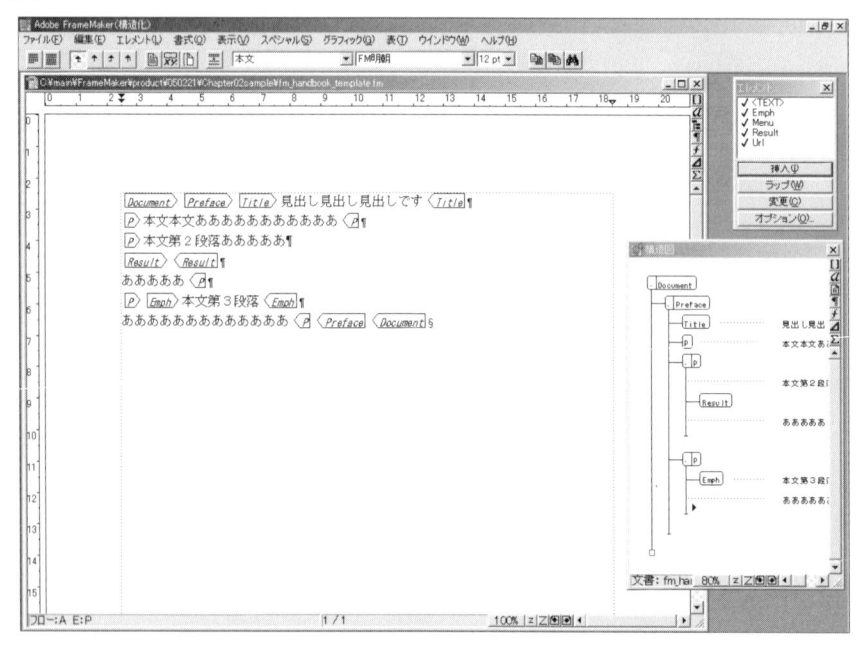

確認が済んだらテンプレートはまた空にしておく

　確認が充分済んだと感じたら、もしこの確認の途中でテンプレートを上書き保存していた場合は、試しに挿入した構造やテキストはすべて削除した状態でテンプレートを再保存しておく。先述のように、テンプレートとはさまざまな文書を流し込むための"本文のない文書ファイル"でなければならないからである。

テンプレートが構造化されていることを確認できたら

　構造化されたテンプレートに実際のXML文書やSGML文書を読み込むには、たくさんあるかもしれないテンプレートのうちのどれにその文書を読み込めばいいのかFrameMakerが自動判断できるよう、あらかじめその判断基準を「構造化アプリケーション」として定義しておく必要がある。これを次に述べる。

4 構造化アプリケーションを定義

いろいろなXML・SGML文書をFrameMakerでテンプレートに読み込むことができるようにするには、このテンプレートに関する構造化アプリケーションの定義を追加する必要がある。

構造化アプリケーション定義とは

構造化されたテンプレートにXML文書やSGML文書を読み込むには、XML・SGML文書のファイルをFrameMakerで直接開くという操作を行うようになっている。テンプレートを開いておいてそこに直接読み込むというような操作ではないのである。開く時にテンプレートを指定する必要すらない。

これはオペレーターにとって、日常たくさんのXML・SGML文書を何度も開いて編集するうえで、より直感的な操作法になっているといえる。

しかしFrameMakerでテンプレートファイルはいくつでも作れるのに、開く時にどのテンプレートにそのXML・SGML文書を読み込めばよいのか、FrameMakerは毎回どうやってわかるのだろうか？

構造化アプリケーション定義とは、テンプレートごとにその判断基準をFrameMakerのために定義したものである。

構造化アプリケーション定義の内容

構造化アプリケーション定義には一意な名前をつける。その中には、このテンプレートを使うのは最上位要素が何の場合であるということを最低限書く。

また、XML・SGML文書内の文書型宣言で外部DTDが公開識別子で指定される場合には、その公開識別子が指し示すDTDがファイルシステム内のどこにあるかも書いておく必要がある。XML文書の文書型宣言内のシステム識別子で指定されるURIへ取りに行くという動作は行われない。

その他にも必要に応じていろいろな項目を定義することができるようになっている。

構造化アプリケーション定義ファイル

あらゆる構造化アプリケーション定義はすべて「構造化アプリケーション定義ファイル」という一個のファイルの中に書いておくことによりFrameMakerに登録される。

構造化アプリケーションファイルは、FrameMakerのアプリケーションフォルダにある

structure フォルダの中のファイル structapps.fm である。構造化 FrameMaker 文書ファイル形式なので、普通の文書と同様に構造化 FrameMaker で開いて編集することができる。ただし、ファイル名や保存場所を変えたものは FrameMaker から構造化アプリケーション定義ファイルとして認知されない。

構造化アプリケーション定義ファイルを開くには、そのための専用のコマンドが用意されているので、それを使うと便利である。

構造化アプリケーション定義を追加する操作

構造化アプリケーション定義を追加してそれを使えるようにするには次のように操作する。

1. ［ファイル］→［構造ツール］→［アプリケーション定義を編集］を選択。▶新しいウィンドウが開き、構造化アプリケーション定義ファイルが表示される。

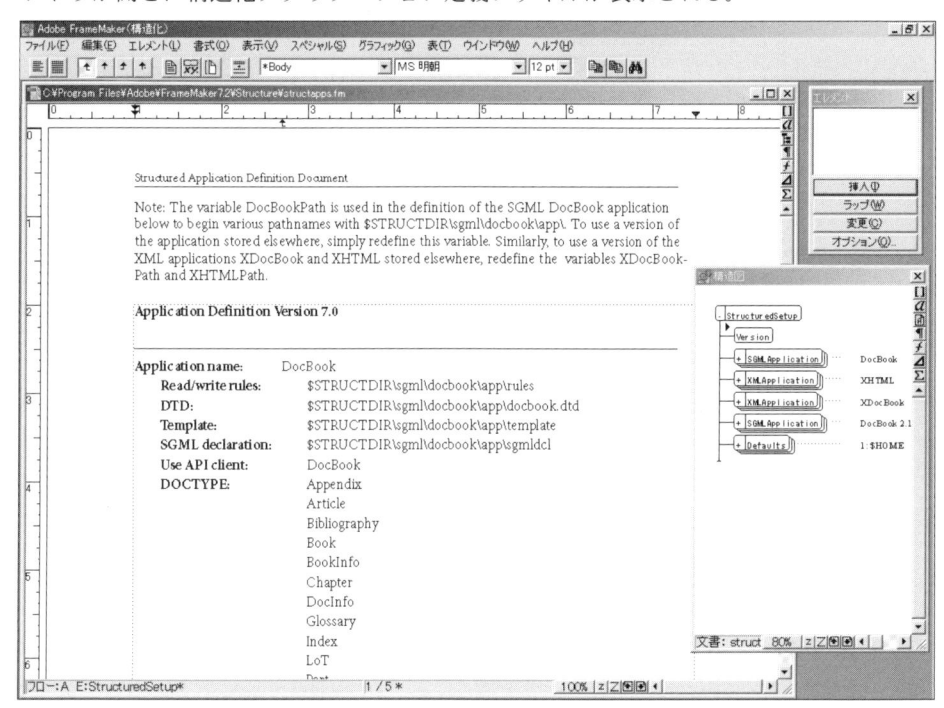

すでにいくつかの構造化アプリケーションが定義されているのが見えるはず。

2. 新しい構造化アプリケーション定義を追加する。

構造化アプリケーション定義で用いるテンプレートやDTDなどのファイルは、FrameMaker のアプリケーションフォルダの中の structure フォルダの配下に置いておくのが普通である。なぜなら、このフォルダを指す FrameMaker 固有の変数として「$STRUCTDIR」が用意されているため、ファイルの場所を絶対パスで指定しなくてす

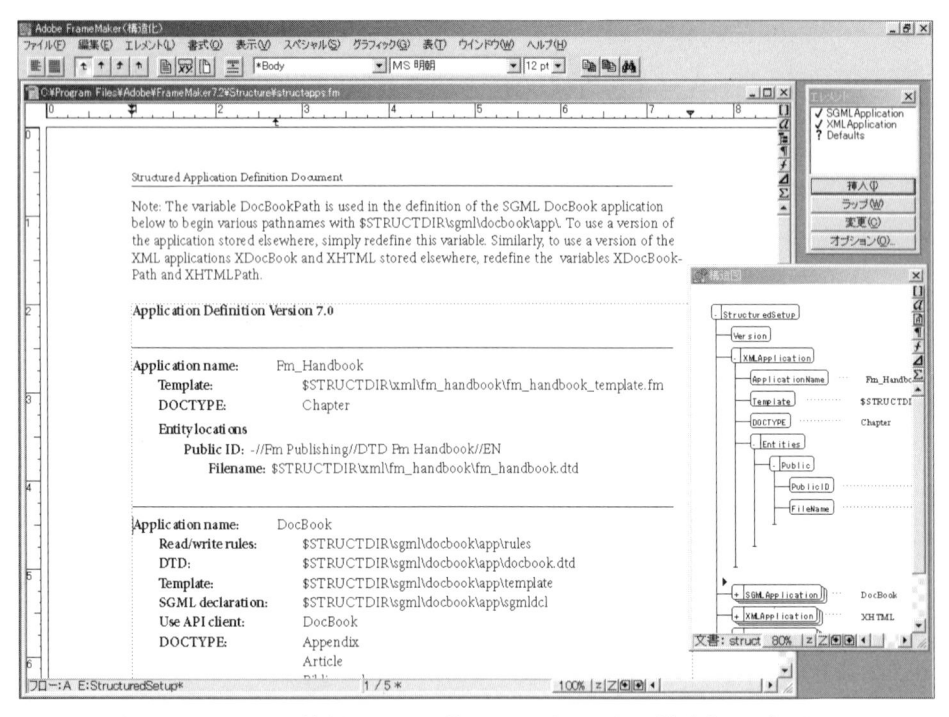

むからである。ファイルの絶対パスは、他のコンピュータへ構造化アプリケーションを移植する際には変わってしまう可能性があるから、汎用性がない。
3. ［ファイル］→［保存］を選択して構造化アプリケーション定義ファイルを保存する。
4. 構造化アプリケーション定義ファイルのウィンドウがアクティブな状態で、［ファイル］→［構造ツール］→［アプリケーション定義を読み込み］を選択。▶ 修正した新しい定義がFrameMakerに登録されて有効になる。ただし画面上は何も変化はない。

　なお、このコマンドを実行しなくても、FrameMakerを終了させて次回また起動した時には新しい定義が有効になる。
5. 構造化アプリケーション定義ファイルのウィンドウを閉じる。
6. 定義したとおりの場所へファイルをコピーしておく。この例では、FrameMaker のアプリケーションフォルダの中の structure フォルダの中の xml フォルダの中に fm_handbook フォルダを作り、その中へファイル fm_handbook_template.fm と fm_handbook.dtd をコピー。

構造化アプリケーションを定義したら

　構造化アプリケーション定義を追加したら、それを用いて実際のXML・SGML文書を開くことができる。これを次に述べる。

5 XML文書を開いてみる

構造化アプリケーションの準備ができたら、XML文書やSGML文書をFrameMakerで開くことで、用意したテンプレートに読み込ませることができる。

XML文書を開く操作

たとえば、右図のようなXML文書がすでにあるものとする。

XMLやSGMLの文書をFrameMakerで開くには、通常のFrameMaker文書を開く場合と同様、次のように操作する。

1. ［ファイル］→［開く］を選択。▶ ファイル選択画面が現れる。
2. 開きたいXML・SGMLファイルを選び、［開く］を押す。▶
   - **DOCTYPEから構造化アプリケーションが一つに特定される場合**……新しい文書ウィンドウが開き、テンプレートに読み込まれたXML・SGML文書が表示される（完了）。
   - **同じDOCTYPEが複数の構造化アプリケーションで指定されている場合**……すぐには文書ウィンドウが開かず、［構造化アプリケーションを使用］画面が現れる。
3. 使用したい構造化アプリケーションを選び、［続行］を押す。▶ 新しい文書ウィンドウが開き、テンプレートに読み込まれたXML・SGML文書が表示される。

XML文書を保存する操作

FrameMakerで開いたXML・SGML文書を保存するには、普通のFrameMaker文書を保存する場合と同様、次のように操作する。

1. ［ファイル］→［保存］を選択。▶

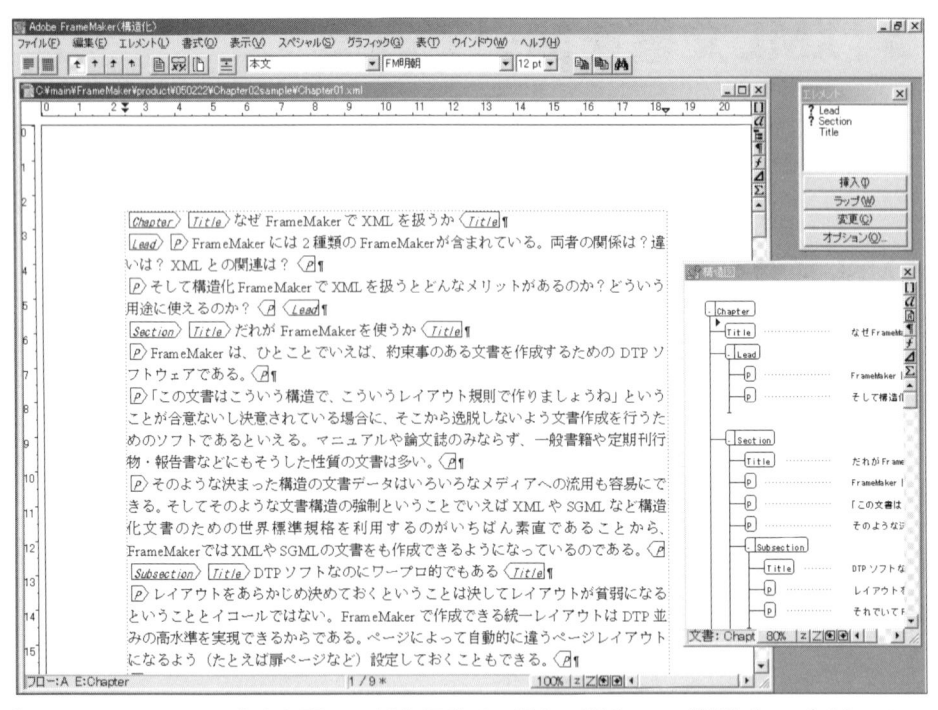

第 9 章　【開発編】XMLありきの場合の開発の流れ

- 今回この XML・SGML 文書を開いて以来初めての保存の場合……［構造化アプリケーションを使用］画面が現れる。
- そうでない場合……画面上何の変化もなく、元と同じ XML 形式か SGML 形式で保存される（完了）。

2. 開いた時と同じ構造化アプリケーションを選び、［続行］を押す。▶元と同じ XML 形式か SGML 形式で保存される。

XML 文書を開くことができるようになったら

　ここまでに作った EDD やテンプレートでは、XML・SGML 文書に書式をつけるための指定をまだ何もしていないため、何の書式もつかない。XML・SGML 文書を FrameMaker で開くことができるようになったら、次は書式をつけていく段階に入る。これを次に述べる。

6 EDDで構造に書式づけ

　XML文書やSGML文書を開いた時や作成・編集している時に書式がつくようにするには、EDDの中で各要素に対する書式を定義する必要がある。

EDDに書式づけを追加する操作

　EDDでは、それぞれの要素に対してさまざまな書式を定義することが可能である。たとえば、ある要素のフォントサイズをつねに20ポイントにするには、EDDをFrameMakerで開いて次のように編集したあとテンプレートへ取り込む。

1. 書式をつけたい要素の構造を定義しているElement要素に移動する。

    通常、EDDのElement要素は子としてTag要素とContainer要素を持っている。Tag要素は要素名を格納している。Container要素は子としてGeneralRule要素を持っている。GeneralRule要素は要素の構造定義を格納している。

2. Container要素の下のGeneralRule要素の後へ移動する。▶エレメントカタログにいろいろな候補要素が現れる。

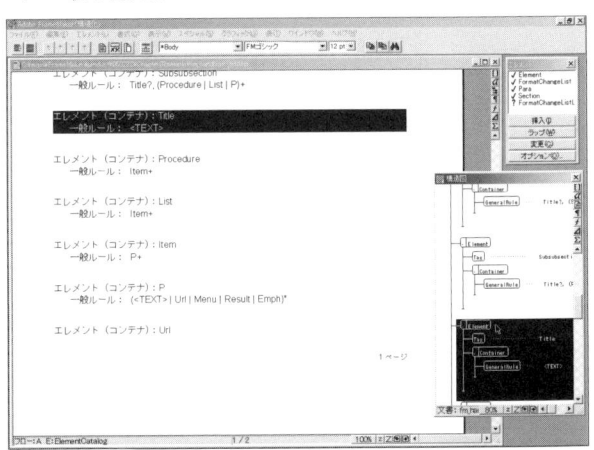

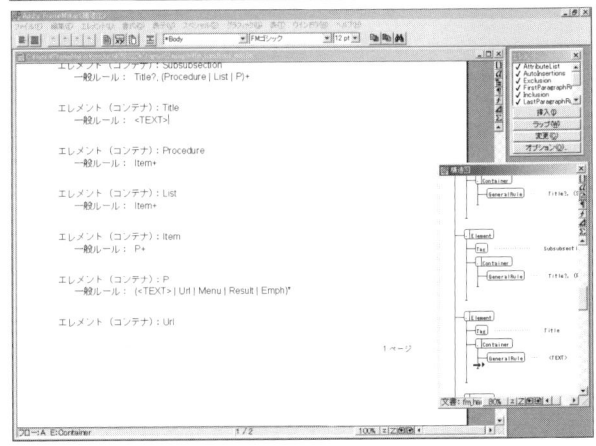

369

3. TextFormatRules 要素を挿入。▶文書内に［テキスト書式ルール］と自動印字される。エレメントカタログの候補要素が変わる。
4. AllContextsRule 要素を挿入。▶文書内に［1. 全コンテキスト内］と自動印字される。エレメントカタログの候補要素が変わる。
5. ParagraphFormatting 要素を挿入。▶一行あく。エレメントカタログの候補要素が変わる。
6. PropertiesFont要素を挿入。▶文書内に［「デフォルトフォント」属性］と自動印字される。エレメントカタログの候補要素が変わる。
7. Size要素を挿入。▶文書内に［サイズ：］と自動印字される。エレメントカタログの候補表示が［<TEXT>］だけになる。
8. 文字カーソル位置に「20pt」とキー入力する。

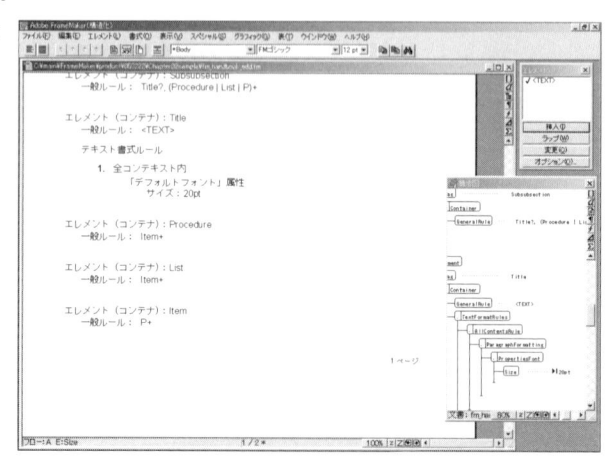

書式がつくことを確認してみる

　EDDに書式定義を加えてそれをテンプレートに読み込ませたら、実際にXML・SGML文書を開いてみて書式がつくことを確認してみるといい。

6 EDDで構造に書式づけ

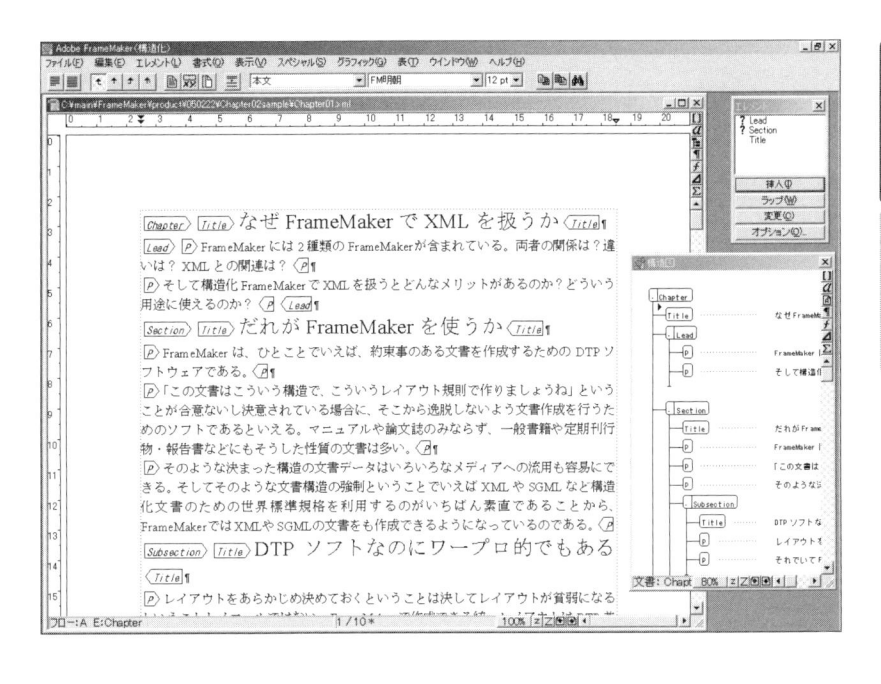

美しい書式に仕上げていく

　　つけた書式を目で見てみて少し直したいと思った場合は、またEDDに戻って書式定義を手直しすればよい。他の要素に書式をつけることもできる。そしてそのEDDをまたテンプレー

371

トに読み込んで、文書を開いてみる、という試験を何度も繰り返しながら、徐々に美しい書式に仕上げていく。地道だが楽しい作業である。

　また、ページレイアウト全体を変更したい場合は、テンプレートの用紙サイズやテキスト枠のサイズなども変更する。

　このようにして、既存のXML文書やSGML文書が、FrameMakerで開いた時にだけきれいなレイアウトで表示・編集・印刷できるようになるのである。

Navigation

- **構造化**文書の**開発者**をめざすなら ⇨ 次章へ進む

第10章

【開発編】
XML化したい場合の開発の流れ

構造化文書のみ 構造化されていない文書がすでに存在しているケースにおいて、それをFrameMakerで構造化してXML文書にするための環境を構築する開発の流れ。【開発者向】

1 既存の非構造化文書を開く

　本章では前章と逆に、構造化されていない既存の文書をFrameMakerで構造化したい、そしてXMLやSGML形式にも書き出したいという場合の開発の流れをざっと追ってみよう。前章と同様、細かいところはあまり気にせずに、概略の雰囲気だけ眺めてつかんでみてほしい。

　FrameMakerを使って既存の非構造化文書をXML化・SGML化するには、何はともあれまずFrameMakerでその文書を開くことができなければならない。

　FrameMakerではさまざまな文書作成ソフトウェアの文書ファイルを開くことができる。もし開くことができれば、元と完全に同じレイアウトにはならないかもしれないにしても、かなりの内容と書式情報をそこから流用することができる。

　うまく開くことができない形式の場合には、元のソフトでいったん開いて、FrameMakerで開くことのできる何らかの形式で保存しなおすことができないかどうか試してみるとよい。たとえばRTF形式は多くのソフトが保存できる形式なので有望である。その場合でもかなりの書式情報は伝わる。

　どうしてもだめなら元のソフトでテキスト形式で保存すれば、確実にFrameMakerで開くことができるが、その場合は書式情報はいっさい得ることはできず、ただテキスト内容だけを流用することができる。

　なお、非常に古いバージョンの FrameMaker 文書については、そのバージョンのFrameMakerでいったんMIF形式で保存したものを、FrameMaker 7.2（ないし7.1・7.0等）で開くとよい。

既存の非構造化文書を開く操作

たとえば下図のようなMicrosoft Word文書ファイルが存在するものとする。

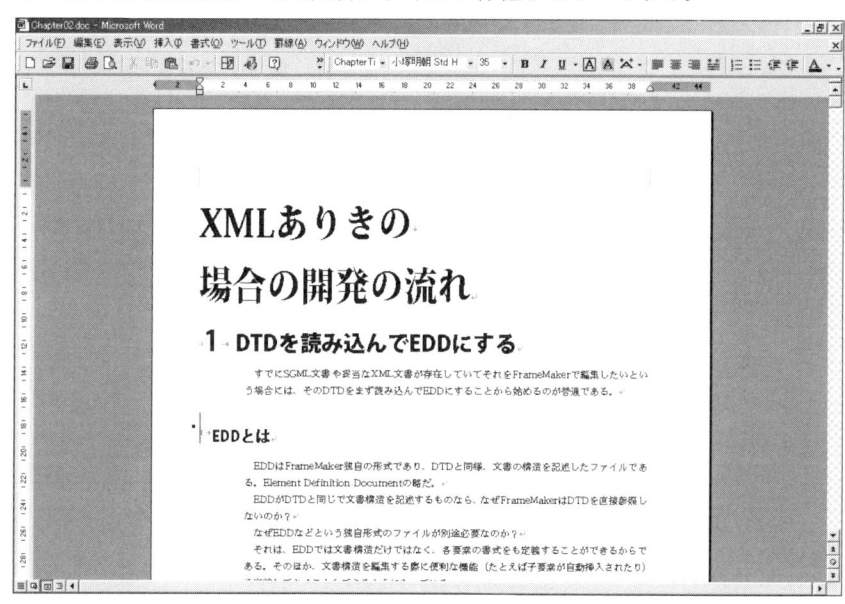

何らかのファイル形式で保存されている既存の非構造化文書をFrameMakerで開くには次のように操作する。

1. ［ファイル］→［開く］を選択。▶ファイル選択画面が現れる。
2. 開きたい文書ファイルを選び、［開く］を押す。▶［不明なファイルの種類］画面が現れる。［ファイル形式］として、FrameMakerが判定したこの文書のファイル形式が自動的に選ばれている。
3. この選択はたいてい正しいのでそのまま［変換］を押す。もしも誤っている場合は正しい形式を探し、見つかればそれを選んで［変換］を押す（見つからなければその形式はFrameMakerではおそらく開くことができない）。▶新しい文書ウィンドウが開き、FrameMaker形式に変換された文書が表示される。拡張子もすでに .fm に変わっている。ファイル保存しておこう。

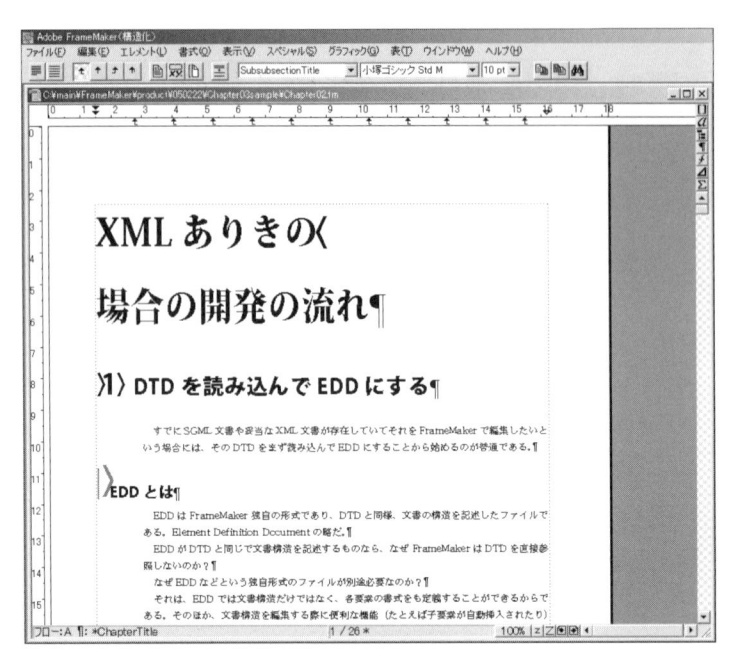

第10章 【開発編】XML化したい場合の開発の流れ

●**Microsoft Wordファイルを開いた時に各段落末に入る余分な制御キャラクタ**

　話の本筋から外れてしまうが、Microsoft Word 2000の文書ファイルなどを上記の方法によってFrameMakerで開くと、なぜか各段落の末尾に余分な制御キャラクタが1個ずつ入ってしまう。キャラクタコード13の制御キャラクタである。文字カーソルを右カーソルキーで動かしていくと段落末のところで一度余分にキーを押さなければならないのでそれに気づく。

　この制御キャラクタは見た目は何の影響もないので問題ないのだが、これをこのまま残しておくと、編集の際にカーソルが引っかかって不便であるばかりでなく、最終的にXMLやSGMLに書き出したときにもこの制御キャラクタが書き出されてしまう。

　この制御キャラクタは、[編集]→[検索・置換]を選択して[検索][テキスト:]「¥x0d」を[置換][テキスト:]なしに一括置換することでまとめて削除することができるので、削除しておこう。

既存文書を開くことができたら

　FrameMaker形式に変換した既存の非構造化文書をXML化・SGML化するには、そのためのEDDとテンプレートを作成する必要がある。これを次に述べる。

2 EDDで構造と書式を一から作る

FrameMaker上で既存の非構造化文書をXML化・SGML化するには、適切な構造と書式を定義したEDDとテンプレートを作る必要がある。

既存のDTDを使うか？ 新しく構造定義を作るか？

構造については、何らかの既存のDTDを使わなければならないという要請があるならそれをp354「DTDを読み込んでEDDにする」同様読み込んでEDDにすればよい。

そうでないなら元の文書をよく見て構造を分析し、新しいEDD上に一から構造定義を作る必要がある。そしてそのEDDを書き出すことによってDTDも作る。

既存文書と同じ書式にするか？ 変えるか？

書式については、たいていは元の非構造化文書と同じ書式にしたいという要請があるので、それを極力流用する形でEDD上に定義する。

一から書式定義を与えなくてはならないときはたとえばp369「EDDで構造に書式づけ」のように操作する。

新しいEDDを作る

新しいEDDを作るには次のように操作する。

1. ［ファイル］→［構造ツール］→［新規EDD］を選択。▶新しい文書ウィンドウが開き、新しい EDD が表示される。

　新規 EDD では、最上位要素 ElementCatalog と、その子の Version 要素・CreateFormats 要素・Element 要素と、Element 要素の子の Tag 要素が自動的に挿入されている。

一から構造定義を作る

　EDD ではさまざまな構造定義を記述することができる。新しい EDD 上に一から構造定義を作るにはたとえば次のように操作する。

1. 新規 EDD の Element 要素の子の Tag 要素の中に要素名をキー入力し、Tag 要素の後に移動する。▶エレメントカタログの候補要素が変わる。
2. Container 要素を挿入する。▶自動的にその子として GeneralRule 要素も挿入される。文書内の［エレメント］の後に［(コンテナ)］と自動印字され、その下に［一般ルール：］と自動印字される。

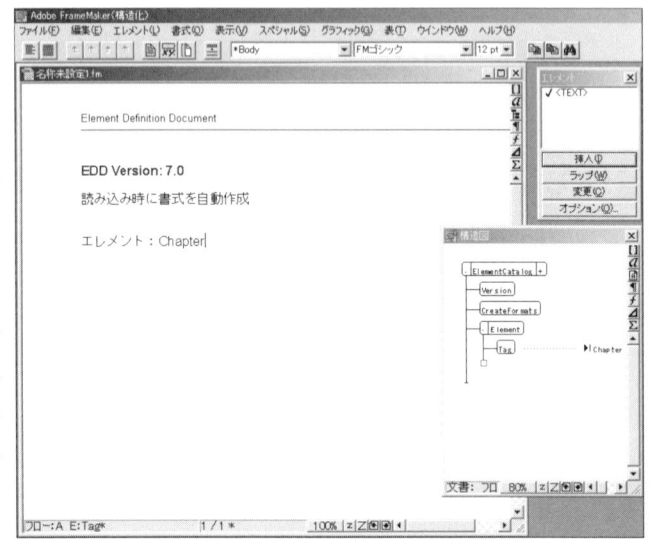

3. 要素の一般ルールをキー入力する。▶一種類の要素の構造定義完了。
4. 必要に応じてさらに要素構造定義を追加する。
　　Element 要素はいくつでも、ElementCatalog 要素の子として追加することができる。Element 要素を挿入すると自動的にその子として Tag 要素も挿入される。

既存の非構造化文書の書式を流用する

　EDD ではさまざまなやり方で書式定義を記述することができる。とくに、テンプレート内で段落書式や文字書式が名前つきで定義されている場合には、それを EDD から参照するよう記述することにより、EDD 内で直接的に書式を記述する必要がなくなる。このような定義済みの段落書式や文字書式の名前のことを FrameMaker では「段落タグ」・「文字タグ」と呼ぶ。

●段落タグ・文字タグを用意する

　既存の非構造化文書に書式がついていてそれを流用したい場合は、それを段落タグや文字タグとして用意することにより、EDD から参照することができる。たとえば段落タグを用意するには次のように操作する（文字タグの場合もまったく同様）。

1. FrameMaker 形式に変換した既存文書のうち代表的なファイル一つをコピーし、それを開く。
　　以後これをテンプレートとして使用することにする。ただしまだ内容は削除しない。
2. 流用したい書式を持つ段落に文字カーソルを置く。
3. ［書式］→［段落］→［書式］を選択。▶段落書式ウィンドウが現れる。

この種類の段落特有の段落タグが適用されている場合……元の文書作成ソフトウェアで定義・適用されていた段落スタイルがそのまま継承されている。この段落タグをそのままEDDでこの種類の段落の書式づけに利用することができる（完了）。

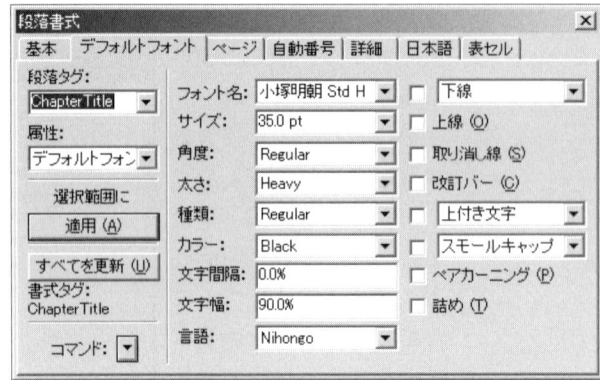

他の種類の段落と同じ段落タグが適用されている場合……この種類の段落だけのための段落タグを新たに作る必要がある。

4. 段落書式ウィンドウの［コマンド :］プルダウンメニューから［新規書式］を選択する。
  ▶［新規書式］画面が現れる。
5. 新たに作りたい段落タグを［タグ］に入力。［カタログに保存］をチェック。［選択範囲に適用］はこの際どちらでもよい。［作成］を押す。▶段落タグの作成完了。

● **段落タグ・文字タグをEDDから参照する**

テンプレート内の段落タグや文字タグをEDDから参照する方式で書式を定義するにはたとえば次のように操作する。

1. EDDの中で、書式を定義したい要素の構造を定義しているElement要素の子のContainer要素の子のGeneralRule要素の後へ移動する。エレメントカタログにいろいろ候補要素が現れる。
2. TextFormatRules要素を挿入。文書内に［テキスト書式ルール］と表示される。エレメントカタログの候補要素が変わる。
3. その子としてElementPgfFormatTag要素を挿入。文書内に［エレメント段落書式：］と表示される。エレメントカタログの候補表示が［<TEXT>］のみになる。

4. 段落タグをキー入力する。▶この要素をこの段落タグで表示するための定義完了。

EDDをテンプレートに取り込む

　テンプレート内にあるさまざまな書式をすべて段落タグ・文字タグとしてEDD内の各要素定義から参照できたら、もう内容は用済みなので削除しておく。
　そしてEDDをテンプレートに取り込んでおく。[p357「EDDをテンプレートに取り込む」

EDDで構造と書式ができたら

　構造と書式を定義したEDDとテンプレートが作れたら、これを使って既存文書に構造をつけていく作業に移ることができる。これを次に述べる。

381

3 既存の非構造化文書に構造をつける

既存の非構造化 FrameMaker 文書に構造をつけるには、まず変換表を用いてできるだけ自動的に既存文書に構造をつけたあと、テンプレートから書式とエレメント定義を取り込み、そして手作業で構造を完成させていく方法が便利である。

変換表とは

変換表とは、段落タグや文字タグを要素に対応づける対応表である。この対応変換によって非構造化文書に自動的に構造をつけることができる。

たとえば、段落タグ「本文」を要素「P」に変換するよう対応づける。そのように変換表を作ることにより、本文段落などの出現頻度の多い要素が一気に自動生成されるようになって、かなりの量の構造化作業が軽減される。

あるいは、段落タグ「SectionTitle」を要素「Section」とその子要素「Title」に変換させるというようなこともできる。このような入れ子生成機能をうまく活用すれば、立体的な文書構造を半自動的に生成させることが可能である。

他の文書作成ソフトウェアで文書に段落スタイルや文字スタイルが定義・適用されていると、FrameMaker で開いたときには段落タグや文字タグになるから、それを変換表で要素に自動変換することができる。

文書から変換表を生成させる

変換表を作るには、まず変換表を文書から生成させる。

文書から生成された変換表の中には、その文書の中で用いられている段落タグと文字タグがすべて変換元として自動的に登録されている。しかし変換先の要素名はあてずっぽうなものが入っているので、これをそのあと手作業で適切な要素名に変更していくことになる。

既存の非構造化 FrameMaker 文書から変換表を生成させるには次のように操作する。

1. 変換表の処理対象としたい既存の非構造化 FrameMaker 文書を開いて、その文書ウィンドウをアクティブにする。
2. ［ファイル］→［構造ツール］→［変換表を生成］を選択。▶ ［変換表を生成］画面が現れる。
3. ［新規変換表を生成］を選ぶ。［生成］を押す。▶ 新しい文書ウィンドウが開き、生成された変換表が表示される。

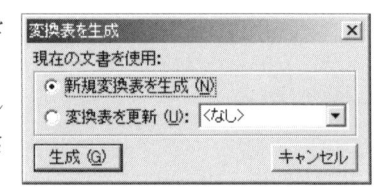

3　既存の非構造化文書に構造をつける

表の一列目［Wrap this object or objects］に、元の文書の中で用いられていた段落タグは［P:］、文書タグは［C:］として列挙されている。

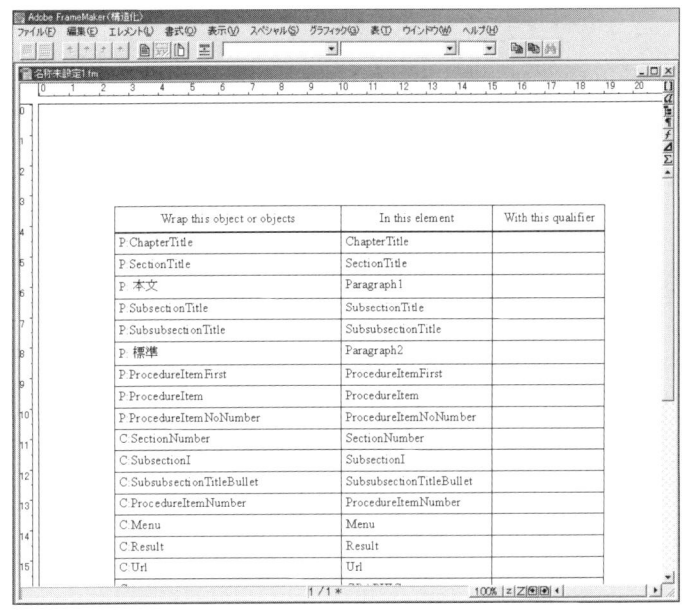

変換表に適切な要素を登録する

　文書から生成された変換表は普通そのままでは使うことができない。変換先の要素名がいいかげんだからである。これを手作業で正しく変えていく必要がある。

　変換表にはいろいろな変換を記述することができる。たとえば、段落タグ「本文」が要素「P」に変換されるように変換表を変更するには次のように操作する。

1. 変換表の一列目［Wrap this object or objects］の中で［P:本文］と書いてある行を探す。

　その行の二列目［In this element］の内容は今はいいかげんな［Paragraph1］になっている。

383

2. これを「P」に書き換える。

P:SectionTitle	SectionTitle	
P:本文	P	
P:SubsectionTitle	SubsectionTitle	

必要に応じ、変換先の要素名を記入していったり、不要な行を削除したり、要素の親要素も自動的につけられるよう行を追加したりして、変換表を作成していく。

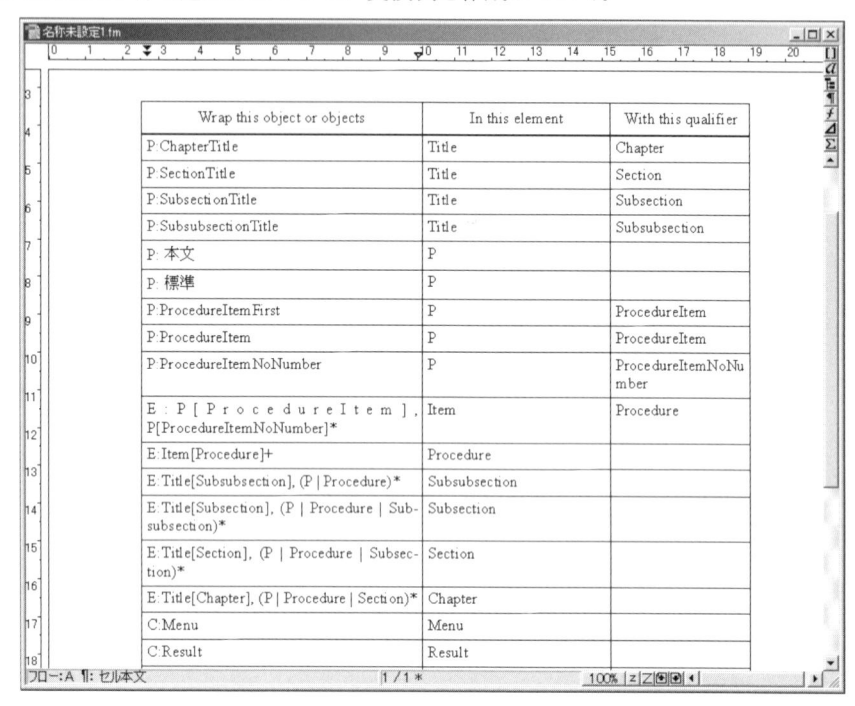

Wrap this object or objects	In this element	With this qualifier
P:ChapterTitle	Title	Chapter
P:SectionTitle	Title	Section
P:SubsectionTitle	Title	Subsection
P:SubsubsectionTitle	Title	Subsubsection
P:本文	P	
P:標準	P	
P:ProcedureItemFirst	P	ProcedureItem
P:ProcedureItem	P	ProcedureItem
P:ProcedureItemNoNumber	P	ProcedureItemNoNumber
E：P[ProcedureItem], P[ProcedureItemNoNumber]*	Item	Procedure
E:Item[Procedure]+	Procedure	
E:Title[Subsubsection], (P | Procedure)*	Subsubsection	
E:Title[Subsection], (P | Procedure | Subsubsection)*	Subsection	
E:Title[Section], (P | Procedure | Subsection)*	Section	
E:Title[Chapter], (P | Procedure | Section)*	Chapter	
C:Menu	Menu	
C:Result	Result	

変換表を保存する

変換表はそれ自体がFrameMaker文書である。なので通常のFrameMaker文書と同様に適切なファイル名をつけて拡張子［.fm］で保存したり開いたりすることができる。

いまだファイルとして保存されていない変換表は、文書の構造化に用いることができない。

変換表を使って非構造化文書に自動的に構造をつける

変換表を使って非構造化文書に構造をつけるには次のように操作する。

1. 構造をつけたい非構造化文書を開いておく。
2. 使いたい変換表も開いておく。
3. 非構造化文書のほうのウィンドウをアクティブにする。

3 既存の非構造化文書に構造をつける

4. [ファイル]→[ユーティリティ]→[現在の文書を構造化]を選択。▶ [現在の文書を構造化]画面が現れる。
5. [変換表文書]として使いたい変換表を選ぶ。[構造を追加]を押す。▶ 新しい文書ウィンドウが開き、変換表によって自動的に構造化された文書が表示される。その前面に[操作が完了しました。]と表示される。

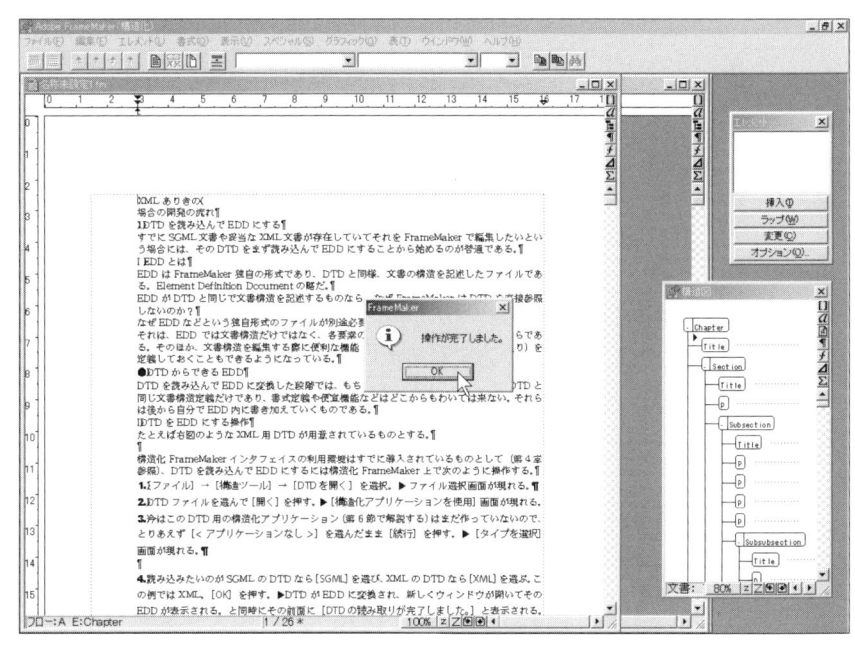

6. [OK]を押す。

テンプレートから書式とEDDを取り込む

変換表によって自動的に構造化された文書ができたら、これにテンプレートから書式とEDDを取り込んで、文書にレイアウトと構造規則を与える。

文書にテンプレートから書式とEDDを取り込むには次のように操作する。

1. 文書を開いておく。
2. テンプレートも開いておく。
3. 文書のほうのウィンドウをアクティブにする。
4. [ファイル]→[取り込み]→[書式]を選択。▶ [書式を取り込む]画面が現れる。

第10章 【開発編】XML化したい場合の開発の流れ

5. ［取り込み元の文書］としてテンプレートを選ぶ。［取り込み/更新］グループはすべてチェック。［更新時に削除］グループも二つともチェック。［取り込み］を押す。▶段落タグや書式タグなどの書式が取り込まれる。ただしこの時点では見た目は文書にあまり変化はないかもしれない。

6. ［ファイル］→［取り込み］→［エレメント定義］を選択。▶［エレメント定義を取り込む］画面が現れる。

7. ［取り込み元の文書］としてテンプレートを選ぶ。［変更された書式ルール］をチェック。［ブック内の情報］はチェックしない。［取り込み］を押す。▶EDDが取り込まれる。EDD内の書式定義に従って文書の書式が変わる。

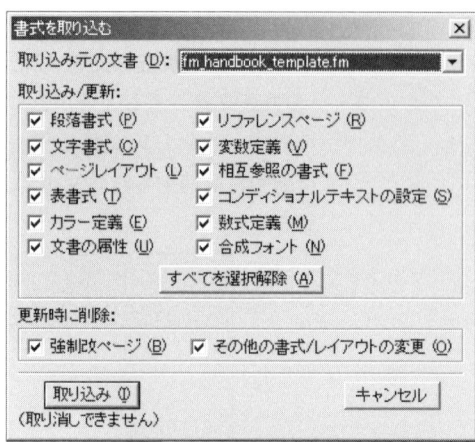

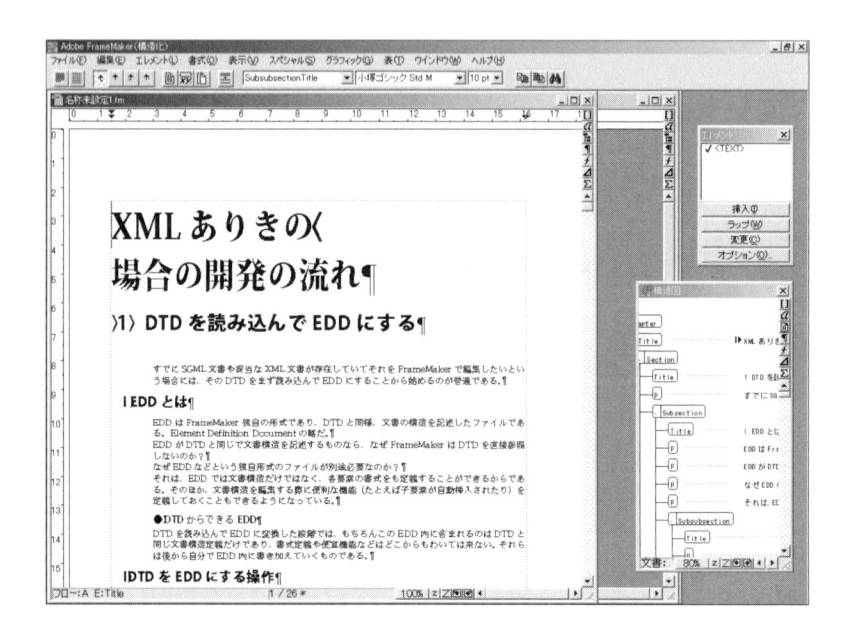

構造を手直しして完成させる

　変換表で構造を自動的につけてテンプレートから書式とEDDを取り込んだ文書は、たいていの場合はまだ構造が完璧ではない。変換表による自動構造化だけで100%完了する場合はまれである。完全にEDDに従った構造にするため、手作業で構造を手直しして完成させる必要がある。

　完成した構造化文書は適当なファイル名をつけてFrameMaker形式で保存しておく。

　構造化したい文書が複数ある場合にはこの作業を繰り返すことになる。

文書が構造化できたら

　EDDもでき、文書も構造化できたら、EDDはDTDへ、構造化文書はXMLやSGMLへ書き出すことができる。これを次に述べる。

4 EDDをDTDとして書き出す

DTDを読み込んでEDDにするのではなく、FrameMaker上でEDDを一から作成した場合には、まだそれに対応するDTDが存在していない。そのようなときは、EDDを書き出してDTDにすることができる。

EDDをDTDとして書き出す操作

EDDを書き出してDTDにするには次のように操作する。

1. 書き出したいEDDを開く。
2. ［ファイル］→［構造ツール］→［DTDとして保存］を選択。▶ファイル保存画面が現れる。
3. 適当なファイル名をつけて［保存］を押す。▶［構造化アプリケーションを使用］画面が現れる。
4. このDTDのための構造化アプリケーションはまだ作っていないので、［<アプリケーションなし>］を選んだまま［続行］を押す。
   ▶［タイプを選択］画面が現れる。 
5. SGMLのDTDを作りたいなら［SGML］を、XMLのDTDを作りたいなら［XML］を選ぶ。［OK］を押す。▶EDDがDTDファイルへ書き出される。［DTDの書き込みが完了しました。］と表示される。 
6. ［OK］を押す。

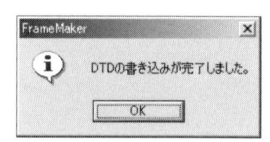

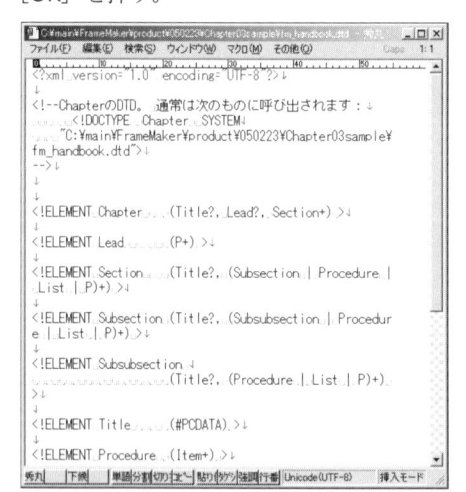

5 XML文書を書き出す

FrameMakerで構造をつけた文書をXML形式やSGML形式で保存したり活用したりしたい場合は、文書をそれらの形式へ書き出すことができる。

構造化FrameMaker文書をXML・SGML形式で保存するには次のように操作する。

1. 文書を開いておく。
2. ［ファイル］→［別名で保存］を選択。▶ファイル保存画面が現れる。
3. ［ファイルの種類］として、XML形式として保存したいなら［XML (*.xml)］を選び、SGML形式として保存したいなら［SGML (*.sgm)］を選ぶ。ファイル名の拡張子もそれに合わせて変更する。
4. ［保存］を押す。［構造化アプリケーションを使用］画面が現れる。
5. この構造化アプリケーションはまだ作っていないので、［＜アプリケーションなし＞］を選んだまま［続行］を押す。▶ファイルが書き出される。文書ウィンドウ上は見た目に変化はない。

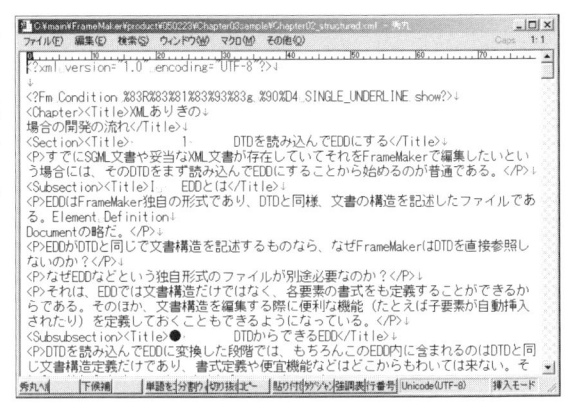

必要に応じて構造化アプリケーションを定義しておく

EDDをDTDへ書き出す際や、文書をXML・SGML形式へ書き出す際に、何かとくに設定や変更したいことがある場合には、構造化アプリケーションを定義すれば、そこから読み書きルールを呼び出したり、文字コードを指定したりすることができる。

索引

■記号

\t 314
<+> 312
<=0> 313
<> 312
<$AMPM> 339
<$ampm> 339
<$attribute> 333, 340
<$chapnum> 314, 334, 338, 348
<$condtag> 340
<$curpagenum> 338
<$dayname> 339
<$daynum> 339
<$daynum01> 339
<$daynumkanjikazu> 339
<$daynumkanjinumeric> 339
<$elempagenum> 333
<$elemparanum> 333, 340
<$elemparanumonly> 333, 340
<$elemtag> 333, 339, 348
<$elemtext> 333, 340, 348
<$elemtextonly> 333, 340, 348
<$filename> 334, 339
<$fullfilename> 334, 339
<$highchoice> 340
<$hour> 338
<$hour01> 338
<$hour24> 339
<$imperialera> 339
<$imperialyear> 339
<$imperialyear01> 339
<$imperialyearkanjikazu> 339
<$imperialyearkanjinumeric> 339
<$imperialyearspecialkanjikazu> 339
<$imperialyearspecialkanjinumeric> 339
<$lastpagenum> 338
<$lowchoice> 340
<$marker1> 340
<$marker2> 340
<$minute> 338
<$minute00> 338
<$monthname> 339
<$monthnum> 339
<$monthnum01> 339
<$monthnumkanjikazu> 339
<$monthnumkanjinumeric> 339
<$pagenum> 333, 348
<$paranum> 334, 340, 348
<$paranumonly> 334, 340, 348
<$paratag> 334, 340, 348
<$paratext> 334, 340, 348
<$second> 338
<$second00> 338
<$shortdayname> 339
<$shortmonthname> 339
<$shortyear> 339
<$tblsheetcount> 339
<$tblsheetnum> 339
<$volnum> 314, 334, 338, 348
<$year> 339
</> 338, 341
<?Fm Condend?> 134
<?Fm Condstart?> 134
<A> 313
<a> 313
<daiji> 314
<hira gojuon> 314
<hira iroha> 314
<kanji kazu> 314
<kanji n> 314
<kata gojuon> 314
<kata iroha> 314
<n+> 311
<n=0> 313
<n=1> 311
<n> 312
<R> 313
<r> 313
<TEXT> 370, 380
<zenkaku A> 313
<zenkaku a> 313
<zenkaku n> 313
" 264
$(Entity) 129
$(Notation) 129
$(System) 129
$SRCDIR 130
$STRUCTDIR 127, 365
・ 314

■数字

1.5
　行送り 287
1 行
　段落間隔 289
1 行目
　整列 288
　段落のインデント 287
　横見出しをベースライン揃え 308
2 行
　段落間隔 289

■A

Acrobat データを生成 251
AddFmCSSAttrToXML 要素 132
Adobe 6
AllContextsRule 要素 370
ANSI 要素 131
APIClients セクション 136
ASCII 要素 131

■B

Big5EUC 要素 131
Big5 エンコーディング 131
BIG5 要素 130
Bold 298
Bolded 298

■C

cc 264
ChangeReferenceToXML 要素 134
CharacterEncoding 要素 131
cicero 264
cm 264
CNSEUC 要素 131
ConditionalText 要素 134
Container 要素 369, 378
CreateFormats 要素 378
CSS 13, 132
CssPreferences 要素 132, 133
C 言語 15

■D

dd 264
didot 264
Disable 要素 132, 134
DocBookPath 変数 336
DOCTYPE 要素 127
dpi を設定
　グラフィックの 167
DTD 127, 354, 377
DTD 要素 127
DTP 2, 4

■E

EDD 354, 369, 377
　取り込み 219
Element Definition Document 354
ElementCatalog 要素 378
ElementPgfFormatTag 要素 380
Element 要素 369, 378
em スペース
　検索・置換 46
　入力 43
em ダッシュ
　検索・置換 46
　入力 42
Enable 要素 132, 134
Entities 要素 128, 129
EntityCatalogFile 要素 129
EntityName 要素 129
EntitySearchPaths 要素 129
Entity 要素 129
en スペース
　検索・置換 46
　入力 43
en ダッシュ
　検索・置換 46
　入力 42
EUC-CN エンコーディング 131
EUC-JP エンコーディング 131
EUC-KR エンコーディング 131
EUC-TW エンコーディング 131
ExternalXRef 要素 134

■F

FDK 15
FileExtensionOverride 要素 132
FilenamePattern 要素 129
FileName 要素 128, 129
fminit フォルダ 131, 136
FrameMaker
　アップデート 18
　インストール 18
　インタフェイス 19
　起動 19

構造化インタフェイス 18
終了 20
対象 2
導入 2
標準インタフェイス 18
FrameRoman 要素 130

G

GB2312-80.EUC 要素 130
GB2312 エンコーディング 131
GB8EUC 要素 131
GeneralRule 要素 369, 378
GenerateCSS2 要素 132

H

Heavy 298
HTML 13
　CSS 13
　化 258

I

icu_data フォルダ 131
ID 参照
　属性 107, 204
Illustrator 3
in 264
In this element 383
inch 264
InDesign 3, 4
ISO-8859-1 エンコーディング 131
ISOLatin1 要素 131
Italic 299

J

JIS8EUC 要素 131
JISX0208.ShiftJIS 要素 130

K

KSC5601-1992 要素 130
KSC_5601 エンコーディング 131
KSC8EUC 要素 131

L

Left
　マスターページ 140, 141, 268, 269, 270

M

MacASCII 要素 131
macintosh エンコーディング 131
Maker Interchange Format 14
maker.ini 136
MIF 14, 374
mm 264

N

Namespace 要素 134
Narrow 299

Notation 要素 129

O

Obliqued 299
OutputAllTextWithoutPIs 要素 134
OutputAllTextWithPIs 要素 134
OutputTextPI 要素 134
OutputVisibleTextWithoutPIs 要素 134
OutputVisibleTextWithPIs 要素 134

P

ParagraphFormatting 要素 370
ParameterExpression 要素 133
ParameterName 要素 133
Path 要素 128, 129
pc 264
PDF 13
　化 248
　しおりを生成 253
　ジョブオプション 252
　設定 251
　文書情報 256
　文書を開くページ 252
Perl 15
pi 264
pica 264
Plugins フォルダ 136
point 264
PostProcessing 要素 133
PreProcessing 要素 133
ProcessStylesheetPI 要素 133
PropertiesFont 要素 370
pt 264
PublicID 要素 128
Public 要素 128

Q

Q 264
QuarkXPress 3, 4

R

ReadWriteRules 要素 128, 133
Regular 298, 299
RetainStylesheetPIs 要素 132, 133
Right
　マスターページ 140, 141, 268, 269, 270
RTF 14
RulesSearchPaths 要素 128

S

SGML 4, 354
　エディタ 8
　組版 11
　検証 10
　作成 5
　図版 9
　宣言 130
　相互参照 9
　パーサ 10

表組み 9
ファイルを開く 21
フォーマッタ 11
編集 8, 50
保存 29
SGMLApplication 要素 125
SGMLDeclaration 要素 130
sgml フォルダ 123
Shift_JIS エンコーディング 131
ShiftJIS 要素 131
Size 要素 370
StructuredSetup 要素 125
structure フォルダ 123
StylesheetParameters 要素 133
Stylesheets 要素 132, 133
StylesheetType 要素 132
StylesheetURI 要素 132
Stylesheet 要素 133
System 要素 129

T

Tag 要素 369, 378
Template 要素 128
TextFormatRules 要素 370, 380
TRADOS 14
TryAlternativeExtensions 134
TryAlternativeExtensions 要素 134

U

US-ASCII エンコーディング 131
UseAPIClient 要素 130
UseDefauleAPIClient 要素 130
UTF-16 エンコーディング 131
UTF-8 エンコーディング 131

V

Version 要素 378

W

windows-1252 エンコーディング 131
Word 4, 14
Wrap this object or objects 383

X

XML 4, 354
　エディタ 8
　組版 11
　検証 10
　作成 5
　スキーマ 355
　図版 9
　相互参照 9
　パーサ 10
　表組み 9
　ファイルを開く 21
　フォーマッタ 11
　編集 8, 50
　保存 29
XMLApplication 要素 125
XmlExportEncoding 要素 131

392

XmlStylesheet 要素　132
xml フォルダ　123
XSL Formatter　3
XSLT　133

■あ

アーティクル　254
アイスランド語
　　入力　40
アキュート
　　入力　37
アクサングラーブ
　　入力　37
アクサンシルコンフレクス
　　入力　38
アクサンテギュ
　　入力　37
値
　　属性の　52, 103
アップデート
　　FrameMaker の　18
アプリケーション定義
　　追加　124
　　編集　124
　　読み込み　125, 366
網
　　グラフィックに　173
アルファベット
　　自動番号　313
アンカー枠　156
　　位置　162
　　相対位置　162
　　編集　159

■い

イタリック　298
位置
　　アンカー枠の　164
　　改訂バーの　300
　　脚注の番号の　330
　　検索　47
　　横見出しスペースの　280
一重引用符
　　自動調節　42
　　入力　41
一太郎　4
一括置換　44
一般ルール　378
移動
　　アンカー枠を　160
　　脚注を　202
　　グラフィックを　166
　　構造図で要素を　84
　　構造図の中で　67
　　構造の中を　58
　　索引マーカを　234
　　次ページへ　22
　　前ページへ　22
　　相互参照マーカを　210
　　相互参照　205
　　テキストを　36
　　表の列を　194

表を　182
　　ブック内の文書間の　227
　　ブック内の文書を　227
　　文書の先頭へ　61
　　変数を　216
　　要素を　84
　　ルビ範囲内の　213
色　218
　　改訂バーの　300
　　グラフィックの　174
　　コンディションタグの書式の　351
　　濃度　174
　　文字の　303
いろは
　　自動番号　314
印刷
　　開始ページ　26
　　拡大　27
　　奇数ページを　26
　　逆順で　27
　　偶数ページを　26
　　原寸　27
　　最終ページから　27
　　サムネール　27
　　終了ページ　26
　　縮小　27
　　スポットカラーを白黒で　27
　　設定　28
　　全ページを　26
　　低解像度の画像　27
　　トンボ　27
　　倍率　27
　　白紙ページをスキップ　27
　　ファイルを　26
　　部数　27
　　部単位で　26
　　ブック内の文書を　228
　　プリンタ　28
　　文書を　26
　　用紙サイズ　28
　　用紙の向き　28
　　両面　27
　　レジストレーションマーク　27
インストール
　　FrameMaker の　18
インタフェイス
　　FrameMaker の　18, 19
　　切り替え　19
　　構造化　19
　　標準　18
インチ　264
インデント　286
　　表タイトルの　324
　　表の　322
引用
　　開始　41
　　終了　41
引用符
　　自動調節　42
　　入力　41

■う

ウィンドウ

重ねて表示　22
並べて表示　22
文書の　22
上
　　初期設定のセルの余白　324
　　セルの余白　326
　　表の間隔　323
上線　299
上揃え
　　グラフィックを　169
　　表セル内のテキストを　326
　　横見出しを　308
上付き　301
　　脚注番号　330
　　入力　40
内側
　　改訂バーの位置　301
　　にアンカー枠を配置　163, 164
　　表を　322
　　横見出し用スペースの位置　280
ウムラウト
　　入力　38
上書き
　　テキストを　36

■え

エラー
　　構造　52
　　属性　53
エレメント
　　境界表示　50
　　検索・置換　113
　　検証　117
　　新規エレメントオプション　80
　　挿入　75
　　挿入時　81
　　段落書式　380
　　分割　82
　　への相互参照　203
エレメント (ID でソート)
　　相互参照のソースの種類　205
エレメント (順にリスト)
　　相互参照のソースの種類　204
エレメント (文書順)
　　相互参照のソースの　204
エレメントカタログ　8, 360
　　オプション　55
　　使用可能なエレメントを設定　55
　　表示　54
　　要素挿入　74
円　165
円記号
　　検索・置換　47
　　入力　41
エンコーディング　130

■お

欧文
　　フォント　296
　　レジストレーションマーク　252
オーバープリント
　　グラフィックを　175

393

大文字　302
大文字・小文字をオリジナルに合わせる
　置換　46
大文字・小文字を区別
　検索　44
オブジェクト
　境界線　260
　属性　160, 166, 279
　　アンカー枠の　162
オプション
　エレメントカタログの　55
　新規エレメントの　80
　属性　103, 106
　属性表示の　53
　テキストの　42
　表示の　25
オフセット
　上付き/下付きの　302
　グラフィックの　166
　合成フォントの欧文フォントの　297
オペレーター　7
表
　複数コラム　198
親文字　335
親要素　51
折りたたみ
　構造図を　51
　属性を　52
折れ線　165

か

カーソル　34
改行　144
　検索・置換　46
　入力　43
下位構成エレメント
　自動挿入　80
開始位置
　段落の　305
　表の　323
開始角度
　弧の　170
　生成させたい多角形の　171
開始行
　表の行の　190
開始ページ
　プリントの　26
解除
　コンディショナル設定を　239
　名前空間を　247
階層
　索引項目を　233
　展開されたしおり　253
解像度　155
改段落　144
　検索・置換　46
　入力　43
改訂バー　300
　コンディショナルタグのスタイル　351
回転
　アンカー枠を　161
　グラフィックを　168
　セルを　197

ページ　142
ページを　271
回転角度
　スナップの　178
開発者　7
外部実体宣言　129
外部相互参照　134
改ページ
　段落の　305
概要文書　244
書き出しエンコーディング　131
隠す
　コンディショナルテキストを　241
拡大
　グラフィックを　167
　構造図を　51
　プリント　27
拡大・縮小
　アンカー枠を　160
拡張子　132
角度
　アンカー枠回転の　161
　グラフィックの　168
　文字の　299
下限
　属性の　105
重ねて表示
　ウィンドウを　22
箇条書き　314
数
　コラムの　281
カスタマイズ
　テキスト枠を　279
カスタム
　脚注番号書式　328
　用紙サイズ　265
　用紙設定　263
下線　299
　コンディショナルタグのスタイル　351
画像　154
　サイズ　155
　貼り付け　154
型
　ID参照　107
　固有ID　107
　実数　107
　整数　107
　選択　107
　属性の　103, 107
　文字列　107
カタカナ
　自動番号　314
片面
　文書　266, 267, 269
　カタログから書式を削除　283
カタログに保存
　段落タグを　282
　表タグを　320
　文字タグを　284
カット
　アンカー枠を　160
　索引マーカを　234
　相互参照マーカを　210
　相互参照を　205

テキストを　36
表の行を　193
表の列を　194
表を　182
要素を　84
角の半径
　角丸長方形の　170
角丸長方形　165
可変
　スクロール　25
画面表示方式
　文書の　24
カラー　218
　改訂バーの　300
　グラフィックの　174
　コンディションタグの書式の　351
　文字の　303
空段落
　検索　47
間隔
　アンカー枠とテキストの　165
　グラフィックの均等配置の　169
　コラムの　281
　段落の　289
　テキスト回り込みの　176
　表と表タイトルの　324
　表の上下の　323
　文字の　303
　横見出し用スペースと本文スペースの　280
漢数字
　自動番号　314
元年
　変数　339
巻番号　314
　相互参照　334
　変数　337, 338
　目次　348

き

キー
　操作で属性編集　109
　操作で要素を挿入　75
　操作による要素分割　83
キー入力
　emスペースを　43
　emダッシュを　42
　enスペースを　43
　enダッシュを　42
　アイスランド語を　40
　アキュートを　37
　アクサングラーブを　37
　アクサンシルコンフレクスを　38
　アクサンテギュを　37
　引用符を　41
　上付きを　40
　ウムラウトを　38
　円記号を　41
　改行を　43
　改段落を　43
　記号を　41
　キャロンを　39
　強制改行を　43

394

クォーテーションを 41
句読点を 41
グレーブを 37
合字を 40
極細スペースを 43
サーカムフレックスを 38
章記号を 41
乗算記号を 40
商標記号 40
除算記号を 40
数学記号を 40
ストロークを 40
制御キャラクタを 37
セディーユを 39
セントを 41
ダーシを 42
ダイアラシスを 38
ダガーを 41
ダッシュを 42
ダブルアキュートを 40
タブを 43
単位記号を 41
段落記号を 41
著作権記号を 41
チルダを 38
チルデを 38
通貨記号を 41
テキストを 37
ドイツ語を 40
登録商標記号を 41
度記号を 40
特殊スペースを 43
特殊文字を 37
トレマを 38
任意ハイフンを 42
ハーチェクを 39
ハードスペースを 43
パーミルを 41
ハイフンを 42
非分離スペースを 43
非分離ハイフンを 43
ビュレットを 41
プラスマイナスを 40
分数を 40
ポンドを 41
マイクロを 41
マクロンを 39
ユーロを 41
リガチャを 40
リングを 39
キーワード
　PDF の 256
記号
　入力 41
奇数
　ページにマスターページを適用 142
奇数ページ
　プリント 26
起動
　FrameMaker の 19
基本ページレイアウト
　追加するマスターページの 270
機密水準 341
逆順

プリント 27
脚注 200, 327
　最大の高さ 329
　番号の書式 330
逆方向
　検索 45
キャロン
　入力 39
級 264
行
　移動させる 193
　送り 287
　削除 194
　追加 191
　表の 179
　複製 192
境界線
　グラフィックの 172
　幅 173
　表示 24
　プリント時の 26
　文書の 24
境界ボックスを回り込み
　テキストを 176
行書式
　表の 189
行数
　表の 181
強制改行 144
　検索・置換 46
　入力 43
兄弟要素 51
行追加
　表に 191
行頭
　検索 47
行頭 / 行末で親文字とルビの先頭 / 末尾を整列 335
共同執筆 2
今日の日付 215
行のレイアウト 288
行末
　検索 47
行を最初
　表内の自動番号の進行方向 325
行をペースト 192
曲線 165
切り替え
　インタフェイスの 19
均等配置
　グラフィックを 169
　段落を 286

く
空行
　検索 47
偶数
　ページにマスターページを適用 142
偶数ページ
　プリント 26
空白
　追加するマスターページを 270
空白ページを削除

保存・プリント時に 273
クォーテーション
　自動調節 42
　入力 41
矩形 165
句読点 295
　入力 41
グラフィック 154, 260
　エレメントを挿入 157
　段落の上に / 下に挿入 316
　表示 25
　文書の 25
　編集 165
　枠 171
　　脚注線の 329
グラフィック枠 171
繰り返し
　タブ位置を 290
グリッド
　間隔 178
　表示 24
　プリント時の 26
　文書の 24
グループ
　化 170
　グラフィックの 170
グループ解除
　グラフィックを 170
グレーブ
　入力 37

け
罫線
　表の 196, 325
系列ラベル 314
桁揃え
　変数の 338
結合
　要素を 91
言語 304, 338
元号
　変数 339
現在のエレメント
　エレメント検証の範囲として 118
現在の行の上に挿入
　表の行を複製 193
現在の行の下
　にアンカー枠を配置 162
現在の行の下に挿入
　表の行を複製 193
現在の行を置換
　表の行を複製 193
現在のフローに対して
　エレメント検証の範囲として 118
現在の文書を構造化 119, 385
現在のページ
　にマスターページを適用 142
現在の列の左に挿入
　表の列を複製 194
現在の列の右に挿入
　表の列を複製 194
現在の列を置換
　表の列を複製 194

395

現在開いている
　文書　22
検索
　em スペースを　46
　em ダッシュを　46
　en スペースを　46
　en ダッシュを　46
　位置を　47
　円記号を　47
　大文字・小文字を区別　44
　改行を　46
　改段落を　46
　空段落を　47
　逆方向へ　45
　強制改行を　46
　行頭を　47
　行末を　47
　空行を　47
　極細スペースを　46
　語頭を　47
　語末を　47
　削除　46
　制御キャラクタを　46
　選択範囲を　44
　ダーシを　46
　ダッシュを　46
　タブを　46
　単語先頭を　47
　単語で　44
　単語末尾を　47
　段落先頭を　47
　段落末尾を　47
　次を　44
　テキストを　44
　特殊スペースを　46
　特殊文字を　46
　任意ハイフンを　46
　ハードスペースを　46
　ハイフネーション禁止を　46
　ハイフンを　46
　バックスラッシュを　47
　非分離スペースを　46
　非分離ハイフンを　46
　複数要素にわたるテキストを　69
　文書を　44
　要素・属性を　113
　ワイルドカード　45
　ワイルドカード文字を　47
検索・置換
　制御キャラクタを　376
検証
　文書構造を　117
原寸
　プリント　27

こ

弧　165
公開識別子　128
合計幅で指定（均等）
　表の列幅を　189
合計幅で指定（比率保持）
　表の列幅を　189
合字　304

入力　40
更新
　索引を　235
　ブックを　231, 235, 345, 346, 349
　目次を　231
更新時に削除　386
合成フォント　296
構成要素
　システム変数定義の　338
　自動番号書式の　312
　相互参照書式の　333
構造
　誤り　8
　エラー　52
　カーソル移動　58
　検証　117
　選択　70
　チェック　6
　定義　369, 378
　表示　50, 58
　フローから削除　99
　編集　50, 74
　編集ミス　8
　間違い　8
構造化　374, 385
　非構造化文書を　119
　目次を　346
構造化 FrameMaker　4, 18
構造化アプリケーション　21, 122, 355, 364
　定義ファイル　124
　名前　127
構造化文書　4, 354
　エディタ　8
　組版　11
　検証　10
　図版　9
　相互参照　9
　パーサ　10
　表組み　9
　フォーマッタ　11
　へんしゅう　8
　編集　50
構造図　8, 362
　折りたたみ　51
　拡大　51
　縮小　51
　ズーム　51
　スクロール　51
　テキスト選択　69
　展開　51
　中で移動　67
　配置　51
　表示　51
　表示倍率　51
　複数要素選択　72
　文書ウィンドウへ切り替え　51
　要素移動　84
　要素選択　70
　要素複製　89
五角形　165
極細スペース
　検索・置換　46
　入力　43

五十音
　自動番号　314
午前 / 午後
　変数　339
固定
　行送りを　287
語頭
　検索　47
コピー
　アンカー枠を　160
　グラフィックを　167
　相互参照　205
　属性を　110
　テキストを　36
　特殊　110
　表の行を　192
　表の列を　194
　表を　182
　要素を　84
コピーするマスターページ
　追加するマスターページに　270
語末
　検索　47
小文字　302
固有 ID
　属性　107, 204
子要素
　自動挿入　80
　すべて選択　73
コラム　278, 280
　段落を先頭に　305
　でスレッド　254
　用紙の　263
コラム内
　段落を　308, 309, 310
コラムの最後
　にアンカー枠を配置　162
コラムの先頭
　段落の開始位置を　305
　にアンカー枠を配置　162
　表の開始位置を　323
　表の行の開始位置　190
コラムの外
　にアンカー枠を配置　163
コラムの左 / 右
　改訂バーの位置　301
孤立行　306
　表の　323
コンディショナルテキスト　237, 351
　書き出し　134
　統合文書の　245
　変数　340
コンディションタグ　237, 351
コンテキスト書式の再現　132
コンテナ　378

さ

サーカムフレックス
　入力　38
最終行
　横見出しをベースライン揃え　308
最終ページから
　プリント　27

396

最小
　単語間隔　293
　ハイフネーションの適用文字数　292
　表の行の高さの　190
　和欧文字間隔　294
　和文字間隔　294
最上位要素　62, 360
　分割　83
最初のページ
　文書の　266
サイズ
　アンカー枠の　160
　上付き / 下付きの　302
　グラフィックの　167
　合成フォントの欧文フォントの　297
　スモールキャップの　303
　文字の　298
　ルビの　335
最大
　単語間隔　293
　ハイフネーションの連続行数　292
　表の行の高さの　190
　表の列幅　189
　フェザリングの行送り　288
　フェザリングの段落間隔　288
　和欧文字間隔　294
　和文字間隔　294
最大化
　文書ウィンドウの　22
最短
　ハイフネーションの接頭辞 / 接尾辞数　292
最適
　単語間隔　293
　和欧文字間隔　294
　和文字間隔　294
索引　232, 349
削除
　アンカー枠を　161
　脚注を　202
　グラフィックを　167
　検索による　46
　合成フォントを　297
　コンディションタグを　352
　索引マーカを　234
　相互参照書式を　332
　相互参照マーカを　210
　相互参照を　205
　属性値を　109, 112
　属性を　111
　タブ位置を　291
　段落タグを　283
　テキストを　36
　統合文書のコンディションタグ　246
　取り消し　90
　名前空間を　247
　表タグを　321
　表の行を　194
　表の列を　194
　表を　182
　ページを　269, 272
　ページを自動的に　273
　変数を　216
　文字タグを　285

ユーザ変数の定義を　343
　要素を　90
　ルビを　213
作成
　EDD を　378
　概要文書を　244
　合成フォントを　297
　構造定義を　378
　コンディションタグを　352
　相互参照書式を　331
　相互参照マーカへの相互参照を　211
　相互参照マーカを　208
　段落上 / 下用のグラフィックを　318
　段落タグを　282
　段落への相互参照を　206
　テキスト枠を　277
　テンプレート　358
　統合文書を　244
　表タグを　320
　表を　180
　ブックを　224
　文書を　262
　ページを　269
　変換表を　383
　文字タグを　284
　ユーザ変数を　341
　要素への相互参照を　203
　ルビを　212
作成者
　PDF の　256
作成日
　変数　337
サブタイトル
　PDF の　256
サムネール
　縦　27
　プリント　27
　横　27
左右中央揃え
　グラフィックを　169
左右反転
　アンカー枠を　161
　グラフィックを　168
三角形　165
参照して読み込む
　画像を　155
算用数字
　自動番号　313

し

シート
　変数　339
しおり　253
しおりテキスト内に段落タグ / タグを含める　254
しおりのソース　253
四角形　165
時刻
　変数　338
字下げ　286
　表タイトルの　324
　表の　322
資産　6

辞書　340
指数記法
　属性の　107
システム変数　215, 336
シセロ　264
自然改行　144
下
　初期設定のセルの余白　324
　セルの余白　326
　表の間隔　323
下線　299
下揃え
　グラフィックを　169
　表セル内のテキストを　326
下付き　301
　脚注番号　330
実数
　属性　107
実線
　グラフィックの線 / 境界線を　173
実体カタログ　129
実体宣言　128
指定項目の先頭
　段落の位置を　305
指定のページの前 / 後
　にページを追加　270
指定のマスターページを使用中のページ
　にマスターページを適用　142
自動化　15
自動改訂バー　301
自動挿入
　下位構成エレメントを　80
　要素を　80
自動調節
　引用符の　42
自動ハイフネーション　292
自動番号　311
　相互参照　333, 334
　表セル内の　324
　変数　340
　目次　348
自動連結
　フローの　280
次ページへ
　移動　22
斜体　298
自由曲線　165
修正日
　変数　337
終了
　FrameMaker の　20
終了角度
　弧の　170
終了ページ
　プリントの　26
縮小
　グラフィックを　167
　構造図を　51
　プリント　27
種類
　属性の　104
　文字のフォントの　299
使用可能なエレメントを設定
　エレメントカタログ　55

397

章記号
　入力　41
消去
　改訂バーを　301
　ブック内の文書を　228
上下中央揃え
　グラフィックを　169
上下反転
　アンカー枠を　161
　グラフィックを　168
上限
　属性の　105
乗算記号
　入力　40
小数点揃え
　タブ位置で　290
使用するマスターページ　142
　追加するページに　270
上線　299
　コンディションタグのスタイル　351
章番号　314
　相互参照　334
　変数　337, 338
　目次　348
商標記号
　入力　40
昭和
　変数　339
初期設定
　追加するページに使用するマスターページの　270
初期設定値
　属性の　52, 104
初期設定のセルの余白
　表の　324
所在不明のエレメントを無視
　エレメント検証で　118
所在不明の属性値を無視
　エレメント検証で　118
除算記号
　入力　40
SGML
　書式　8
XML
　書式　8
書式　144
　脚注の　328
　脚注番号の　327, 328
　削除　283
　自動番号の　311
　相互参照の　204, 206, 207, 211, 331
　定義　369, 379
　取り込み　219
　要素の　56
　ルビの　335
書式バー　22, 43, 44, 148, 149, 154, 160, 166, 283, 286, 287, 289, 291
処理命令
　スタイルシートの　132
新規
　EDD　378
　エレメントオプション　80
　書式　282, 284
　タブ位置　289

テンプレート　358
　ブック　224
　文書　262
　変換表　382
シングル
　行送り　287
シングルクォーテーション
　自動調節　42
　入力　41

■す

垂直
　線　165
水平
　線　165
数
　属性の　103, 107
数学記号
　入力　40
ズーム
　構造図の　51
ズームアウト　22
　構造図を　51
ズームイン　22
　構造図を　51
ズーム設定
　PDFの　252
スキーマ　355
スクリプティング言語　15
スクロール
　可変　25
　構造図を　51
　縦　25
　バー　22
　文書の　22
　ページの　25
　ホイールマウスによる　22
　ボックス　22
　見開き　25
　横　25
スクロール方式
　表示の　25
　文書の　25
図形　154
　作成　165
　選択　165
スタートメニュー　19
スタイル　296
　コンディションタグの書式の　351
　テキスト回り込みの　176
スタイルシート　132, 133
　処理命令　132
ストローク
　入力　40
スナップ　177
スペシャル
　フローから構造を削除　99
すべてのエレメントと段落に名前の付いたリンク先を作成　255
すべてのコラム
　段落を　309
すべてのコラムと横見出し
　段落を　309

すべての属性を「そのまま」に設定　147, 151
すべてを表示
　コンディショナルテキストの　242
スポットカラーを白黒で
　プリント　27
スムーズ
　図形を　170
スムーズ解除
　図形を　170
スモールキャップ　302

■せ

制御記号　144, 156, 181, 209, 233, 241
　表示　24
　プリント時の　26
　文書の　24
制御キャラクタ　376
　検索・置換　46
　入力　37
制御変数　232
整数
　属性　107
生成
　索引を　349
　変換表を　382
　目次を　344, 345, 347
生成したPDFをAcrobatで表示　252
製品インタフェイス　20
正方形　165
整列
　アンカー枠の　162, 164
　グラフィックを　169
　セル内容を縦方向に　326
　タブ位置で　290
　段落の　286
　表タイトルの　324
　表の　322
　ベースラインで　288
　横見出しの　308
整列位置
　タブ位置の小数点揃えの　290
整列する段落の行送り隔　288
設定
　PDFの文書情報を　256
　コンディショナルテキストに　238
　コンディションタグの書式を　351
　索引を　349
　自動ハイフネーション　292
　属性値を　105
　名前空間を　247
　表書式を　184
　プリント　28
　目次を　344
　ルビの書式を　335
接頭辞
　脚注の番号の　330
　名前空間の　247
接頭辞・接尾辞
　変数　340
　目次　348
接尾辞
　脚注の番号の　330

索引文書名の 350
目次文書名の 346
セディーユ
　入力 39
セル 179
　脚注の番号の書式 330
　テキスト編集 183
　内容を縦方向に整列 326
　表の初期設定の余白 324
　向き 197
　余白 326
　連結 195
線
　グラフィックの 172
宣言された名前空間 247
全コンテキスト内 370
線種
　グラフィックの 173
選択
　アンカー枠を 159
　構造図でテキストを 69
　構造図で複数要素を 72
　構造図で要素を 70
　構造を 70
　子要素をすべて 73
　索引マーカを 234
　相互参照マーカを 209
　相互参照を 205
　属性 107
　単語を 35
　段落を 35
　テキストから要素へ移行 72
　テキストを 34
　表を 182
　複数要素を 72
　文書ウィンドウで複数要素を 73
　文書ウィンドウで要素を 71
　文書全体を 35
　変数を 216
　要素を 70
選択セルの内容に合わせる
　表の列幅を 189
選択中の段落の属性に戻す 148, 151, 186
選択範囲
　検索 44
選択範囲に適用
　段落タグを 282
　表タグを 320
　文字タグを 284
選択範囲の上
　表に行を追加 191
選択範囲の下
　表に行を追加 191
選択範囲の左
　表に列を追加 192
選択範囲の右
　表に列を追加 192
選択ファイルをプリント 228
選択列のサイズ変更
　表の 188
センチメートル 264
セント
　入力 41
先頭脚注番号 327

線幅
　グラフィックの 173
線分 165
全ページ
　プリント 26
前ページへ
　移動 22
前面へ出す
　グラフィックを 169

そ

相互参照 203, 331
　外部 134
　書式 331
　ブック内の文書間の 229
相互参照マーカ 203
　相互参照のソースの種類 211
　への相互参照 208
挿入
　em スペースを 43
　em ダッシュを 42
　en スペースを 43
　en ダッシュを 42
　アイスランド語を 40
　アキュートを 37
　アクサングラーブを 37
　アクサンシルコンフレクスを 38
　アクサンテギュを 37
　引用符を 41
　上付きを 40
　ウムラウトを 38
　エレメントカタログで要素を 74
　円記号を 41
　改行を 43
　改段落を 43
　キー操作で要素を 75
　記号を 41
　脚注を 200
　キャロンを 39
　強制改行を 43
　クォーテーションを 41
　句読点を 41
　グレーブを 37
　合字を 41
　極細スペースを 43
　サーカムフレックスを 38
　最上位要素を 360
　索引項目を 232
　章記号を 41
　乗算記号を 40
　商標記号 40
　除算記号を 40
　数学記号を 40
　ストロークを 40
　制御キャラクタを 37
　セディーユを 39
　セントを 41
　相互参照マーカへの相互参照を 211
　相互参照マーカを 208
　ダーシを 42
　ダイアラシスを 38
　ダガーを 41
　ダッシュを 42

ダブルアキュートを 40
タブを 43
単位記号を 41
段落記号を 41
段落への相互参照を 206
著作権記号を 41
チルダ 38
チルデ 38
通貨記号を 41
テキストを 37
ドイツ語を 40
統合文書のコンディションタグ 246
登録商標記号を 41
度記号を 40
特殊スペースを 43
特殊文字を 37
トレマを 38
任意ハイフンを 42
ハーチェクを 39
ハードスペースを 43
パーミルを 41
ハイフンを 42
非分離スペースを 43
非分離ハイフンを 43
ビュレットを 41
表 180
プラスマイナスを 40
分数を 40
ページを 269
変数を 215
ポンドを 41
マイクロを 41
マクロンを 39
ユーロを 41
要素の自動的な 80
要素への相互参照を 203
要素を 74, 362
リガチャを 40
リングを 39
ルビを 212
挿入ポイントの位置
　にアンカー枠を配置 163
ソースの種類
　相互参照の 204, 205, 206, 207, 211
ソース文書へ
　相互参照の 206
ソート
　表を 198
属性
　ID 参照型 107
　値 52, 103
　値を削除 109, 112
　値を設定 105
　上付き / 下付きの 302
　エラー 53
　オプション 103, 106
　折りたたみ 52
　改訂バーの 300
　下限 105
　型 103, 107
　画面 101
　キー操作で編集 109
　脚注番号の 327
　検索・置換 113

399

コピー 110
固有 ID 型 107
削除 111
指数記法 107
実数型 107
種類 104
上限 105
初期設定値 52, 104
数 103, 107
スモールキャップの 302
整数型 107
選択型 107
単数 107
段落書式の 145
テキスト枠の 279
展開 52
名前 52
名前変更 111
貼り付け 110
範囲 105, 108
必須 52, 53
必須 103, 106
表示 52
表示オプション 53
複数可 107
複数可の 52
複製 110
ペースト 110
編集 101
文字列型 107
読み取り専用 104
属性画面
　閉じる 109
属性値 52, 103
　削除 109, 112
　設定 105
　相互参照 333
　変数 340
　要素挿入時 81
属性表示オプション
　表示 53
属性名 52
　変更 111
外側
　改訂バーの位置 301
　にアンカー枠を配置 163, 164, 165
　表を 322
　横見出し用スペースの位置 280
そのまま
　文字タグの書式属性を 284

た

ダーシ
　検索・置換 46
　入力 42
ダイアラシス
　入力 38
対象
　FrameMaker の 2
タイトル
　PDF の 256
　表の 179
　編集 197

タイトル位置
　表の 324
タイトルなし
　表の 324
楕円 165
ダガー
　入力 41
多角形 165
多角形設定
　グラフィックの 171
多角形に変換
　長方形 / 楕円を 171
高さ
　脚注部分の最大の 329
　用紙の 263, 265
高さの制限
　表の行の 190
タグ
　PDF の 254
　表示 50
タグ付き PDF を生成 255
ダッシュ
　検索・置換 46
　入力 42
縦
　スクロール 25
　文書 262
縦方向に均等配置
　グラフィックを 169
多媒体展開 13
タブ 289
　脚注の番号に 330
　検索・置換 46
　自動番号書式に 314
　入力 43
　目次に 348
ダブル
　行送り 287
ダブルアキュート
　入力 40
ダブルクォーテーション
　自動調節 42
　入力 41
単位 263, 264
単位記号
　入力 41
段組み 280
単語
　間隔 293
　検索 44
　選択 35
単語先頭
　検索 47
単語末尾
　検索 47
単数
　属性 107
段落
　後 289
　カタログ 148, 283
　間隔 289
　書式 11
　選択 35
　表から変換 199

　表に変換 198
　への相互参照 206
　前 289
段落記号
　入力 41
段落書式 144, 282, 326
　脚注の 329
　コピー 148
　表示・設定 144
　目次の 347
段落先頭
　検索 47
段落タグ 148, 282, 326, 379, 382
　脚注の 329
　次段落に自動適用 292
　相互参照 334
　相互参照のソースの 207
　変数 340
　目次 348
　目次に含める 344
段落内
　にアンカー枠を配置 164
　見出し 306
段落の上に / 下に挿入
　グラフィックを 316
段落の先頭 / 最後
　自動番号を 315
段落末尾
　検索 47

ち

置換
　em スペースに 46
　em ダッシュに 46
　en スペースに 46
　en ダッシュに 46
　一括 44
　円記号に 47
　大文字・小文字をオリジナルに合わせる 46
　改行に 46
　改段落に 46
　強制改行に 46
　極細スペースに 46
　して検索 44
　制御キャラクタに 46
　ダーシに 46
　ダッシュに 46
　タブに 46
　テキストを 44
　特殊スペースに 46
　特殊文字に 46
　任意ハイフンに 46
　ハードスペースに 46
　ハイフネーション禁止に 46
　ハイフンに 46
　バックスラッシュに 47
　非分離スペースに 46
　非分離ハイフンに 46
　変数を 217
　要素・属性を 113
　ワイルドカード文字に 47
縮めない

400

句読点を 295
中央揃え
　アンカー枠を 162
　タブ位置で 290
　段落を 286
　表セル内のテキストを縦方向に 326
　表を 322
中心から等間隔
　にグラフィックと均等配置 169
　にグラフィックを均等配置 169
長体 303
長方形 165
著作権記号
　入力 41
チルダ
　入力 38
チルデ
　入力 38

つ

追加
　色を 218
　合成フォントを 297
　構造化アプリケーション定義を 365
　構造を 385
　コンディションタグを 352
　索引項目を 232
　索引を 349
　相互参照書式を 331
　タブ位置を 289
　段落上 / 下用のグラフィックを 318
　名前空間を 247
　表タグを 320
　ブックにファイルを 225
　ページを 269
　ページを自動的に 269, 273
　目次を 344
　ユーザ変数を 341
追加ファイル
　索引の位置 349
　目次の位置 344
通貨記号
　入力 41
ツールパレット 158
月
　変数 339
次の行
　表の行を連動 190
次の段落タグ 292
次の段落と連動 306
次ページへ
　移動 22
次を検索 44
続き
　変数 337
常に縮める
　句読点を 295
詰め 303
ツリー構造
　表示 51

て

低解像度の画像
　プリント 27
定義
　構造化アプリケーションを 364
　構造を 378
　システム変数の 337
　相互参照書式の 331
　表タグの 320
　変数の 336
　目次テキストの 347
　ユーザ変数の 341
ディド 264
データベース 6
テキスト 34
　入れられる要素 69
　上書き 36
　オプション 42, 302
　カット 36
　検索 44
　構造図で選択 69
　コピー 36
　削除 36
　書式ルール 370, 380
　処理言語 15
　セル内の 183
　選択 34
　選択を要素へ移行 72
　相互参照 333, 334
　挿入 37
　置換 44
　入力 37
　複数要素にわたる検索 69
　ペースト 36
　変数 340
　回り込み 176
　要素内で編集 69
　ラップ 93
テキスト行 165
テキスト枠 34, 165, 260, 275
　でスレッド 254
　配分 281
テキスト枠からの距離
　アンカー枠の 164
テキスト枠の外
　にアンカー枠を配置 163
適用
　段落書式を 145
　表タグを 187
適用先
　ボディページ 142
　マスターページの 142
デフォルト段落フォント 153, 338
　自動番号の文字書式を 315
　ユーザ変数定義に 341
デフォルト値
　属性の 104
「デフォルトフォント」属性 370
展開
　構造図を 51
　属性を 52
点線
　グラフィックの線 / 境界線を 173

テンプレート 128, 219, 357, 377, 385

と

ドイツ語
　入力 40
等間隔
　にグラフィックを均等配置 169
統合文書 245
導入
　FrameMaker の 2
登録商標記号
　入力 41
度記号
　入力 40
特殊下線 299
　コンディションタグのスタイル 351
特殊コピー
　属性 110
特殊スペース
　検索・置換 46
　入力 43
特殊文字
　検索・置換 46
　入力 37
独立ページを追加 269
閉じる
　属性画面を 109
　ファイルを 23
　ブックを 225
　文書を 23
取り消し
　削除を 90
取り消し線 300
　コンディションタグのスタイル 351
取り込み
　EDD を 359
　画像を 154
　書式・EDD を 219
取り込んだグラフィックを拡大・縮小 155, 167
トリミング
　アンカー枠の 163
　グラフィック枠の 172
トレマ
　入力 38
トンボ 252
　プリント 27

な

名前
　相互参照書式の 331
　属性の 52
　マスターページの 267
名前空間 134, 247
並べ替え
　表を 198
　マスターページを 270
並べて表示
　ウィンドウを 22

に

二重引用符

401

自動調節 42
入力 41
二重下線 299
コンディションタグのスタイル 351
入力
em スペースを 43
em ダッシュを 42
en スペースを 43
en ダッシュを 42
アイスランド語を 40
アキュートを 37
アクサングラーブを 37
アクサンシルコンフレクスを 38
アクサンテギュを 37
引用符 41
上付きを 40
ウムラウトを 38
円記号を 41
改行を 43
改段落を 43
記号を 41
キャロンを 39
強制改行を 43
クォーテーションを 41
句読点を 41
グレーブを 37
合字を 40
極細スペースを 43
サーカムフレックスを 38
章記号を 41
乗算記号を 40
商標記号 40
除算記号を 40
数学記号を 40
ストロークを 40
制御キャラクタを 37
セディーユを 39
セントを 41
ダーシを 42
ダイアラシスを 38
ダガーを 41
ダッシュを 42
ダブルアキュートを 40
タブを 43
単位記号を 41
段落記号を 41
著作権記号を 41
チルダを 38
チルデを 38
通貨記号を 41
テキストを 37
ドイツ語を 40
登録商標記号を 41
度記号を 40
特殊スペースを 43
特殊文字を 37
トレマを 38
任意ハイフンを 42
ハーチェクを 39
ハードスペースを 43
パーミルを 41
ハイフンを 42
非分離スペースを 43
非分離ハイフンを 43

ビュレットを 41
プラスマイナスを 40
分数を 40
ポンドを 41
マイクロを 41
マクロンを 39
ユーロを 41
リガチャを 40
リングを 39
任意
セルの余白 326
任意の位置
表の開始位置を 323
表の行の開始位置 190
任意の番号スタイル
脚注の 328
任意ハイフン
検索・置換 46
入力 42

■ぬ
塗り
グラフィックの 172, 173
表の 196, 325

■ね
年
変数 339

■の
濃淡
グラフィックの 174
濃度値
グラフィックの 175
ノックアウト
グラフィックを 175
ノンブル 217, 337, 338

■は
ハーチェク
入力 39
ハードスペース
検索・置換 46
入力 43
パーミル
入力 41
パイカ 264
配置
構造図の 51
ハイフネーション 42, 292
禁止 42
ハイフネーション禁止
検索・置換 46
ハイフン
検索・置換 46
入力 42
配分
テキスト枠を 281
背面へ送る
グラフィックを 169
倍率

プリント 27
白紙ページをスキップ
プリント 27
パス
相互参照 334
名前空間の 247
変数 337
破線
グラフィックの線／境界線を 173
パターン
脚注番号の 328
バックグラウンドテキスト（ヘッダ、フッタなど） 278
バックスラッシュ
検索・置換 47
幅
文字の 303
用紙の 263, 265
横見出し用スペースの 280
貼り付け
属性を 110
テキストを 36
要素を 84
パレット 158
範囲
属性の 105, 108
プリントの 26
半角カナ 298
番号
自動 311
表内の進行方向 324
番号属性
脚注の 327
番号の書式
脚注の 330

■ひ
比較
文書を 244
非構造化文書 354
左
初期設定のセルの余白 324
セルの余白 326
段落のインデント 287
表のインデント 322
文書の最初のページ 266
横見出し用スペースの位置 280
左揃え
アンカー枠を 162, 164
グラフィックを 169
タブ位置で 290
段落を 286
表を 322
左ページ
段落を先頭に 305
左ページの先頭
段落の開始位置を 305
表の開始位置を 323
表の行の開始位置 190
日付
変数 336, 339
必須
属性 52, 53, 103, 106

必要に応じて縮める
　　句読点を　295
非分離スペース
　　検索・置換　46
　　入力　43
非分離ハイフン
　　検索・置換　46
　　入力　43
非本文テキスト枠　260, 276, 280, 336
ビュレット　314
　　自動番号書式に　314
　　入力　41
表　179, 320
　　脚注　327
　　ソート　198
　　段落から変換　198
　　段落に変換　199
　　複数ページにわたる　217
　　変数　339
秒
　　変数　338
表行　179
表示
　　エレメントカタログ　54
　　エレメント境界を　50
　　オプション　25
　　拡大　22
　　境界線　24
　　グラフィック　25
　　グリッド　24
　　構造図を　51
　　構造　50, 58
　　コンディショナルテキストを　241
　　コンディションタグの　239
　　コンディションタグの書式を　243, 351
　　縮小　22
　　スクロール方式　25
　　制御記号　24
　　相互参照書式を　331
　　属性表示オプション　53
　　タグを　50
　　ツリー構造を　51
　　表書式を　184
　　表タグを　186
　　ページ　22
　　変数の定義を　336
　　ボディページを　267
　　マスターページの名前の　267
　　マスターページを　267
　　要素名を　50
　　リファレンスページを　267
　　ルーラ　24
表シート
　　変数　337
表示エンコーディング　130
表示倍率
　　構造図の　51
　　文書の　22
標準 FrameMaker　4, 18
標準テンプレート　263
表書式　184, 320
　　セルの余白の基準値　326
表セルをカット　193
描線パターン
　　グラフィックの　172
表タグ　186, 320
表の上 / 下
　　表タイトルを　324
表の続き
　　変数　337
ひらがな
　　自動番号　314
開く
　　DTD を　355
　　EDD を　356
　　SGML ファイルを　21
　　SGML 文書を　367
　　XML ファイルを　21
　　XML 文書を　367
　　構造化アプリケーション定義ファイルを　365
　　非構造化文書を　374
　　ブック内の文書を　227
　　ブックを　225
　　文書ファイルを　21
　　文書を　262
　　変換表を　384
比率で指定
　　表の列幅を　188

ふ

ファイル
　　印刷　26
　　拡張子　132
　　構造化アプリケーションの　123
　　閉じる　23
　　プリント　26
　　保存　29
ファイルパス
　　相互参照　334
　　変数　337, 339
ファイル名
　　相互参照　334
　　変数　337, 339
フェザリング　288
フォント　296
　　サイズ　298
複数可
　　属性　52, 107
複製
　　アンカー枠を　160
　　脚注　202
　　グラフィックを　167
　　構造図で要素を　89
　　相互参照を　205
　　属性を　110
　　テキストを　36
　　表の行を　192
　　表の列を　193
　　表を　182
　　変数を　216
　　要素を　84
含めない
　　目次を　344
含めるエレメント / 段落
　　目次を　344
含めるマーカの種類

索引に　349
部数
　　プリント　27
部単位
　　プリント　26
ぶち抜き　309
ブック　224, 344, 349
　　PDF 化　250
　　文書情報　257
フッタ　217
　　変数　337, 339, 340
フッタ行　179
　　表に追加　191
フッタ行数
　　表の　181
太さ
　　改訂バーの　300
　　グラフィックの線 / 境界線の　172
　　文字の　298
太字　298
太字と斜体を使用
　　合成フォントの和文フォントで　297
不明なファイルの種類　375
プラグイン　15, 130
　　インストール　136
プラスマイナス
　　入力　40
グラビティ　176
フリーハンド　165
ふりがな　212
プリンタ　28
　　プロパティ　28
プリント
　　PDF 化　248
　　開始ページ　26
　　拡大　27
　　奇数ページを　26
　　逆順で　27
　　偶数ページを　26
　　原寸　27
　　最終ページから　27
　　サムネール　27
　　終了ページ　26
　　縮小　27
　　スポットカラーを白黒で　27
　　設定　28
　　全ページを　26
　　低解像度の画像　27
　　トンボ　27
　　倍率　27
　　白紙ページをスキップ　27
　　範囲　26
　　ファイルを　26
　　部数　27
　　部単位で　26
　　ブック内の文書を　228
　　プリンタ　28
　　文書を　26
　　用紙サイズ　28
　　用紙の向き　28
　　両面　28
　　レジストレーションマーク　27
フロー　34, 261, 272, 275, 280
　　構造を削除　99

403

フロー全体を更新
　コラム設定を　281
フロータグ　275, 278, 280
フローティング
　アンカー枠の　163
フロート
　表の開始位置を　323
フロー内のすべて
　選択　35
プログラマブルキャラクタジェネレータ　232
プロパティ
　プリンタの　28
分
　変数　338
分割
　キー操作で要素を　83
　最上位要素　83
　テキスト枠を　279
　要素を　82
文書
　印刷　26
　ウィンドウ　22
　画面表示方式　24
　境界線　24
　グラフィック　25
　グリッド　24
　現在開いている　22
　検索　44
　構造化　119
　資産　6
　情報　256
　情報ソフトウェア　6
　新規作成　262
　ズームアウト　22
　ズームイン　22
　スクロール　22
　スクロール方式　25
　制御記号　24
　先頭へ移動　61
　全要素ラップ解除　99
　相互参照のソースを　229
　データベース　5, 6
　閉じる　23
　比較　244
　表示拡大　22
　表示縮小　22
　表示倍率　22
　開く　21
　プリント　26
　保存　29
　ルーラ　24
文書ウィンドウ　22
　最大化　22
　複数の　22
　複数要素選択　73
　要素選択　71
文書型宣言　127
文書構造　6
　エラー　52
　検証　117
　選択　70
　チェック　6
　表示　58

フローから削除　99
　編集　74
文書全体
　選択　35
文書全体で
　エレメント検証の範囲として　117
文書内にコピー
　画像　155
文書ファイル
　開く　21
分数
　入力　40
分担編集　2
分布
　グラフィックを　169

■へ

ペアカーニング　304
平成
　変数　339
平体　303
ページ
　移動　22
　回転　142
　奇数　26
　偶数　26
　削除　269
　スクロール　25
　設定　263, 273
　段落を先頭に　305
　追加　269
　レイアウト　11, 140
ページ回転を解除　143
ページ回転（時計回り）　143
ページ回転（反時計回り）　143
ページごとに変更
　脚注番号を　327
ページサイズ
　PDF の　253
ページ指定
　にマスターページを適用　142
ページ数
　変数　336, 338
ページ数を奇数に変更
　保存・プリント時に　273
ページ数を偶数に変更
　保存・プリント時に　273
ページ数を変更しない
　保存・プリント時に　273
ページの先頭
　段落の開始位置を　305
　表の開始位置を　323
　表の行の開始位置　190
ページの端から遠い側
　にアンカー枠を配置　164
ページの端に近い側
　にアンカー枠を配置　164
ページ範囲
　PDF の　253
　削除する　272
ページ番号　215
　相互参照　333
　目次　348

変数　337, 338
ペースト
　アンカー枠を　160
　グラフィックを　167
　索引マーカを　234
　相互参照マーカを　210
　相互参照を　205
　属性を　110
　テキストを　36
　表の行を　192
　表の列を　194
　表を　182
　要素を　84
ベースライン
　脚注の番号を　330
　整列　288
ベースラインからの距離
　アンカー枠の　163, 164
ヘッダ　217
　変数　339, 340
ヘッダ / フッタ
　変数　337
ヘッダ行　179
　表に追加　191
ヘッダ行数
　表の　181
変換
　DTD を EDD に　354
　文書ファイルを　375
変換表　119, 382
変形
　アンカー枠を　160
　グラフィックを　167, 171
変更
　上付き / 下付きの属性を　302
　改訂バーの属性を　300
　脚注書式を　328
　合成フォントを　297
　コンディションタグの書式を　351
　システム変数の定義を　337
　自動番号の文字書式を　315
　スモールキャップの属性を　302
　相互参照書式の定義を　331
　相互参照書式の名前を　332
　属性名を　111
　タブ位置を　290
　段落上 / 下用のグラフィック枠の名前を　318
　段落タグの定義を　283
　段落タグの名前を　283
　表タグの定義を　320
　表タグの名前を　321
　フォントを　296
　マスターページの順序を　270
　マスターページ名を　271
　目次テキスト定義を　347
　目次に含める見出しを　346
　文字間隔　303
　文字サイズを　298
　文字タグの定義を　285
　文字タグの名前を　285
　文字の色を　303
　文字の角度を　299
　文字のフォントの種類を　299

404

    文字の太さを 298
    文字幅を 303
    ユーザ変数の定義を 342
    ユーザ変数の名前を 342
    用紙サイズを 265
    要素 100
    ルビの書式を 335
    ルビを 213
編集
    SGML を 50
    XML を 50
    XML・SGML 文書を 354
    キー操作で属性を 109
    検索・置換 44
    合成フォントを 297
    構造化文書を 50
    構造を 50, 74
    索引項目を 235
    システム変数の定義を 337
    属性を 101
    タブ位置を 289
    テキスト枠の内容を 278
    特殊コピー 110
    文書構造を 74
    変換表を 383
    マスターページを 268
    ユーザ変数を 341
    要素の中のテキストを 69
    要素を 74
変数 215, 336
辺の数
    生成させたい多角形の 171

ほ

ホイールマウス
    スクロール 22
ポイント 264
ボールド 298
保存
    DTD として 388
    EDD を 356
    PDF 化 248
    SGML 29
    SGML 文書を 367
    SGML を 389
    XML 29
    XML 文書を 367
    XML を 389
    構造化アプリケーション定義ファイルを 366
    索引を 350
    テンプレートを 359
    ファイル 29
    ブックを 225
    文書を 29
    変換表を 384
    目次を 345
保存・プリント時 273
ボディ行 179
ボディ行数
    表の 181
ボディページ 140, 260, 267, 336
ボディページのテキスト枠用テンプレート 278
ポンド
    入力 41
本文
    脚注の番号の書式 330
本文テキスト枠 260, 276, 280
翻訳 14

ま

マーカ 209
    索引に含める 349
    変数 340
マイクロ
    入力 41
前の行
    表の行を連動 190
前の段落と連動 306
前ページへ
    移動 22
マクロン
    入力 39
マスターページ 140, 217, 260, 267, 336
    作成・編集 140, 147, 149, 151, 152, 185, 186, 201, 205, 213, 216
    設定 141
    適用 141
    目次の 348
マニュアル 14
回り込み
    テキストの 176
回り込みしない
    テキストを 176

み

右
    初期設定のセルの余白 324
    セルの余白 326
    段落のインデント 287
    表のインデント 322
    文書の最初のページ 266
    横見出し用スペースの位置 280
右揃え
    アンカー枠を 163, 164
    グラフィックを 169
    タブ位置で 290
    段落を 286
    表を 322
右ページ
    段落を先頭に 305
右ページの先頭
    段落の開始位置を 305
    表の開始位置を 323
    表の行の開始位置 190
見出し
    後の句読点 307
    段落内の 306
見開き
    スクロール 25
    文書 266, 267, 269
ミリメートル 264

め

メニューコマンド 4

も

目次 231, 344
目次、リスト、索引を生成 345, 347, 349
文字
    エンコーディング 130
    カタログ 152, 285
    サイズ 298
    書式 11
文字カーソル 34
文字間隔 303
    和欧 294
    和文 294
文字間を自動調整 293
文字書式 144, 284
    コピー 151
    自動番号の 315
    表示・設定 150
    目次の 348
    ユーザ変数定義に 341
文字タグ 152, 284, 379
    索引項目に 234
    システム変数定義に 338
    相互参照書式に 332
    ユーザ変数定義に 341
文字幅 303
    上付き / 下付きの 302
    スモールキャップの 303
文字列
    属性 107

ゆ

ユーザ変数 336, 341
ユーロ
    入力 41

よ

用紙サイズ 262, 265
    プリント 28
用紙の向き
    プリント 28
要素
    移動 84
    エレメントカタログで挿入 74
    カット 84
    キー操作で挿入 75
    キー操作で分割 83
    結合 91
    検索・置換 113
    検証 117
    構造図で移動 84
    構造図で選択 70
    構造図で複数を選択 72
    構造図で複製 89
    コピー 84
    最上位 62
    削除 90
    自動挿入 80
    書式 56

選択　70
選択をテキストから移行　72
挿入　74
テキストを入れられる　69
貼り付け　84
複数を選択　72
複数をラップ　95
複数をラップ解除　99
複製　84
分割　82
文書ウィンドウで選択　71
文書ウィンドウで複数を選択　73
文書内のすべてをラップ解除　99
ペースト　84
への相互参照　203
変更　100
編集　74
ラップ　93
ラップ解除　98
要素名
　相互参照　333
　表示　50
　変数　339
　目次　348
　目次に含める　344
曜日
　変数　339
横
　スクロール　25
　文書　262
横方向に均等配置
　グラフィックを　169
横見出し　308
横見出し用スペース　280
余白
　セルの　326
　表の初期設定のセルの　324
　用紙の　263
読み
　索引項目に　233
読み書きルール　128, 133
読み取り専用
　属性　104

ら

ラップ
　解除　98
　多重　96
　テキストを　93
　複数要素を　95
　要素で　93
　要素を　94
ラップ解除
　複数要素を　99
　文書内の全要素を　99
　要素を　98
ラベル
　系列の　314
ランニングヘッダ　217, 337

り

リーダ　290

目次に　348
リガチャ
　入力　40
リファレンスページ　267, 316, 329
両面印刷　26
輪郭線を回り込み
　テキストを　176
リンク
　PDFの　255
リング
　入力　39

る

ルーラ　287, 291
　表示　24
　プリント時の　26
　文書の　24
ルビ　212, 335
　前後の文字にかけて配置　335
　配置　335

れ

レイアウト　5, 140
　目次の　347
レジストレーションマーク　252
　プリント　27
列　179
　移動させる　194
　削除　194
　追加　192
　幅を変える　187
　複製　193
列数
　表の　181
列追加
　表に　192
列のサイズを変更
　表の　188
列幅で指定
　表の列幅を　188
列番号で指定
　表の列幅を　188
列を最初
　表内の自動番号の進行方向　325
列をペースト　194
連結
　グラフィックを　171
　セルを　195
　テキスト枠を　275
　フローの　261, 272
連動
　次の段落 / 前の段落　306
　表の行を　190

ろ

ローマ数字
　自動番号　313
六角形　165
論理的な構造レベル
　タグ付き PDF の　255

わ

ワープロ　4
ワイルドカード
　検索　45
ワイルドカード文字
　検索・置換　47
和欧文字間隔　294
枠　156
枠名
　リファレンスページのグラフィック枠の　318
枠を回転　161
和文
　フォント　296
和文字間隔　294
和暦
　変数　339
ワンソース・マルチユース　13

406

〈著者紹介〉

廣田健一郎(ひろた けんいちろう)

DTPオペレーター兼ライター
1969年9月24日東京生まれ，東京大学大学院工学系研究科中退
現在はXMLを中心として，PDF，SGMLなどを活用した文書データベースと自動組版の現実的な工程を事例ごとに模索する，コンサルタンテーション・開発業務に従事している．
(株)ユニット技術部長
http://www.unit-j.co.jp/
info@unit-j.co.jp

既刊著訳書
「PDF + Acrobat ネットワーキング入門」(スペック／工学図書)
「日本語 PDF + Acrobat 入門」(スペック／工学図書)
「アドビ公式ガイドブック (1) Adobe® Acrobat® & PDF 徹底活用マニュアル」(アドビシステムズ／ワークコーポレーション)
「PostScript & Acrobat/PDF―PostScript 3 技術詳述」(東京電機大学出版局)(訳書)
「インターネットのための Acrobat/PDF―Acrobat 4 技術詳述」(東京電機大学出版局)(訳書)
「PDFlib リファレンスマニュアル」(PDFlib GmbH)(訳書)
「PDFlib TET リファレンスマニュアル」(PDFlib GmbH)(訳書)

FrameMaker 7.2 による XML 組版指南

2006年2月20日　第1版1刷発行	著　者　廣田健一郎
	学校法人　東京電機大学 発行所　東京電機大学出版局 代表者　加藤康太郎
	〒101-8457 東京都千代田区神田錦町2-2 振替口座　00160-5-71715 電話　(03)5280-3433(営業) 　　　(03)5280-3422(編集)
組版　著者 印刷　新灯印刷(株) 製本　新灯印刷(株) 装丁　高橋壮一	© Hirota Ken-ichiro 2006 Printed in Japan

＊ 無断で転載することを禁じます．
＊ 落丁・乱丁本はお取替えいたします．

ISBN4-501-54050-8　C3004